Patrick Horster
Dirk Fox (Hrsg.)

Datenschutz und Datensicherheit

DuD-Fachbeiträge

herausgegeben von Andreas Pfitzmann, Helmut Reimer, Karl Rihaczek und Alexander Roßnagel

Die Buchreihe DuD-Fachbeiträge ergänzt die Zeitschrift DuD – Datenschutz und Datensicherheit in einem aktuellen und zukunftsträchtigen Gebiet, das für Wirtschaft, öffentliche Verwaltung und Hochschulen gleichermaßen wichtig ist. Die Thematik verbindet Informatik, Rechts-, Kommunikations- und Wirtschaftswissenschaften.
Den Lesern werden nicht nur fachlich ausgewiesene Beiträge der eigenen Disziplin geboten, sondern auch immer wieder Gelegenheit, Blicke über den fachlichen Zaun zu werfen. So steht die Buchreihe im Dienst eines interdisziplinären Dialogs, der die Kompetenz hinsichtlich eines sicheren und verantwortungsvollen Umgangs mit der Informationstechnik fördern möge.

Unter anderem sind erschienen:

Hans-Jürgen Seelos
Informationssysteme und Datenschutz im Krankenhaus

Wilfried Dankmeier
Codierung

Heinrich Rust
Zuverlässigkeit und Verantwortung

Albrecht Glade, Helmut Reimer und Bruno Struif (Hrsg.)
Digitale Signatur & Sicherheitssensitive Anwendungen

Joachim Rieß
Regulierung und Datenschutz im europäischen Telekommunikationsrecht

Ulrich Seidel
Das Recht des elektronischen Geschäftsverkehrs

Rolf Oppliger
IT-Sicherheit

Hans H. Brüggemann
Spezifikation von objektorientierten Rechten

Günter Müller, Kai Rannenberg, Manfred Reitenspieß, Helmut Stiegler
Verläßliche IT-Systeme

Kai Rannenberg
Zertifizierung mehrseitiger IT-Sicherheit

Alexander Roßnagel, Reinhold Haux, Wolfgang Herzog (Hrsg.)
Mobile und sichere Kommunikation im Gesundheitswesen

Hannes Federrath
Sicherheit mobiler Kommunikation

Volker Hammer
Die 2. Dimension der IT-Sicherheit

Patrick Horster
Sicherheitsinfrastrukturen

Gunter Lepschies
E-Commerce und Hackerschutz

Patrick Horster, Dirk Fox (Hrsg.)
Datenschutz und Datensicherheit

Patrick Horster
Dirk Fox (Hrsg.)

Datenschutz und Datensicherheit

Konzepte, Realisierungen, Rechtliche Aspekte, Anwendungen

Softcover reprint of the hardcover 1st edition 1999
Der Verlag Vieweg ist ein Unternehmen der Bertelsmann Fachinformation GmbH.

http://www.vieweg.de

Höchste inhaltliche und technische Qualität unserer Produkte ist unser Ziel. Bei der Produktion und Verbreitung unserer Bücher wollen wir die Umwelt schonen. Dieses Buch ist deshalb auf säurefreiem und chlorfrei gebleichtem Papier gedruckt. Die Einschweißfolie besteht aus Polyäthylen und damit aus organischen Grundstoffen, die weder bei der Herstellung noch bei Verbrennung Schadstoffe freisetzen.

Gesamtherstellung: Lengericher Handelsdruckerei, Lengerich

ISBN-13: 978-3-322-89110-5 e-ISBN-13: 978-3-322-89109-9
DOI: 10.1007/978-3-322-89109-9

Vorwort

Die Zeitschrift "Datenschutz und Datensicherheit – DuD" begleitet seit mehr als zwei Jahrzehnten die internationale Diskussion des Datenschutzes und die Entwicklung der IT-Sicherheit. Dabei wurden schon früh Brücken zwischen Juristen und Technikern geschlagen, um juristische Streitfragen im Datenschutz für den Ingenieur ebenso verständlich zu machen wie technische Sicherheitsfragen für den daran interessierten Juristen.

Diese langjährige Tradition der interdisziplinären Betrachtungsweise spiegelt sich auch im vorliegenden Band wider, der auf der Grundlage von Beiträgen zur ersten Fachkonferenz "Datenschutz und Datensicherheit – DuD" entstanden ist. Fachautoren und Herausgeber der Zeitschrift haben dabei einen wesentlichen Teil zum Gelingen der Konferenz beigetragen.

Welche Bedeutung das gegenseitige Verständnis und die gemeinsame Diskussion von Juristen und Technikern besitzt, haben die Entwicklungen der letzten Jahre eindrucksvoll aufgezeigt, in denen das Internet Fragen nach Datenschutz und IT-Sicherheit aus der Expertendiskussion in das öffentliche Interesse gehoben hat. Die intensive und immer noch andauernde Diskussion um die staatliche Regulierung des Exports und der Nutzung kryptographischer Verfahren, der Streit um die Frage der Verantwortlichkeit eines Providers für strafbare oder jugendgefährdende Inhalte im Internet, die ständig wachsenden Datenmengen und damit verbundenen Informationen, die zur Profilbildung über einzelne Personen genutzt werden können und die Verabschiedung des Signaturgesetzes in Deutschland sind nur einige von vielen aktuellen Beispielen.

Datenschutz und Datensicherheit nehmen in der sich herausbildenden Informationsgesellschaft einen zentralen Stellenwert ein. Die Aufgaben der betrieblichen und institutionellen Datenschutzbeauftragten werden komplexer und zugleich immer wichtiger. Umfangreiche Investitionen in datenschutzgerechte Sicherheitsmaßnahmen für informationstechnische Systeme (IT-Systeme) gilt es zu planen und zu realisieren.

Bedingt durch die komplexen interdisziplinären Zusammenhänge ist das blinde Vertrauen in technische Sicherheitsexperten bei der Verwirklichung sicherer und datenschutzgerechter IT-Systeme wenig sinnvoll. Gefragt ist vielmehr eine enge Zusammenarbeit von Datenschutz- und Sicherheitsbeauftragten, Experten, Betroffenen und Lösungsanbietern, wobei dem Datenschutz in vielen Bereichen eine besonderer Rolle zukommt.

Hierbei müssen nicht nur wirtschaftliche und private Interessen berücksichtigt werden, auch staatliche Stellen melden ihre Ansprüche an. So werden derzeit neue TK-Überwachungsmaßnahmen konzipiert und verbindlich vorgeschrieben.

In vielen Bereichen ersetzt E-Mail bereits die gelbe Post. Die damit verbundenen Gefährdungen, Schwierigkeiten und Rechtsprobleme werden jedoch zumeist noch unterschätzt oder sind gar nicht bekannt. Geschäftsverbindungen werden zunehmend international und verlaufen zumeist über öffentliche Kommunikationskanäle. Daraus entstehen weitergehende Sicherheitsanforderungen – zumindest nach Vertraulichkeit und nach Verbindlichkeit.

In der Informationsgesellschaft spielen Daten eine immer wichtigere Rolle, die aus unterschiedlichen Gründen in besonderem Maße geschützt werden müssen. So sind etwa Kunden- und Produktdaten gefragte Objekte der Marktforschung. Data Warehouse und Data Mining stehen für umfassende Datensammlungen und deren freie, fast beliebige Verknüpfung, und so neben Vorteilen auch Gefahren beinhalten.

In vielen Bereichen wünschen wir Anonymität, die im Zeitalter des Electronic Commerce nicht so leicht zu verwirklichen ist, da zugleich auch Schutzmaßnahmen vor elektronischer Kriminalität erforderlich sind. Es ergeben sich somit Konflikte zwischen verschiedenen Interessen und Interessengruppen, deren Forderungen durchaus widersprüchlich sein können. Hier sind geeignete Maßnahmen zu treffen, um den daraus resultierenden Anforderungen – soweit erforderlich und möglich – gerecht zu werden.

Die Schwerpunkte der in dieser Synopse behandelten aktuellen Themen sind die folgenden:

- Zunächst werden Aspekte unerwünschter E-Mail-Werbung aufgezeigt, wobei sowohl rechtliche Fragen als auch Methoden zur Abwehr behandelt werden.
- Die Daten der Informationsgesellschaft sind ein begehrtes Wirtschaftsgut, das es zu schützen gilt. Der Anonymität und der damit verbunden Sicherheit im Data Warehouse kommt dabei eine besondere Bedeutung zu, wobei der Datenschutz eine zentrale Rolle einnehmen muß.
- Zudem sind rechtliche Grundlagen, wie sie sich etwa in der EG-Datenschutzrichtlinie und der aktuellen Diskussion der BDSG-Novellierung widerspiegeln, von zentraler Bedeutung.
- TK-Überwachungsmaßnahmen zeigen ein besonderes Spannungsfeld auf. Es werden der aktuelle Stand der Umsetzung von Überwachungsmaßnahmen sowie die Möglichkeiten und Risiken von Techniken zum Key Recovery dargestellt.
- Kontrovers diskutiert werden derzeit auch Techniken der Anonymisierung und der konsequente Einsatz datenschutzfreundlicher Technologien.

Außerdem werden spezielle Themen und entsprechende Aspekte des Datenschutzes beleuchtet. Dies betrifft etwa die Problemfelder Datenschutz-Audit, Inhaltfilterung und Jugendschutz im Internet, Anwendung von Mobile Code wie ActiveX und Java, sichere E-Mail und Elektronische Zahlungssysteme. Electronic Banking und Electronic Commerce stellen besondere Anforderungen an den Datenschutz, wobei ein globaler elektronischer Handel geeignete Sicherheitsinfrastrukturen erfordert.

Die Umgestaltung und zunehmende Mobilisierung der Arbeitswelt verlangt zudem nach Verfahren zur Sicherheit für Home und Office, wobei die Risiken neu entstehender Telearbeitsplätze mit der gebotenen kritischen Sorgfalt betrachtet werden müssen. Sowohl den Fragen des Datenschutzes als auch den Fragen der Datensicherheit kommt hierbei wiederum eine besondere Bedeutung zu.

Für die Unterstützung bei der Zusammenstellung dieses Bandes danken wir insbesondere den Autoren, die ihn durch ihre kompetenten Beiträge erst ermöglicht haben. Weiter danken wir dem Verlag Vieweg für seine Unterstützung und der Firma Computas für die organisatorische Gestaltung der Fachkonferenz "Datenschutz und Datensicherheit – DuD", die sie zu einem Forum regen Erfahrungs-, Wissens- und Ideenaustausches hat werden lassen.

Patrick Horster
pho@ifi.uni-klu.ac.at

Dirk Fox
fox@secorvo.de

Inhaltsverzeichnis

Rechtlicher Schutz vor unerwünschter E-Mail-Werbung unter nationalen und europarechtlichen Parametern

Jens M. Schmittmann

Sozietät Dr. Schulz und Partner
draschulz@aol.com

Zusammenfassung

Elektronisch übertragene Werbung ist ein Ärgernis besonderer Art. Der Empfänger muß zunächst seine eingegangenen E-Mails nach individuellen Nachrichten und Werbung selektieren. Dies kostet Zeit. Zuvor mußte er Zeit aufwenden, um die E-Mails oder zumindest ihre Köpfe ("Header") vom Server herunterladen. Dies alles nur, weil der Versand von Nachrichten über das Internet so schnell und preisgünstig ist, daß offenbar findige und weniger findige Unternehmen und Werbeagenturen meinen, nicht ohne diese Form der telekommunikativen Werbung auskommen zu können. Der Referent wird sich zunächst mit der technischen und rechtlichen Entwicklung telekommunikativer Werbung befassen, um dann auf die rechtliche Wertung von E-Mail-Werbung einzugehen. Schließlich wird er sich der Frage zuwenden, ob die bisherige deutsche Rechtsprechung gegen die Fernabsatzrichtlinie der Europäischen Gemeinschaft verstößt und welche Folgen sich daraus ergeben. Ein Unterlassungsanspruch gegen unverlangte E-Mail-Werbung ergibt sich für den Betroffenen aus §§ 823, 1004 BGB; für den Mitbewerber aus § 1 UWG. Das europäische Recht führt nicht zu einer anderen Bewertung, da die Fernabsatzrichtlinie den Mitgliedstaaten gestattet, zu Verbraucherschutzzwecken über den Inhalt der Richtlinie hinauszugehen. Auf die technischen Maßnahmen gegen unerwünschte E-Mail-Werbung geht der Referent nicht ein. Einerseits, weil die Möglichkeit technischer Abwehrmechanismen die Rechtswidrigkeit der Versendung von E-Mail-Werbung nicht beseitigt (vgl. zur Abwehr von Telefaxwerbung: OLG Oldenburg, Urteil vom 27.11.1997 – 1 U 101/97, RDV 1998, S. 113 = NJW 1998, S. 3208 = CR 1998, S. 288, mit Anm. *Schmittmann*; LG Aurich, Urteil vom 16.05.1997 – 3 O 1119/96, n.v.), andererseits, weil diese Thematik von einem anderen Referenten bearbeitet wird (vgl. *Kelm*, DuD 1999, S. 27ff.).

1 Einleitung

Die Probleme der E-Mail-Werbung werden deutlich, wenn man sich die technische und rechtliche Entwicklung der telekommunikativen Werbung deutlich macht.

1.1 Technische Entwicklung telekommunikativer Werbung

Das Internet ist ein umfassendes Netzwerk von Netzwerken (so auch *World Intellectual Property Organization*, The Management of Internet Names, Chapter 1, p.1 ff.; *Schwarz*, Kapitel

1-1, S. 1). Anfang der sechziger Jahre wurde es zur Verwendung durch das US-Verteidigungsministerium entwickelt. Im Jahre 1971 wurden 23 Militärcomputer via Internet miteinander vernetzt. Später kamen die Rechner der wissenschaftlichen Universitäten hinzu (vgl. *Lega*, S. 14ff.). Heute sind es über 30 Millionen Rechner (so *Hoeren*, Rechtsfragen des Internet, S. 1 ff.). Von 1990 bis 1997 stieg die geschätzte Zahl der Internet-User von etwa einer Million auf über 70 Millionen Personen an. Ob dazu in erster Linie die Verbreitung von allgemeininteressierenden Informationen, Unterhaltung oder harter und weicher Pornographie ausschlaggebend beigetragen haben, soll hier nicht weiter untersucht werden.

1.1.1 Verbreitung des Internet

In Deutschland waren im Jahre 1998 nach Schätzungen der Firma Data Monitor etwa 4.557.000 Haushalte an das Internet angeschlossen. Das Beratungsunternehmen Booz Allen & Hamilton hat ermittelt, daß im Jahre 1999 jeder fünfte Deutsche Zugang zum Internet haben wird (so F.A.Z. vom 4. Januar 1999, S. 28). Nach anderen Prognosen sollen im Jahre 2003 etwa 12.170.000 Haushalte in Deutschland an das Internet angeschlossen sein. Weit weniger Haushalte sind in den übrigen europäischen Ländern an das Internet angeschlossen. In der Schweiz sind es lediglich 467.000 Anschlüsse und in Spanien gar nur 397.000 Anschlüsse (so F.A.Z. vom 21. Dezember 1998, S. 24).

Neben dem Internet gibt es noch andere elektronische Netze, beispielsweise das Fidonet. Hierbei handelt es sich um einen weltweiten Zusammenschluß privat betriebener Mailboxen. Der Transport der Nachrichten dauert im Fidonet jedoch meist mehrere Tage. Neben dem Internet und dem Fidonet bestehen noch weitere kommerzielle Online-Dienste. Von der Deutschen Telekom wird auf der Basis des früheren Datex-J-Systems der Dienst „T-Online“ angeboten, der vor allem den Zugriff auf die Telebanking-Dienste zahlreicher Kreditinstitute ermöglicht. Für Journalisten ist daneben der CompuServe-Dienst wichtig, der vor allem einen Zugriff auf die meisten nationalen und internationalen Zeitungen bietet.

1.1.2 Rechtsfragen des Internet

Das Internet wirft eine Reihe von Rechtsfragen auf, insbesondere was die Namensrechte an den Domains betrifft. Diese Fragen müssen hier – leider – ausgeklammert bleiben (vgl. aber *Wegner*, CR 1998, S. 676ff.; *Bähler*, Internet-Domainnamen. Funktion. Richtlinien zur Registration. Rechtsfragen, 1996; *Flint*, Computer Law & Security Report 13 (1997), S. 163 ff.; *Gabel*, NJW-CoR 1996, S. 322 ff.; *Graefe*, MA 1996, S. 100 ff.; *Kur*, CR 1996, S. 325ff.; *Kur*, Festgabe für Friedrich-Karl Beier, S. 265ff.; *Kur*, CR 1996, S. 590ff.; *Bettinger*, GRUR Int 1997, S. 402ff.; *Barger*, John Marshall Law Review 29 (1996), S. 623ff.; *Meyer-Schönberger/Hauer*, Ecolex 1997, S. 947f.; *Nordemann*, NJW 1997, S. 1891ff.; *Ossola*, Practising Law Institute. Patents Handbook Series 454, S. 401ff.; *Omsels*, GRUR 1997, 328ff.; *Stratmann*, BB 1997, S. 689ff.; *Ubber*, WRP 1997, S. 497ff.; *Völker/Weidert*, WRP 1997, S. 652ff.; *Wilmer*, CR 1997, S. 562ff.).

1.2 Rechtliche Entwicklung telekommunikativer Werbung

Im Hinblick auf die große Anzahl von angeschlossenen Unternehmen und privaten Haushalten liegt es auf der Hand, daß das Internet für die werbende Wirtschaft ein reivoller Tummelplatz für die Übermittlung von Reklame ist. Ebenso wie bei anderen neuen Formen der Telekommunikation hat es bei der E-Mail nicht lange gedauert, bis sie von der werbenden Wirtschaft als schnelles und preisgünstiges Kommunikationsmittel entdeckt wurde.

Zur besseren Einordnung der Fragestellung gebe ich zunächst einen Überblick über die bisherigen Formen telekommunikativer Werbung und ihre rechtliche Beurteilung.

1.2.1 Telefonwerbung

Die erste Form telekommunikativer Werbung war die Telefonwerbung. Sie ist besonders beliebt und kostengünstig. Früher war der Schwerpunkt der Telefonwerbung insbesondere die Werbung für Versicherungen und der Weinversand. Heute kann man davon ausgehen, daß Versicherungs- und Finanzdienstleistungen im Vordergrund stehen. Klassischerweise wird der zu bewerbende Marktteilnehmer von dem Unternehmen angerufen und in ein Verkaufsgespräch verwickelt.

In der Entscheidung „Telefonwerbung I" hat der BGH festgestellt, daß es gegen die guten Sitten des lauteren Wettbewerbs verstößt, wenn unaufgefordert Inhaber von Fernsprechanschlüssen in ihrem privaten Bereich angerufen werden, um Geschäftsabschlüsse anzubahnen oder vorzubereiten. Nach Auffassung des BGH hat sich der Anschlußinhaber den Anschluß legen lassen, um seinerseits nach Belieben davon Gebrauch zu machen und um von Personen, die ein anerkennendes Bedürfnis für die Benutzung des Telefons haben, erreicht zu werden. Dringe ein Anrufer, dessen Anruf der Anschlußinhaber nicht wünscht, in die Privatsphäre des Anschlußinhabers ein, so ergibt sich daraus die Sittenwidrigkeit dieser Werbeform (so BGH, Urteil vom 19.06.1970 – I ZR 115/68, BGHZ 54, S. 188ff. = NJW 1970, S. 1738ff. = GRUR 1970, S. 523 mit Anm. *Droste* = BB 1970, S. 979 = DB 1970, S. 1583 = MDR 1970, S. 826 = VersR 1970, S. 866 = WRP 1970, S. 305 = JZ 1970, S. 690 = LM § 1 UWG Nr. 218 (LS) mit Anm. *Alff*; zustimmend: *Bülow*, Sittenwidrigkeit der Telefonwerbung und psychologischer Kaufzwang, WRP 1970, S. 413f.; vgl. die Vorinstanzen: LG Dortmund, Urteil vom 10.06.1968 – 13 O 63/68, BB 1968, S. 970 = FuR 1968, S. 330, mit zust. Besprechung *Freudlieb*, Zur Frage der Zulässigkeit der Werbung durch den Fernsprecher, ZPF 1969, S. 225ff.; OLG Hamm, Urteil vom 01.10.1968 – 4 U 181/68, BB 1969, S. 64 = WRP 1968, S. 452).

In der Entscheidung „Telefonwerbung II" befaßte sich der BGH erneut mit Telefonwerbung gegenüber privaten Endabnehmern. Er stellte fest, daß eine Telefonwerbung gegenüber Privatpersonen nur dann zulässig sei, wenn der Angerufene zuvor ausdrücklich oder stillschweigend sein Einverständnis erklärt habe, zu Werbezwecken angerufen zu werden. Dieses Einverständnis könne auch konkludent gegeben sein, insbesondere in solchen Fällen, in denen der Kunde neben seiner Anschrift auch seine Telefonnummer in der Erkenntnis mitteilt, diese werde von dem werbenden Unternehmen zur Fortführung des geschäftlichen Kontaktes genutzt oder der Kunde ausdrücklich um fernmündlich Informationen ersucht hat (so BGH, Urteil vom 08.06.1989 – I ZR 178/87, NJW 1989, S. 2820 = BB 1989, S. 1777f. = CR 1989, S. 994 (LS) = DB 1989, S. 2221 = EWiR 1989, S. 1031 (*Ruth*) = JuS 1990, S. 235 (*Emmerich*) = JZ 1989, S. 858 = WRP 1990, S. 169f. = AfP 1990, S. 77 = WM 1989, S. 1396f. = LM § 1 UWG Nr. 522 = MDR 1990, S. 23 = NJW-RR 1989, S. 1386 (LS) = WuB V B. § 1 UWG (*Steppeler*) = GRUR 1989, S. 753f. = ZIP 1989, S. 1285 mit zust. Anm. *Paefgen*, ZIP 1989, S. 1286f.; vgl. die Vorinstanzen KG, Urteil vom 10.07.1987 – 5 U 2750/86, WRP 1988, S. 304; LG Berlin, Urteil vom 06.03.1986 – 27 O 394/85, n.v.).

In der Entscheidung „Telefonwerbung III" erklärte der BGH Telefonwerbung nur dann für zulässig, wenn der Angerufene zuvor ausdrücklich oder stillschweigend sein Einverständnis erklärt hat, zu Werbezwecken angerufen zu werden. In der schriftlichen Bitte einer Privatperson um Übersendung von Informationsmaterial liege ein solches Einverständnis in der Regel nicht (so BGH, Urteil vom 08.11.1989 – I ZR 55/88, BB 1990, S. 301f. = GRUR 1990, S. 280f. = ZIP 1990, S. 199f. = CR 1990, S. 333 (LS) = DB 1990, S. 475f. = EWiR 1990, S. 187 (*Ulrich*) = GewA 1990, S. 336 (LS) = JZ 1990, S. 251 = LM § 1 UWG Nr. 544 = MDR 1990, S. 511 = NJW-RR 1990, S. 359f. = VersR 1990, S. 634f. = WM 1990, S. 333f. = WRP 1990, S. 288f.; vgl. die Vorinstanzen KG, Urteil vom 13.11.1987 – 5 U 4816/86; LG Berlin, Urteil vom 19.06.1996 – 16 O 317/86).

Die Entscheidung „Telefonwerbung IV" betrifft Telefonwerbung gegenüber Gewerbetreibenden. Nach dieser Entscheidung des BGH ist es wettbewerbswidrig i.S. des § 1 UWG, einen Gewerbetreibenden zu Werbezwecken anzurufen, wenn dieser damit nicht einverstanden ist oder sein Einverständnis nicht vermutet werden kann. Nach Auffassung des BGH unterhält der Gewerbetreibende seinen Telefonanschluß im eigenen Interesse, nicht im Interesse eines Werbungtreibenden (so BGH, Urteil vom 24.01.1991 – I ZR 133/89, BGHZ 113, S. 282ff. = BB 1991, S. 1140f. = DB 1991, S. 1979f. = EWiR 1991, S. 615 (*Raeschke-Kessler*) = GRUR 1991, S. 764 mit Anm. *Klawitter* = MDR 1991, S. 957f. = WM 1991, S. 1056ff. = WuB V B. § 1 UWG 6.91 mit Anm. *Salger* = ZIP 1991, S. 751 = MA 1991, S. 339 = WRP 1991, S. 470ff. = NJW 1991, S. 2087ff. = CR 1991, S. 465ff. = NJ 1991, S. 425 = AfP 1991, S. 780; vgl. dazu die Vorinstanzen: LG Hamburg, Urteil vom 16.06.1988 – 12 O 143/88, MD 1988, S. 1152; OLG Hamburg, Urteil vom 20.04.1989 – 3 U 152/88, DB 1989, S. 1407 = GRUR 1990, S. 224 = EWiR 1989, S. 923 (*Gilles*)).

In dem Urteil „Telefonwerbung V" befaßt sich der BGH mit Telefonanrufen im Zusammenhang mit bereits bestehenden Dauerschuldverhältnissen, in casu von Versicherungsverträgen. Zunächst stellt der BGH klar, daß es nicht von Belang ist, ob die Telefonnummer des Kunden sich bei den Versicherungsunterlagen befindet. Weiterhin hält der BGH daran fest, daß Wettbewerbswidrigkeit dann gegeben ist, wenn der Angerufene nicht zuvor ausdrücklich oder stillschweigend sein Einverständnis erklärt, zu Werbezwecken angerufen zu werden. In der Eintragung des Anschlußinhabers in Fernsprechbücher kann keine generelle Zustimmung für Werbeanrufe gesehen werden (so BGH, Urteil vom 08.12.1994 – I ZR 189/92, MDR 1995, S. 379f. = NJW-RR 1995, S. 613f. = VuR 1995, S. 101ff. = WM 1995, S. 682ff. = WiB 1995, S. 399f. mit Anm. *Paefgen* = CR 1995, S. 461ff. mit Anm. *Paefgen* = WuB V B. § 1 UWG 3.95 mit Anm. *Westerwelle* = GRUR 1995, S. 220ff. mit Anm. *Steinbeck*, GRUR 1995, S. 492f. = LM § 1 UWG Nr. 677 mit Anm. *Ulrich*; vgl. die Vorinstanzen: LG Berlin, ZIP 1990, S. 1353f. = MA 1990, S. 559 = WM 1990, S. 1935 = CR 1991, S. 230; KG, ZIP 1993, S. 462 = VuR 1993, S. 139 (*Metz*) = EWiR 1993, S. 87 (*Lindacher*)).

1.2.2 Telexwerbung

Bei der Telexwerbung wird die Reklame mittels Fernschreiber übertragen. Der BGH prüft in solchen Fällen, ob ein sachlicher Bezug zur Tätigkeit des Adressaten vorliegt (so BGH, Urteil vom 06.10.1972 – I ZR 54/71, BGHZ 59, S. 317ff. = NJW 1973, S. 42 = DB 1972, S. 2390 = WRP 1973, S. 29 = GRUR 1973, S. 210ff., mit Anm. *Droste*). Da die Telexwerbung ebenso wie die Teletexwerbung heute kaum noch von Bedeutung ist, wird hier auf die weitere Behandlung verzichtet (s. *Schmittmann*, S. 183).

1.2.3 BTX-Werbung

Die Eigenart der über Bildschirmtext übertragenden Werbung besteht darin, daß der Werbende dem Beworbenen eine Nachricht in dessen elektronischen Briefkasten innerhalb des BTX-Systems übermittelt.

Der BGH hält BTX-Werbung jedenfalls dann für wettbewerbswidrig belästigend, wenn die Werbung nicht besonders gekennzeichnet und daher nur unter erschwerten Bedingungen aussortierbar ist (so BGH, Urteil vom 03.02.1988 – I ZR 222/85, BGHZ 103, S. 203ff. = NJW-RR 1988, S. 933 = DB 1988, S. 1793f. = GRUR 1988, S. 614ff. = ZIP 1988, S. 671 = NJW 1988, S. 1670ff. = MDR 1988, S. 555f. = JZ 1988, S. 612ff., mit Anm. *Ahrens* = CR 1988, S. 460ff. = BB 1988, S. 787ff. = WRP 1988, S. 522ff. = ZUM 1988, S. 465ff. = jur-pc 1991, S. 951 = EWiR 1988, S. 609 (*Alt*) = WuB V B § 1 UWG 4.89 (*Reiser*); vgl. auch die Vorinstanzen: LG Berlin, NJW 1984, S. 2423; KG, ZUM 1986, S. 288ff. = CR 1986, S. 365 = NJW 1986, S. 3215ff. = AfP 1986, S. 362 = WRP 1986, S. 473ff. = ZUM 1986, S. 288ff., mit Anm. *Probandt*; vgl. dazu *Wienke*, Wettbewerbsrechtliche Probleme der Werbung über Bildschirmtext und Teletex, WRP 1986, S. 455ff.; *Jäckle*, Zur Zulässigkeit von Werbung im BTX-Mitteilungsdienst, WRP 1986, S. 648f.). Nach dem die Deutsche Bundespost Telekom durch Artikel 8 BTX-Staatsvertrag die Verpflichtung eingeführt hat, daß Werbetexte stets durch ein „W" kenntlich zu machen seien, und die technischen Voraussetzungen dafür geschaffen hat, daß BTX-Mitteilungen ohne vorherigen Bildaufbau gelöscht werden können, ist BTX-Werbung nach der Rechtsprechung des BGH nun nicht mehr wegen Belästigung unzulässig (so BGH, Urteil vom 27.02.1992 – I ZR 35/90, WRP 1992, S. 757ff.).

2 Rechtstatsächliche Beobachtungen zur E-Mail-Werbung

Die elektronische Post oder englisch Electronic-Mail (kurz "E-Mail") ist der am meisten genutzte Dienst im Internet. E-Mail erlaubt es, Texte von einem Computer zu einem anderen zu übertragen (vgl. *Mense*, DB 1998, S. 532ff.; *Tews*, Unterrichtsblätter Telekom 1997, S. 176ff., *Ultsch*, DZWir 1997, S. 466ff.). Beispielsweise können umfangreiche Manuskripte binnen Sekunden von einem Kontinent zum anderen versandt werden, ohne daß dabei Portokosten entstehen. Die Texte können vom empfangenden Rechner sofort digital weiter verarbeitet werden. Wer zum Beispiel über einen Laptop, ein Modem und ein Handy verfügt, kann ohne weiteres am spanischen Strand liegen, Schriftsätze fertigen und sie von dort sofort in die deutsche Kanzlei übertragen, wo sie umgehend auf dem Kanzleipapier ausgedruckt und eingereicht werden können. Dabei entfällt das oft lästige Medium Papier sowie die früher notwendige Postversendung von Disketten und Ausdrucken.

2.1 E-Mail-Adressen

Um E-Mail nutzen zu können, benötigt man eine entsprechende Adresse. E-Mail-Adressen bestehen aus zwei Bestandteilen. Der Benutzerkennenung, meist ein Kürzel des Nachnamens, und dem Namen des benutzten Internetrechners mit einer Nationalitätskennung. Beide Teile werden durch das Sonderzeichen „@" verbunden.

Meine Internetkennung lautet „JMS@schmittmann.de“ oder „JMS@GFI.net“. Dies bedeutet, daß ich jeweils unter meinem Monogramm „JMS“ erreichbar bin. Erreichbar bin ich entweder über meine eigene Domain „schmittmann.de“ oder über die meines Providers „GFI.net“. Die Kennung „de“ steht für Deutschland. Das Kürzel „net“ steht für Netzbetreiber. Bei der GFI mbH handelt es sich somit um eine Anbieterin von Netzwerkdienstleistungen.

2.2 Erscheinungsbild von E-Mail-Werbung

Bei der E-Mail-Werbung wird regelmäßig eine E-Mail mit werbendem Inhalt an den Empfänger übertragen (so *Storbeck*, Immer mehr Gerichte verbieten E-Mail-Werbung, "Die Welt" vom 24.12.1998). Der Inhalt einer solchen werbenden E-Mail kann sehr unterschiedlich sein. In manchen Fällen werden nur einige Zeilen übertragen, in denen das werbende Unternehmen sich oder sein Produkt vorstellt und anbietet, weitere Informationen auf Anforderung zur Verfügung zu stellen. Andererseits gibt es aber auch die Möglichkeit, daß an die werbende E-Mail eine weitere Datei angehängt wird, in der sich etwa ein Katalog des werbenden Unternehmens befindet. Solche Art von E-Mail ist besonders lästig, da hierbei sehr viel Speicherplatz auf seiten des Empfängers in Anspruch genommen wird und zudem die Übermittlung der Nachricht vom Server in den Rechner des Empfängers viel Zeit in Anspruch nimmt. Andererseits sollte aber nicht verschwiegen werden, daß solche Art der Werbung sehr attraktiv sein kann. So wäre es zwar unzulässig, aber gleichwohl denkbar, wenn eine im Internet über E-Mail werbende Rechtsanwaltskanzlei nicht nur mit einigen Worten ihre Kanzlei darauf stellt, sondern auch als Anhang zu dieser werbenden E-Mail ihre elektronische Kanzleibroschüre verteilt, die unter anderem auch Fotografien der Rechtsanwälte sowie Schrifttumsverzeichnisse enthalten kann. Ebenso kann es beispielsweise für ein Handelshaus von Interesse sein, Bestellunterlagen als Anhang zu der werbenden E-Mail zu verschicken.

Massenhafte E-Mail-Werbung wird auch „spamming“ genannt (s. Ricke/*Biere*, S. 95). Fraglich ist, woher dieser Begriff genau kommt. Nach einer Auffassung wurde er in Anlehnung an eine Parodie der Comedy-Gruppe Monty Python gewält, in der (Dosen-) Fleisch gegen eine Wand geworfen wurde (so *Kelm*, DuD 1999, S. 27). Nach anderer Auffassung soll SPAM eine Abkürzung für "Send Phenomenal Amounts of Mail" sein (so *Velslage*, DuD 1999, S. 22).

Daneben gibt es noch die Bezeichnungen UCE ("Unsolicited Commercial Electronic Mail") und UBE ("Unsolicited Bulk E-Mail"). Während UCE als Oberbegriff auch unerwünschte, nicht werbende Mail umfassen kann, ist UBE in jedem Fall massenhaft versandte werbende Mail (vgl. *Kelm*, DuD 1999, S. 27).

Soweit ersichtlich betrieben die amerikanischen Rechtsanwälte Canter und Siegel als erste solches Spamming in größerem Umfang. Sie hatten im Internet eine nächtliche Mailing-Aktion durchgeführt und dabei ihr Angebot einer Dienstleistung an ungefähr 6000 Newsgroups gleichzeitig übermittelt. Die Aktion brachte ihnen neben unzähligen Beschimpfungen, sog. „flames“, laut ihren eigenen Angaben ungefähr 1000 neue Mandanten und US-$ 100.000 Gewinn, worauf sie die Firma Cybersell gründeten (vgl. *Bollmann*, passim). Damals wurde auch der Begriffe der "Netiquette" geprägt, die einen ungeschriebenen Verhaltenskodex im Internet beschreibt, an den sich alle Teilnehmer ohne rechtlichen Zwang halten.

2.3 Sammeln und Handeln von E-Mail-Adressen

Das erste praktische Problem beim Versand von E-Mail-Werbung besteht darin, daß sich der Werbende geeignete E-Mail-Adressen besorgen muß. Beim Sammeln und Nutzen von E-Mail-Adressen müssen inländische, aber auch ausländische Anbieter bei Werbung in Deutschland zwei Rechtsbereiche beachten. Einerseits den Datenschutz und andererseits das Wettbewerbsrecht. Zu diesem Thema liegt eine ausführliche Darstellung von *Engels/Eimterbäumer* (K&R 1998, S. 196ff.) vor. Die Verfasser kommen zu dem Ergebnis, daß bei der Anwendung des deutschen Datenschutzrechts folgende Vorgaben zu beachten sind:

Bei der Erhebung, Verbreitung und Nutzung von E-Mail-Adressen ist die Einwilligung des Internetnutzers hinsichtlich des konkreten Zwecks, insbesondere ein Hinweis auf Werbung oder Weitervermittlung, notwendig (so *Engels/Eimterbäumer*, K&R 1998, S. 196 (199)).

Daneben hat die Aufklärung über Art, Umfang, Ort und Zweck der Datenerhebung, Datenverarbeitung und Datennutzung zu erfolgen. Entweder muß diese Unterrichtung jederzeit abrufbar oder vorher der Verzicht des Internet-Nutzers darauf erklärt worden sein. Darüber sind Protokolle zu führen. Schließlich muß der Nutzer auch auf das jederzeitige Widerrufsrecht hingewiesen werden. Die Weitervermittlung von Internetadressen ist lediglich bei ausdrücklicher Genehmigung des Nutzers möglich.

Eine E-Mail besteht aus einem Vorspann ("Header") und dem eigentlichen Text der Nachricht ("Body"). Der Header enthält üblicherweise mindestens Angaben über Absender („From"), Empfänger („To"), Thema der Nachricht („Subject") und Datum und Uhrzeit der Übermittlung. Hinzu kommen teilweise auch die Angabe des Typs der Nachricht ("content-Type"; vgl. dazu *Kelm*, DuD 1999, S. 27ff.).

Trotz dieser engen rechtlichen Vorgaben gibt es einen regen Handel mit Internet-Adressen. Über deutsche Verhältnisse liegen insoweit keine zuverlässigen Zahlen vor. Das in Philadelphia/USA ansässige Unternehmen CyberPromotions behauptet, eine Liste von 1,4 Millionen Internetadressen zu besitzen, deren Anschlußinhaber angeblich alle individuell um Eintragung in diese Liste gebeten haben (vgl. *Schmittmann*, DuD 1997, S. 636 (639)).

2.4 Robinson-Listen

Hinsichtlich der professionellen und kommerziellen Verwendung von Internet-Adressen gibt es inzwischen ebenso wie bei der klassischen Briefwerbung sogenannte Robinson-Listen. Der Deutsche Direkt Marketing Verband e.V. (DDV) sammelt seit mehr als 25 Jahren in einer Robinson-Liste Anschriften von Personen, die keine adressierten Werbebriefe erhalten wollen. Für den Verbraucher ist der Eintrag in diese Liste kostenlos. Unternehmen können so Personen aus dem Adreßbestand löschen, bei denen ihre Sendungen nicht auf Interesse stoßen würden. Die steigende Verbreitung des Internet hat dazu geführt, daß der DDV inzwischen auch eine Internet-Robinson-Liste führt. Verbraucher, die sich in diese Liste eintragen wollen, können sich bei dem deutschen Direkt Marketing Verband e.V. anmelden. Weitere Informationen sind im Internet unter erreichbar. Die Freitag-Liste soll in erster Linie Internetnutzer vor einer übergroßen Flut von Werbemails schützen. Durch den Eintrag in die Freitag-Liste erklärt der Internetbenutzer, daß er keine Werbemails zugesendet bekommen möchte. Die Freitag-Liste bietet aber keinerlei Garantie dafür, daß der Eingetragene tatsächlich von weiterer E-Mail verschont wird.

Im übrigen hat sich eine deutsche Liste etabliert, die sich gegen unerwünschte E-Mail-Werbung wendet und unter "DE-SPAM-L" firmiert. Weitere Informationen sind im Internet unter

http://www.despaml.interrob.de

erhältlich.

Professionelle E-Mail-Adressenhändler sammeln die von ihnen für die Werbemaßnahmen benötigten Adressen im Internet selbst. Dies geschieht einmal dadurch, daß sie die Homepages von potentiellen Interessenten durchstreifen und die dort angegebenen Adressen katalogisieren. Weit interessanter und effektiver ist es aber, in Mailinglisten Adressen zu sammeln. Der Vorteil einer solchen Adreßsammlung besteht unter anderem darin, daß hier nicht nur isoliert Adressen gesammelt werden können, sondern auch zugleich Rückschlüsse auf die persönlichen Verhältnisse der Adress-Inhaber möglich sind. So wird man in juristischen Mailinglisten in erster Linie Rechtsanwälte finden, während man in medizinischen Mailinglisten insbesondere Ärzte antreffen wird. Dies ist vor allem dann von Bedeutung, wenn für die angebotenen Waren und Dienstleistungen eine entsprechend kaufkräftige Klientel gesucht wird.

3 Beurteilung von E-Mail-Werbung nach nationalem Delikts- und Lauterkeitsrecht

Bevor ich auf die international privatrechtlichen und europarechtlichen Fragestellungen eingehe, gebe ich einen kurzen Überblick über die Beurteilung von E-Mail-Werbung nach deutschem Delikts- und Lauterkeitsrecht.

Für die rechtliche Beurteilung von E-Mail-Werbung gilt sowohl nach Delikts- als auch nach Lauterkeitsrecht das Recht des Tatorts. Dies ist für Rechtsfragen des Internet unstreitig (vgl. KG, Urteil vom 25.03.1997 – 5 U 659/97, WRP 1997, S. 2376ff. = CR 1997, S. 685f.; LG Berlin, Urteil vom 13.10.1998 – 16 O 320/98; LG München, Urteil vom 17.10.1996 – 4 HKO 12190/96, CR 1997, S. 155ff.). Der Unterlassungskläger hat daher den Vorteil, daß er in jedem Fall an seinem Heimatgericht klagen kann und dieses Gericht dann auch deutsches Wettbewerbsrecht anwendet, sofern die Voraussetzungen dafür gegeben sind (vgl. *Rüßmann*, K&R 1998, S. 422 (425)).

3.1 Deliktsrecht

Ein Unterlassungsanspruch gegen die Zusendung unverlangter Werbung mittels E-Mail könnte sich aus §§ 823, 1004 BGB ergeben.

Die Bestimmung des § 823 Abs. 1 BGB regelt, daß wer vorsätzlich oder fahrlässig das Leben, den Körper, die Gesundheit, die Freiheit, das Eigentum und ein sonstiges Recht eines anderen widerrechtlich verletzt, diesem zum Ersatze des daraus entstehenden Schadens verpflichtet ist. Schadensersatz kann dabei auch gemäß § 1004 Abs. 1 BGB darin bestehen, daß Unterlassung der Beeinträchtigung verlangt wird.

Der Unterlassungsanspruch aus § 823 Abs. 1 BGB in Verbindung mit § 1004 Abs. 1 BGB setzt immer voraus, daß in ein geschütztes Rechtsgut eingegriffen wird. Die Verletzungshandlung liegt in einer nachteiligen Beeinträchtigung eines der in § 823 Abs. 1 BGB genannten Rechte oder Rechtsgüter oder in der Erfüllung eines in einem Schutzgesetz normierten Tatbestandes (statt aller *Palandt/Thomas*, § 823 Rdnr. 2).

Mangels Eingriff in Leib und Leben des Empfängers kommen hier allenfalls das Eigentum oder ein sonstiges Recht des Empfängers ernsthaft in Betracht.

3.1.1 Eigentumsverletzung

Es stellt sich zunächst die Frage, ob hier eine Eigentumsverletzung vorliegt. Dabei ist zu berücksichtigen, daß § 823 Abs. 1 BGB nicht schlechthin das Vermögen schützt, sondern nur konkrete Rechte. Demgemäß ist mehr als fraglich, ob bei der E-Mail-Werbung die dabei anfallenden Kosten für Strom und Telekommunikationsdienstleistungen zu berücksichtigen sind. Es ist daher angebracht, nach weiteren sonstigen Rechten zu suchen, die durch unverlangte E-Mail-Werbung beeinträchtigt sein könnten.

Zu diesen Kosten hat *Nimmich* im Internet eine interessante Untersuchung veröffentlicht, die von den Berechnungsmodellen der Werbenden ausgeht (vgl. "http://www.uni-muenster.de/WiWi /home/nimmich/werbung/kosten.html").

Danach wird mit folgenden Zahlen argumentiert.

Größe der E-Mail: 1.500 Bytes

Übertragungrate des Modems: 14.400 Bits/s

ein Byte enthält acht Bits, folglich die E-Mail 1.500 * 8 = 12.000 Bits

Übertragungsdauer also 12.000 Bits / 14.400 Bits/s = 0,833 s

Dauer einer Telefoneinheit: 90 s

Kosten einer Telefoneinheit: 12 Pfennig

Dauer der Übertragung: 0,833 s / 90 s/Einheit = 0,009 Einheiten

Kosten der E-Mail: 12 Pfennig/Einheit * 0,009 Einheiten = 0,108 Pfennig

Daß hier mit optimalen Übertragungsraten gerechnet wird, die in der Praxis wegen des Protokoll-Overheads und der Wartezeiten des Servers nicht erreicht werden können, läßt *Nimmich* bewußt außer Betracht.

Nach den Ausführungen von *Nimmich* vernachlässigen die Befürworter wesentliche implizite Prämissen, die diesem Argument zugrunde liegen. Zum einen ist nicht die Größe einer einzelnen E-Mail entscheidend, sondern die Gesamtmenge aller zugeschickter unerwünschter E-Mail. Zum anderen rechnet die Telekom nicht sekunden- oder zehntelsekundengenau ab, so daß die oben durchgeführte Rechnung an sich schon angreifbar ist. Erst nach einer Übertragungssitzung ließen sich die Kosten für eine einzelne E-Mail, die darin mitübertragen wurde, ermitteln. Aufgrund der Tarifstruktur der Telekom kann es dabei vorkommen, daß genau die eine Werbe-E-Mail, die der Empfänger mitübertragen mußte, dafür gesorgt hat, daß die nächste Einheit angefangen wurde und deshalb 12 zusätzliche Pfennig anfallen. Im Extremfall hat also die Übertragung der Werbe-E-Mail, und sei sie noch so kurz, nicht die oben errechneten 0,108 Pfennig gekostet, sondern 12 Pfennig, also mehr als hundertmal soviel.

Ferner geht dieser Ansatz davon aus, daß an Übertragungskosten nur die Telefongebühren für den Anruf beim Provider anfallen. Für viele E-Mail-Nutzer, die gegen ein Pauschalentgelt E-Mail empfangen können, scheint das auch zu stimmen. Denn diese Entgelte sind "sunk costs", da der Nutzer sie auch bezahlt hätte, wenn er keine unerwünschte Werbe-E-Mail erhalten würde.

Gerade bei Anbietern mit Pauschalabrechnung ist es aber so, daß die Menge der beim Provider zwischengespeicherten E-Mails beschränkt ist. So faßt die Mailbox eines T-Online-Benutzers maximal 2 MByte. Andere Dienste beschränken die Anzahl der gespeicherten E-Mails; so werden in einer Compuserve-POP3-Mailbox nur 100 E-Mails gespeichert (siehe "http://mail.csi.com/mail/faq.html"). Wird nun eine E-Mail nicht angenommen, weil die Mailbox mit Werbung geflutet ist, können daraus für den Empfänger durchaus auch finanzielle Nachteile entstehen. Außerdem basiert eine Pauschalabrechnung auf einer Mischkalkulation des Providers. Steigen für ihn die Kosten aus zusätzlichem E-Mail-Verkehr an und kann er diese nicht durch andere Maßnahmen kompensieren, wird er auf lange Sicht die Preise erhöhen müssen.

Desweiteren haben etliche Unternehmen einen Internet-Zugang bei einem deutschland- oder weltweiten Internetprovider oder Online-Dienst, ihre E-Mail wird aber bei einem Web-Präsenz-Provider gesammelt, der auch die Firmen-Domain verwaltet. Hier fallen dann Zeitgebühren beim Online-Dienst an, die auch nicht stetig abgerechnet werden, sondern in diskreten Zeiträumen gestaffelt anfallen. Es gilt also das oben für die Telekomgebühren Gesagte: die eine Werbe-E-Mail, die in der Firmen-Mailbox ist, kann dafür verantwortlich sein, daß ein neues Taktintervall begonnen wird. Die vollen Kosten für dieses zusätzliche Taktintervall sind deshalb der Werbung zuzurechnen.

Schließlich kann sich ein E-Mail-Nutzer bei Eingang einer E-Mail auch sofort von seinem Provider anrufen lassen, was dieser natürlich in Rechnung stellt. Bei diesen Nutzern fallen auf jeden Fall 12 Pfennig pro E-Mail an.

Nach diesen Überlegungen ergibt sich nach Auffassung von *Nimmich* folgende Rechnung:

Beispiel 1: E-Mail wird von einem Web-Präsenz-Provider gesammelt, Zugang erfolgt über einen Online-Dienst, der 8 Pfennig/Minute berechnet. Nach drei Minuten wäre sämtliche erwünschte E-Mail abgeholt und die Verbindung wieder geschlossen gewesen, dummerweise ist da noch eine unerwünschte Werbe-E-Mail:
zusätzliche Telefongebühren: 12 Pfennig,
zusätzliche Onlinegebühren: 8 Pfennig,
Kosten der E-Mail also: 12 Pfennig + 8 Pfennig = 20 Pfennig.

Beispiel 2: Volumenabhängige Abrechnung. Pro angefangene 1000 Byte berechnet der Provider 3 Pfennig. Ohne die unerwünschte E-Mail wäre die Übertragung noch in der letzten Einheit beendet gewesen:
zusätzliche Telefongebühren: 12 Pfennig,
zusätzliche Volumengebühren: 2 * 3 Pfennig = 6 Pfennig,
Kosten der E-Mail also: 12 Pfennig + 6 Pfennig = 18 Pfennig.

Aus dieser Darstellung ergibt sich m.E. schlüssig, daß beim Empfänger von Werbe-E-Mails ein wirtschaftlicher Schaden entsteht, der nicht außer acht gelassen werden kann.

Nach diesen Überlegungen kann man wohl nicht mehr ernsthaft bestreiten, daß die Übermittlung unerwünschter E-Mails eine Eigentumsverletzung darstellt.

3.1.2 Besitz

Auch der schlichte Besitz, also die tatsächliche Sachherrschaft, ist ein nach § 823 Abs. 1 BGB geschützes Rechtsgut.

Nach einer von *Hoeren* (DuD 1998, S. 455f.) entwickelten Auffassung, stellt sich das Hinterlassen von Cookies (vgl. *Bizer*, DuD 1998, S. 277ff.; *Wichert*, DuD 1998, S. 273ff.) als Besitzstörung dar, so daß der Besitzer gemäß § 862 Abs. 1 BGB die Beseitigung der Störung verlangen kann, sofern der Besitzer durch verbotene Eigenmacht im Besitz gestört wird. Bei Gefahr weiterer Störungen kann der Besitzer auf Unterlassung klagen. Cookies werden lokal auf dem Rechner des betroffenen Nutzers hinterlegt. Der User ist regelmäßig Besitzer des Servers und der Festplatte. Die Cookies-Speicherung ist Besitzstörung, durch die ein Teil der Festplatte der Nutzung durch den Berechtigten entzogen wird.

Nichts anderes kann m.E. für die Nutzung der Festplatte beim Empfang von unerwünschter E-Mail-Werbung gelten. Der Nutzer wird – zumindest tempörär – in der Nutzung der Festplatte eingeschränkt und hat daher auch ein schützenswertes Interesse an der Unterlassung solcher Werbung.

3.1.3 Eingerichteter und ausgeübter Gewerbebetrieb

Der eingerichtete und ausgeübte Gewerbebetrieb ist von der Rechtsprechung als sonstiges Recht anerkannt (so BGH, Urteil vom 21.06.1965 - VI ZR 261/64, BGHZ 45, S. 296 (307)). Das Recht am eingerichteten ausgeübten Gewerbebetrieb schützt den Betriebsinhaber gegen Beeinträchtigungen von außen. Betriebsbezogener Eingriff ist eine unmittelbare Beeinträchtigung des Gewerbebetriebes als solchem (so BGH, Urteil vom 15.11.1982 - II ZR 206/81, BGHZ 86, S. 152 (156)). Der betriebsbezogene Eingriff muß sich spezifisch gegen den betrieblichen Organismus oder die unternehmerische Entscheidungsfreiheit richten (so BGH, Urteil vom 29.01.1985 - VI ZR 130/83, NJW 1985, S. 1620 = VersR 1985, S. 453; BGH, Urteil vom 21. April 1998 – VI ZR 196/97, ZAP EN-Nr. 421/98 = NJW 1998, 2141).

Die gleichen Grundsätze gelten auch für die Angehörigen freier Berufe, obwohl sie kein eigentliches Gewerbe betreiben (so OLG München, NJW 1977, S. 1106; BGH, GRUR 1965, S. 693).

Nach der Rechtsprechung des Landgerichts Berlin (Urteil vom 13.10.1998 - 16 O 320/98, MMR 1999, S. 43ff., mit Anm. *Westerwelle* = ZAP 1998, S. 1253f. (Fach 16, S. 171) mit Anm. *Schmittmann*) liegt in der unaufgeforderten Übersendung von E-Mail-Werbung ein Eingriff in den eingerichteten und ausgeübten Gewerbebetrieb. Im vorliegenden Fall hatte ein Berliner Kollege gegen eine Agentur geklagt, die Jahrmarktgerätschaften angeboten hat. Das Gericht urteilte, daß für die Beurteilung des betriebsbezogenen Eingriffs in den eingerichteten und ausgeübten Gewerbebetrieb gemäß § 823 Abs. 1 BGB dieselben Erwägungen anzustellen seien, die für die Frage der Wettbewerbswidrigkeit von E-Mail-Werbung im Rahmen des § 1 UWG herangezogen werden. Die Frage der Wirkung dieser Werbesendungen auf den Empfänger stellt sich in beiden Fällen gleichermaßen. Im übrigen diene der Schutz des Gewerbebetriebs gemäß § 823 Abs. 1 BGB gerade auch dazu, ergänzungsbedürftige Lücken im Anwendungsbereich des UWG zu schließen, weshalb die Tatbestände im Zusammenhang gesehen werden müßten.

3.1.4 Persönlichkeitsrecht

Befindet sich der Empfänger einer werbenden E-Mail in der ungünstigen Situation, weder über einen Gewerbebetrieb zu verfügen, noch Angehöriger eines freien Berufes zu sein, stellt sich die Frage, ob auch ihm ein Unterlassungsanspruch zusteht. Aus dem Gefühl heraus mag diese Frage ohne weiteres zu bejahen sein. Die rechtliche Begründung gestaltet sich etwas schwieriger.

Das Amtsgericht Brakel (Urteil vom 11.02.1998 - 7 C 747/97, MMR 1998, S. 492 = NJW 1998, S. 3209 = NJW-CoR 1998, S. 431) hat entschieden, daß die Zusendung unverlangter Werbung mittels E-Mail einen Eingriff in das allgemeine Persönlichkeitsrecht des Empfängers darstelle. Der Wille des Empfängers, seinen persönlichen Lebensbereich von jedem Zwang zur Auseinandersetzung mit Werbung nach Möglichkeit freizuhalten, ist als Ausschluß seines personalen Selbstbestimmungsrechts schutzwürdig (so BGH, Urteil vom 20.12.1988 VI ZR 182/88, BGHZ 106, S. 229 (233)). Der persönliche Lebensbereich des Empfängers sei betroffen, da die von ihm verwendete E-Mail-Adresse nicht darauf schließen lasse, daß er mit elektronischer Werbung einverstanden sei.

3.2 Lauterkeitsrecht

Das deutsche Lauterkeitsrecht findet seine Kodifikation in dem Gesetz gegen den unlauteren Wettbewerb vom 07. Juni 1909 (RGBl. 1909, S. 499 ff.). Wer im geschäftlichen Verkehr zu Zwecken des Wettbewerbs Handlungen vornimmt, die gegen die guten Sitten verstoßen, kann gemäß § 1 UWG auf Unterlassung und Schadensersatz in Anspruch genommen werden.

Aus dieser Generalklausel des § 1 UWG ergibt sich der größte Teil des deutschen Wettbewerbsrechts. Wie bereits eingangs zu den anderen Arten der telekommunikativen Werbung ausgeführt, stellt das Wettbewerbsrecht insoweit auf die Interessenlagen der Absender und der Empfänger der Werbung ab.

3.2.1 Rechtsprechung

Das Landgericht Traunstein hat die Grundzüge des § 1 UWG im Verhältnis zur Telefaxwerbung in einem außerordentlich umfänglich begründeten Prozeßkostenhilfe-Beschluß ausgeführt.

Zum Hintergrund sei folgendes bemerkt. Das Landgericht Traunstein hatte zunächst in einer einstweiligen Verfügung (Beschluß vom 14.10.1997 - 2 HKO 3755/97, DuD 1998, S. 45 = ArchPT 1998, S. 59f. = CI 1998, S. 9 = WRP 1998, S. 270ff., mit Anm. *Leupold* = ArchPT 1998, S. 59ff., mit Anm. *Göckel* = NJW-CoR 1997, S. 494, mit Anm. *Ernst* = MMR 1998, S. 53ff., mit Anm. *Schmittmann*) entschieden, daß es gegen § 1 UWG verstößt, Werbung über E-Mail an Privatpersonen ohne deren vorherige Zustimmung zu senden.

Das werbende Unternehmen beabsichtigte gegen die einstweilige Verfügung Widerspruch einzulegen und beantragte, ihr zur Rechtsverfolgung Prozeßkostenhilfe zu bewilligen.

Durch Beschluß vom 18.12.1997 (Az. 2 HKO 3755/97, ZAP EN-Nr. 208/98 = MMR 1998, S. 109f. = NJW 1998, S. 1648f. = RDV 1998, S. 115 = AfP 1998, S. 341 = DB 1998, S. 469 = ArchPT 1998, S. 284f. = K&R 1998, S. 222ff., mit Anm. *Schrey* = CR 1998, S. 171ff., mit Anm. *Reichelsdorfer*) lehnte das Landgericht Traunstein den Antrag auf Gewährung von Prozeßkostenhilfe ab. Das Gericht stellte zunächst die Grundzüge der Briefkastenwerbung, der Telefonwerbung, der Telefaxwerbung und der unverlangten BTX-Werbung dar. Sodann kam es zu dem Ergebnis, daß eine zusammenfassende Bewertung ergibt, daß die beanstandete Werbung wettbewerbswidrig i.S. des § 1 UWG ist und daher ihre Unterlasssung verlangt werden kann. Das Gericht stützte sich im wesentlichen darauf, daß der Umfang der E-Mail-Werbung stark angeschwollen ist. Es sei im übrigen weiteres Anschwellen zu erwarten, weil die E-Mail-Werbung für den Werbenden besonders attraktiv ist und billig, schnell, gezielt und massenhaft in Wohnungen und Büros gebracht werden kann und dabei auch bewegte Bilder, Sprache und Ton einsetzen kann. Das Anschwellen der Werbung in allen Medien hat das Interesse des Bürgers an weiterer Werbung sinken lassen. Die steigende Mühe und Arbeit, Werbung als solche zu erkennen und auszusortieren, empfindet der Empfänger häufig als erhebliche Belästigung, die er nicht mehr hinnehmen will.

Aus alledem schloß das Landgericht Traunstein einen Verstoß gegen § 1 UWG, aus dem sich dann ohne weiteres auch ein Unterlassungsanspruch gegen den Werbenden ergibt.

Dieser Auffassung haben sich inzwischen das Landgericht Hamburg (Urteil vom 06.01.1998 – 312 O 579/97, n.v.), das Landgericht Berlin (Beschluß vom 02.04.1998 – 16 O 201/98, NJW-CoR 1998, S. 431 = CR 1998, S. 623, mit Anm. *Moritz*; Beschluß vom 14.05.1998 – 16 O 301/98, ZAP EN-Nr. 483/98 = NJW-CoR 1998, S. 431 = DuD 1998, S. 474 = MMR 1998, S. 491 = K&R 1998, S. 304 = NJW 1998, S. 3208f. = ArchPT 1998, S. 283f., mit Anm. *Schmittmann* = CR 1998, S. 499f. mit Anm. *Schmittmann*; Urteil vom 13.10.1998 – 16 O 320/98, MMR 1999, S. 43ff. = ZAP 1998, S. 1253 (Fach 16, S. 171) mit Anm. *Schmittmann*), das Landgericht Augsburg (Beschluß vom 19.10.1998 – 2 O 4416/98, n.v.) und das Amtsgericht Borbeck (Beschluß vom 08.12.1998 – 5 C 365/98, n.v.) angeschlossen.

3.2.2 Auffassung der Literatur

Auch nach beinahe durchgängiger Auffassung in der Literatur verstößt unerwünschte E-Mail-Werbung gegen §§ 823 Abs. 1, 1004 BGB sowie § 1 UWG (so Palandt/*Bassenge*, § 1004 Rdnr. 7; Baumbach/*Hefermehl*, § 1 UWG Rdnr. 70a; *Schad*, WRP 1999, S. 243f.; *Schmittmann*, MMR 1998, S. 346 (347); *Schmittmann*, DuD 1997, S. 636 (639); *Schmittmann*, RDV 1995, S. 234 (237); *Fikentscher/Möllers*, NJW 1998, S. 1337 (1343); *Hoeren*, Computerrechts-Handbuch, Kapitel 142 Rdnr. 5; *Hoeren*, WRP 1997, S. 993 (994); Schwarz/*Gummig/Achenbach*, Kapitel 5 – 3.1, S. 19f.; Ricke/*Biere*, S. 95ff.; *Engels/Eimterbäumer*, K&R 1998, S. 196 (199); *Ultsch*, DZWir 1997, S. 466 (472); *Ernst*, BB 1997, S. 1057 (1060)).

Demgegenüber sind Stimmen, die die grundsätzliche Zulässigkeit von E-Mail-Werbung annehmen, in der Minderheit. Nach einer insbesondere von *Reichelsdorfer* vertretenen Auffassung ist E-Mail-Werbung nicht grundsätzlich zu beanstanden. Die von der Rechtsprechung herausgearbeiteten Belästigungsmomente bei der Telex- und Telefaxwerbung seien hier nicht anwendbar. Werbung mittels E-Mail koste keinen zusätzlichen Strom und verschwende kein Papier. Der Empfänger könne seinen Geschäftsbetrieb so organisieren, daß ein Mitarbeiter –

ähnlich der Poststelle – Werbung von individueller Kommunikation trenne (so *Reichelsdorfer*, GRUR 1997, S. 191 (197)). Nach Auffassung von *Funk* (CR 1998, S. 411 (419)) ist die Rechtsprechung des BGH zur Zulässigkeit herkömmlicher Fernkommunikationstechniken als Werbemedium auf das Medium E-Mail nicht unmittelbar übertragbar, da die Interessenlage der Beteiligten bei E-Mail nicht mit derjenigen bei einer der übrigen Kommunikationstechniken übereinstimmt. *Funk* meint, daß die Allgemeinheit bei der Nutzung von E-Mail als Werbemedium mittels einer Verbesserung des europäischen Binnenmarktes durch Schaffung deutlich erhöhter Markttransparenz und Senkung von Transaktionskosten profitiert. Aus dieser Interessenlage folge, daß E-Mail als ein Kommunikationsmittel für Werbung grundsätzlich zulässig sein müsse. Auch mit dieser Zielvorgabe lasse sich das berechtigte Interesse eines jeden E-Mail-Nutzers in Einklang bringen, von unerwünschten Werbebotschaften verschont zu bleiben, den Zugang von Information in Selbstbestimmung auf das für ihn Wichtige zu beschränken und so eine Unbrauchbarmachung seines E-Mail-Anschlusses durch eine Flut unverlangter Nachrichten zu verhindern. Eine klare Lösung bestünde nach Auffassung von *Funk* darin, Werbebotschaften per E-Mail so lange für wettbewerbsrechtlich zulässig zu halten, wie der Adressat nicht weiteren Werbebotschaften widerspricht.

Damit ist zugleich die Frage aufgeworfen, ob die wettbewerbsrechtliche Zulässigkeit von E-Mail-Werbung davon abhängt, daß der Empfänger ihr zuvor zugestimmt hat, oder ob die Zulässigkeit davon abhängt, ob nicht erkennbar ist, daß der Empfänger solche Werbung ablehnt.

3.3 Gerichtliche Durchsetzung

Ist eine Klage auf Unterlassung geplant, so könnte der Klageantrag im Falle einer Unterlassungsklage eines Privaten oder Gewerbetreibenden aus §§ 823, 1004 BGB folgendermaßen lauten:

> *Es wird beantragt, den Beklagten zu verurteilen, es bei Meidung eines vom Gericht für jeden Fall des Verstoßes festzusetzendes Ordnungsgeldes bis zu DM 5.000,- oder Ordnungshaft zu unterlassen, den Kläger unaufgefordert durch E-Mail-Nachrichten zu bewerben.*

Im Falle einer wettbewerbsrechtlichen Streitigkeit lautet der auf § 1 UWG gestützte Antrag nicht anders. Es ist jedoch darauf zu achten, daß die Höhe des Ordnungsgeldes entsprechend der Marktstärke und wirtschaftlichen Potenz des Werbenden angepaßt wird. Außerdem ist der Antrag allgemeiner zu fassen.

Ein solcher Antrag könnte wie folgt formuliert werden:

> *Es wird beantragt, den Beklagten zu verurteilen, es bei Meidung eines vom Gericht für jeden Fall des Verstoßes festzusetzendes Ordnungsgeldes bis zu DM 500.000,- oder Ordnungshaft zu unterlassen, künftig durch E-Mail zu werben, es sei denn, der Empfänger hat der jeweiligen Sendung zuvor zugestimmt oder das Einverständnis kann vermutet werden.*

4 Implikationen des europäischen Rechts

Nach europäischem Recht kommen zwei Richtlinien in Betracht.

4.1 Telekommunikationsdatenschutz-Richtlinie

Die zunächst als ISDN-Richtlinie gedachte Richtlinie über die Verarbeitung personenbezogener Daten und den Schutz der Privatsphäre im Bereich der Telekommunikation geplante Telekommunikations-Datenschutz-Richtlinie ist insoweit unergiebig (vgl. *Schmittmann*, RDV 1995, S. 61ff.). Die europäische Union hat sich entschlossen, eine „Richtlinie 97/66/EG des europäischen Parlamentes und des Rates vom 15.12.1997 über die Verarbeitung personenbezogener Daten und den Schutz der Privatsphäre im Bereich der Telekommunikation" zu erlassen (Amtsblatt EG vom 30.01.1998 L 24, S. 1 ff.). Diese Richtlinie muß gemäß Artikel 15 TK-Datenschutz-Richtlinie bis zum 24. Oktober 1998 umgesetzt werden. Diese Regelung zur E-Mail-Werbung enthält die Richtlinie nicht. Sie befaßt sich in Artikel 12 Abs. 1 und Artikel 12 Abs. 2 TK-Richtline lediglich mit der Verwendung von Voice-Mail-Systemen und der Telefon- und Telefaxwerbung.

4.2 Fernabsatzrichtlinie

Weitaus interessanter in diesem Bereich ist die Fernabsatzrichtlinie. Im Mai 1992 befaßte sich zunächst ein Richtlinienvorschlag des Rates über den Verbraucherschutz bei Vertragsabschlüssen im Fernabsatz (vgl. Vorschlag einer Richtlinie über den Verbraucherschutz bei Vertragsabschlüssen im Fernabsatz, 92/C 156/05, Dokument KOM (92) 11 endg., vorgelegt am 21.05.1992, ABl. C 156 vom 23.06.1992, S. 14ff.; *Micklitz*, Der Vorschlag für eine Richtlinie des Rates über den Verbraucherschutz bei Vertragabschlüssen im Fernabsatz, VuR 1993, S. 129ff.) mit Vertragsrecht bei Telemarketing und Teleshopping. Nach dem geänderten Vorschlag der Kommission vom Oktober 1993 (s. Geänderter Vorschlag für eine Richtlinie des Rates über den Verbraucherschutz bei Vertragsabschlüssen im Fernabsatz, 93/C 308/02, Dokument KOM (93) 396 endg., vorgelegt am 07.10.1993, ABl. C 308 vom 15.11.1993, S. 18ff.), der gemäß Art. 149 Paragraph 3 EGV vorgelegt wurde, steht dem Verbraucher ein umfassendes Widerrufsrecht zu. Gemäß Art. 6 Abs. 1 Fernabsatzrichtlinie kann der Verbraucher jeden über eine Fernkommunikation zustandegekommenen Vertrag innerhalb einer Frist von sieben Tagen ohne Angabe von Gründen und ohne Strafzahlung widerrufen (kritisch: *Arnold*, CR 1997, S. 526 (530)). Unter Fernkommunikationstechniken fallen u.a. persönliche und automatische Telefonkommunikation, Videotext, elektronische Post, Teleshopping und auch Telefax.

Am 29. Juni 1995 hat der Rat der Europäischen Union einen „Gemeinsamen Standpunkt im Hinblick auf den Erlaß einer Richtlinie über den Verbraucherschutz im Fernabsatz" beschlossen (s. ABl. Nr. C 288 vom 30.10.1995, S. 1). Das Europäische Parlament hat am 13. Dezember 1995 den „Gemeinsamen Standpunkt" in zahlreichen Punkten geändert (s. AP Dok A 4-297/95). Nach der nun endgültigen Fassung des Art. 10 Abs. 1 bedarf der Einsatz von Telefax und Voice-Mail der vorherigen Zustimmung des Verbrauchers. Alle anderen Techniken dürfen verwendet werden, wenn der Verbraucher ihre Verwendung nicht offenkundig abgelehnt hat. Die Kommission hat in ihrer Stellungnahme vom 7. Februar 1996 keine Einwendungen erhoben (s. KOM (96) 36 endg. COD 411). Parlament und Rat haben die Richtlinie am 17.

Februar 1997 erlassen und verkündet (s. Richtlinie 97/7/EG des Europäischen Parlaments und des Rates vom 20. Mai 1997 über den Verbraucherschutz bei Vertragsabschlüssen im Fernabsatz, ABl. Nr. L 144 vom 04.06.1997, S. 19ff. = EWS 1997, 235ff. = CR 1997, 575ff.; auch *Arnold*, CR 1997, S. 526ff.).

Nach der „Richtlinie 97/7/EG des europäischen Parlamentes und des Rates vom 20.05.1997 über den Verbraucherschutz bei Vertragsabschlüssen im Fernabsatz" bedarf der Einsatz von Telefax und Voice-Mail der vorherigen Zustimmung des Verbrauchers (Artikel 10 Abs. 1 Fernabsatzrichtlinie; abgedruckt: Amtsblatt L 144 vom 04.06.1997, S. 19ff. = EWS 1997, S. 235ff. = CR 1997, S. 575ff.; vgl. *Köhler*, NJW 1998, S. 185ff.; *Martinek*, NJW 1998, S. 207ff.; *Arnold*, CR 1997, S. 526ff.; *Bodewig*, DZWir 1997, S. 447ff.).

Gemäß Artikel 10 Abs. 1 Fernabsatzrichtlinie bedarf die Verwendung von Telefax oder Voice-Mail-Systemen durch den Lieferer der vorherigen Zustimmung des Verbrauchers. Alle anderen Telekommunikationstechniken sind zulässig, sofern der Verbraucher ihre Verwendung nicht offenkundig abgelehnt hat. Dies betrifft also insbesondere die Werbung durch individuellen Telefonanruf oder durch elektronische Post (E-Mail).

Daher wird vertreten, daß die E-Mail-Werbung an private Verbraucher solange zulässig ist, wie der Verbraucher ihr nicht widersprochen hat. Insbesondere das Landgericht Berlin (Urteil vom 13.10.1998 – 16 O 320/98, ZAP 1998, S. 1253 (Fach 16, S. 171) mit Anm. *Schmittmann*) ist der Auffassung, daß das Verbot einzelner Kommunikationsmittel wie hier der E-Mail nicht zulässig ist.

Demgegenüber ist das Landgericht Traunstein (Beschluß vom 18.12.1997 – 2 HKO 3755/97, ZAP EN-Nr. 208/98 = MMR 1998, S. 109f. = NJW 1998, S. 1648f. = RDV 1998, S. 115 = AfP 1998, S. 341 = DB 1998, S. 469 = ArchPT 1998, S. 284f. = K&R 1998, S. 222ff., mit Anm. *Schrey* = CR 1998, S. 171ff., mit Anm. *Reichelsdorfer*) der Auffassung, daß die deutsche Regelung europarechtlichen Bedenken nicht unterliegt (ebenso *Schmittmann*, MMR 1998, S. 53 (54)). Gemäß Artikel 14 Satz 1 Fernabsatzrichtlinie besteht für die Mitgliedstaaten die Möglichkeit, strengere Bestimmungen zu erlassen oder aufrecht zu erhalten, um ein höheres Schutzniveau für die Verbraucher sicherzustellen (vgl. zum Ganzen: *Fikentscher/Möllers*, NJW 1998, S. 1337 (1343); *Schmittmann*, MMR 1998, S. 53 (54); *Hoeren*, WRP 1997, S. 993 (995)).

5 Solutionsmöglichkeiten nach nationalem und europäischem Recht

Um einen angemessenen Interessenausgleich zwischen der werbenden Wirtschaft und den Empfängern von E-Mails herzustellen, hatte ich verschiedentlich vorgeschlagen, werbende E-Mails in der Kopfzeile mit einem entsprechenden Hinweis zu versehen (*Schmittmann*, MMR 1998, S. 53 (54)). Dieser Vorschlag ist nicht auf Gegenliebe gestoßen (außer wohl bei Baumbach/*Hefermehl*, § 1 UWG Rdnr. 70a). *Schrey* (K&R 1998, S. 222 (224)) hat meine Argumentation mit dem Hinweis zurückgewiesen, daß der Empfänger insoweit zu einem aktiven Handeln gezwungen würde. *Fikentscher/Möllers* (NJW 1997, S. 1337 (1343)) wenden ein, daß der Schlüsselbegriff-Filter nur dann wirkt, wenn entsprechende internationale Vereinbarungen und technische Umsetzungen getroffen werden.

5.1 Blick in die U.S.A.

Weitaus schärferes Geschütz wird in den Vereinigten Staaten gegen unerwünschte E-Mail-Werbung („unsolicited advertising“) aufgefahren. Nach den Vorschlägen des kalifornischen Kongreßabgeordneten *Gary Miller* soll E-Mail-Werbung („Spamming“) mit 500 US$ Strafschadensersatz („punitive damage“; vgl. *Dobelis*, S. 305: „The purpose of these damages is to punish the offender rather than to compensate the victim.“) belegt werden, da dies zum Schutz der Verbraucher, der Privatsphäre und des Eigentums erforderlich sei. Eine entsprechende Regelung ist inzwischen in den Bundesstaaten Kalifornien und Washington in Kraft getreten (so *Goerke*, WRP 1999, S. 248). Noch weiter geht der Bundesstaat Nevada, wo unerlaubte E-Mail-Werbung einen Straftatbestand darstellt, sofern die Nachricht nicht bereits in der Betreff-Zeile als „commercial speech“ gekennzeichnet ist.

5.2 Eigener Lösungsvorschlag

Ich hatte mich bei meinem Vorschlag an der Rechtsprechung des BGH zur BTX-Werbung orientiert. Ich halte diese Rechtsprechung hier für anwendbar, zumal es bei der BTX-Technik noch notwendig war, die entsprechende Seite aufzurufen, um sich Kenntnis des Inhalts zu verschaffen. Weiterhin konnte auch nur „Online“ gelesen werden, so daß erheblich mehr teure Netz-Zeit aufgewandt werden mußte, um sich einen Überblick über den Inhalt der Nachricht zu verschaffen.

Hinzu kommt, daß nicht allein die Interessen des Umworbenen zu berücksichtigen sind. Aus Artikel 12 GG und Artikel 14 GG ergeben sich auch Rechte des Werbenden (vgl. *Schmittmann*, S. 218ff.). Das Grundrecht der Berufsfreiheit aus Artikel 12 Abs. 1 GG schützt auch die Berufsausübungsfreiheit, so daß die Teilnahme am freien Wettbewerb und Werbung für das Unternehmen Bestandteil der Berufsfreiheit sind (BGH, DB 1994, S. 672).

Die Berufsfreiheit kann nur eingeschränkt werden, wenn der Eingriff gerechtfertigt ist. Die Zulässigkeit bestimmter Werbeformen nach dem UWG oder nach anderen Gesetzen stellt sich nämlich als Eingriff in die Berufsausübungsfreiheit da. Dem UWG liegt die Erwägung zugrunde, daß sowohl der einzelne Mitbewerber als auch die sonstigen Marktbeteiligten und damit die Allgemeinheit geschützt werden sollen (so Baumbach/*Hefermehl*, Einleitung UWG Rdnr. 42). Der Wettbewerb ist so lange als Teil der Berufsausübung geschützt, so weit er sich in erlaubten Bahnen befindet (so BVerfG, GRUR 1972, S. 358 (360)).

Es muß schließlich auch sichergestellt werden, daß die Provider Möglichkeiten schaffen, daß User, die keine mit "Werbung" gekennzeichneten E-Mails an sie übertragen werden. Die Löschung dieser Nachrichten kann bereits auf dem Server des Providers erfolgen. Den Providern eine solche Verpflichtung aufzuerlegen, erscheint mir möglich.

5.3 "Opt-in"-Variante

Eine Lösung der Frage der Wettbewerbswidrigkeit von E-Mail-Werbung könnte in der sog. "Opt-in"-Variante liegen. Danach ist E-Mail-Werbung jedenfalls dann wettbewerbs- und deliktsrechtlich nicht zu beanstanden, wenn der Empfänger sein Einverständnis mit der Form der Werbung erklärt hat. Dieses Einverständnis kann beispielsweise dadurch erklärt werden, daß der Empfänger um Informationsmaterial bittet, aber keine Postanschrift angibt, sondern nur sein E-Mail-Adresse.

Darüber hinaus kommt auch ein mutmaßliches Einverständnis in Betracht. An ein mutmaßliches Einverständnis in die Zusendung von kommerziellen E-Mails sind ähnliche Anforderungen wie bei der Telex- und Telefaxwerbung zu stellen. Bei Privatpersonen liegt ein mutmaßliches Einverständnis nach *Hefermehl* (§ 1 UWG Rdnr. 70b) nur vor, wenn der Adressat eine Verteilerliste vorausbestellt hat und und unmittelbarer Bezug zum Themengegenstand vorliegt. Dies wird gern als "mail on demand" bezeichnet (so *Hoeren*, Kapitel 142 Rdnr. 5).

Bei Gewerbetreibenden muß die E-Mail im Interessenbereich des Adressaten liegen und aufgrund konkreter tatsächlicher Umstände vermutet werden können, daß der Adressat die Werbung gerade über das E-Mail-System empfangen will, so z.B. wenn zu dem Werbenden bereits ein geschäftlicher Kontakt besteht und dabei E-Mail ein gebräuchliches Kommunikationsmittel geworden ist (so Baumbach/*Hefermehl*, § 1 UWG Rdnr. 70b).

Schließlich ist auch noch eine Güterabwägung zwischen den Interessen des Umworbenen und den Interessen des Werbetreibenden erforderlich. Dieser Güterabwägung kann nur dadurch sinnvoll entsprochen werden, daß das nationale Recht die herkömmlichen Abwehrmechanismen aus § 1 UWG und §§ 823, 1004 BGB beibehält. Dies ist auch kein Verstoß gegen europäisches Recht, da Artikel 14 Satz 1 Fernabsatzrichtlinie den Mitgliedsstaaten zum Verbraucherschutz die Möglichkeit gibt, strengere Regeln zu verabschieden. Das nationale deutsche Recht muß insoweit nicht geändert werden.

In zwei europäischen Staaten gibt es bislang gesetzliche Regelungen zur E-Mail-Werbung:

- In **Griechenland** wurde die Unzulässigkeit unerwünschter E-Mail-Werbung aus der Generalklausel abgeleitet. Diese bisherige Auffassung ist bereits seit 1994 gesetzlich normiert. Das Verbraucherschutzgesetz vom 15. November 1994 (Gesetz Nr. 2251/1994; Übersetzung in GRUR Int 1995, S. 894ff.) verbietet in Art. 9 Nr. 10 die Übermittlung von Werbebotschaften unmittelbar an den Verbraucher per Telefon, Telefax, elektronischer Post, automatischem Ruf oder durch ein anderes elektronisches Kommunikationsmittel, soweit nicht der Verbraucher ausdrücklich zugestimmt hat. Damit geht das griechische Recht über die Vorgaben der Fernabsatz-Richtlinie hinaus (*Schmittmann*, DuD 1997, S. 636 (639)).

- In **Polen** (vgl. *Skubisz*, Das Rechts des unlauteren Wettbewerbs in Polen, GRUR Int 1994, S. 681ff.; *Gralla*, Polen: Gesetz über die Bekämpfung des unlauteren Wettbewerbs, WiRO 1993, S. 304f.) gilt das Gesetz über die Bekämpfung des unlauteren Wettbewerbs vom 16. April 1993 (veröffentlicht in Dziennik Ustaw Nr. 47 vom 08.06.1993 Pos. 211, übersetzt von *Gralla*, GRUR Int 1994, S. 148ff.; auch abgedruckt bei Breidenbach-*Gralla*, PL 400). Es sieht in Art. 16 Abs. 1 Nr. 5 ausdrücklich vor, daß eine Werbung, die eine wesentliche Einmischung in die Privatsphäre darstellt, insbesondere unter Mißbrauch technischer Informationsmittel, unlauter ist. Dies dürfte sinngemäß auch für E-Mail-Werbung Geltung haben.

Der "Opt-in"-Variante entspricht auch der Vorschlag, den ich hinsichtlich der Telefaxwerbung gemacht hatte (vgl. *Schmittmann*, S. 236).

"Wer im geschäftlichen Verkehr zum Zwecke des Wettbewerbs Waren oder gewerbliche Leistungen mittels Telefon oder Telefax anbietet, kann auf Unterlassung in Anspruch genommen werden, es sei denn, daß er 1. auf ausdrücklichen Wunsch des Beworbenen gehandelt hat oder 2. annehmen durfte, daß der Beworbene diese Form der Übertragung billige."

Diese Formulierung kann m.E. auf E-Mail-Werbung übertragen werden. Dazu ist es indessen noch erforderlich, gemeinsame Parameter zur Bestimmung einer mutmaßlichen Einwilligung zu entwickeln. Es wird folgende Formulierung vorgeschlagen:

Eine mutmaßliche Einwilligung kann nur dann angenommen werden, wenn der Absender sich eindeutig, einschließlich seines Namens und seiner Rechtsform, seiner ladungsfähigen Anschrift und seiner Internetkennung identifiziert, der Empfänger ein objektiv für den Werbenden erkennbares besonderes Interesse an den mittels E-Mail übersandten Angeboten hat und sich das Interesse des Empfängers gerade auf die Übermittlung mittels E-Mail bezieht.

5.4 "Opt-out"-Variante

Eine andere Lösung präferiert offenbar die "Opt-out"-Variante. Danach soll E-Mail-Werbung gegenüber einem Verbraucher oder auch Gewerbetreibenden solange zulässig sein, bis dieser nicht seine Ablehnung zu dieser Werbeform ausdrücklich erklärt hat. Zur Begründung wird auf Art. 10 Abs. 2 Fernabsatzrichtlinie Bezug genommen (so *Funk*, CR 1998, S. 411 (419); *Velslage*, DuD 1999, S. 22 (25); *Heermann*, K&R 1999, S. 6 (13)), nach der lediglich Voice-Mail- und Telefaxwerbung grundsätzlich unzulässig sind. Für diese Auffassung spricht in der Tat der Wortlaut der Vorschrift. Nicht übersehen werden darf allerdings, daß nationale Gesetze gemäß Art. 14 Satz 1 Fernabsatzrichtlinie ein höheres Schutzniveau zugunsten der Verbraucher schaffen dürfen. Im übrigen überwindet die "Opt-out"-Variante auch nicht den deliktsrechtlichen Unterlassungsanspruch aus §§ 823, 1004 BGB.

5.5 Abwägung und Ergebnis

Sowohl die Argumente für die "Opt-in" als auch für die "Opt-out"-Variante können sich hören lassen. Die Befürworter der "Opt-out"-Variante übersehen m.E. die deliktischen Unterlassungsansprüche aus §§ 823, 1004 BGB und messen der Fernabsatzrichtlinie zuviel Bedeutung bei. Die Rechtsprechung hat bereits erste Ansätze zur Umsetzung der Fernabsatzrichtlinie entwickelt (LG Berlin, Urteil vom 13.10.1998 – 16 O 320/98) und prognostiziert, daß die bisherige deutsche verbraucherschützende Anschauung nicht aufrechterhalten werden kann. Dem stehen allerdings gewichtige Argumente gegenüber: Die Öffnungsklausel des Art. 14 Fernabsatzrichtlinie sowie die deliktischen Unterlassungsansprüche.

Die Unterlassungsprozesse nach dem 4. Juni 2000 werden zeigen, welchen Standpunkt die deutschen Gerichte einnehmen und ob es zu einer Vorlage an den Europäischen Gerichtshof kommen wird.

Literatur

Arnold Verbraucherschutz im Internet, in: CR 1997, S. 526ff.

Bähler u.a. Internet-Domainnamen. Funktion. Richtlinien zur Registration. Rechtsfragen, Zürich, 1996.

Barger Cybermarks: A proposed hierarchical modeling system of registration and internet architecture for domain names, in: John Marshall Law Review 29 (1996), S. 623ff.

Baumbach/Hefermehl Wettbewerbsrecht, 20. Auflage, München, 1998.

Bettinger Kennzeichenrecht im Cyberspace: Der Kampf um die Domain-Namen, in: GRUR Int 1997, S. 402ff.

Bizer Web-Cookies – datenschutzrechtlich, in: DuD 1998, S. 277ff.

Bodewig Die neue europäische Richtlinie zum Fernabsatz, in: DZWir 1997, S. 447ff.

Bollmann Kursbuch Neue Medien, Trends in Wirtschaft und Politik, Wissenschaft und Kultur, Mannheim, 1995.

Dobelis Family Legal Guide, Pleasant/Montreal, 1981.

Engels/Eimterbäumer Sammeln und Nutzen von E-Mail-Adressen zu Werbezwecken, in: K&R 1998, S. 196ff.

Ernst Wirtschaftsrecht im Internet, in: BB 1997, S. 1057ff.

Fikentscher/Möllers Die (negative) Informationsfreiheit als Grenze von Werbung und Kunstdarbietung, in: NJW 1998. S. 1337ff.

Flint Internet Domain Names, in: Computer Law & Security Report 13 (1997), S. 163ff.

Funk Wettbewerbsrechtliche Grenzen von Werbung per E-Mail, in: CR 1998, S. 411ff.

Gabel Internet: Die Domain-Namen, in: NJW-CoR 1996, S. 322ff.

Goerke Amerika – Strafen für unverlangte E-Mail-Werbung, in: WRP 1999, S. 248f.

Graefe Marken und Internet, in: MA 1996, S. 100ff.

Gralla Polen: Gesetz über die Bekämpfung des unlauteren Wettbewerbs, in: WiRO 1993, S. 304f.

Heermann Vertrags- und wettbewerbsrechtliche Probleme bei der E-Mail-Nutzung, in: K&R 1999, S. 6ff.

Hoeren Web-Cookies und das römische Recht, in: DuD 1998, S. 455f.

Hoeren Computerrechts-Handbuch, 9. Lieferung, München, 1996.

Hoeren Cybermanners und Wettbewerbsrecht – einige Überlegungen zum Lauterkeitsrecht im Internet, in: WRP 1997, S. 993ff.

Hoeren Rechtsfragen des Internet, 2. virtuelle Auflage, April 1998.

Kelm Technische Maßnahmen gegen Spam, in: DuD 1999, S. 27ff.

Köhler Die Rechte des Verbrauchers beim Teleshoping, in: NJW 1998, S. 185ff.

Kur Internet Domain names – Brauchen wir strengere Zulassungsvoraussetzungen für die Datenautobahn?, in: CR 1996, S. 325ff.

Kur Kennzeichnungskonflikte im Internet, in: Aktuelle Herausforderungen des geistigen Eigentums. Festgabe von Freunden und Mitarbeitern für Friedrich-Karl Beier zum 70. Geburtstag, hrsg. von Joseph Straus, Köln, 1996, S. 265ff.

Kur Namens- und Kennzeichenschutz im Cyberspace, in: CR 1996, S. 590ff.

Lega Internet im rechtsfreien Raum? – Die Anwendbarkeit bestehender Gesetze auf das Internet im Zeitalter der Informationsgesellschaft, Diss. iur., Wien, 1998.

Martinek Verbraucherschutz im Fernabsatz – Lesehilfe mit Merkpunkten zur neuen EU-Richtlinie, in: NJW 1998, S. 207ff.

Mense Sichere Kommunikation per E-Mail, in: DB 1998, S. 532ff.

Meyer-Schönberger/Hauer Kennzeichenrecht & Internet Domain Namen, in: Ecolex 1997, S. 947f.

Nordemann Internet-Domains und zeichenrechtliche Kollisionen, in: NJW 1997, S. 1891ff.

Omsels Die Kennzeichenrechte im Internet, in: GRUR 1997, S. 328ff.

Ossola Electronic "Wild West": Trademarks and Domain Names on the Internet, in: Practising Law Institute. Patents Handbook Series 454, S. 401ff.

Palandt/Thomas Bürgerliches Gesetzbuch, 58. Auflage, München, 1999.

Reichelsdorfer E-Mails zu Werbezwecken – ein Wettbewerbsverstoß?, in: GRUR 1997, S. 191ff.

Ricke/Biere Ratgeber OnlineRecht, München, 1998.

Rüßmann Wettbewerbshandlungen im Internet – Internationale Zuständigkeit und anwendbares Recht, in: K&R 1998, S. 422ff.

Skubisz Das Rechts des unlauteren Wettbewerbs in Polen, in: GRUR Int. 1994, S. 681ff.

Schad Das Internet ist kein rechtsfreier Raum !, in: WRP 1999, S. 243f.

Schmittmann Geschäfte und Werbung im Internet, in: DuD 1997, S. 636ff.

Schmittmann Rechtliche Aspekte der Short-Message-Service-Werbung, in: MMR 1998, S. 346ff.

Schmittmann Telefaxübermittlungen im Zivilrecht unter besonderer Berücksichtigung des Wettbewerbsrechts, Münster, 1999.

Schmittmann Telefaxwerbung im Licht des Europäischen Parlaments zum Datenschutz in digitalen Telekommunikationsnetzen, in: RDV 1995, S. 61ff.

Schmittmann Die Überwachung und Aufzeichnung von Telefaxübermittlungen im Lichte des Art. 10 GG, in: RDV 1995, S. 234ff.

Schwarz Recht im Internet, Loseblattsammlung, Stadtbergen, 1997ff.

Stratmann Internet domain names oder der Schutz von Namen, Firmenbezeichnungen und Marken gegen die Benutzung durch Dritte als Internet-Adresse, in: BB 1997, S. 689ff.

Tews Internet – Technik und Dienste, in: Unterrichtsblätter Telekom 1997, S. 176ff.

Ubber Rechtsschutz bei Mißbrauch von Internet-Domains, in: WRP 1997, 497ff.

Ultsch Zivilrechtliche Probleme elektronischer Erklärungen – dargestellt am Beispiel der Electronic Mail, in: DZWir 1997, S. 466ff.

Vehslage E-Mail-Werbung – Ein Überblick zum Stand der Rechtsprechung und Literatur mit weitergehenden Lösungsvorschlägen, in: DuD 1999, S. 22ff.

Völker/Weidert Domain-Namen im Internet, in: WRP 1997, S. 652ff.

Wegner Rechtlicher Schutz von Internetdomains, in: CR 1998, S. 676ff.

Wichert Web-Cookies – Mythos und Wirklichkeit, in: DuD 1998, S. 273ff.

Wilmer Offene Fragen der rechtlichen Einordnung von Internetdomains, in: CR 1997, S. 562ff.

WIPO The Management of Internet Names and Addresses: Intellectual Property Issues, Genf, 1998.

Was tun gegen Spamming?

Stefan Kelm

DFN-PCA
kelm@pca.dfn.de

Zusammenfassung

Nach Angaben von Providern verursachen bereits heute Massen-E-Mails etwa 20-30% der im Internet verfügbaren Bandbreite. Daher werden heute nicht nur aus Gründen des Jugendschutzes, sondern auch zum Schutz vor unerwünschter digitaler „Werbeflut“ [1] Filtermechanismen im Internet eingesetzt. Der Beitrag stellt die wesentlichen Verfahren und Ansätze zum Schutz vor „Spam“ vor.

1 Einleitung

Mit der zunehmenden Anzahl an elektronisch ausgetauschten Nachrichten (E-Mails) steigt leider auch die Zahl an unerwünschten E-Mails, die sich tagtäglich in der eigenen Mailbox wiederfinden. Meist handelt es sich dabei um Werbe-E-Mails, in denen Produkte oder WWW-Seiten angepriesen werden, an denen die Empfänger in der Regel keinerlei Interesse haben.

Massen-E-Mails sind nicht nur für den Empfänger störend, sondern können erhebliche Probleme für Datenschutz- und Datensicherheit verursachen:

- häufig sind die E-Mail-Adressen aller angeschriebenen Empfänger im Header (s.u.) der E-Mail erkennbar und werden damit verteilt.
- durch den Absturz bzw. Ausfall eines Mailservers können wichtige E-Mails verloren gehen oder auch erhebliche Kosten entstehen.[2]

Darüber hinaus verursachen Spam-Mails auch Kosten auf Seiten des Empfängers, denn der finanziert die Bandbreite. In diesem Beitrag werden einige technische Maßnahmen vorgestellt, deren praktische Umsetzung die Flut an Werbe-E-Mails zumindest einzugrenzen vermag.

2 Was ist „spam“?

Das Wort „spam“ bezeichnet eigentlich ein in Amerika populäres Nahrungsmittel. Bei uns bekannt wurde dieser Begriff jedoch erst durch einen Sketch der englischen Komikertruppe „Monthy Python“, in dem das Wort „spam“ so häufig vor kam, daß dazwischen alle anderen gesprochenen Worte untergingen. Übertragen auf die Welt des Internet tauchte der Begriff zuerst im Usenet auf und wurde ursprünglich zur Bezeichnung von News-Artikeln verwendet, die massenhaft in verschiedenste News-Gruppen gesendet wurden. Dabei handelte es sich in

---

[1] Zu rechtlichen Aspekten der Werbung im Internet siehe insbesondere Schmittmann, DuD 11/1997, S. 636 ff.

[2] So z. B. im Winter 1997, als Spam-Nachrichten die E-Mail-Server von T-Online zwei Tage lang lahmlegten.

der Regel um Werbe-Postings, die inhaltlich nichts mit den News-Gruppen zu tun hatten. Da derartige Werbung mittlerweile immer häufiger auch per E-Mail durch das Internet transportiert wird, hat sich auch hier die Bezeichnung „spam“ für massenweise auftretende E-Mail durchgesetzt. Technisch zutreffender sind allerdings die Begriffe UBE (Unsolicited Bulk E-Mail) oder auch UCE (Unsolicited Commercial E-Mail).

3 Wie sieht eine E-Mail aus?

Aus Sicht eines Benutzers beinhaltet jede E-Mail immer zwei durch eine Leerzeile voneinander getrennte Teile: bestimmte Kontrolldaten (der sog. „Header“), sowie der eigentliche Nachrichteninhalt (der sog. „Body“).

Will man den wirklichen Ursprung einer E-Mail feststellen, ist ein Blick auf den kompletten Header notwendig, der jedoch nur von den wenigsten Mailprogrammen angezeigt wird. Üblicherweise bekommt der Benutzer nur die für ihn interessanten Header-Informationen wie „From“, „To“ und „Subject“ zu sehen, hat jedoch meist die Option, sich den vollständigen Header anzusehen, um so wichtige Informationen über den Transport der Nachricht durch das Internet zu erhalten.

Beim Blick in den Header einer E-Mail finden sich mehrere Zeilen, die mit dem Wort „Received“ beginnen. Dazu muß man wissen, daß eine E-Mail auf ihrem Weg vom Absender zum Empfänger üblicherweise viele verschiedene Rechner (die sog. Mailhosts) passiert. Jeder Mailhost, der beim Transport einer Nachricht passiert wird, fügt eine dieser Received-Zeilen vor die bereits vorhandenen Zeilen ein, wie folgendes korrektes Beispiel zeigt:

Received: from smtp4.ny.us.ibm.COM (smtp4.ny.us.ibm.com [198.133.22.43])

by procert.cert.dfn.de (8.9.0/8.9.0) with ESMTP id RAA28279

for <kelm@pca.dfn.de>; Fri, 7 Aug 1998 17:49:37 +0200 (MET DST)

Das eigene System wird sich also üblicherweise am Anfang dieser Liste wiederfinden, das des Absenders am Ende der Liste. Ein genauer Blick auf die „Received“-Zeilen läßt häufig gefälschte[3] E-Mails erkennen: um nicht entdeckt zu werden, fügen Spammer (bzw. die von ihnen eingesetzten Spam-Tools) in den Header oft gefälschte Received-Zeilen ein. Beliebte Beispiele, nach denen man Ausschau halten sollte, sind inkorrekte Zeitzonen (z.B. „-0600 (EST)“), falsche Empfängeradressen (z.B. „for <friend@public.com>“), nicht existierende IP-Adreßen (z.B. „165.874.194.259“), oder abweichende Hostnamen (z.B. „from nslb13.com (mailer.mailermachine.com [192.168.9.2])“).

4 Grundlegende Maßnahmen gegen „Spamming“

Was also kann man gegen diese unerwünschten E-Mails tun? Aus technischer Sicht bieten sich prinzipiell vier unterschiedliche Verfahren an:

- Blockade bestimmter Rechner (Absender) schon beim TCP-Verbindungsaufbau.

[3] spam-Mails sind fast immer auf die eine oder andere Art gefälscht.

- hereinkommende Nachrichten werden anhand der Absenderadresse („From") herausgefiltert. Dies kann auf Basis von Host-, bzw. Domainnamen oder aufgrund der E-Mail-Adresse geschehen.
- hereinkommende Nachrichten werden anhand des Nachrichteninhalts gefiltert: bestimmte Textfragmente (z.B. „All for FREE" oder „DOWNLOAD SOFTWARE NOW!!") können dabei auf Werbeinhalt hindeuten.
- die kompletten Header hereinkommender E-Mails werden auf Unstimmigkeiten in den einzelnen Headerfeldern (s.o.) untersucht.

Jedes dieser Verfahren kann dabei sowohl beim Mail-Server als auch beim Mail-Programm des Benutzers angewendet werden und läuft idealerweise automatisch ab. Die Überprüfung sämtlicher Header auf Korrektheit (Verfahren 4) wird jedoch in der Regel manuell durchgeführt werden müssen, da die wenigsten Programme diese Funktionalität zur Verfügung stellen.[4]

Als Administrator eines Mail-Servers sollte man noch vor der Installation irgendwelcher Filterprogramme den eigenen Server vor einem Mißbrauch als „Spam-Host" schützen. Dazu ist es zunächst wichtig, das sog. „Mail relaying" abzuschalten: hierbei wird der Mail-Server so konfiguriert, daß keine Mails angenommen werden, deren Absender UND Empfänger außerhalb des lokalen Netzes (bzw. bestimmter vom Administrator definierter Domains) liegen. Auf diese Weise kann wirkungsvoll verhindert werden, daß ein fremder Nutzer den Mail-Server zum Versenden von Massen-Mails benutzt; wird dies dennoch versucht, antwortet der Mail-Server mit einer Fehlermeldung.

Mailprogramme wie das im Internet weit verbreitete „sendmail" bieten in ihren aktuellen Versionen zahlreiche Optionen, um die Behandlung von Spam-Mails deutlich zu vereinfachen. Am Beispiel von sendmail ist es jedoch wichtig, in jedem Fall aktuellste Versionen (> 8.8.x) einzusetzen, da ältere Implementationen noch nicht über diese zusätzlichen Funktionen verfügen. Idealerweise sollte gleich die derzeit aktuelle sendmail-Version (8.9.1a) installiert werden, die von ihren Autoren auch als „The Spam Control Release" bezeichnet wird. Bei dieser Version ist das „Mail relaying" standardmäßig abgeschaltet, ferner enthält sendmail 8.9.1a zahlreiche weitere Optionen zur Kontrolle der E-Mail-Header auf Korrektheit. So können beispielsweise ungültige Mail-Adressen oder nicht-existente Domainnamen automatisch zurückgewiesen werden (Tips zur Konfiguration geben die URLs im Anhang).

Bereits ab sendmail 8.8 wurden einige neue Regeln eingeführt, die es erlauben, die Annahme von E-Mails aufgrund der Absenderadresse zu verweigern. Dabei kann nach Host- oder Domainnamen, aber auch nach einzelnen E-Mail-Adressen gefiltert werden. Kommen von bestimmten Adressen (z. B. Advertise.com oder cyberpromo.com) immer wieder Spam-Mails an, werden diese in eine einfache „Schwarze Liste" eingetragen, die von sendmail bei jeder hereinkommenden Nachricht geprüft wird. Findet sendmail einen Absender in dieser Liste, wird die E-Mail nicht angenommen; der Absender erhält stattdessen eine frei konfigurierbare Fehlermeldung (z.B. „551 Sorry, we don't want junk mail").

[4] Ein Beispiel für eine Software, die auch die kompletten E-Mail-Header einer Prüfung unterziehen kann, ist das kommerziell erhältliche Programm „BSDI MailFilter" (vgl. Anhang).

Der Nachteil derartiger Listen ist die Tatsache, daß der Eintrag einer Domain in die Liste auf einen Schlag ALLE Mails dieser Domain blockiert. Auch seriöse E-Mails können dann nicht mehr empfangen werden; jeder Administrator sollte sich also vergewissern, daß nicht versehentlich komplette Domains gesperrt werden.

Einen Schritt weiter geht sendmail 8.9 mit der „Realtime Blackhole List". Diese Liste (http://maps.vix.com/rbl/) enthält eine große Anzahl an IP-Adressen, von denen bekanntermaßen in der Vergangenheit Spam-Mails beobachtet, bzw. die als Mail-Relay mißbraucht wurden. Sendmail kann nun so konfiguriert werden, daß vor der Annahme einer E-Mail on-line geprüft wird, ob die IP-Adresse des absendenden Mailhosts in dieser Liste geführt wird (Verfahren 1, s. o.). Falls ja, wird die Annahme der Nachricht verweigert. Eine in Deutschland gepflegte, ähnliche Liste findet sich unter der URL: http://math-www.uni-paderborn.de/~axel/BL/.

Auch andere Mailprogramme verfügen teilweise über ähnliche Funktionalitäten zur Abwehr von spam-Mails bzw. Mail relaying. So hat beispielsweise Procmail diverse Filter-Optionen, die insbesondere im gemeinsamen Einsatz mit sendmail zum Tragen kommen. Auch PP/MMTA kann so konfiguriert werden, daß der lokale Mail-Server vor Mißbrauch geschützt wird. Tips zur Installation dieser und anderer Programme geben die URLs im Anhang.

Daß die hier beschriebenen Maßnahmen das spam-Problem nicht vollständig beseitigen, sollte jedem Administrator bewußt sein. So können bestimmte Filterregeln beispielsweise durch eine direkte telnet-Verbindung zum Mail-Port 25 umgangen werden. Dennoch läßt sich die Anzahl von spam-Mails deutlich reduzieren, wie die tägliche Praxis gezeigt hat.

5 Maßnahmen für den Benutzer

Was kann man als Benutzer tun, um die Zahl der spam-Mails, die in der eigenen Mailbox ankommen, zu reduzieren? Auch wenn solche Maßnahmen im Vergleich zu denen eines Server-Administrators zunächst nicht sonderlich effizient erscheinen mögen, gibt es doch eine Reihe von Möglichkeiten.

Viele der Standard-E-Mail-Programme wie Pegasus, Eudora oder Netscape sind mittlerweile in der Lage, alle empfangenen E-Mails nach bestimmten Adressen zu filtern und Nachrichten einer bestimmten E-Mail-Adresse oder ganzen Domain zu blockieren.

Verfügt Ihr E-Mail-Programm dennoch über keine Filtermöglichkeiten, gibt es zahlreiche Hilfsprogramme, die die eigene Mailbox überprüfen können und unerwünschte E-Mails löschen, noch bevor man die Mailbox zum Lesen öffnet. Diese Tools gibt es mittlerweile für alle Betriebssysteme; sie tragen so illustre Namen wie „Spam Be Gone", „MailJail", „Spam Buster" oder „Spammer Slammer" (siehe Anhang). Einige dieser Tools überprüfen dabei lediglich die E-Mailadresse des Absenders, während andere Tools den kompletten Nachrichteninhalt nach bestimmten Schlüsselwörtern durchsuchen und gegebenenfalls sogar versuchen, mit einer E-Mail zu antworten (z.B. „mapSoN", vgl. Anhang).

Hat es doch einmal eine spam-Mail durch alle Filter in die eigene Mailbox geschafft und man möchte diese Mail nicht nur einfach löschen, sondern versuchen, den Absender ausfindig zu machen, gilt es einige Hinweise zu beachten.

Zunächst sollte niemals direkt auf eine spam-Mail geantwortet werden, auch wenn mittlerweile fast alle dieser Werbenachrichten mit Zeilen wie „For removal from any future mailings, just send a blank e-mail to..." beginnen. Viele Spammer setzen Tools zum Versenden der E-Mails ein, die mögliche Empfängeradressen entweder aus einer Datenbank lesen, oder diese völlig automatisch erzeugen. Eine Antwort auf eine E-Mail würde dem Spammer also zeigen, welche Adressen gültig waren – weitere spam-Mails würden unweigerlich folgen.

Darüber hinaus werden direkte Antworten in vielen Fällen nicht zum Erfolg (also zum Spammer) führen, da deren E-Mailadressen in der Regel gefälscht sind, bzw. der Spammer einen der von vielen Providern kostenlos angebotenen E-Mail-Accounts benutzt hat, die nach wenigen Tagen oder Wochen wieder ablaufen.

Eine andere Möglichkeit besteht darin, die spam-Mail an den Administrator der absendenden Domain zu schicken, um diesen zu weiteren Schritten gegen den oder die Spammer zu veranlassen. Viele Administratoren haben zu diesem Zweck mittlerweile spezielle E-Mail-Adressen (z.B. abuse@hotmail.com) eingerichtet; die Adresse postmaster@ . . . sollte aber in jedem Fall funktionieren. Dabei ist es sehr wichtig, dem Administrator die komplette spam-Mail inklusive sämtlicher Header zu senden und damit niemals länger als etwa eine Woche zu warten, da eine Bearbeitung sonst erheblich erschwert wird.

Unter Umständen erfährt ein Administrator erst auf diese Weise, daß sein Mail-Server als spam-relay mißbraucht wurde. Andererseits könnte natürlich auch der postmaster der Spammer sein . . .

Anhand des Headers kann häufig die wahre Herkunft einer gefälschten E-Mail festgestellt werden. Hier ein Beispiel:

From rush1@udm.ru Sun Aug 23 17:49:38 1998

Received: from ws-ham1.win-ip.dfn.de (WS-Ham1.WiN-IP.dfn.de [193.174.75.146])

by procert.cert.dfn.de (8.9.0/8.9.0) with ESMTP id RAA14915;

Sun, 23 Aug 1998 17:49:37 +0200 (MET DST)

Received: from dear1.net (174-249-120.ipt.aol.com [152.174.249.120])

by ws-ham1.win-ip.dfn.de (8.8.6/8.8.6) with SMTP id RAA08484;

Sun, 23 Aug 1998 17:47:36 +0200 (MET DST)

Obwohl diese E-Mail aus Rußland zu kommen scheint (rush1@udm.ru), ist aus der letzten Received-Zeile zu ersehen, daß der Spammer sich gegenüber dem DFN-Rechner als „dear1.net" ausgegeben hat. Eine Überprüfung schon beim Verbindungsaufbau ergab, daß es sich in Wirklichkeit um einen AOL-Rechner handelte. Diese E-Mail müßte also in diesem Fall (samt Headern) an abuse@aol.com geschickt werden.

Zu den Maßnahmen, die man auf jeden Fall nicht ergreifen sollte, gehört das Antworten mit eigenen spam-Mails oder das Senden von Massen-Mails an den Verursacher, wie es gelegentlich empfohlen wird. Denn diese Nachrichten kommen in der Regel nicht an, da die reply-Adresse verfälscht wurde, und werden als Fehlermeldung an den Sender zurückgesandt: Damit verursachen sie beim Provider überflüssige Kosten.

Andere Quellen schlagen vor, im Usenet so wenig Artikel wie möglich zu posten, bzw. auf Webseiten nicht die eigene E-Mailadresse zu veröffentlichen – diese Tips erweisen sich jedoch als wenig praxisnah.

6 Fazit

Leider lassen sich spam-Mails auch durch die Umsetzung der oben beschriebenen Maßnahmen nicht komplett verhindern; mit ein wenig Aufwand kann jedoch die Zahl unerwünscht empfangener E-Mails deutlich verringert werden. Die Durchführung solcher Maßnahmen sollte dabei auf verschiedenen Ebenen stattfinden: vom Anwender über den Netzwerkadministrator bis hin zum Service Provider.

Notwendig sind diese Maßnahmen vor allem deshalb, weil die im Internet gebräuchlichen Transportprotokolle über keinerlei Mechanismen zum Schutz der Daten verfügen, E-Mails also z.B. leicht gefälscht werden können. Die nächste Generation von Protokollen wird neue Funktionalitäten wie Prüfsummen und Verschlüsselungsverfahren beinhalten; ob Spamming damit – oder durch die Verbreitung digital signierter Dokumente – vollständig der Vergangenheit angehören wird, bleibt dennoch weiter fraglich.

Literatur

[Allm98] Eric Allman: Sendmail (TM) Installation and Operation Guide, Version 8.129 For Sendmail Version 8.9, Juni 1998.

[ChFa98] Nick Christenson, Dan Farmer: from the trenches, ;login: vol. 23 no 2, April 1998.

[Croc82] David H. Crocker: Standard for the format of ARPA Internet text messages, RFC 822, August 1982.

[HaLu98] Sally Hambridge, Albert Lunde: DON'T SPEW – A Set of Guidelines for Mass Unsolicited Mailings and Postings (spam*), INTERNET DRAFT, draft-ietf-run-spew-06.txt, Juli 1998.

[Holl98] Ken Hollis: Figuring out fake E-Mail & Posts (alt.spam FAQ), September 1998.

[Lind98] Gunnar Lindberg: Anti-Spam Recommendations for SMTP MTAs, INTERNET DRAFT, draft-lindberg-anti-spam-mta-04.txt, Juni 1998.

[Kols98] Rob Kolstad: Junk E-mail: The War on Spam, 7th Annual System Administration, Networking and Security Conference (SANS 1998), Mai 1998.

[Post82] Jonathan B. Postel: Simple Mail Transfer Protocol, RFC 821, August 1982.

Anhang

Einige hilfreiche URLs zum Thema

- SPAM – und was man dagegen tun kann (http://www.hiss.han.de/~fifi/spam/)
- alt.spam FAQ (http://ddi.digital.net/~gandalf/spamfaq.html)
- Fight Spam on the Internet (http://spam.abuse.net/)
- Network Abuse Clearinghouse (http://www.abuse.net/)
- Anti-Spam Provisions in Sendmail 8.8 (http://www.sendmail.org/antispam.html)
- Using check_* in sendmail 8.8 (http://www.informatik.uni-kiel.de/~ca/email/check.html)
- Blocking E-Mail (http://www.nepean.uws.edu.au/users/david/pe/blockmail.html)
- Junk e-mail and spam (http://www.ecofuture.org/ecofuture/jmemail.html)

Tools gegen Spamming

- Diverse Tools (http://www.newapps.com/appstopics/Win_95_Anti-SPAM_Tools.html)
- SpamBeGone (http://www.internz.com/SpamBeGone/)
- Get that Spammer! (http://kryten.eng.monash.edu.au/gspam.html)
- mapSoN (http://mapson.gmd.de/)
- The Spam Bouncer (http://www.best.com/~ariel/nospam)
- BSDI MailFilter (http://www.bsdi.com/products/MailFilter/)
- SalMoN (http://is.rice.edu/~wymanm/)
- Spam Hater (http://www.cix.co.uk/~net-services/spam/spam_hater.htm)
- Procmail (http://www.ii.com/internet/robots/procmail/)
- PP/MMTA (ftp://ftp.cert.dfn.de/pub/csir/cert-nl/bulletin/S-97-68)

Sicherheit im Data Warehouse Profilbildung und Anonymität[1]

Ulrich Möncke

Fachhochschule München
moencke@informatik.fh-muenchen.de

Zusammenfassung

In Unternehmen häufen sich die Datenmengen aus dem täglichen Geschäft. Diese Datenbestände bieten sich geradezu für einen „Zusatznutzen" an: Man kann daraus Informationen extrahieren, die in einem immer härteren Wettbewerb Hinweise auf das Kundenverhalten, Potentiale und Trends, aber auch Risiken geben – mit der Hoffnung einen Vorsprung vor dem Wettbewerber zu erreichen. Diese Informationen haben eine *strategische* Bedeutung. Strategien entdeckt man aber nicht, wenn man in monatelangem Vorlauf die DV-Abteilung mit der Erstellung spezifischer Auswertungsprogramme beauftragt, die eventuell schon bei Inbetriebnahme veraltet sind. Der Manager ist darauf angewiesen, daß er sich die Informationen unmittelbar dann verschaffen kann, wenn er sie benötigt – ohne daß er Experten einschalten muß. Warum soll das, was im Kleinen so elegant mit Tabellenkalkulations-Programmen lösbar ist, nicht auch auf der Basis des Gesamtdatenbestands des Unternehmens funktionieren? Dieser Traum wurde schon mehrfach geträumt, zuletzt in den 70er Jahren unter dem Namen Management-Informationssystem, Entscheidungsunterstützungssystem und vielen anderen (werbewirksamen) Bezeichnungen.[2] Der erwartete Erfolg blieb aus. Zur Zeit besteht neue Hoffnung auf Realisation des Traums – nun allerdings auf fortgeschrittener technischer Basis und begleitet von einem reiferen Verständnis der Erfolgs- bzw. Mißerfolgsfaktoren. Das Mittel zum Zweck ist das Data Warehouse.

1 Data Warehouse – Motive des Einsatzes

Das Data Warehouse (DWH) unterscheidet sich vom sog. operativen System im Zweck: Geschäftsvorfälle spiegeln sich in Änderungen des Datenbestands des *operativen* Systems: Aktualisierungen (Updates) fügen Datensätze ein, löschen sie, und ändern Attributwerte. Recherchen geben Auskunft über den Status der Geschäftsvorgänge in jedem Einzelfall.

Aktualisierungen des DWH werden durch den Transfer von Daten aus der operativen Datenbasis ausgelöst und nicht durch (punktuelle) Aktionen, wie z.B. der Buchung eines Sachbearbeiters. Der End-Nutzer des DWH recherchiert zwar, spiegelt aber im DWH keine Geschäftsvorfälle. Im Gegensatz zu Datenbanken, die z.B. zu statistsichen Zwecken einmal angelegt werden (Census, Volkszählung), wird aber das DWH permanent fortgeschrieben.

---

[1] Dies ist eine überarbeitete und erweiterte Fassung eines Beitrags des Verfassers in der DuD 10,1998: Data Warehouse: Herausforderung für den Datenschutz.

[2] vgl. Behme/Muksch 1997, S. 15.

Zweck des DWH ist es strategische Aussagen zu gewinnen, d.h. der Zweck ist unbestimmt und sehr allgemein. Die Daten des DWH liegen dort auf Vorrat. Ob dies im Sinn des Datenschutzrechts als Zweck genügt, ist zu prüfen.

Das DWH ist auch ein Mittel zur Entscheidungsfindung und -Unterstützung. Warnlinien können implementiert werden, es könnten aber auch Entscheidungen selbst automatisiert werden. DWH und Decison Support System können gekoppelt werden.

Das DWH ist nicht einfach ein Ausschnitt aus der operativen Datenbasis, sondern *integriert* Daten aus vielen operativen Datenbasen und über *längere Zeiträume*. Die Integration und Aggregation von Datenbeständen unterschiedlicher Herkunft und Zeitpunkte ist der mühsamste Schritt und zugleich die in der Praxis bedeutsamste Leistung des DWH [3]. Integration fordert, daß die eingebrachten Daten nicht nur technisch homogen, sondern auch semantisch vergleichbar sind, d.h. daß der Datensammlung zugrunde liegende Fachbegriffe (z.B. „Umsatz") eindeutig und einheitlich definiert sind. Aus technischen wie auch aus semantischen Gründen können umfangreiche Transformationen zum Zwecke der Standardisierung der einzubringenden Daten nötig sein.

Während operative Daten nach Ablauf der Transaktionen gelöscht bzw. gegebenfalls so archiviert werden, daß sie nicht mehr schnell zugreifbar sind, hält das DWH Daten über lange Zeithorizonte. Die Granularität der Datenbasis wird in der Regel gröber, der Aggregationsgrad höher, je weiter zurück diese Daten liegen, um das Datenvolumen zu reduzieren.[4]

Gerade die gelungene Integration von Datenbeständen über lange Zeit und aus unterschiedlichen Quellen schafft aber auch das Gefährungspotential für den Persönlichkeitsschutz. Vermeidung des Personenbezugs wäre eine Abhilfe. Die Fülle der Daten und ihr innerer Zusammenhang in „Profilen" jedoch wirkt diesem Streben nach Anonymisierung entgegen.

Wir betrachten die Konzeption des DWH, das Datenmodell und die Operationen und prüfen, welche datenschutzrechtlichen Fragen diese Konzeption [5] aufwirft.

2 Datenmodell und Operationen, Aggregation und Profilbildung

2.1 Strukturelle Prinzipien von Datenbanken

Die Informatik zerlegt ihre Gegenstände gedanklich in „Schichten", um die ihnen innewohnende strukturelle Komplexität beherrschbar zu machen. Eine Schicht gibt eine Vorstellung des „als ob" der Datenorganisation und der Operationen aus Sicht des Nutzers.

Einzelne Daten und Sammlungen von Daten werden als „Objekte" gesehen, die anderen Objekten aus „höheren Schichten" bestimmte Operationen anbieten: Operationen zur Suche, zur Verdichtung, zur Verknüpfung und zur Änderung. Welche Leistungen erbracht werden, wird in einer sog. *Schnittstelle* beschrieben, wie sie erbracht werden ist Sache der sog. *Implementierung*.

---

[3] Kirchner 1997, S. 267.

[4] Inmon 1993, S. 41.

[5] bereits angesprochen in Tinnefeld/Ehmann 1998 S. 361.

Man kann sich diese Datenobjekte als kooperierende aber spezialisierte Sachbearbeiter vorstellen. Der eine kann sich auf den anderen verlassen, aber er muß (und darf) nicht wissen, *wie* der andere seine Dienstleistungen erbringt. Ein weiterer wesentlicher Gedanke der Objektorientierung ist, daß es unter den Sachbearbeitern Spezialisten und Generalisten gibt und diese sich effizient organisieren lassen.[6] Zur Beurteilung der Anonymität spielt die Sicht, die der Nutzer mittels der angebotenen Operationen auf die Daten hat, eine wichtige Rolle. Strukturell sind diese Operationen oft andere und reichhaltiger ist als die einer operativen Datenbank.

Gegenstand unserer Betrachtung sind spezielle *Datenverwaltungssysteme* (Datenbankmangementsysteme- DBMS) und die in ihnen verwalteten Datenbasen. Der Begriff Datenbasis läßt offen, ob die Daten mit Hilfe des Betriebssystems (des Dateiverwaltungssystems) oder mit Hilfe eines DBMS verwaltet werden. Kennzeichen der Datenhaltung ist die Dauerhaftigkeit [7], d.h. die Daten werden permanent auf Datenträgern gehalten und sind nicht nur während eines Prozesses bzw. Rechenvorgangs vorhanden. Kennzeichen eines DBMS ist, daß es mehreren Benutzern erlaubt konkurrierend Transaktionen durchzuführen und es Vorkehrungen für den Fall von Systemfehlern trifft, d.h. daß es ein *Transaktionskonzept* hat.

DBMS wie DWH sind erwerbbare Standard-Software [8] und setzen auf dem Betriebssystem auf, d.h. nutzen dessen Dienste. Die DBMS wiederum stellen ihren Nutzern (Endnutzern wie Administratoren) Dienste zur Verfügung, die diese sonst selbst mit Hilfe der Leistungen des Betriebssystems von Grund auf erstellen müßten Ohne Füllung mit Daten ist das DBMS allerdings eine „leere Hülle".

Organisiert werden die Daten entsprechend einer vom Administrator vorgegebenen Struktur: er teilt dem System mit, daß es z.B. eine Tabelle „Personal" gibt, daß in dieser Tabelle die Attribute, bezeichnet mit „Personalnummer" und „Gehalt" in ihrer wertmäßigen Ausprägung zu führen sind, oder daß es eine *Dimension* „Region" gibt, die hierarchisch strukturiert ist. Die Strukturbeschreibun-gen werden als sog. *Metadaten* selbst in der Datenbank niedergelegt.

Eine Datenbank bzw. ein Data Warehouse ist also die Gesamtheit von Management-Software, der zugrundeliegenden Strukur und den in diese Hülle gefüllten Inhalten.[9]

Drei Ebenen sind zu unterscheiden: Auf der mittleren wird die Datenbank konzeptionell betrachtet: welche Sicht bietet sie dem Nutzer, welches konzeptionelle Modell liegt der Abbildung der Realität in der Datenbank zugrunde? Welche Operationen werden ihm zur Verfügung gestellt? Eine solche Operation kann sein: „Gib alle Lieferanten, die Produkt P liefern" oder „Berechne die Korrelation zwischen Umsatz des Produkts P und Alter der Kunden". Im konzeptionellen Modell unterscheiden sich operative Datenbanken und Data Warehouses. Aus Sicht des Datenschutzes stellen sich spezielle Fragen an das Modell wie „führt die Datenbank Daten über Personen, läßt sie Abfragen auf solchen Daten zu und in welchem Maß".

Auf der untersten Ebene ist zu fragen: wie ist das konzeptionelle Modell physisch realisiert,

---

[6] z.B. kann man an den Sachbearbeiter für eine Menge geordneter Elemente den Auftrag geben, zwei der Menge angehörige Elemente zu vergleichen (Umfaßt „Bayern" „Oberbayern" ?), den Sachbearbeiter einer Menge von Elementen, die mit einer Metrik versehen ist, kann man ebenfalls nach der Ordnung zweier Elemente fragen und zusätzlich nach dem Abstand dieser Elemente, z.B. ($|Gehalt_1 - Gehalt_2|$).

[7] Persistenz.

[8] vgl. Bontempo/Zagelow 1998.

[9] z.B. „mit Kunde Maier wurde in Januar 1997 500.000 DM Umsatz mit Produkt 1174 erzielt".

d.h. wie ist es implementiert, so daß die konzeptionellen Operationen effizient durchgeführt werden können.

Auf der obersten Ebene stellt sich die Frage: wie ist das konzeptionelle Modell datenschutzrechtlich zu beurteilen? Auf dieser Ebene sind die Informatiksachverhalte des konzeptionellen Modells unter die datenschutzrechtlichen Tatbestände wie z.B. den Begriff des „Personenbezugs", der „Datei" und den der „automatisierten Verarbeitung" zu subsumieren.

2.2 Das Datenmodell

Der Nutzer „denkt" im konzeptionellen Datenmodell des DBMS. Er sieht die Daten entsprechend diesem Datenmodell organisiert. Daher ist dieses konzeptionelle Modell von besonderer Bedeutung.

Das Modell des Data Warehouse ist – in komprimierter Form dargestellt -, das eines mehrdimensionalen [10], meist sehr hochdimensionalen Raumes („Würfels"). In der Regel enthalten n Dimensionen die bestimmenden bzw. Einflußfaktoren, z.B. Kunde, Artikel, Verkaufstelle, Zeitraum etc. und die zuzufügende (n+1)-te Dimension die von den bestimmenden Faktoren abhängige Größe. Ein Datensatz oder – in der geometrischen Analogie – ein Punkt im Raum ist dadurch festgelegt, indem man auf den jeweiligen Achsen die entsprechende Ausprägung festlegt (z.B. Kunde:Maier, Artikel:1047, Verkaufstelle:„Berlin" ⇒ Umsatz: 300.000 DM wobei dem Namen der Dimension nach dem Doppelpunkt die Ausprägung folgt). Die Namen der Dimensionen werden auch als „Merkmal" oder „Attribut", die Ausprägungen auch als „Wert" bezeichnet.

In einem sehr einfachen Spezialfall ist der zuzuordnende Zielwert ein Wahrheitswert, d.h. man fragt nur, ob ein Sachverhalt gegeben ist, oder nicht. (Kunde:Maier, Artikel:1047, Verkaufstelle: „Berlin" ⇒ wahr) könnte z.B. bedeuten, daß der Kunde „Maier" den Artikel 1047 bei der Verkaufstelle „Berlin" gekauft hat.

Die geometrische Analogie führt insofern in die Irre, als sie suggeriert, daß man die Ausprägungen auf den Achsen „abtragen" , also messen, kann [11]. Dies kann der Fall sein, wie in der Dimension „Umsatz", aber es ist nicht zwingend: Kunde „Maier" und „Müller" sind bloße Benennungen, d.h zwischen Maier und Müller besteht kein meßbarer Abstand, nicht einmal eine Ordnungsrelation.

Die Ausprägungen eines Attributs wie z.B. Region „Oberbayern" und „Bayern" können gemäß der „Umfassungsrelation" angeordnet werden. Zwischen „Oberfranken" und „Oberbayern" besteht diese Umfassungsrelation nicht. Dies zeigt, daß Ordnungs-Relationen nicht einmal vollständig sein müssen.

Hierarchische Ordnungen charakterisieren das DWH. Untergeordnete Ausprägungen stehen in Relation zu übergeordneten – in der Regel nur zu einer, manchmal aber auch zu mehreren, so wie z.B. die Artikelgruppe der „Mountain Bikes" sowohl in der der „Sportgeräte" als auch in der der „Fahrräder" enthalten ist. Zudem können die Enthaltenseins-Relationen quantifiziert sein, wie bei Beteiligungsverhältnissen.[12] Die strukturelle Komplexität des Modells wird dann sichtbar, wenn man – simultan – in mehreren Dimensionen Hierarchien hat (z.B. Kunden-

[10] vgl. zu multidimensionalen Datenstrukturen vgl. Holthuis 1997.

[11] Nach dem Skalenniveau unterscheidet man Nominal-, Ordinalskalen und Intervallskalen.

[12] Holthius 1997, S. 155.

gruppen, Artikelgruppen, Zeitintervalle, Regionen). Die Operationen nutzen diese Strukturen.

Dieses konzeptionelle Modell ist weit entfernt von dem Modell, das üblicherweise den operativen Datenbasen zugrundeliegt und in sogenannten relationalen Datenbanken [13] umgesetzt wird. Wie im relationalen Modell können allerdings auch hier nutzerbezogene Ausschnitte oder Sichten [14] gebildet werden.

2.3 Die Operationen

Die Operationen basieren auf der Sicht des mehrdimensionalen Raumes (Datenwürfels), d.h. diese Sicht lenkt den Nutzer in seinem Frageverhalten. Schwerpunkt ist – im Gegensatz zum operativen System – die Recherche und Ableitung von Daten [15]. Die Aktualisierung des DWH (Update) ist hingegen Sache des Systems oder seiner Administration, nicht des Nutzers.

Wir unterscheiden Auswahloperationen, Sortierungen, einfache Operationen beschreibender Statistik, und die Navigation. Höhere Operationen können auf diesen Basis-Operationen aufsetzen.

Typisch ist die Auflistung der Daten nach einer frei zu wählenden Reihenfolge der Einflußfaktoren (z.B. Liste gruppiert zuerst nach Verkaufsstellen, nach Produkten, dann nach Kunden, und dort jeweils sortiert).[16]

Andererseits können Einflußfaktoren „festgehalten“ werden (z.B. Verkaufsstelle=Berlin) und unter dieser Restriktion wiederum Listen bzw. Kennzahlen berechnet werden (Schnitt durch den Datenwürfel, Randverteilungen). Festhalten kann man einzelne Einflußfaktoren als auch Kombinationen wie z.B. (Kunde=Maier, Verkaufsstelle=Berlin): „alle Umsätze mit beliebigen Artikelgruppen des Kunden Maier über die Verkaufsstelle Berlin“.

Eine *Hierarchie* von Tabellen z.B. über Attribute Alter, Verkaufstelle, Produkt kann aufgestellt werden. Wir unterstellen die Beobachtung eines gewissen Zeitraums. Zielgröße sei jeweils die Zahl der Kunden, die durch die Merkmalsausprägungen zutreffend beschrieben sind. Beschränkt man sich auf zwei Kriterien-Dimensionen wie z.B. Alter und Verkaufsstelle, so summiert man die Angaben über die Zahl der Individualdatensätze über jeweils alle Produkte.

Aus der feinstrukturierten (3+1-dimensionalen-) Ursprungstabelle kann man 3 verschiedene 2+1-dimensionale gröbere Tabellen erzeugen. Reduziert man weiter auf eine Kriterien-Dimension, so erhält man weitere 3 1+1 dimensionale Tabellen. Die gröbste Tabelle enthält trivialerweise nur die Gesamtzahl der Individualdatensätze. Anstatt dieser Zahl hätte man auch die Umsätze aggregieren können.

Betrachten wir dies abstrakt für drei Attribute A, V, P und eine Zielgröße Z, so ergibt sich die folgende graphische Darstellung:

[13] zu relationalen Datenbanken generell vgl. Ullmann 1982 und Date 1995.

[14] sog. Data Marts (Die Terminologie ist aber nicht einheitlich).

[15] Die Operationen werden auch unter dem Begriff On line Analytical Processing (OLAP) zusammengefaßt: vgl. Chamoni/Gluchowski 1997; Nach Inmon 1996 unterscheidet sich OLAP von den Operationen des DWH durch höhere Aggregationsgrade und dadurch, daß es auf nutzerangepaßte Datenauschnitte des DWH sog. Data Marts angewandt wird.

[16] Holthuis 1997, S. 144.

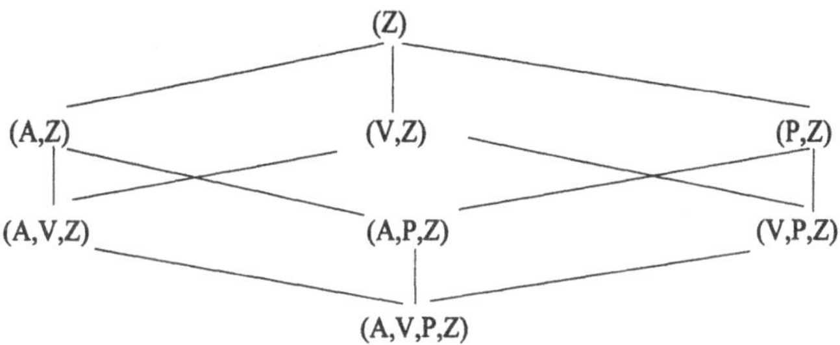

Konkretes Beispiel:

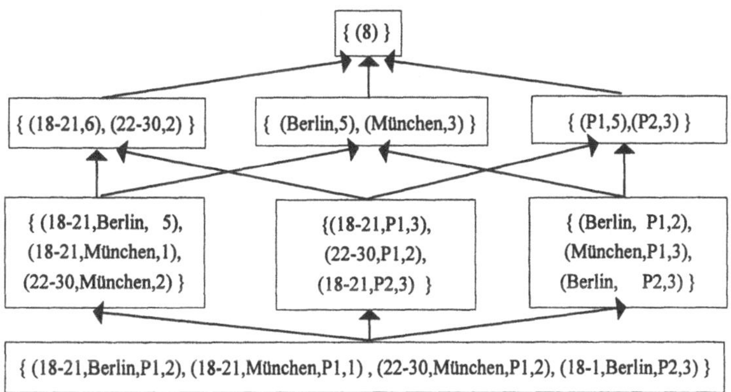

Für nicht aufgeführte Ausprägungen gibt es keine Individualdatensätze. Die globale Zahl „8" bedeutet nicht, daß es nur 8 Kunden gibt, da ein Kunde sowohl P1 als auch P2 und/oder an beiden Verkaufsstellen gekauft haben könnte. Oft spiegelt die feinste Tabelle aber eine disjunkte Zerlegung von Personenmengen (von z.B. Kunden, Arbeitnehmern).[17]

Die im Modell angesprochenen Hierarchien *innerhalb einer Dimension* können genutzt werden, so daß z.B. die Umsätze oder ihre Kennzahlen nach Artikel*gruppen*, Kunden*gruppen* dargestellt werden können. Umgekehrt kann ein Benutzer von verdichteten Daten zurück zu den sie ergebenden Basisdaten „navigieren" (drill down), z.B. die Anfrage verfeinern, indem er in der Dimension „Artikelgruppe" wieder in „Artikel" auflöst. Da es für die Qualität der Recherche, insbesondere bei „Ausreißern" oder einem ungewöhnlichen Verlauf, wichtig ist den Kontext zu kennen, eröffnet das DWH auch den Weg zu den operativen Vorgängen, soweit diese überhaupt noch im Zeithorizont liegen und noch gespeichert sind.[18]

Bereits aus den Grundoperationen läßt sich durch beliebige Kombination eine Fülle von Daten ableiten – eine Abfragesprache, die dies gestattet analog der in relationale DBMS üblichen

---

[17] vgl. Adam/Wortmann 1989, partitioning, p. 530.

[18] zur Rückverfolgung vgl. Inmon 1993, S. 160.

Sequential Query Language (SQL) elegant zu formulieren, mag noch ein Wunsch sein.[19] Komplexere Operationen umfassen den Apparat der klassischen Statistik (Korrelation, Regression), ergänzt um Methoden der sog. Künstlichen Intelligenz zur Gewinnung genereller und konkreter Aussagen. Ziel des DWH ist die Gewinnung allgemeiner Aussagen (Sätze) über Geschäftsobjekte. Diese Aussagen können als „wenn-dann-Sätze“ und „je-desto-Sätze“ formuliert werden.

DWH sind auch – aber nicht notwendigerweise ausschließlich – *statistische Datenbanken*. Dies meint zum einen, daß Daten aggregiert und verdichtet vorliegen, z.B. kann man anstatt der einzelnen Kontostände der Privatkonten einer Bank zum Jahresende empirisch ermittelte *Kennzahlen* führen: z.B. den empirisch ermittelten Mittelwert und die Varianz[20]. Natürlich bedeutet diese Anwendung deskriptiver Statistik einen gewissen Informationsverlust.

Kennzahlen können von allgemeinen wirtschaftlichen und demographischen Daten einer Region abhängen. Man wird diese Daten ebenfalls in das DWH einbringen und über die Art dieser *Abhängigkeiten* Hypothesen aufstellen, bzw. diejenigen Funktionen („die Verteilung der Kontostände in Abhängigkeit vom Einkommen, Altersverteilung etc.“ – „je - desto“ Aussagen) ermitteln wollen, die die Abhängigkeiten am besten erklären. Die Einflußfaktoren können als fest oder ebenfalls als zufällig angenommen werden. Anzuwenden sind die Methoden der Multivariaten Regression und Statistik.[21]

Graphisch kann man sich einen solchen Zusammenhang im 3-Dimensionalen gut als Punktwolke vorstellen: Ist sie gestreckt, so signalisiert dies einen bestimmten „je desto Zusammenhang“. Gerade für den Benutzerkreis des DWH ist diese Visualisierung wichtig.

Ein neuere Entwicklung ist der unter dem „Data Mining“ (im engeren Sinn) oder „Knowledge Discovery“ [22] subsumierte Versuch, Hypothesen automatisch zu gewinnen (*Hypothesengenerierung*), d.h. das System muß „Zusammenhänge“ selbst sehen, z.B. mittels der Clusteranalyse interessante Kundenklassen synthetisieren oder interessante Verhaltensmuster bei Kunden aufdecken, z.B. Muster, die Kunden auszeichnen, die zum Wettbewerber wechseln werden [23] oder die ein Darlehen nicht fristgerecht tilgen werden.[24]

Diese Muster können dann wiederum benutzt werden, um einzelne Kunden zu klassifizieren. Dies Klassifikation wird immer mit Unschärfen [25] verbunden sein, d.h. ein Kunde entspricht einem Muster mehr oder weniger. Implementierbar ist dies z.B. durch ein neuronales Netz, das mit den Daten der einschlägiger Kunden trainiert wird, und dann z.B. den Grad der „Wechselgefährdung“ auswirft.[26] Die Bildung solcher Klassen schafft einen Informationszuwachs über die Geschäftsobjekte – sie werden ganzheitlich betrachtet und in eine bestimmte

---

[19] vgl. Imielinski/Mannila 1996, p. 60.

[20] $M = \sum_{i=1..N} x_i / N$; $S^2 = \sum_{i=1..N} (x_i-M)^2 / N$ (S^2 Varianz, S Streuung).

[21] vgl. Witting 1996.

[22] zum Unterschied von statistischer Methode und Data Mining vgl. Glymour u.a. 1996, zum Data Mining generell vgl. Berry/Linnoff 1997; Imielinski/Mannila 1996; Brachmann 1996; Fayyad 1996.

[23] Bissantz 1997, S. 457.

[24] credit scoring mallmann, in Simitis u.a. BDSG § 29 Rdnr 14; vgl. Tinnefeld/Ehmann 1998, S. 355.

[25] Bei solchen Untersuchungen ist streng zwischen Unsicherheit (im Sinne von zufälligen Ereignissen) und Unschärfe (im Sinne von Bewertungen und Einstufugen) zu trennen; vgl. Sombe 1990.

[26] Ob dies klassischen Methoden wie der Regression überlegen ist, muß im Einzelfall sorgfältig geprüft werden. vgl. das Beispiel in Glymour 1996, p. 37 und Hecht-Nielson 1989, p. 120.

Klasse eingeordnet und gemäß dieser Klasse semantisch interpretiert etwa als „wechselgefährdet“, „unsicherer Schuldner“ etc.

Operative Datenbanken sind für solche Analysen weniger geeignet, weil ihr Datenmodell dem Nutzer nicht das erforderliche „Denken im mehrdimensionalen Raum“ nahelegt, die vorhandenen Abfragesprachen nicht auf solche Untersuchungen ausgelegt sind und – würde der Nutzer eine solche Fragestellung mit viel Mühe doch formulieren – die Abarbeitung äußerst ineffizient wäre.

Die Operationen eines operativen DBMS basieren auf dem zugrundeliegenden logischen (meist relationalen) Modell und umfassen die *Verknüpfung von Tabellen (join)*, die *Selektion von Spalten* (project) und Zeilen (select).

Will der Benutzer in so organisierten Datenbasen recherchieren, so ist er gezwungen „in Tabellen zu denken“. Dies ist für die operative Verarbeitung sinnvoll, stellt sich für viele Fragen strategischer Informationsverarbeitung zur Erkennung größerer Zusammenhänge aber als hinderlich heraus [27] und ist dem konzeptionellen Modell des „Daten-Würfels“ unterlegen. Einem durchschnittlichen Nutzer ist es nicht (ohne Experten) möglich, geeignete „strategische“ Anfragen in bezug auf das relationale Modell zu stellen.

2.4 Aggregation und Individualdaten

Betrachtet man das DWH in seiner Funktionalität, so spielen *personenbezogene Daten* keine Sonderrolle. Man kann die Umsätze eines Produkts auf (Verkaufsstelle,Produkt,Zeitraum) beziehen, aber auch auf (Wohnort,Alterstufe,Produkt,Zeitraum). Letzteres erfasse nur die Umsätze mit Kunden aus einem bestimmten Wohnort und mit einem bestimmten Alter. Nur im letztgenannten Fall besteht Anlaß über den Personenbezug nachzudenken. Natürlich kann ein DWH auch zweifelsfrei ohne jeden Personenbezug sein, wie z.B. eine Servicedatenbank, welche ausschließlich Daten über Produkte und Fehlersituationen enthält.

Die Frage der „Identifikation“ einer Person, d.h. eines Betroffenen i.S. des Datenschutzrechts, stellt sich beim DWH etwas anders als bei operativen Datenbanken. Dabei ist zu unterscheiden zwischen künstlichen Identifikatoren (Schlüsseln) innerhalb einer Datenbank und externer Identifikation der realen Person.

Ein *Schlüssel* ist ein Attribut oder eine Kombination von Attributen, die jeden Datensatz einer Tabelle (Relation) eindeutig *identifiziert*, d.h. gegeben die Ausprägungen der Attribute des Schlüssels findet man höchstens einen Treffer in der Tabelle.[28] Welche Attribute die Schlüsselqualität haben, ist in der Datenbankstruktur (dem Schema) a priori festgelegt. Die Datensätze identifizierende Wirkung ist unabhängig von der konkreten „Füllung“ d.h. den Daten, die die Datenbank zu einem gewissen Zeitpunkt enthält. Ein Schlüssel ist also ein *„technischer Begriff“*.

In der Regel werden für Personen künstliche Schlüssel, Schlüssel, die in der Außenwelt, die die Datenbank beschreibt, kein Gegenstück haben, eingeführt. Ein künstlicher Schlüssel ist z.B. das Attribut „Kundennummer“. Wir gehen im folgenden davon aus, daß ein solcher Schlüssel eine bloße Referenz ist und nicht selbst Aussagen über Merkmale der Person macht, d.h. daß er *nicht sprechend* ist.

[27] Schon das kleine zuvor in Tabellenform gegebene Beispiel zeigt dies.

[28] Date 1995, p. 110.

Die Kundenummer (Personalnummer o.ä) wird gerade deshalb eingeführt, weil manche Attribute, die man aus der zu beschreibenden Außenwelt entnimmt, wie Namen, nicht identifizierend sind.[29] Enthält eine Datenbank solche Personen identifizierenden Schlüssel, so ist mit diesem Schlüssel die natürliche Person eindeutig bestimmbar. Alle Daten, um diese Person auch in der Außenwelt, d.h. *extern*, anzusprechen und zu identifizieren, werden in der Datenbank unter diesem Schlüssel – i.d.R im Kundenstammsatz – hinterlegt. Name und Vornamen werden dort durch weitere Anknüpfungspunkte, wie z.B. die Adresse, zu ergänzen sein.[30] Die Kundennummer ist damit der (kurze) Stellvertreter dieser eventuell umfänglichen Beschreibungsdaten. Sie steht „für die Person". Sie identifiziert *explizit* und *mittelbar* mit Hilfe der *extern* identifizierenden Attribute.

Das geschäftsrelevante Verhalten der Person ist ebenfalls unter diesem Schlüssel greifbar, d.h. der Schlüssel verbindet die verschiedensten Daten, die damit auch personenbezogen sind. In anderen Zusammenhängen spielt die Kundenummer die Rolle eines Teilschlüssels, z.B. lassen Kundenummer und Verkaufsstelle gemeinsam den Rückschluß auf den Umsatz der Verkaufsstelle mit diesem Kunden zu.

Es kann auch Schlüssel im datenbanktechnischen Sinn geben, die keinen Personenbezug haben, sog. *anonyme* Schlüssel.

Bei der Betrachtung der Bestände eines DWH in Hinsicht auf *personenbezogene Daten* sind zwei grundsätzliche Ansätze zu unterscheiden: Im einen versucht man die Operationen, im anderen versucht man den Datenbestand zu beschränken. Man kommt so zu drei [31] verschiedenen Gestaltungsformen [32], die alle versuchen, dem Nutzer des DWH die Zuordnung von Merkmalsausprägungen zu natürlichen Personen zu verwehren, d.h. intendiert ist eine anonyme Verarbeitung. Das DWH wird damit zur *„statistischen Datenbank"*. Ob die Anonymisierung i.S. des Datenschutzrechts *gelingt*, ist eine *rechtliche* Frage, in die technische Parameter eingehen.

(1) Der Personenbezug im *Datenbestand* wird durch Mitführung explizit unmittelbar identifizierender Attribute (z.B. Namen, Geburtsdatum usw.) oder durch explizit mittelbar identifizierende Attribute (z.B. eine Kundennummer) hergestellt. Das heißt: Die „Kundenidentifikation" könnte eine Kundennummer sein.

Eine Tabelle (Kundenidentifikation, Verkaufsstelle, Zeitraum, Produkt) hält Individualdaten. Die Existenz eines Eintrags (synonym eines Datensatzes, Tupels) in der Tabelle hat die Bedeutung: „Kunde hat Produkt im angegebenen Zeitraum an Verkaufsstelle gekauft". Bezieht man den Umsatz ein, erhält man die Tabelle:

Einzelumsatz =(Kundenidentifikation,Verkaufsstelle,Zeitraum,Produkt,Umsatz).

Hier ordnet man einer Ausprägung der Kriterien den *kundenindividuellen* Umsatz zu.

Man schränkt aber die *Abfragen* so ein, daß man nur *Kenndaten* der beschreibenden Statistik *über mehreren Kunden* erhält, in der Regel Zahlen, Summen, Mittelwerte. Im ersten Beispiel

---

[29] Man muß nicht zwingend einen solchen primary key einführen, vgl. Date 1995, p, 115, wenn andere Attribute bereits einen Schlüssel ergeben.

[30] In Extremfällen könnten zwei Personen identische Attributwerte haben: gleichen Vornamen, Familiennamen, Geburtstag, Wohnort usw.; Das spricht nicht gegen die Intention, daß eine bestimmte Person gemeint ist.

[31] nachfolgend unter (1) bis (3) .

[32] Man könnte auch je nach „Sensitivität" von Attributen die Gestaltungsformen mischen.

würde man bei Vorgabe einer bestimmten Verkaufsstelle, eines Zeitraums, und eines Produkts, die *Zahl* der zugehörigen Kunden ermitteln, im zweiten Fall den *summierten* Umsatz. Nicht ausweisen würde man hingegen die kundenindividuellen Datensätze.

(2) Man gibt für *Abfragen* auch *individuelle* Datensätze aus, verwendet aber einen *Datenbestand*, in dem weder unmittelbar noch mittelbar explizit identifizierende Attribute vorkommen. „Namen“, „Geburtsdatum“ etc. dürfen hier nicht in Kombination vorkommen, und erst recht keine Kundennummern [33]. Identifikatoren gibt es zwar, aber sie sind anonym. Identifikatoren haben in einem solchen Datenbestand nur den Zweck, die zu *einem* Individuum gehörenden Daten *als zusammengehörig* zu charakterisieren, sie dienen als Indexierung und binden Daten zu *Profilen* zusammen.

Als Spezialfall des vorgenannten Falls kann man auch eine Identifikation durch *Pseudonyme* erlauben. In diesem Fall ist der Datenbestand aus der Sicht des DWH-Nutzers anonym, aber der explizite Personenbezug kann durch *Berechtigte* hergestellt werden.

(3) Man aggregiert die Daten *unabhängig von den Abfragen* soweit, daß man im DWH keine Individualdaten mehr hat.

Verzichtet man auf die Individualdatensätze, so führt man nur *Einträge* der Form wie z.B. (Verkaufsstelle,Zeitraum, Produkt, Kundenzahl) oder (Verkaufsstelle, Zeitraum, Produkt, Umsatz, Kundenzahl). Schlüssel in einer solchen Tabelle ist (Verkaufsstelle,Zeitraum, Produkt), d.h. durch Angabe von Verkaufsstelle, Zeitraum und Produkt ist der Datensatz eindeutig identifiziert. Oft werden diese Datensätze als *Zellen* bezeichnet, weil sie eine Anzahl (nicht mehr geführter) Individualdatensätze „einschließen“.

Dies ist nichts anderes, als ein vorweggenommener Schnitt durch den Datenwürfel. Man blendet sozusagen das Attribut „Kundenidentifikation“ aus. Der Vorteil ist, daß man – bis auf Extremfälle mit Kundenzahl = 1 – *keine Individualdatensätze* mehr hat.

Der Nachteil ist, daß man hier Informationen verliert: Interessiert später, welcher Umsatz für Kunden eines bestimmten Alters, d.h. eines Kundenmerkmals, getätigt wurde, so wäre die Auflösung zum Kunden hin wichtig. Mit Hilfe der Tabelle (Kundenidentifikation, Alter) und der oben genannten nicht aggregierten Tabelle „Einzelumsatz“ könnte man die Tabelle T=(Alter, Verkaufsstelle, Zeitraum, Produkt, Umsatz, Kundenzahl) erstellen und darauf weitere Untersuchungen starten.

Dieser Möglichkeit beraubt man sich durch die frühzeitige und zu weitgehende Aggregation. Es müßte also die Tabelle T nach jedem DWH-update *vorberechnet* werden. Dagegen läßt sich einwenden, daß man den Bedarf an gerade dieser Tabelle nicht vorhersehen kann und zum anderen, daß dies für *alle Attribute und sogar für alle Kombinationen* von kundenbezogenen Attributen (z.B. Alter, Wohnsitz) ebenfalls geschehen müßte. Eine zu grobe Aufteilung, etwa *nach Alter* und getrennt davon *nach Wohnsitz* führt zu einem Informationsverlust. Also bleiben nur zwei Möglichkeiten:

(a) Man führt die Individualdaten mit, um später ad hoc nach diversen Attributen und Attributkombinationen auswerten zu können.[34] Damit ist man bei der Gestaltung unter (1) oder

---

[33] Ein hier nicht zulässiges explizit und unmittelbar eine Person identifizierendes Attribut wäre auch ein Bild oder eine Videosequenz, auf der die Person erkennbar ist.

[34] Technisch gesehen würde man bei einer Anfrage die Einzelumsatz-Tabelle verknüpfen mit der Kunden-Tabelle (join über die Kundenidentifikation) und erhielte eine Tafel der Struktur (Kundenidentifikation, Alter,

(2) angelangt, je nachdem ob man über der so erhaltenen Tabelle nur statistische Anfragen zuläßt oder – bei anonymer bzw. pseudonymer Kundenidentifikation – die individuellen Datensätze ausweist.

(b) Man verzichtet auf die Individualdaten, löst aber dafür so fein wie möglich auf, d.h. legt ein hinreichend feines Raster über die Kundenbestände:

Man bildet „Zellen“ (Datenbankeinträge), im Beispiel über Alter, Wohnsitz, Verkaufsstelle, Zeitraum und Produkt und nennt hierfür jeweils die Umsätze und die Zahl der involvierten Kunden, z.B. (22-30,Augsburg, München, 1998, Kühlschrank-Typ-A, 8, 5.000). Der Aggregations und Verarbeitungs-Prozeß startet auf diesen Zellen. Höheraggregierte Tabellen (Alter,Wohnsitz,Verkaufsstelle, Umsatz,Zahl) lassen sich wie oben gezeigt herstellen.

2.5 Profilbildung

Der „gläserne Kunde“ ist ein Kunde, über den man sehr viel weiß, über den ein „Profil“ existiert. *Profilbildung* ist dadurch gekennzeichnet, daß zu einer Person konzeptionell viele Attribute vorhanden sind, deren Werte etwas über diese eine Person aussagen, z.B. Kontostand, Depotbestand etc.[35]

Tabelle:	Kundenidentifikation,	Girokonto,	Depot,	Festgeld
	1024	I1	J3	U2

Die Werte sind Intervalle I1,I2,...J1,...U1,... (z.B. I2=[10.000..20.000[).

Wir wollen im folgenden kurz beleuchten, wie manchmal die konkrete Darstellung im DWH die Profilbildung verbirgt: Technisch müssen „Girokonto“, „Depot“ und „Festgeld“ nicht Attribute von Tabellen sein, sondern können selbst als Werte eines allgemeineren Attributs „Anlage“ gehalten werden.

Kundenidentifikation	Anlage	Wert
1024	Girokonto	I1
1024	Depot	J3
1024	Festgeld	U2

Die Betrachtung aller Datensätze mit „1024“ gibt das Kundenprofil.

Entscheidend für das Profil ist der funktionale Zusammenhang: Gegeben eine Kundenidentifikation, lassen sich die Attributausprägungen für alle Attribute ermitteln. Trivialerweise ist ein Nebenergebnis, daß alle Ausprägungen zu einem und demselben Individuum gehören, d.h. wenn (i,a1) (i,a2) (i,a3) gehalten werden, so gehören die Werte (a1,a2,a3) zusammen.

Umgekehrt mag i nur der „Kitt“ sein, der die Einzeldaten zum Profil verbindet. Ob i selbst einen Rückschluß auf die Person zuläßt, kann dahingestellt bleiben. Ein Profil ist ein Wertetupel, das zu einem Individuum gehört.

Die Attribute selbst können wieder strukturiert sein z.B. kann ein Attribut eine *Funktion* sein, die Zeitpunkten Kontostände zuordnet. Gerade zeitliche Verläufe sind interessant für die

Wohnsitz, Verkaufsstelle, Zeitraum, Produkt, Umsatz).

[35] Abstrakt ist das Profil ein Wertetupel, ein Vektor. Wie das Profil implementiert ist, bleibe dahingestellt. Es kann ad hoc durch relationale Operationen ermittelt werden, wenn es gebraucht wird. Die Vorstellung, daß ein Profil eine Folge dauerhaft wie Perlen an einer Schnur im Speicher aufgereihter Einzelwerte ist, wäre naiv.

Analyse [36] und werden daher Teil von Profilen sein. Oftmals wird man es mit ganzen „Kaskaden“ von Funktionen zu tun haben: für jeden Kunden => (für jede Anlageform => (für jeden Zeitpunkt genau einen Wert)).

Anstelle aber solche hierarchischen Strukturen zu halten, gestaltet man die Zuordnungen „flach“ indem man alle Dimensionen auf ein Ebene hebt. Anschaulich wird dies durch einen Tabellenausschnitt:

```
1024  Depot 31.12.96  J1
1024  Depot 31.12.97  J3
1024  Konto 31.12.96  I1
...
1025  Depot 31.12.96  J1
1025  Konto 31.12.96  I1
```

Das Profil „schneidet“ man durch die Vorgabe der Kundenidentifikation aus der Tabelle.

Nehmen wir an, es interessieren nur die zwei Größen Kontostand und Depot [37] zu einem bestimmten Zeitpunkt (K_i und D_i) wobei i die Individuen indexiert. Aus einer relationalen Darstellung wie oben könnte man eine mehrdimensionale über die Zahl der Individuen erhalten:

mehrdimensionale Darstellung:

Depot		J1	J2	J3	J4	
Konto	I1	2	1	0	2	5
	I2	1	0	1	0	2
	I3	1	2	0	0	3
		4	3	1	2	

Nur die Kenntnis, daß ein Wert I1 und J1 zum selben Individuum gehören, d.h. Kenntnis des Profils (I1,J1), erlaubt es diese Tabelle zu erstellen, d.h. die Werte-Paare zu zählen. Kennt man diese Profile nicht, so kann man nur die am Rand der Tabelle aufgeführten pauschalen Zahlen ermitteln.

Auch im letzteren Fall kann man noch sinnvolle Kennzahlen z.B. den Mittelwert der Kontostände und den der Depots bilden. Naturgemäß ist aber gerade der Nutzer eines DWH an *Zusammenhängen* interessiert: „wie ist die Verteilung der Depots für die Menge derer, die einen Kontostand I3 haben?“ Diese, mehrere Einflußgrößen betreffenden (multivariaten) Fragen könnte ein Nutzer nicht mehr stellen, wenn nicht der Zusammenhang zwischen beiden Größen herstellbar wäre. Die Aufspaltung von Profilen führt zu einem Informationsverlust.

Zurückgeführt auf die relationale Form würde dies bedeuten, daß wir die Kundenidentifikationen für Depot und Kontostände *unabhängig* wählen, d.h. ein Datensatz (1025, Depot, 31.12.96, J1) und (1025, Konto, 31.12.96, I1) müßten sich nicht auf denselben Kunden beziehen.[38] Noch deutlicher wird die Trennung des Profils, wenn man die Kundenidentifikationen disjunkt wählt, d.h. aus jeweils disjunkten Zahlen-Vorräten.

---

[36] vgl. den syntaktischen Analyseansatz in Morill 1998, der unschwer auf nicht-technische Daten übertragbar ist.

[37] Dies ist leicht zu verallgemeinern auf n Größen, wie Umsatz des Kunden mit Produkt $P_1 ... P_n$, wobei Produkt z.B. auch ein Versicherungspaket sein kann.

[38] Dies heißt, daß die Kundenidentifikaton relativ zur Anlageform ist. Abfragen mit „Kundenidentifikaton“ (anstatt Kundenidentifikaton, Anlage) machen keinen Sinn.

2.6 Implementierung

Die DWH wird von der operativen Datenbasis [39] getrennt. Motiv dieser Trennung sind zum einen die unterschiedlichen Nutzerbedürfnisse, zum anderen die Erkenntnis, daß die „teuren" Operationen zur strategischen Informationsgewinnung die Operationen des Tagengeschäfts sehr behindern und verzögern und umgekehrt die permanente Bewegung operativer Datenbasen für die strategische Informationsgewinnung hinderlich ist.[40] Diese Tatsachen waren bereits immer bekannt, aber die nötige *Redundanz* der Datenhaltung kann erst heute und dies nur wegen des enorm verbesserten Preis-Leistungsverhältnis im Bereich der Hardware in Kauf genommen werden.

Typisch für das DWH ist, daß über sehr viele Kriterien effizient zugegriffen werden muß und daß oft für gewisse Kombinationen von Merkmalsausprägungen kein Wert oder nur der Wert 0 vorhanden ist. In der Sprache der Mathematik: Der Datenbestand entspricht einer dünn besetzten Matrix. Bei zwei Einflußfaktoren könnte man sich diese als 3-dimensionales Gitter vorstellen, in dem an den Kreuzungspunkten der Stäbe sehr oft eine Null sitzt. Die Informatik bietet hierfür speichersparsame effiziente Darstellungen.

Zum anderen sind DWH dadurch gekennzeichnet, daß sie Daten in Stufen aggregieren. Im Prinzip ließe sich eine solche Aggregation *bei Bedarf* (d.h. Nutzeranfrage) aus Daten niedriger Aggergationsstufe erneut ausrechnen. Die kostet Zeit und kann zu nicht akzeptablen Antwortzeiten führen. Alternativ wird man diese Aggregationen auf Vorrat berechnen und immer als vorberechnet (vorverdichtet) zur Verfügung stellen. Hier muß die Informatik das Folgeproblem bewältigen, daß die abgeleiteten Daten zu ihren Quellen konsistent bleiben: Ändern sich die Quelldaten, so müssen die abgeleiteten Daten aktualisiert werden. Bildlich gesprochen haben wir ein Netz von Daten [41], die funktional auseinander hervorgehen. Jede Änderung am Rande des Netzes muß durch das Netz propagiert werden.

Implementierungstechnisch mag ein mehrdimensionales Modell auch auf die klassische Technik relationaler DB aufgesetzt werden, d.h. eine Operation im konzeptionellen Modell wird durch eine Reihe von Operationen im relationalen Modell implementiert.[42] Für die datenschutzrechtliche Einordnung sind die Implementierungsfragen ohne Belang.

3 Rechtliche Fragestellung

Gefahren für das informationelle Selbstbestimmungrecht erzeugt das DWH in zweierlei Hinsicht: Zum einen wird im DWH ein *redundanter* [43] Datenbestand angelegt, der dank Integration und Zeithorizont sehr reichhaltig sein kann. Gemäß der Zielsetzung des DWH für strategische Analysen gibt es keine Schranke für Volumen und Inhalte: alles könnte „interessant" sein.

Zum anderen steigt die Qualität der Information: Der Kontext, in dem die Daten des Einzelnen eingebettet sind, wird reichhaltiger: Man kann man die Daten des Einzelnen im Lichte

[39] Wir verwenden bewußt den Begriff Datenbasis, da es sich hier auch um Files unter der Verwaltung des Betriebssystems handeln kann.

[40] Inmon 1993, p. 18, p. 25.

[41] einen gerichteten Graphen.

[42] zu Multidimensional OLAP versus Relational OLAP vgl. Gluchowski/Chamoni 1997 S. 404 ff.

[43] Gemeint ist die Redundanz im Informationsgehalt, nicht in der technischen Darstellung.

des Kontexts der über alle anderen gewonnenen Daten besser interpretieren. Höhere Aggregationsformen heben Eigenschaften ans Licht, die sonst in den Details untergingen.

3.1 Anwendbarkeit des BDSG

Grundsätzlich ist auch bei den Daten des DWH zu fragen, ob diese überhaupt dem Datenschutzgesetz unterfallen.[44] Bereichsspezifische Regelungen verdrängen das BDSG (§ 1 Abs. 4 BDSG). Zum Beispiel eröffnet der sog. Electronic-Commerce [45] besonders effiziente Möglichkeiten das DWH zu füllen: Da die Transaktions-Daten ohnedies elektronisch vorliegen, können sie unmittelbar in das DWH übernommen werden. Hier sind die Regelungen über Teledienste (TDDSG) und Telekommunikation (TKG, TDSV) zu prüfen.[46]

3.1.1 Dateibegriff

Daß es sich automatisierte Verfahren i.S. des § 3 Abs. 2 Nr. 1 BDSG und entsprechend der EG-Richtlinie Art. 3 Abs. 1 handelt ist, nach den obigen Ausführungen über die Technik ohne jeden Zweifel. Das Data Warehouse insgesamt ist eine Datei nach § 3 Abs. 2 Nr. 1 BDSG.

3.1.2 Personenbezug und faktische Reanonymisierung

Zweifel könnten am Personenbezug der Daten entstehen, da es fraglich sein könnte, ob die in den Daten repräsentierten Einzelangaben bestimmbaren natürlichen Personen zugeordnet werden können (§ 3 Abs. 1, Abs. 7 BDSG). In dieser Hinsicht legt das Data Warehouse wegen der auf strategische Recherche ausgerichteten Bestände eine differenzierte Betrachtung nahe. Seine Bestände sind eine Mischung aus personenbezogenen Daten (die allerdings selbst z.B. über die Zeit aggregiert sein können), individualisierten Daten ohne Personenbezug und über Personenmehrheiten aggregierten Daten bzw. statistischen Kennzahlen.

Mitführung von mittelbar oder unmittelbar identifizierenden Merkmale im DWH

Werden die Daten unter Beibehaltung einer expliziten Identifikation z.B. einer Kundennummer in ein Data Warehouse kopiert, so bleibt der Bezug zur Person zweifellos erhalten. Es würden dann *personenbezogene* Daten *gespeichert*, selbst wenn der recherchierende Nutzer nur *aggregierte* Daten erhielte.

Um den Personenbezug aufzulösen, sind also mindestens die expliziten Identifikationen der Personen durch neue anonyme Bezeichnungen zu ersetzen. Anonyme Bezeichnungen sind (über die Zeit hinweg) konsistent vergebene neue künstliche Schlüssel ohne Möglichkeit des Umkehrschlusses auf die Person [47]. Pseudonyme würden einem Berechtigten diesen Umkehrschluß erlauben.[48]

Die Ersetzung der Schlüssel genügt aber nicht: Würde man die explizit unmittelbar identifi-

[44] Sondergeheimnisse sind zu beachten: Das Bankgeheimnis würde z.B. eine Offenbarung solcher Daten bezogen auf den Kunden verbieten. Analoges gilt für das Patientengeheimnis in der Krankenversicherung. Sondergeheimnisse regeln aber nicht die Intensität und Art der organisationsinternen Verarbeitung, die im DWH zu Erörtung steht. Zum Bankgeheimnis vgl. Fisahn 1994, zu Anwendungen in einem Versicherungsunternehmen, vgl. Niedereichholz 1998.

[45] zu Finanzgeschäften vgl. Birkelbach 1997; zum Netz-Banking auch Tinnefeld/Ehmann 1998, S. 21.

[46] hierzu ausführlich Bizer 1998; vgl. Tinnefeld/Ehmann S. 149.

[47] oder den Schlüssel der operativen Datenbasis, unter dem die identifizierenden Angaben auffindbar sind.

[48] vgl. Arbeitskreis Technik 1997.

zierenden Daten aus der operativen Datenbasis im DWH mitführen, so wäre nach wie vor der Rückschluß auf die Person möglich. Zumindest die Daten, die man für die externe Identifizierung vorgesehen hat, sind zu löschen, wie z.B. Name, Straße, Haus- und Telefonnummer.

Hier besteht ein Zielkonflikt zwischen *Datenschutz* und *Qualitätssicherung* des DWH. Aus Gründen der Qualitätssicherung würde man gerne für jedes Datum des DWH führen, wie es aus der operativen Datenbasis zustande gekommen ist (z.B. durch Angabe der Kundenummer). Jetzt findet aber die Rückverfolgung von Daten durch drill down ihre Grenze an den anonymen Bezeichnungen der Individuen.

In der Praxis dürfte es aber genügen *strukturell und im allgemeinen* zu wissen, wie Daten transferiert wurden, d.h. es genügt die Information, daß *Daten eines bestimmten Typs* des DWH aus Daten eines bestimmten Typs (bestimmter Tabellen) der operativen Datenbasis hergestellt werden.

Ein zweiter Zielkonflikt besteht, falls sich gerade *aus der Analyse mittels des DWH* die Notwendigkeit der Kommunikation (Warnung, Hinweise) mit dem Betroffenen ergibt. Diese Ausnahme – Entdeckung eines risikoreichen Musters [49] – könnte bei medizinischen Langzeituntersuchungen, aber auch beim Monitoring von Finanztransaktionen eintreten. In diesem Fall kann man mit Pseudonymen arbeiten. Im allgemeinen sprechen also weder Gründe der Qualitätssicherung noch Produkthaftung gegen die Anonymisierung.

Die genannten Maßnahmen lassen die individuellen Datensätze d.h. Profile, bestehen. Dank des hohen *Integrationsgrades* und des langen *Zeithorizonts* bietet das DWH ein reiches Potential für die Erstellung von Profilen. Über vielfältige Lebenssachverhalte fallen Daten an insbesondere (a) beim Kommunikationsdienstleister [50]; (b) beim Finanzdienstleister: Viele Vorgänge des sozialen Lebens korrespondieren zu finanziellen Transaktionen, werfen einen „finanziellen Schatten" und bringen den den Austausch von weiteren Informationen, wie z.B. der Überweisungsgrund, mit sich; (c) bei Anbietern sehr vielfältiger Waren und Dienstleistungen „aus einer Hand" (d) bei Marktforschungsinstituten. Besonders kritisch ist es, wenn das Profil unternehmensübergreifend erhoben wird.

Profile verschärfen die Frage nach dem faktischen Personenbezug, da sie für einen Angreifer viele Anknüpfungspunkte bieten: Zum einen kennt er möglicherweise eine Kombination von Werten aus dem Profil, d.h. ein Teilprofil, das er benutzen kann, um sich durch geeignete Abfragen in den Besitz des Wissens über andere Teile des Profils zu bringen, zum anderen enthält gerade ein reichhaltiges Profil auch viele „interessante" Daten.

Faktische Anoymisierung

Falls die Daten nicht mehr Personen zugeordnet werden können (§ 3 Nr. 7 1. Alt. BDSG) entfällt der Personenbezug.

Die technische erforderliche Grundlage hierfür ist eine Kombination von Maßnahmen entsprechend Kapitel 2, Elimination von explizit Personen identifizierenden Bestandteilen und Aggregation, d.h. die Beschränkung auf die Speicherung statistischer Kennzahlen.

---

[49] d.h. man hat ein auffälliges Muster, sieht, daß von diesem Muster ein (anonymes) Individuum betroffen ist, und fragt jetzt nach der konkreten Person.

[50] Das Fernmeldegeheimnis verwehrt – mit Ausnahmen – den Zugriff auf Inhalte.

Ist der Datenbestand (nur) faktisch anonymisiert, so entfällt der Personenbezug nicht.[51] Zwei durchaus verschiedene Kriterien werden für die faktische Anonymisierung angeführt und kombiniert: Faktisch anonymisiert sind die Daten dann, wenn entweder die Deanonymisierung [52] zu aufwendig im Verhältnis zum Wert der erlangten Information ist oder/und Alternativmethoden weniger aufwendig sind. Im ersten Fall ist der Angreifer gehindert, weil die Deanonymisierung (grundsätzlich) zu schwierig ist, im zweiten Fall wäre der Angriff zwar in Hinsicht auf das Ziel lohnend, aber es entfällt das Interesse des Angreifers an *dem Angriff gerade auf das DWH*, wegen einer „besseren" Alternative. Anonymität ist also ein graduierbarer Begriff: Man kann vom „Grad der Anonymität" sprechen.[53] In den Aufwand geht die Planung der Recherche (des Angriffs), ihre Durchführung und die Beschaffung von Zusatzwissen über die auszuspähende Person ein.

Eine Anonymisierung [54], die die Identifizierung unmöglich macht, läßt den Personenbezug und damit der Anwendbarkeit des BDSG entfallen. Daten, die sich nicht mehr auf eine Person beziehen lassen, können auch das Handeln des Einzelnen nicht mehr beeinflussen; sie können und werden nicht zu einer Form der Befangenheit eines Betroffenen im sozialen Raum führen. Bleibt der Grad der Anonymität unterhalb dieser Schwelle, so ist das Deanonymisierungsrisiko eine bei der Erwägung der Zulässigkeit nach § 28 Abs. 1 Nr 2 BDSG in die Abwägung der Interessen einzustellende Größe.

Da das entscheidende Kriterium der *Aufwand* ist, bewirkt eine künstliche Aufwandserhöhung im DWH einen Schutz gegen Angreifer (vgl. unten „Technische Sicherung der Faktischen Anonymisierung").

Die Mathematik kann für Statistische Datenbanken Aussagen zum *Aufwand* [55] liefern. Der *minimal erforderliche Aufwand* gibt, abhängig von Größe, Struktur der Datenbank *und zugelassenem Anfrageverhalten*, einen Anhaltspunkt für die Beantwortung der Frage, ob im Sinne des Gesetzes eine faktische Anonymisierung vorliegt.

Dieser Aufwand ist jedoch nur eine *untere Schranke*: Es kann kein Verfahren geben, das weniger aufwendig ist. Ob es tatsächlich möglich ist, die Datenbank in einer zu einem bestimmten Zeitpunkt vorliegende Ausprägung bezüglich einer Person und einer interessierenden (vertraulichen) Einzelangabe zu deanonymisieren ist damit nicht geklärt. *Ist aber die untere Schranke ausreichend hoch, so ist das DWH (faktisch) sicher.*

Auf der anderen Seite kann auch der *maximal erforderliche Aufwand* [56] bestimmt werden.

---

[51] so eindeutig Damman in Simitis u.a. zu § 3 Rdnr 202 und 203; Tinnefeld/Ehmann 1998 S. 187 „soweit die Daten keine identifizierende Wirkung mehr besitzen, werden sie vom BDSG nicht erfaßt".

[52] Für die Deanonymisierung muß aber nicht notwendig ein vertraulicher Wert exakt zuzuordnen sein. Oft genügt eine Eingrenzung der interessierenden Werte und/oder eine Wahrscheinlichkeits-Aussage wie z.B. „mit einer Wahrscheinlichkeit von 0.9 darf angenommen werden, daß das Gehalt größer 80.000 DM p.a. ist".

[53] vgl. auch Damman, in Simitis BDSG, § 3 Rdnr 202.

[54] präziser: Ein Grad an Anonymität, der die Identifizierung unmöglich macht.

[55] vgl. zur Übersicht vgl. Damann, in Simitis BDSG zu § 3 , Rdnr. 211-217; Jajodia 1996; Adam/Wortmann, 1989; Denning/Denning 1979; zu speziellen Themen vgl. Denning 1979; Dobkin, 1979; Reiss, 1979; McLeish, 1989; Tendick/Matloff, 1994.

[56] z.B. geben Denning 1979 an, daß der Aufwand zur Ermittlung eines die Sicherheit der DB verletzenden Anfragemusters (general tracker) $O(n^2)$ beträgt, d.h. der Aufwand hängt quadratisch von der Größe der Datenbank ab, falls der Angreifer *alle Datensätze zur Verfügung hat. Selbst, wenn letzters nicht der Fall ist,* findet er mit hoher Wahrscheinlichkeit ein solches Anfragemuster. Zu solchen Mustern vgl. Kapitel 4.3.

Dies heißt umgekehrt nicht zwingend, daß dieser Aufwand auch wirklich benötigt wird – es könnte bessere Verfahren geben. Eine niedriger maximaler Aufwand ist jedoch eine *Garantie für den Angreifer* und führt zwingend zur Verneinung der „faktischen Anonymisierung".[57]

Der Maßstab solcher Betrachtungen ist die Zahl der benötigten Verfahrensschritte [58] (mathematischen Operationen). Wie schnell diese dann tatsächlich ausführbar sind, hängt von der zur Verfügung stehenden Technik (Rechner, Prozessorgeschwindkeit, Busrate, Speicherzugriff) ab.

Eine juristische Beurteilung der (faktischen) Annonymität wird zwar von dieser technischen Lage auszugehen haben, aber sie muß auch mit einrechnen, wie schwierig es ist, ein solches Verfahren tatsächlich in der *Praxis* durchzuführen, d.h. das „mathematische" Geschick mutmaßlicher Angreifer und deren Arbeitssituation bewerten. Die durch das DWH angesprochene Nutzergruppe ist gerade nicht die der mathematischer Experten. Von Laien einsetzbare *Deanonymisierungs-Software,* die zum Ziel führende *Anfragesequenzen* [59] generiert, muß aber durch organisatorische Maßnahmen ausgeschlossen werden.

3.2 Vertragszweck § 28 Abs. 1 Nr. 1 BDSG

Zu fragen ist, ob der Vertragszweck eine Speicherung von Daten im DWH deckt. Diese Speicherung ist langfristig und unabhängig von der Durchführung einzelner Geschäftsvorgänge. Eine Speicherung, die dagegen der Durchführung von Geschäftsvorgängen dient und die somit in der Regel vom Vertragszweck [60] gedeckt ist, spielt sich vollständig im operativen System [61] ab.

Entgegenhalten kann man nicht, daß eine langfristige Speicherung aus vertraglichen Gründen im DWH für Warnungen und Rückrufe geboten sei: Diese langfristigen Speicherungen lassen sich durch eine Archivierung der Daten lösen, derart, daß diese nicht mehr im täglichen Zugriff sind. Zusätzlich kann man zum Hilfsmittel der Pseudonymisierung greifen.

Manchmal hat auch der Kunde ein Interesse an der Aufbewahrung, d.h. es gehört mit zum „Service" die Daten vergangener Geschäftsvorfälle wieder zu erhalten. Insoweit wird und kann der Kunde aber eine Einwilligung erteilen. Für die Zwecke der Archivierung personenbezogener Daten ist das DWH ein unzulässiges Mittel, weil es eine hierfür nicht benötigte Auswertungsfunktionalität bietet.

Schließlich ist zu klären, ob die Speicherung im DWH und hierdurch mögliche spezifische Nutzung (Recherche, Auswertung) der Daten vom Vertragszweck gedeckt sind.

Im Rahmen des Geschäftsbesorgungsvertrags tätigt der Kunde z.B. bei der Bank Transaktionen (z.B. in der Form von Anweisungen). Mit der Ausführung einer solchen Anweisung ist

[57] Haben wir aber eine untere und eine obere Schranke, so wissen wir, daß Verfahren im Aufwand „dazwischen" liegen müssen. Fallen beide Schranken zusammen und wir kennen das entsprechende Verfahren, so ist es optimal.

[58] Die Betrachtungen zur Komplexität und Aufwand sind vergleichbar denen in der Kryptographie.

[59] mit Hilfe sog. Tracker, vgl. Denning/Denning 1979 und Denning 1979.

[60] ausführlich zu § 28 Abs. 1 Nr. 1 und Nr. 2 Tinnefeld/Ehmann 1998, S. 353-364.

[61] Die Verarbeitung von Arbeitnehmerdaten ist ebenfalls nach § 28 BDSG zu beurteilen (vgl. Schneider 1997). „Operative" DB wäre hier z.B. ein Gehaltsabrechnungssystem, „strategisch" ein Personalentwicklungs-DWH, in dem die Ergebnisse von Einstellungsverfahren mit den tatsächlichen „Karrieren" der Mitarbeiter korreliert werden, um die Einstellungsverfahren zu validieren.

ein erhebliches Maß an Informationsverarbeitung verbunden, z.B. die Übermittlung von „Zahlungsempfänger“ und „Zahlungsgrund“.

Der Zahlungsgrund gehört sicher nicht zu den Bestandsdaten des Vertrags mit der Bank. Es ist auch nicht ein Datum der Vertragsabwicklung, sondern wird nur *anläßlich* dieser übergeben. Eine Auswertung ist damit keinesfalls vom Vertragszweck gedeckt. Die Empfängerangabe der Überweisung ist für die Ausführung der Transaktion nötig. Mit dem erfolgreichen Abschluß der Transaktion wird diese Information zur Vertragserfüllung (Geschäftsbesorgung) nicht mehr benötigt, so daß sie im Rahmen des Vertragszwecks höchstens zu Beweiszwecken gehalten werden darf. Eine personenbezogene Auswertung der Empfängerdaten bzw. Anweisungsgeberdaten - sozusagen der finanziellen Verkehrsdaten - ist nicht vom Vertragszweck gedeckt und damit unzulässig.[62]

Personenbezogene Auswertung im DWH kann auch meinen, daß beschreibende statistische Kenndaten über Transaktionen dieses *einen* Kunden gebildet werden. Eine daraus erfolgende Klassifikation („ein Typ B Kunde“) ist ebenfalls ein personenbezogenes Datum. Alle diese Auswertungen sind nicht vom Vertragszweck gedeckt – falls dieser nicht in Hinsicht auf solche Analyse (z.B.zum Zwecke der Vermögensberatung) erweitert wird.

Eine Bildung von Personen-bezogenen Profilen, etwa zu Beratungszwecken, aus Marketing-[63] oder Kalkulationsgründen, kann aber nützlich sein z.B. um dem Kunden spezielle Produkte anbieten zu können und ist dann nach § 28 Abs. 1 Nr. 2 BDSG zu beurteilen.[64]

3.3 Interessenabwägung § 28 Abs. 1 Nr. 2 BDSG

Maßgebend sind im Rahmen des § 28 Abs. 1 Nr. 2 BDSG u.a. die Notwendigkeit der Verwendung und die die Tauglichkeit zum angestrebten (berechtigten) Ziel. Aber selbst wenn das angestrebte Ziel im *berechtigten Interesse* des Verwenders liegt und wenn die Art der Verwendung (Maßnahme), z.B. die Führung bestimmter Daten im DWH, als *notwendig* und *tauglich* für die Zielerreichung erkannt wurde, so ist die Abwägung [65] vorzunehmen, ob nicht schutzwürdige Interessen des Betroffenen entgegenstehen.

Dies ist zuerst zu betrachten für Daten, die ohne Zweifel nicht anonymisiert sind, und damit personenbezogen sind. Für Daten, die zwar anonymisiert sind, bei denen aber die Gefahr der Deanoymisierung nicht von vorneherein ausgeschlossen ist, muß neben der Frage der Tauglichkeit und Erforderlichkeit auch das geschaffene *Risiko* differenziert betrachtet werden: In diese Risikoüberlegung muß eingehen, wie hoch der Grad der Anonymität ist, wie schwierig und naheliegend der Rückschluß auf die Person im Verhältnis zum Ertrag des Angreifers ist. Im Rahmen der Interessenabwägung ist auch zu fragen: Wie beeinträchtigt das Wissen, welches der Angreifer erlangt, den Betroffenen in seinem sozialen Handeln? [66]

Im DWH dürfte die vollständige Anonymisierung kaum je gegeben sein, weil abhängig vom Zusatzwissen und Zuziehung von Experten immer ein statistischer Rückschluß möglich sein

---

[62] Werner 1997.

[63] zum Marketing auf Datenbankbasis vgl. Paefgen 1994; zum Direktmarketing Holland 1995.

[64] „Marktforschung“ ist kein wissenschaftlicher Zweck i.S.d. § 30 BDSG, vgl. Walz in Simitis zu § 30 Rdnr. 24.

[65] Dabei sind auch die Ziele zu bewerten, z.B. Marketing versus Ermittlung von Risiken in Versicherungen und Banken.

[66] Hier ist, wie H.J. Bull andeutet, zu differenzieren, vgl. Bull 1997; Daten werden auch vom Verbraucher kontextbezogen als unterschiedlich sensitiv gewertet.

wird [67]. Schon die faktische Anonymisierung ist fraglich: Umfangreiche Profile machen einerseits den Rückschluß einfacher, andererseits enthalten sie (für den Angreifer) interessante Aussagen, die sich in dieser Zusammensetzung nicht leicht anders gewinnen lassen. Man wird daher das Vorliegen faktischer Anonymisierung hier ebenfalls oft verneinen.

Damit ist über die Zulässigkeit noch nichts gesagt: Betrachten wir erneut die Auswertung der Transaktionsdaten aus der Kontoführung. Ein berechtigtes Interesse einer Bank gerade an diesen Daten ließe sich feststellen z.B. für die Entwicklung neuer Engelte für Leistungen, Produkttypen, Kontentypen, Anlageformen, Beratung des Kunden etc. Im einzelnen müssen die Verarbeitungen im Detail untersucht werden.

Eine Berechnung von statistischen Kennzahlen (Mittelwert z.B.) über ein Konto *eines* Kunden (Transaktionsprofil ohne Semantik, nur Zahlen) ist selbst dann zulässig, wenn die *Person identifizierbar* ist, da das Datum den Kern der von der Bank erbrachten Leistung betrifft, und wenig über die soziale Realität des Kunden außerhalb des Vertragsverhältnisses sagt.

Eine Profil *ohne eine Person explizit identifizierende* [68] Daten, von ausschließlich *zahlenmäßigen* Bewegungen aus *mehreren* Vertragsarten (Geschäftsbesorgung, Kredit) und deren Auswertung z.B. *Korrelation,* ist noch zulässig, da eine Deanonymisierung aufwendig ist [69], und selbst wenn sie gelänge, wenig Rückschlüsse auf den konkreten Kunden zuläßt.

Fraglich könnte sein, ob die Bank (etwa durch Mustererkennung erhaltene) Zahlungsgründe (z. B. „Miete") oder aus dem Konto von Überweisungsempfänger („Versorgungsunternehmen") bzw. -geber („Staatsoberkasse") abgeleitete Schlüsse („Stromrechnung", "Besoldung") zur Grundlage einer Auswertung machen darf. Ordnet sie viele dieser Vorgänge, wenngleich ohne expliziten Personenbezug, *jeweils einem Individuum* zu, so entstehen umfassende, aussagefähige Profile.

Der Kunde hat eine Zusatzinformation auf der Überweisung nicht für die Bank bestimmt. Gelänge die Deanonymisierung, so kann die Kenntnis eines solchen ganzheitlichen Profils durch einen Dritten bzw. die Annahme einer solchen Kenntnis den Kunden im sozialen Handeln beeinträchtigen. Eine solche Deanonymisierung ist (mit entsprechendem Zusatzwissen) nicht ausgeschlossen und ein Interesse des Angreifers an diesen sehr aussagefähigen Daten ist zu unterstellen. Aus diesen Gründen überwiegt hier das Interesse des Kunden am Auschluß solcher Verarbeitung, zumal eine Deanonymisierung gestattet *alle* [70] Daten des Profils irreversibel dem Kunden zuzuordnen.

Eine *isolierte Summation* aller Kontoeingänge, die einem gewissen Muster entsprechen, das die Bank z.B. als „Gehaltszahlungsmuster" [71] klassifiziert *über alle Kunden* ist hingegen dann unbedenklich, wenn dies – bei größeren Kundenzahlen – keinen Rückschluß auf den einzelnen Kunden zuläßt.[72]

---

[67] vgl. Dammann in Simitis u.a. zu § 3 Abs, 1 Rdnr. 38.

[68] Unscharf gesprochen, ein „anonymes" Profil. Die bloße Abwesenheit von explizit identifizierenden Attributen impliziert aber gerade noch nicht die Anonymität.

[69] Es gibt Ausnahmen: Besoldungen z.B. sind an typischen Ziffernfolgen erkennbar, lassen den Rückschluß auf die Besoldungsgruppe und damit bei hohen Positionen auf die Person zu.

[70] Die Deanonymisierung selbst kann dagegen aufgrund vergleichsweise schmaler Datenbasis erfolgen.

[71] Auf die Treffgenauigkeit des Musters kommt es nicht an.

[72] Der entscheidende Punkt ist: Es ensteht kein Profil über Individuen.

Eine Zusammenführung von Daten einer Person aus mehreren Unternehmen (Bank, Versicherung), die zu einem Profil führt, wäre bereits eine unzulässige Übermittlung – selbst wenn man nach Zusammenführung das Profil „anonymisiert".

Die Beispiele zeigen, daß ein Vielfalt von Kriterien abzuwägen und zu gewichten sind, wobei mathematische Erwägungen zur Natur der Daten *und* Überlegungen zur Sensitivität der Daten im Kontext eine Rolle spielen.

3.4 Einwilligung

Eine wirksame Einwilligung (§ 4 Abs. 1 BDSG) setzt die Informiertheit (informed consent) des Einwilligenden voraus. Fraglich kann sein, in welcher Tiefe der Kunde über die Verarbeitungsvorgänge des DWH informiert sein muß. Es mag für den Kunden attraktiv sein, daß man ihm die Ermittlung von Bedürfnissen (mittels des DWH) voraussagt, derer er sich selbst noch nicht bewußt ist.[73] Dies dürfte als Beschreibung jedoch nicht genügen: Die verfolgten Zwecke und Nutzungen im DWH sind dem Einwilligenden präzise darzulegen.[74] Im Gegensatz zu den Vorgängen einer operativen Datenbank, die ja leicht einsichtig Geschäftvorfälle spiegeln, sind die Vorgänge des DWH dem Kunden sehr viel schwieriger zu erklären, d.h. man wird die Funktion anhand von Beispielen erklären müssen [75]. Obwohl die Einwilligung eine aus Sicht des Verarbeiters – gegenüber der Abwägung des § 28 Abs. 1 Nr. 2 – vorzuziehende Lösung darstellt und Verarbeitungen möglich macht, die sonst nicht gestattet wären, hat sie aus Sicht des DWH -Betreibers den Nachteil, daß einwilligende Kunden *nicht repräsentativ* sind, d.h. die Analysen auf der so gewonnenen Stichprobe nicht verallgemeinert werden können. Technisch ist eine Mischung von Daten verschiedenen Typs (von Kunden mit/ohne Einwilligung) ebenfalls nicht einfach zu beherrschen.

3.5 Gewonnene Daten und ihre Nutzung

Das DWH bringt immer einen Zugewinn an Kontextinformation: „Erika Mustermann" ist damit genauer einzuordnen, etwa von ihrem Kundenberater. Die Gewinnung *allgemeiner Sätze* („für alle Kunden gilt, wenn...dann...") aufgrund zulässiger Datenverarbeitung, insbesondere anonymer Daten nach den Regeln der Statistik, ist datenschutzrechtlich nicht verboten.

Die Klassifikation einer Person, bzw. die Anwendung der Bedingung (des „wenn-Teils") eines *zulässig* gewonnenen *allgemeinen* Satzes, kann aber nur aufgrund der *zulässig* gespeicherten Daten erfolgen. Eine solche Klassifikation ist eine *Nutzung* der gespeicherten Daten und ebenfalls nach § 28 Abs. 1 BDSG zu beurteilen. Das *gespeicherte Ergebnis* der Klassifikation ist wiederum ein personenbezogenes Datum. Eine solche Klassifikation z.B. die als „gefährdeter" oder als „unzufriedener Kunde" ist eine Einschätzung, Wertung bzw. Prognose.[76] Automatisierte Entscheidungen dürfen aufgrund dieser Klassifikation nicht getroffen werden (EG Datenschutz-Richtlinie Art. 15).

---

[73] Formular einer Bank „...kann der Berater einen Bedarf erkennen, selbst wenn er sich für Sie noch nicht ausdrücklich darstellt."

[74] Simitis in Simitis BDSG zu § 4 Rdnr. 55 ff.

[75] Dies wird man nicht seitens des Verwenders nicht immer wollen, da er damit evtl. die Methoden preisgibt, aus denen er seinen Wettbewerbsvorteil zieht (DWH-Methodik als Geschäftsgeheimnis).

[76] Tinnfeld/Ehmann S. 185; Damann in Simitis BDSG zu § 3 Rdnr 50-52; Darin, daß eine Klassifikation der Art „wird seinen Zahlungsverpflichtungen mit 80 % Wahrscheinlichkeit nachkommen" sehr fragwürdig sein kann, ist Möller zuzustimmen, vgl. Möller, 1998, S. 556.

4 Technische Maßnahmen zur Sicherung faktischer Anonymität

Der Betreiber eines DWH wird neben den in § 9 BDSG (Anlage) genannten auch Maßnahmen für die statistische Sicherheit berücksichtigen müssen, um eine unbefugte Verarbeitung, d.h. hier in der Regel die Herstellung des Personenbezugs, zu verhindern.

4.1 Aufspaltung der Profile

Es bietet sich zuerst eine Aufspaltung der Profile an. Nehmen wir der Einfachheit an, daß drei Attribute vorhanden sind, wobei A3 das ist, dessen Wert der Angreifer ermitteln will.[77]

Über A1 und A2 habe der Angreifer Vorwissen, z.B. daß die Ausprägung für die interessierende Person (a,b) sei und diese nur einmal in der Datenbank vorkommt. Der Angreifer ist an dem dritten Wert interessiert, d.h. er will klären, ob (a,b,c) eingetragen ist. Sind nur die Tabellen (A1,A2) und A3 vorhanden, so kann der Angreifer nur feststellen, ob c überhaupt vorkommt. Falls nein, hat er eine Antwort, falls ja, so ist die Zuordnung zu (a,b) und damit zur Person offen.

Allerdings verwehrt diese Trennung jegliche Untersuchung von Zusammenhängen z.B. zwischen Attribut A1 und A3, oder A2 und A3. Dem könnte man abhelfen, indem man *alle* Kombinationen über je zwei Attribute als Tabellen hält, d.h. (A1,A2) (A1,A3) (A2,A3).

Der Angreifer fragt nun nach (a,b) (a,c) und (b,c) in den zweidimensionalen Tabellen und bekommt deren Existenz nachgewiesen und die Information, daß es nur jeweils einen Individualdatensatz zu jedem Paar gibt. Hätte aber die dreidimensionale Tabelle die Tupel (a,b,c') (a,b',c) und (a',b,c) enthalten, so wäre ebenfalls dieses Resultat zu erwarten und somit kann der Angreifer nicht den Schluß auf (a,b,c) ziehen.

Anders ist die Lage allerdings, wenn der Angreifer zusätzlich weiß, daß der Wert c für A3 *nur einmal* vorkommt [78] oder er feststellt, daß ein *Komplement* (a',b) bzw. (b,c') nicht vorhanden ist und es keine weiteren Werte außer { a,a',b,b',c,c' } gibt. Dann müssen (a,b) und (b,c) zum gleichen Individuum gehören. Damit ist die gewünschte Information aufgedeckt, d.h. die bloße Aufspaltung in zweidimensionale Tabellen genügt nicht, sondern es müssen Daten, die Rückschlüsse erlauben zusätzlich verborgen werden.[79]

Eine solche Aufspaltung der Datenbank ist also entweder mit einem sehr starken Informationsverlust verbunden, oder sie ist sehr aufwendig.

4.2 Aggregation und Partitionierung

Man partioniert die Datenbank in „Zellen", die aggregierte Daten enthalten [80]. Die ursprünglichen Datensätze werden nicht (mehr) geführt [81]. „Zellen", d.h. Kombinationen von Merk-

---

[77] in der Literatur zu statistischen Datenbanken als sensitives Datum bezeichnet.

[78] vgl. Denning/Denning 1979, p. 240.

[79] vgl. Adam/Wortmann 1989, „cell suppression" , p. 533, 534.

[80] vgl. Abschnitt 2.4. (3).

[81] Adam/Wortmann 1989, p. 531 läßt offen, ob die Datensätze gelöscht werden. Zugreifbar für den Nutzer sind sie nicht.

malsausprägungen, denen nur wenige Individualdatensätze (Extrem: ein Datensatz) entsprechen, werden nicht zugelassen [82], d.h. solche Daten werden nicht geführt, sondern nur die einer höheren Aggregationsstufe.

Die Zellen werden geeignet groß „geschnitten": Führt man z.B. ursprünglich in der Datenbank „1 männlicher Kunde im Alter zwischen 18-21 kauft Produkt P" und „15 weibliche Kunden im Alter zwischen 18-21 kaufen P", d.h. zwei Zellen mit 1 bzw. 15 Individuen, so wird man eine neue Zelle „16 Kunden im Alter 18-21 kaufen P" bilden.[83]

Man vergröbert also die „Auflösung" der Datenbank, aber nur soweit nötig. Für ein *anderes* Produkt kann man die ursprüngliche feinere Auflösung beibehalten.

Im Prinzip erschwert diese Methode den statistischen Rückschluß. Allerdings besteht gerade für sehr dünn besetzte Datenbestände (wie sie in DWH vorkommen) die Gefahr eines starken Informationsverlusts.[84]

4.3 Abfrageüberwachung

Wegen der freien Abfragemöglichkeit ist eine Kontrolle der Vorgänge ungleich schwerer als in operativen Datenbanken. Wir lassen zu, daß das DWH indviduelle Datensätze enthält, d.h. es gibt z.B. einen Datensatz mit einem Wert für das Attribut „Gehalt", der einem Individuum zuzuordnen ist.

(a) Als erste Erschwerung nehmen wir an, daß das DWH keine Einzelabfrage in „sensitiven" Dimensionen zuläßt, d.h. es ist z.B. nicht möglich in einem Personal-DWH unmittelbar nach dem Gehalt zu fragen. Zugelassen sind jedoch die Fragen nach *statistischen Kennzahlen*, z.B. nach Summen und Mittelwerten. Dies ist natürlich schon apriori nicht ungefährlich, denn in Extremfällen geben bereits die statistischen Kennzahlen eine Auskunft: Ein Element x_k – zur Einfachheit nehmen wir das letzte der Folge – ist damit abzuschätzen.

$d - s\sqrt{n} \leq x_k \leq d + s\sqrt{n}$ (Mit s^2 Varianz, d Mittelwert, n Zahl der Personen)

Extrem: Varianz = 0 heißt eben gerade, daß die Einzelwerte gleich dem Mittelwert sind. Im anderen Extremfall weicht nur x_k vom Durchschnitt ab: $\sum_{i=1..k-1} (x_i-d)^2 = 0$.

(b) Im einfachsten Fall könnte ein Angreifer mit Hilfe des ihm bekannten Kriteriums (Zusatzwissens) fragen: „Berechne den Mittelwert des Gehalts über den Datensätzen, die Treffer für Anfrage C sind". Treffer sind die individuellen Datensätze, auf die das Kriterium C zutrifft.

Unterstellt, der Angreifer weiß bereits (Zusatzwissen), daß es nur einen Datensatz dieser Art gibt, so berechnet das System, wie verlangt, den Mittelwert und damit – trivialerweise – den interessierenden Einzelwert.

(c) Den Vorgang unter (b) verhindert man leicht, indem man verbietet, Kennzahlen über zu kleinen Ergebnismengen zu berechnen. Nehmen wir an, für Mengen kleiner oder gleich K

---

[82] vgl. Adam/Wortmann 1989, p. 523, p. 528 Table 1, p.530.

[83] Beispiel analog Adam/Wortmann 1989, p. 525.

[84] Adam/Wortmann 1998, p. 532.

($K \geq 1$) würde dieses „Ansinnen“ abgelehnt.[85]

(d) Der Angreifer könnte nun versucht sein, den Mittelwert des Gehalts über dem Komplement „non C“ [86] auszurechnen: Er würde in die Berechnung alle Datensätze einbeziehen, außer den ihn interessierenden. Da er den Mittelwert über *alle* Datensätze ebenfalls ermitteln kann, würde er leicht zum Ziel kommen.

Also muß man auch Anfragen mit zu großen Datensatzmengen ablehnen. Man wählt ein Fenster zulässiger Anfragen: Die Trefferzahl #C, d.h. die Zahl der Datensätze, auf die das Kriterium C zutrifft, muß die Bedingung $L\text{-}K \geq \#C \geq K$ mit $K \leq L/2$ erfüllen. L ist Größe der Datenbasis.

(e) Die Kunst des Angreifers liegt nun darin, anstelle einer „verbotenen“ Anfrage C, zwei Anfragen, U und T, so zu stellen, daß beide zulässig sind und dann die Kennzahlen beider Ergebnisse so zu verrechnen, daß das gewünschte Einzelergebnis erzielt wird.

Hat man eine Anfrage U mit k+1 Treffern und eine Anfrage T mit k Treffern und ist aufgrund des Zusatzwissens sichergestellt, daß alle T-Treffer auch U-Treffer sind (also eine starke Überlappung) aber der interessierende Datensatz nur von U (und nicht von T) getroffen wird, so ermittelt man mit Hilfe von Summe und Zählung z.B. das interessierende Gehalt:

SUM(U)–SUM(T) = D(U)*COUNT(U)–D(T)*COUNT(T)= SUM(C) = Gehalt(Zielperson)

Man konstruiert U, indem man zu C – der Frage, die man nicht stellen darf – ein geeignetes T (den sog. Tracker) hinzunimmt, die Treffermenge also „aufbläht“, um die Restriktion zu unterlaufen [87]: U=(C **oder** T). Der gewünschte Datensatz darf aber nicht selbst Treffer von T sein. Weiß man z.B. daß der Gesuchte verheiratet ist, nimmt man alle Ledigen hinzu.

Gilt speziell C = (A **und** B) , so wählt man U=(A **und** B) **oder** (A **und nicht** B) = A und T= (A **und nicht** B).[88] Ist der Gesuchte Journalist (=A) und verheiratet (=B) und genügt dies um ihn *eindeutig* zu kennzeichnen, so würde man die Gehaltssumme *für alle Journalisten* ermitteln, sowie die *für alle ledigen Journalisten*, und die letztere von der ersteren subtrahieren. Voraussetzung: Die Trefferzahlen #U für „Journalist“ und #T „lediger Journalist“ müssen zulässig sein.

Interessiert, *ob* das durch C beschriebene Individuum die Eigenschaft E hat, so läßt man das System die Treffer zählen: y=COUNT((C **und** E) **oder** T)?

Sicher gilt : x+1=COUNT(C **oder** T) ≥ COUNT ((C **und** E) **oder** T) ≥ COUNT(T)=x.

Erhält man als Ergebnis y=x+1, so weiß man, daß E keine Einschränkung war, also trifft E auf das Individuum zu, im anderen Fall nicht. Die Verrechnung ist hier also ein Vergleich von Trefferzahlen. Man beachte hierbei: Die Ermittlung des Ergebnisses, d.h. die Ausnutzung der Überlappung findet im Kopf des Benutzers (oder zumindest außerhalb des DWH) statt. Die Anfragen selbst wären zulässig.

Im genannten Fall wird der Tracker für die „verbotene Anfrage“ spezifisch konstruiert. In

[85] Der Extremfall ist K=1 aber evtl. würde man noch vorsichtiger sein (K>1): Die Gehaltssumme von Abteilungsleiter und Sekretärin (2 Datensätze) kann bereits aufschlußreich sein!

[86] Das System kann aus der Struktur der Anfrage keine „bösen Absichten“ erkennen. Negationen sind nicht generell zu verbieten.

[87] vgl. Adam/Wortmann 1989 p. 526 und Denning 1979.

[88] vgl. Denning 1979, "individual tracker“ , p. 80.

vielen Fällen (d.h. bei entsprechend beschaffener Datenbasis) kann man ein T konstruieren, das für *beliebige* verbotene Anfragen C funktioniert.[89]

Um den obigen Angriff zu vermeiden, müssen die *Überlappungen* von Anfragen überwacht werden, d.h. es dürfen nicht mehr als l Treffer (l>1) *gemeinsam* sein.[90]

Jedoch läßt sich auch dann noch ein Angriff planen: Im allgemeinen Fall konstruiert der Angreifer ein *Gleichungssystem* über den interessierenden Größen (z.B. Gehältern): *Unbekannte* sind die Attributausprägungen des interessanten Attributs, darunter auch die Ausprägung für das interessierende Individuum. *Ermittelbare* Größen spiegeln das Vorwissen des Angreifers und die Antworten, die er auf zulässige Fragen erhalten wird. Hat der Benutzer ein Gleichungssystem formuliert, das allen Anfrage-Restriktionen genügt und das er nach der Unbekannten auflösen kann, so hat er zugleich einen Plan, welches Vorwissen er benötigt und welche Anfragen er stellen muß.[91]

Um allgemeinere Angriffe darzulegen, greifen wir noch einmal auf das genannte Beispiel zweier überlappender Anfragen zurück, aber stellen es in etwas veränderter Form dar. Die veränderte Form gibt den Hinweis auf eine wesentlich verallgemeinerte Angriffsmethode.

Nehmen wir an, im DWH gäbe es nur m Datensätze: Der Wert des interessierenden Merkmals wird mit a bezeichnet, wobei der Index den Wert im Datensatz für das Individuum i angibt. a_3 ist also der Wert für das Individuum 3.

Fragt man nun mit gewissen Kriterien bzw. mit einer gewissen Kombination von Kriterien an, so bekommt man in der Regel nur eine *Auswahl* an Datensätzen. Wir gehen davon aus, daß man über diese Datensätze nur *aggregrierte* Information abfragen kann, hier die Summe der Werte des Attributs a, d.h. die Summe über die Werte des Attributs für alle die Datensätze, die unter die Anfrage fallen.

Diesen Sachverhalt kann man durch eine Gleichungszeile zum Ausdruck bringen, in der die Koeffizienten x_i zu einer Attributausprägung dann 1 zu setzen sind, wenn der Datensatz i zur Anfrage gehört, ansonsten 0.

$x_1 * a_1 + \ldots\ldots x_m * a_m = s_1$

Zwei Anfragen lassen sich entsprechend durch zwei Gleichungszeilen beschreiben. Hier sei die Anfrage zum einen „T oder C“, zum anderen „C“. Da „T oder C“ die „weitere“ Anfrage ist, wird in der Regel die Gleichungszeile für „T oder C“ in zusätzlichen Positionen eine 1 enthalten. Geschickterweise wählen wir gerade ein T so, daß genau eine Position in der Zeile eine „1“ zusätzlich bekommt. Aus der Sicht des Angreifers sind die a_i *Unbekannte*, die s_i hingegen würde das System auswerfen.

Der Einfachheit halber nehmen wir an, daß es nur 5 Datensätze gäbe: Stellt man das Gleichungssystem auf und subtrahiert nun die beiden Zeilen, so erhält man $a_4=s_1-s_2$, d.h. der Angreifer kann sicher sein, den Wert von a_4, d.h. den „geheimen“ Wert des Datensatzes zum Individuum 4, durch den Rückschluß aus den Summen zu erhalten.

---

89 “general tracker“ in Denning 1979, p. 83.

90 vgl. Denning/Denning 1979 p.240, Reiss, p. 47.

91 zu diesem Modell und zur Anwendung auf Durchschnitte und Mediane vgl. Dobkin u.a. 1979, p. 100.

```
T oder C:  1 * a1  + 0 * a2 + 1 * a3 + 1 * a4  + 1 * a5 = s1
C          1 * a1  + 0 * a2 + 1 * a3 + 0 * a4  + 1 * a5 = s2
--------------------------------------------------------------
                                          a4            = s1-s2
```

Angriffe der obigen Art kann man verhindern, in dem man nicht mehr zuläßt, daß zwei Anfragen sich nur in einem Datensatz unterscheiden.

Jedoch läßt sich die genannte Methode ausweiten.[92]

Nehmen wir an, dem Angreifer gelänge es, folgendes Gleichungssystem aufzustellen.

```
A1:              1 * a1  + 1 * a2 + 0 * a3 + 0 * a4  + 0 * a5 = s1
A2:              0 * a1  + 0 * a2 + 1 * a3 + 1 * a4  + 0 * a5 = s2
A3:              1 * a1  + 0 * a2 + 1 * a3 + 0 * a4  + 1 * a5 = s3
A4:              0 * a1  + 1 * a2 + 0 * a3 + 1 * a4  + 1 * a5 = s4
```

Dies setzt voraus, daß die Anfragen A1 bis A4 sehr genau geplant sind, d.h. der Anfrager muß aufgrund seines Vorwissens sicher sein, daß A1 den Datensatz 1 und 2 ausweist und gerade nicht 3, 4 oder 5. Analog bei den weiteren Anfragen.

Welches Paar von Zeilen man auch nimmt: es unterscheiden sich die Zeilen in mindestens drei Positionen, d.h. das System wird die Fragen A1 bis A4 als nicht überlappend und damit zulässig erachten. Eine einfache Rechnung zeigt, daß der Angreifer nach seiner 4. Anfrage im Besitz des nötigen Wissens ist, um a_5 zu berechnen:

```
A3+A4            1*a1 + 1*a2 + 1*a3 + 1*a4 + 2*a5=s3+s4
A1+A2            1*a1 + 1*a2 + 1*a3 + 1*a4 + 0*a5=s1+s2
-------------------------------------------------------------------
A3+A4-A1-A2                                2*a5=s3+s4-s1-s2
                                             a5=(s3+s4-s1-s2)/2
```

Der Angreifer notiert die s_i und berechnet nach der zuletzt genannten Formel, die ja Teil seines Plans ist, a_5 aus den Ergebnissen seiner zuvor gestellten Anfragen.

Nun wäre es allerdings denkbar, daß das System ebenfalls ein solches Gleichungssystem mitführt, es Zeile für Zeile für jede Abfrage ergänzt und damit den Plan des Angreifers simuliert. Anders gesprochen: Das System muß die Gefährdung eines jeden Attributs überwachen.

Fazit: Neben der Beschränkung auf statistische Kennzahlen müßte man die Anfragen überwachen, Anfragen mit zu geringer/zu großer Trefferzahl verbieten, und Anfragesequenzen mit zu hohen Überlappungen verbieten. Dies bedeutet einerseits eine *Einschränkung der Funktionalität* für den Nutzer und andererseits hohen Aufwand. Gegen das Zusammenwirken *mehrerer Böswilliger* hilft es nicht. Die Umgehung „verbotener“ Anfragen fällt dem Angreifer umso leichter, je heterogener die Datenbasis ist (*Diversität*). „Ideal“ für Angriffe eine Datenbasis, in der sich die Menge der Individualdatensätze in viele, kleine disjunkte Mengen zerlegen läßt. Dies wiederum gelingt am besten, wenn es viele Differenzierungsmöglichkeiten, d.h. *reichhaltige Profile* und eine gute Streuuung der Ausprägungen in der Datenbasis gibt, und somit der Angreifer genügend „Material“ zur Differenzierung in seinen Anfragen hat.

Die generelle Idee ist es, eine Sicherheitsarchitektur [93] zu schaffen, in der jederzeit ein Modell des Benutzerwissens incl. des möglichen Vorwissens mitgeführt wird, und für durchaus ver-

[92] Beispiel nach Adam/Wortmann, 1989.

[93] Adam/Wortmann 1989 p. 522.

schiedenartige Anfragen vorab geprüft wird, ob die Frage dem Nutzer ein unzulässiges Wissen verschafft. Dies ist bei der Vielfalt möglicher Anfragen, die sich ja nicht auf derart einfache Operationen wie Summen beschränken müssen, ein anpruchsvolles Forschungsthema. Es ist fraglich, ob solche Maßnahmen nach dem Stand von Wissenschaft und Technik bereits als verpflichtend gesehen werden können.

4.4 Verzerrung (Data Perturbation)

Die Methode besteht darin, die Werte gewisser Attribute durch Addition/Subtraktion von zufälligen Werten (Zufallsfehlern, noise) zu verfremden.[94] Das zentrale Problem dieser Methode ist, daß sie die Ergebnisse statistischer Untersuchungen verfälschen kann (bis zu 50 % [95]). Die Gefahr der Verfälschung dürfte für alle Methoden des Data Mining bestehen und damit das DWH entwerten.

Verzerrungsverfahren bieten sich für DWH an, da man diese Zufallsfehler beim Transfer der operativen Daten in die des DWH – als feste Größen, d.h. anfrageunabhängig – zufügen könnten. Das DWH ist im Gegensatz zu einer Volkszählungs- (Census-) Datenbank dynamisch, da es inkrementell aktualisiert wird. Die Methoden der Verzerrung sind hierfür bedingt geeignet.[96] Es gibt Verfahren für quantitative wie qualitative Daten.[97] Der Nutzer muß bei einer Verzerrung, die nicht fixiert, d.h. anfrageabhängig ist, damit rechnen, daß er bei gleicher Anfrage unterschiedliche Ergebnisse erhält und daß Anfragen – wenn sie zu verschiedenen Zeitpunkten gestellt werden – zueinander inkonsistent werden.

Dies mag einerseits unerwünscht sein, andererseits schließt dies einen Angriff nicht aus: Betrachtet der Nutzer die Systemantwort als Zufallsgröße, so könnte er sich durch eine Folge von Anfragen ein genaueres Bild verschaffen: Wie gut sein Bild ist, hängt davon ab, wie stark die künstlichen Werte um den wahren Wert „streuen".

Für die Praxis sind diese Verfahren wegen sehr vieler offener Fragen bzw. starker Einschränkungen der Anwendbarkeit auf Spezialfälle nicht reif.[98]

4.5 Stichproben

Anstatt des DWH selbst bietet man dem Nutzer einen zufälligen Ausschnitt aus dem DWH für seine Recherchen an und zerstört damit den Wert eines Vorwissens, da der Benutzer nicht weiß, welche Individuen sich in der Stichprobe befinden. Eine solche Stichprobe könnte als sog. Data Mart, als Ausschnitt für einen speziellen Nutzerkreis aus dem DWH, erstellt werden.[99] Problematisch ist neben dem Aufwand auch hier die Verfälschung von Untersuchungen.

[94] vgl. Tendick/Matloff 1994.

[95] vgl. Adam/Wortmann 1989 p. 535.

[96] vgl. die Bewertung der Methoden in Adam/Wortmann 1989 p. 536 (Table 2) und p. 553.

[97] numerical and categorical data.

[98] Die Diskussion in Adam/Wortman 1989 und Tendick/Matloff 1994 zeigt dies.

[99] vgl. zur Probability Distribution Adam/Wortmann 1989 p. 535; für den Update sind diese Verfahren nicht geeignet.

5 Rolle des betrieblichen Datenschutzbeauftragten

Der betriebliche Datenshutzbeauftragte kann die Verfahren also prüfen und gegebenfalls monieren (§ 37 Abs. 1 BDSG). Charakteristisch für das DWH ist allerdings, daß es keine einzelnen Verfahren i.S. von wohlabgegrenzten, in Software dokumentierten Programmläufen für die Gewinnung bestimmer Informationen gibt.

Im operativen System wird der Nutzer (der Sachbearbeiter) entsprechend der den Geschäftsvorfällen inhärenten Logik durch Bildschirmaufbau (Masken) und Menues eng geführt. Eine freie Recherche (mittels einer Abfragesprache wie SQL) ist in einem operativen System eher die Ausnahme. Vielmehr werden die Abfragen „vorgefertigt" und hinterlegt. Das DWH hingegen wird geradezu für die freie Recherche konzipiert. Einfache Handhabung und exzellente Visualisierung sollen diese freie Recherche fördern.[100]

Gegenstand der Prüfung kann einerseits die DWH-Software mit ihren Möglichkeiten an sich sein, zum anderen ihre Parametrisierung und die konkrete Nutzung des DWH. Die Sicherheitsthemen müssen von Anfang an in der Planung der Beschaffung und des Einsatzes berücksichtigt werden.

Auf drei Ebenen stellen sich Fragen für den Datenschutzbeauftragten:

(1) auf der Ebene der System-Beschaffung: Welche Möglichkeiten bietet das System überhaupt, die Vertraulichkeit der Daten zu sichern? (Arbeiten mit Pseudonymen, Abfrageüberwachung, Protokollierung etc.)

(2) auf der Ebene der System-Parametrisierung für das Unternehmen:

   (a) Wie ist das Datenmodell des DWH, d.h. welche Daten welcher Struktur werden überhaupt im DWH gehalten? (z.B. welche Attribute incl. der Schlüssel gibt es. Hier ist auch die Schnittstelle zum operativen System zu klären. Hier ist zu klären, wie lange Daten gehalten werden.)

   (b) Wie werden die Sicherheits-Features seitens des Systemadministrators genutzt? Hierunter fällt z.B. die Frage nach Restriktionen von Anfragen in Bezug auf Treffermengen und Überlappungen.

(3) auf der Ebene der täglichen Nutzung: Wie ist die konkrete Nutzung aus Sicht des Persönlichkeitsschutzes zu beurteilen?

Eine stichprobenmäßige, intellektuelle, aber durch Software unterstützte Überwachung, ein Auditing, des Abfrageverhaltens durch den Datenschutzbeauftragten ist anzuraten. Allerdings hat nach § 87 Abs.1 Nr. 6 BetrVG der Betriebsrat ein Mitbestimmungsrecht, da es um eine – wenn auch aus datenschutzrechtlichen Erwägungen gebotene – Einführung und Anwendung einer technischen Einrichtung geht, die dazu geeignet ist, das Verhalten des Beschäftigten zu überwachen. Die Rechtsprechung läßt die *Eignung* der Einrichtung genügen. Hier ist die Einrichtung sogar dazu *bestimmt* zu überwachen. Es geht hier allerdings *nicht* um die Überwachung der Arbeitnehmer *mittels* eines Abfragesprachensystems, sondern um die Überwachung, *wie* sich die *Arbeitnehmer selbst eines Abfragesprachensystems (des DWH nämlich) bedienen*. Ist der Arbeitnehmer selbst *Gegenstand* des DWH, dann fällt allerdings beides zusammen. Die Auditing-Daten unterliegen der Zweckbindung gem. § 31 BDSG.

---

[100] vgl. vom PC vertraute Tools wie EXCEL.

In der Praxis wird der Datenschutzbeauftragte hier keinen leichten Stand haben, da einerseits die Sicherheitsfragen nicht vorrangig bei der Systembeschaffung sein werden, man kaum ein funktional schwächeres System wegen seiner besseren Datenschutz-Features beschaffen wird [101], und auf der anderen Seite viele Maßnahmen für den Datenschutz zu Einbußen der Nutzbarkeit führen können: Beschränkung der Retrievalmöglichkeit, geminderte Präzision des Ergebnisses, schlechtere Performance des Systems sind mögliche Folgen.

6 Schlußbemerkung

Das Data -Warehouse stellt keine keine grundsätzlich neuen Probleme, wirft aber bekannte Fragen erneut auf. Da die Daten des DWH in der Regel nicht zur Erfüllung des Vertragszwecks benötigt werden, ist eine Interessenabwägung vorzunehmen. Es muß sehr sorgfältig geprüft werden, welche Daten und welche Operationen zur Verfügung stehen. Der Personenbezug ist für die Zwecke des DWH oft unnötig. Die Daten müssen also anonymisiert werden. Alle Überlegungen, die zu Statistischen Datenbanken (vor allem zu medizinischen- und Census-Datenbanken) angestellt wurden, können mit Nutzen herangezogen werden, da das DWH im Kern auch eine statistische Datenbank ist.

Leider machen die theoretischen Erkenntnisse zu statistischen Datenbanken sehr einschränkende Annahmen, so daß sie zwar Anhaltspunkte liefern, aber um pragmatische Gesichtspunkte zu ergänzen sind. Sicher ist aber: Ohne eine Einbuße an Funktionalität des DWH ist die Vertraulichkeit bzw. Anonymität nicht vollständig zu sichern [102] und damit ist der Datenschutz durch Einsatz des DWH gefährdet.

Wie bereits bei statistischen Datenbanken ist der übliche Nutzer keineswegs ein „Angreifer", der mit Geduld und subtiler mathematischer Methodik die Sicherheit der DB untergraben will. Jedoch genügt wie in der Kryptographie das Vertrauen auf fehlendes know how und fehlende (mathematische) Professonalität nicht [103]. Daher sollte mangels geeigneter Automatismen – mit Augenmaß – eine intellektuelle Kontrolle der Nutzung durch den betrieblichen Datenschutzbeauftragten erfolgen.

Literatur

[AdWo98] N. R. Adam, J. C. Wortmann: Security-control methods for statistical databases: A comparative study, ACM Computing Surveys 21, 1989, 515-556.

[AkTD97] Arbeitskreis Technik der Datenschutzbeauftragten: Datenschutzfreundliche Techniken, in: DuD Datenschutz und Datensicherheit, 12/1997, S. 709.

[BeMu97] W. Behme, H. Muksch: Die Notwendigkeit einer entscheidungsorientierten Informationsversorgung, in: H. Muksch, W. Behme (Hrsg.), Das Data Warehouse Konzept, Wiesbaden, 1997, S. 3.

---

[101] Der Datenschutzbeauftragte ist zwar rechtzeitig zu unterrichten, hat aber keine Mitspracherecht bei der Systemauswahl, vgk. Schneider 1997, S. 172-176.

[102] Denning/Denning 1978: „The simplicity of these results confirms, what has been suspected all along: Compromise is straightforward and cheap. The requirement of complete secrecy of confidential information is not consistent with the requirement of producing exact statistical measures for arbitrary subsets of the population."

[103] Anders als in der Kryptographie gibt es aber keinen Schutz, der nicht zugleich die Funktion beeinträchtigt.

[BeLi97] M. J. A. Berry, G. Linnoff: Data Mining Techniques, New York, 1997.

[Birk97] J. Birkelbach: Cyber Finance, Wiesbaden, 1997.

[Bize98] J. Bizer: TK-Daten im Data Warehouse, in DuD 10/1998, S. 570.

[Biss97] N. Bissantz, J Hagedorn, P. Mertens, Data Mining: in H. Muksch, W. Behme (Hrsg.), Das Data Warehouse Konzept, Wiesbaden, 1997, S. 437.

[BoZa98] C. Bontempo, G. Zagelow: The IBM Data Warehouse Architecture, Communications of the Association of Computing Machinery (CACM), 1998, p. 38.

[Brac96] R. J Brachmann, T. Khabza, W. Klesgen, G. Piatesky-Shapiro, E. Simoudis: Mining Business Data Bases, CACM 1996, p. 42.

[Bull97] H. P. Bull: Zeit für einen grundlegenden Wandel des Datenschutzes, CR 11/1997, S. 711.

[ChGl97] P. Chamoni, P. Gluchowski: On-Line Analytical Processing, in: H. Muksch, W. Behme (Hrsg.), Das Data Warehouse Konzept, Wiesbaden, 1997, S. 393.

[Date95] C. J. Date: An Introduction into Data Systems, Reading, 1995.

[Denn79] D. E. Denning, P.J. Denning, M.D. Schwartz: The Tracker: A Threat to Statistical Databes Security, ACM Transactions on Database Systems, 1979, p 76.

[Dobk79] D. Dobkin, A. K Jones, R.J. Lipton: Secure Databases: protection against user Influence, ACM Transactions on Database Systems, Vol. 4, 1979, p 97.

[DeDe79] D. E. Denning, P. J Denning: Data Security, ACM Computing Surveys, Vol. 11, No 3, Sept. 1979.

[FaPS96] U. Fayyad, G. Piatesky-Shapiro, P.Smyth: The KDD Process for Extracting Useful Knowledge From Volumes of Data, CACM 1996, Vol. 39, No. 11, p. 27.

[Fisa94] A. Fisahn: Bankgeheimnis und informationelle Selbstbestmmung, in CR 10/ 1994 S. 632.

[Hech89] R. Hecht-Nielsen: Neurocomputing, Reading, 1989.

[Holl95] H. Holland: Direktmarketing, in CR 3/1995, S. 184.

[Holt97] J. Holthius: Multidimensionale Datenstrukturen – Modellierung, Struktur-Komponenten, Implementierungsaspekte, in: H. Muksch, W. Behme (Hrsg.), Das Data Warehouse Konzept, Wiesbaden, 1997, S. 137.

[Inmo93] W. H. Inmon: Building the Data Warehouse, New York, 1993.

[Inmo96] W. H. Inmon: The Data Warehouse and Data Mining, CACM, 1996, p.49.

[ImMa96] T. Imielinski, H. Mannila: A database Perspective on Knowledge Discovery, CACM, 1996, p. 58.

[Jajo96] S. Jajodia: Database Security and Privacy, ACM Computing Surveys, 1996, Vol. 28 No. 1.

[Kirc97] J. Kirchner: Transformationsprogramme und Extraktionsprozesse entscheidungsrelevanter Basisdaten, in: H. Muksch, W. Behme (Hrsg.), Das Data Warehouse Konzept, Wiesbaden, 1997, S. 237.

[GMPS96] C. Glymour, D. Michigan, D. Pregilon, P. Smyth: Statistical Inference and Data Mining, CACM, 1996, Vol. 39, No. 11, p. 35.

[McLe89] M. McLeish: Further Results in the Security of Partitioned Dynamic Statistical Databases, ACM Transactions on Database Systems, Vol 14, 1989, p. 98.

[Möll98] F. Möller: Data Warehouse als Warnsignal an die Datenschutzbeauftragten, in DuD 10/1998, S. 555.

[Mori98] J. P. Morill: Distributed Reconition of Patterns in Time Series Data, CACM, 1998, Vol. 41 No.5, p. 45.

[NiAW98] J. Niedereichholz, T. Aksu, A. Wittemann: Auswahl und Einsatz eines Data Mining Tools bei einem Versicherungsunternehmen, in Versicherungswirtschaft 20/1998, S. 1424.

[Paef94] T. C. Paefgen: Datenbankmarketing als Führungsinstrument, CR 2/1994, S. 65.

[Reis79] S. P. Reiss: Security in Databases, A Combinatorial Study, Journal of the ACM, Vol. 26, No. 1, Jan. 1979, p 45.

[SDG+92] S. Simitis, U. Dammanmann, H. J. Geiger, O. Mallmann, S. Walz: Kommentar zum Bundesdatenschutzgesetz, Baden-Baden, 1992.

[Schn97] J. Schneider: Handbuch des EDV-Rechts, Köln, 1997.

[Somb90] L. Sombe, Reasoning under Incomplete Information, Artificial Intelligence, New York, 1990.

[TeMa94] P. Tendick, N. Matloff, A Modified Random Perturbation Model, ACM Transaction on Database Systems, Vol. 19, No 1 March 1994, p. 47.

[TiEh98] M.-T. Tinnefeld, E. Ehmann: Einführung in das Datenschutzrecht, München, 1998.

[Ulma82] J. D. Ullmann: Principles of Database Systems, 1982.

[Wern97] S. W. Werner, Datenschutzprobleme des elektronischen Zahlungsverkehrs, CR 1/1997, S. 48.

[Witt66] H. Witting: Mathematische Statistik, Stuttgart, 1966.

Datenschutz im Data Warehouse Die Verwendung von Kunden- und Nutzerdaten zu Zwecken der Marktforschung*

Johann Bizer

Universität Frankfurt
bizer@jur.uni-frankfurt.de

Zusammenfassung

An der Auswertung personenbezogener Daten von Kunden besteht *aus wirtschaftlichen Gründen ei*n großes Interesse. Das erfolgreiche „Halten" eines Altkunden gilt als erheblich billiger als das Werben eines Neukunden. Allerdings wird den Bemühungen um eine umfassende Auswertung bestehender Kundendaten durch den im *Datenschutzrecht* geltenden Grundsatz der Zweckbindung eine deutliche Grenze gezogen. Seine Reichweite ist für die Zulässigkeit einer Verarbeitung personenbezogener Daten im Data Warehouse von ausschlaggebender Bedeutung, denn er ist der Maßstab für die Zulässigkeit der Auswertung personenbezogener Kundendaten. Im folgenden Beitrag werden die datenschutzrechtlichen Grenzen der Verarbeitung und Nutzung von personenbezogenen Daten in Data Warehouse-Konzepten dargestellt. Im Ergebnis zeigt sich, daß sich umfassende Data Warehous-Konzepte in der Regel nicht ohne Einwilligung des Betroffenen realisieren lassen.

1 Einleitung

Digitalisierung und Vernetzung der Kommunikation ermöglichen den Dienstanbietern Nutzungsprofile mit erheblicher Tiefenschärfe.[1] Die Anbieter von elektronischen Diensten wollen die Daten ihrer Kunden personenbezogen auswerten, um sie zu gezielter Werbung einzusetzen. Aber auch im klassischen Bereich der automatisierten Datenverarbeitung besteht ein großes Interesse an der Auswertung bereits erhobener Kundendaten zu weiteren Geschäftszwekken, aber auch an einer Vermarktung der hierbei gewonnen personenbezogenen Datenprofilen.[2]

---

* Überarbeite Fassung meiner Beiträge in: H. Mucksch / W. Behme (Hrsg.), Das Data Warehouse-Konzept, Wiesbaden, 3. Aufl. 1998, S. 101 ff.; DuD 10/1998, 552 und 570 ff.

[1] Vgl. Damker/Müller, DuD 1/1997, 24; Schweighofer, DuD 8/1997, 458. Zur Erhebung durch Cookies Wichert, DuD 5/1998, 273; rechtlich Bizer, DuD 5/1998, 277; Hoeren, DuD 8/1998, 455.

[2] Siehe hierzu Möller, DANA 3/98, 4 ff.; Möller, DuD 10/98, 555; Koch, MMR 9/1998, 458 ff.; Weichert, WRP 1996, 522 ff.; Weichert in: Link/Brändl/Scheuning /Hehl, S. 864 ff.

Der Begriff des *Data Warehouses* fungiert neben dem des *Data Mining* als „Schlagwort", unter dem in der Betriebswirtschaft und der Wirtschaftsinformatik Geschäftsstrategien zusammengefaßt werden, um mit Hilfe von automationsgestützten Werkzeugen kundenbezogene Datenbestände auszuwerten und zur Ausweitung der Kundenbeziehungen zu nutzen.[3] Typische Beispiele sind Konzerne, die unter ihrem Dach diverse Dienstleister mit unterschiedlichen Produkten und Kundenbeziehungen vereinen. Die Vorstellung ist, den Kunden des einen Dienstleisters auch für eine Geschäftstätigkeit des anderen Dienstleisters zu gewinnen, indem das bereits über ihn verfügbare Wissen bei der einen Konzerntochter auch der anderen zur Verfügung gestellt wird.

Informationstechnisch basieren derartige Auswertungsverfahren auf der Korrelation von Datenbanken und sind unter diesem Blickwinkel im eigentlichen Sinne kein neues Thema.[4] Mit *Ulrich Möncke* ist ein Data Warehouse nicht anderes als „die Gesamtheit von Management-Software, der zugrundeliegenden Struktur und den in diese Hülle gefüllten Inhalten".[5]

2 Vertragsbeziehung und Zweckänderung

Der Grundsatz der Zweckbindung zählt zu den Grundprinzipien des Datenschutzrechtes. Er gilt im Bereich der privaten oder geschäftlichen Datenverarbeitung sogenannter „nicht-öffentlicher Stellen" (§ 27 ff. BDSG), im Telekommunikationsrecht sowie im Datenschutzrecht der neuen Informations- und Kommunikationsdienste und der Mediendienste. Die Zweckbindung ist auch ein Grundsatz des europäischen Datenschutzrecht wie sich aus Art. 6 b der EG-Datenschutzrichtlinie 95/46/EG sowie Erwägungsgrund 28 ergibt.[6] Danach haben die Mitgliedstaaten sicherzustellen, daß

> *„personenbezogene Daten für festgelegte eindeutige und rechtmäßige Zwecke erhoben und nicht in einer mit diesen Zweckbestimmungen nicht zu vereinbarenden Weise weiterverarbeitet werden."*

Nach dem Grundsatz der *Zweckbindung* dürfen personenbezogene Daten nur zu dem Zweck verarbeitet und verwendet werden, zu dem sie erhoben worden sind. Dieser Grundsatz entspricht den allgemeinen Grundsätzen der im Privatrechtsverkehr geltenden *Vertragsfreiheit*: Parteien sind im Abschluß eines Vertrages frei und können seinen Inhalt nach ihren Vorstellungen gestalten – in den durch das Gesetz bestimmten Grenzen. Die zwischen den Parteien vereinbarten Verpflichtungen und Berechtigungen sind Ausdruck der grundrechtlich gewährleisteten Willenserklärungsfreiheit der Parteien. Aus ihr ergibt sich die Dispositionsbefugnis jeder Seite, den Inhalt ihrer rechtlich verbindlichen Erklärungen zu bestimmen. Darüber hinaus ist sie Ausdruck des Persönlichkeitsrechts der einzelnen Partei. Die in der Frühzeit der Datenschutzdiskussion hin und wieder geäußerte Vorstellung, personenbezogene Daten, „gehörten" mit ihrer Übermittlung an den anderen gleichsam dieser Vertragspartei und unterlägen keinerlei Bindungen seitens der übermittelnden Vertragspartei, ist unzutreffend. Sie beruhte

---

[3] Vgl. Beiträge in Mucksch /Behme 1998.

[4] Möncke, DuD 10/1998, 561.

[5] Möncke, DuD 10/1998, 561.

[6] Dammann in: Dammann/Simitis, Art. 6, Rn. 5.

auf einer fehlerhaften Vorstellung von der den Verwendungszweck begrenzenden Gestaltungsfunktion vertraglicher Willenserklärungen.

Was bedeutet dies nun für das Datenschutzrecht? Nehmen wir an, Verkäufer V und Käufer K schließen einen Vertrag über den Gegenstand X. Darf V die personenbezogenen Daten des K auch zu anderen Zwecken als den der Vertrags*erfüllung* verarbeiten? Vor dem Hintergrund der Grundstrukturen des Vertragsrechts ist die Rechtslage eindeutig: Die datenschutzrechtliche Zweckbindung im Privatrechtsverkehr ergibt sich aus der *Willenserklärungsfreiheit* des einzelnen Vertragspartners, der mit seiner Bestellung des Gegenstandes X auch die Verarbeitungsbefugnis seiner personenbezogenen Daten durch V bestimmt und begrenzt. So wird K seine Anschrift an V regelmäßig nur zur Abwicklung des von ihm gewollten Vertrages übermitteln (Lieferadresse, Rechnungsanschrift etc.). Weitergehende Verarbeitungsbefugnisse ergeben sich aus dieser durch eine Willenserklärung legitimierten Übermittlung nicht.

Vor diesem Hintergrund der *„Zweckbindung durch Willenserklärung“* sind die Regelungen der § 28 Abs. 1 Nr. 2 und Abs. 2 Nr. 1 BDSG sowie Art. 7 f, Art. 14 a EG-Datenschutzrichtlinie 95/46/EG zu lesen, die die andere Seite zu einer Verarbeitung ermächtigt, die über die durch Willenserklärung der einen Seite bestimmte Zweckbindung hinausgeht (siehe dazu unten 3.). Mit diesen Regelungen hat der Gesetzgeber nicht nur in das informationelle Selbstbestimmungsrecht des einen Vertragspartners, sondern auch in seine Willenserklärungsfreiheit eingegriffen. Immerhin werden diese Eingriffe durch Abwägungsklauseln oder im Fall der „Werbung oder Meinungs- und Marktforschung“ durch ein Widerspruchsrecht des Betroffenen abgefedert.

Stärker am Schutz der Willenserklärungsfreiheit (wie auch am Recht auf informationelle Selbstbestimmung) ausgerichtet sind die Regelungen des Telekommunikationsrechts (siehe unten 4.) und des Rechts der Informations- und Kommunikationsdienste (dazu unten 5.), die eine Nutzung von Bestandsdaten zu Zwecken der „Werbung, Kundenberatung oder Marktforschung“ durch die andere Vertragspartei nur mit *Einwilligung* des betroffenen Nutzers ermöglichen. Die Anerkennung der Entscheidungsbefugnis des betroffenen Vertragspartners führt auf das Grundmodell des Vertragsrechts zurück: Die Rechte einer Partei gegenüber der anderen können nicht über das hinausgehen, was ihr diese zugestanden hat. Kurz: Das Modell der Kooperation zwischen Rechtsgenossen beschränkt die interne Nutzung von zu einem Zweck erhobenen Daten genau auf diesem Zweck.

Das Prinzip der „Zweckbindung durch Willenserklärung“ steht damit den Bemühungen einer *konzernweiten Nutzung* personenbezogener Datensätze aus den Beständen einzelner Konzerntöchter entgegen. Data Warehouse Konzepte, in denen Datensätze personenbezogenen miteinander verknüpft werden sollen, sind damit auf die Kooperation der Betroffenen angewiesen. Eine Herausforderung an die Kommunikationsfähigkeit der Unternehmen mit ihren Kunden.

3 BDSG und EG-Datenschutzrichtlinie

3.1 Anwendungsbereich des BDSG

Die Vorschriften des BDSG finden Anwendung auf *nicht-öffentliche Stellen*, soweit sie Daten in oder aus Dateien geschäftsmäßig oder für berufliche oder gewerbliche Zwecke verarbeiten oder nutzen. „Nicht-öffentliche" Stellen sind alle „natürlichen und juristischen Personen, Gesellschaften und andere Personenvereinigungen des privaten Rechts" (§ 2 Abs. 4 BDSG). Diese gelten allerdings dann als öffentliche Stellen, wenn sie „öffentliche Aufgaben" übernehmen (§ 1 Abs. 3 BDSG). Aus Vereinfachungsgründen wird im folgenden von der Darstellung derartiger Sonderformen abgesehen.

Das BDSG gilt nicht nur für private Tätigkeiten mit der Absicht der Gewinnerzielung („*gewerblich*"), sondern auch für jede andere Datenverarbeitung, die auf Wiederholung gerichtet ist und von gewisser Regelmäßigkeit ist („*geschäftlich*").[7] Damit unterliegt jede private Datenverarbeitung bei der aus wirtschaftlichen Gründen personenbezogene Daten ausgewertet werden, dem Anwendungsbereich des BDSG.

Personenbezogene Daten sind nicht nur „Einzelangaben über persönliche oder sachliche Verhältnisse" einer bestimmten natürlichen Person, sondern auch solche Daten einer „bestimmbaren" Person (§ 3 Abs. 1 BDSG). „Bestimmbarkeit" ist gegeben, wenn die natürliche Person durch die Daten nicht eindeutig identifiziert, jedoch mit Hilfe anderer Informationen festgestellt werden kann. Wichtiger als die Unterscheidung zwischen „bestimmt" und „bestimmbar" ist die zwischen „*bestimmbar*" und „*anonym*", denn anonyme Daten sind nicht personenbezogen, so daß ihre Verarbeitung und Nutzung nicht den Bestimmungen des Datenschutzrechts unterliegt.[8] *Anonymisieren* ist nach § 1 Abs. 7 BDSG das

> *„Verändern personenbezogener Daten derart, daß die Einzelangaben über persönliche oder sachliche Verhältnisse nicht mehr oder nur mit einem unverhältnismäßigen großen Aufwand an Zeit, Kosten und Arbeitskraft einer bestimmten oder bestimmbaren natürlichen Person zugeordnet werden können."*

Problematisch ist im Einzelfall, den „unverhältnismäßigen" Aufwand für eine Identifikation der Daten zu bestimmen. Maßgebender Parameter ist insbesondere das zur Verfügung stehende Zusatzwissen, mit dem ein anonymisierter Datensatz reidentifiziert werden kann.[9] Soweit dies ausgeschlossen werden kann, können die anonymisierten Angaben ausgewertet werden.

Mit „*Verarbeiten*" im Sinne des BDSG ist das „Speichern, Verändern, Übermitteln, Sperren und Löschen" personenbezogener Daten gemeint, § 3 Abs. 5 Satz 1 BDSG. Unter „Verändern" ist das inhaltliche Umgestalten gespeicherter Daten zu verstehen, § 3 Abs. 5 Nr. 2 BDSG. Das ist immer dann der Fall, wenn das Datum einen anderen Inhalt beispielsweise durch teilweise Löschung oder eine Verknüpfung mit anderen Daten erhält.

„*Nutzen*" bedeutet „jede Verwendung personenbezogener Daten, soweit es sich nicht um Verarbeitung handelt", § 3 Abs. 6 BDSG. „Verarbeiten" ist demnach in der Terminologie des BDSG ein die genannten Verarbeitungsschritte umfassender Oberbegriff, „Nutzen" hingegen der subsidiäre Auffangbegriff. Genutzt werden personenbezogene Daten beispielsweise von der datenverarbeitenden Stelle, wenn sie personenbezogene Daten auswertet beispielsweise Verkäuferlisten nach Umsatz oder Arbeitszeiten von Beschäftigten nach Fehlzeiten.[10]

---

[7] Auernhammer, § 27, Rn. 4.

[8] Siehe ausführlich Dammann in: Simitis, BDSG, § 3, Rn. 20 ff. sowie Möncke, DuD 10/1998, 564 ff.

[9] Dammann in: Simitis, BDSG, § 3 , Rn. 202 ff.; Bergmann/Möhrle/Herb, § 3, Rn. 110 ff. Möncke, DuD 10/1998, 561.

[10] Dammann in: Simitis, BDSG, § 3, Rn. 195.; Bergmann/Möhrle/Herb, § 3, Rn. 109.

Strafbewehrt ist nach § 43 Abs. 1 BDSG insbesondere eine unbefugte Speicherung, Veränderung oder Übermittlung von nicht offenkundigen personenbezogenen Daten.

3.2 Zweckbindung

Die Verarbeitung personenbezogener Daten unterliegt einem *präventiven Verbot mit Erlaubnisvorbehalt.* Das bedeutet, daß eine Verarbeitung oder Nutzung personenbezogener Daten nur zulässig ist, wenn sie durch das BDSG oder eine andere Rechtsvorschrift erlaubt oder angeordnet wird, § 4 Abs. 1 Satz 1 BDSG. Sie ist weiterhin zulässig, soweit der Betroffene in sie einwilligt, § 4 Abs. 1 Satz 1 BDSG.[11]

Zu welchen Zwecken personenbezogene Daten von nicht-öffentlichen Stellen verarbeitet oder genutzt werden dürfen ergibt sich aus den §§ 28 ff. BDSG. § 28 BDSG regelt die Verarbeitung und Nutzung für „eigene Zwecke", § 29 BDSG die geschäftsmäßige Datenspeicherung zum Zweck der Übermittlung und § 30 BDSG die geschäftsmäßige Datenspeicherung zum Zwecke der Übermittlung in anonymisierter Form. Soweit mit Data Warehouse-Konzepten die Auswertung schon bestehender Datenbestände beispielsweise für die Übersicht der eigenen Geschäftstätigkeit oder die Auswertung der Kundenbeziehungen beabsichtigt ist, handelt es sich um *eigene Geschäftszwecke*, so daß § 28 BDSG für diese Auswertungen und Analysen die einschlägige Rechtsgrundlage ist.

3.2.1 Im Rahmen eines Vertragsverhältnisses

Für die Erfüllung eigener Geschäftszwecke dürfen nach *§ 28 Abs. 1 Nr. 1 BDSG* personenbezogene Daten verarbeitet (d.h. gespeichert, verändert, übermittelt) oder genutzt werden, „im Rahmen der *Zweckbestimmung eines Vertragsverhältnisses* oder vertragsähnlichen Vertrauensverhältnisses mit dem Betroffenen". Die Zweckbestimmung eines Vertrages ergibt sich aus „den übereinstimmenden Willenserklärungen der Vertragspartner".[12] Eine entsprechende Rechtsgrundlage enthält Art. 7 b) EG-Datenschutzrichtlinie.

Zulässig ist die Verarbeitung und Nutzung also nur, soweit sie dazu dient, das von den Parteien gemeinsam mit dem Vertrag verfolgte Ziel zu erreichen. Regelmäßig sind Verträge über Leistungen nur auf die Erfüllung und Abwicklung der gegenseitigen Pflichten gerichtet, so daß nur insoweit auch eine Verarbeitung und Nutzung der personenbezogenen Daten des Kunden gedeckt ist. So ist beispielsweise die Auflistung von Bestellungen eines Kunden und ihre Gegenüberstellung mit den entsprechenden Lieferungen und Zahlungseingängen zulässig, weil sie im Rahmen der Erfüllung des Vertrages erfolgt. Sobald aber Bestellungen geliefert und Zahlungen verbucht worden sind, ist der Vertragszweck erfüllt und damit eine weitere Verarbeitung und Nutzung zu anderen Zwecken jedenfalls nach § 28 Abs. 1 Nr. 1 BDSG nicht mehr zulässig.[13]

Entsprechendes gilt für die *vertragsähnlichen Vertrauensverhältnisse.* Gemeint sind damit Verarbeitungsvorgänge im vor- und nachvertraglichen Bereich. Der eine Verarbeitung und

---

[11] Dammann in: Dammann/Simitis, 1997, Art.. 6, Rn. 2.

[12] Auernhammer, § 28, Rn 12.

[13] Vgl. Möncke, DuD 10/1998, 566 f.; Simitis, BDSG, § 28, Rn. 104; Bergmann/Möhrle/Herb, § 28, Rn. 43; Podlech/Pfeiffer, RDV 1997, 248.

Nutzung rechtfertigende Zweck einer Vertragsanbahnung ist erfüllt, sobald die Verhandlungen abgebrochen sind.[14] Im nachvertraglichen Bereich kann eine weitere Datenverarbeitung allenfalls gerechtfertigt sein, wenn Kundendaten (über die Lieferung einer Ware) noch für weitere Auskünfte gegenüber dem Kunden zu speichern sind. Hier ist jedoch eine restriktive Auslegung geboten, zumal die weitere Speicherung sich aus der Zweckbestimmung des früheren Vertragsverhältnisses ergeben muß. Allein die Möglichkeit von Rückfragen eines Kunden zu einem bestimmten vom Vertragspartner gelieferten Massenprodukts, rechtfertigt beispielsweise eine Speicherung der Kundendaten nicht, solange die Bezeichnung des Produktes (Seriennummer etc.) hierfür ausreichend ist.

3.2.2 Zur Wahrung berechtigter Interessen

Zulässig kann aber eine Auswertung bestehender Kundendaten nach *§ 28 Abs. 2 Nr. 2 BDSG* sein. Danach ist das Speichern, Verändern, Übermitteln und Nutzen personenbezogener Daten für eigene Geschäftszwecke zulässig,

> *„soweit es zur Wahrung berechtigter Interessen der speichernden Stelle erforderlich ist und kein Grund zu der Annahme besteht, daß das schutzwürdige Interesse des Betroffenen an dem Ausschluß der Verarbeitung oder Nutzung überwiegt".*

Die Voraussetzungen der Nr. 2 können insbesondere eine Verarbeitung oder Nutzung personenbezogener Daten legitimieren, die außerhalb des konsentierten Vertragszwecks der Parteien liegt. Nach allgemeiner Auffassung ist diese Vorschrift jedoch als Ausnahme zum Regelfall der Nr. 1 restriktiv auszulegen.[15] Eine entsprechende Rechtsgrundlage enthält Art. 7 f) der EG-Datenschutzrichtlinie.

Berechtigte Interessen der speichernde Stelle können insbesondere solche der Speicherung und Nutzung der Daten für die Werbung neuer Kunden oder aber die Marktbeobachtung sein.[16] Allerdings müssen personenbezogene Daten zu diesem Zweck auch wirklich *„erforderlich"* sein. Das ist insbesondere dann zu verneinen, wenn sich die Analyse auch ohne einen Personenbezug der Daten herstellen läßt, wie beispielsweise bei summenmäßigen Aufstellungen über Bestellungen und Lieferungen. Ein berechtigtes Interesse kann aber bestehen, soweit im Rahmen eines Data Warehouses bereits im Unternehmen existierende Kundendaten ausgewertet werden sollen, um diesen zur Vertiefung der Kundenbeziehung weitere Angebote unterbreiten zu können. Jedoch darf in diesen Fällen das schutzwürdige Interesse des Betroffenen am Ausschluß der Verarbeitung oder Nutzung nicht überwiegen (siehe sogleich).

Fraglich ist, ob eine personenbezogene Auswertung durch die Zusammenführung bestehender Datenbestände aus unterschiedlichen Quellen im berechtigten Interesse der datenverarbeitenden Stelle liegt. Festzuhalten ist zunächst, daß *speichernde Stelle* jede juristische Person ist, d.h. ein Konzern oder eine Holding ist keine datenverarbeitende Stelle im Sinne des BDSG.[17] Sollen Kundendaten konzernweit ausgewertet werden, dann müssen sie von einer Tochter an

[14] Auernhammer, § 28, Rn 11; Simitis, BDSG, § 28, Rn.112 ff.; Möncke, DuD 10/1998, 567.

[15] Auernhammer, § 28, Rn 17, Simitis, BDSG,§ 28, Rn. 125 ff.

[16] Auernhammer, § 28, Rn 17; Simitis, BDSG, § 28, Rn. 145 f.

[17] Dammann in: Simitis, BDSG, § 2, Rn. 130.

die andere „datenschutzrechtlich“ übermittelt werden, weil jede Konzerntochter datenschutzrechtlich „Dritte“ ist. Einer Übermittlung nach § 28 Abs. 1 Nr. 2 BDSG steht aber bereits entgegen, daß die Übermittlung „für die Erfüllung eigener Geschäftszwecke“ – so der erste Halbsatz dieser Vorschrift – im berechtigten Interesse der speichernde Stelle liegen muß. Das Analyseinteresse wird aber regelmäßig beim Empfänger und nicht beim Absender liegen, so daß es an dieser Voraussetzung fehlt.

Denkbar ist jedoch, daß eine konzerninterne Übermittlung durch § 28 Abs. 2 Nr. 1 a) BDSG gerechtfertigt ist. Danach ist eine Übermittlung und Nutzung zulässig, soweit es *„zur Wahrung berechtigter Interessen eines Dritten“* erforderlich ist. Jedoch könnte einer Übermittlung von Kundendaten an eine Konzerntochter, die dann „Dritte“ im Sinne des BDSG ist, entgegenstehen, daß ebenso wie zu § 28 Abs. 1 Nr. 2 BDSG kein Grund zur Annahme bestehen darf, daß „das schutzwürdige Interesse des Betroffenen an dem Ausschluß der Verarbeitung oder Nutzung überwiegt“.

Ein solches *überwiegendes schutzwürdiges Interesse* des Betroffenen ist immer dann anzunehmen, wenn „sensible“ Daten des Betroffenen aus unterschiedlichen Vertragszusammenhängen ohne seine Kenntnis und Zustimmung zusammengeführt und genutzt werden sollen. Dies ist immer der Fall, wenn die in Art. 8 Abs. 1 der EG-Datenschutzrichtlinie 95/46/EG genannten Datenkategorien verarbeitet werden. Überwiegende schutzwürdige Interessen sind aber immer schon dann gegeben, wenn die speichernde Stelle Kundendaten für Werbezwecke nutzen möchte, die ihr nur zu bestimmten Zwecken der Erfüllung des Vertragsverhältnisses überlassen worden sind.[18] Ein überwiegendes schutzwürdiges Interesse des Betroffenen wird auch bei der Erstellung von Kundenprofilen zu bejahen sein, die persönliche Gewohnheiten und Verhaltensweisen des Betroffenen insbesondere über Käuferprofile, die Vorlieben, Neigungen, Zahlungsmöglichkeiten etc. erkennen lassen.[19] Diese Auslegung wird durch den Zweck des BDSG bestätigt, die Persönlichkeit und damit auch sein informationelles Selbstbestimmungsrecht zu schützen (§ 1 Abs. 1 BDSG).[20] Je aussagekräftiger oder detaillierter nämlich das aus der Zusammenführung verschiedener Datenbestände sich ergebende Profil des Betroffenen ist, desto größer ist auch sein schutzwürdiges Interesse, die Verfügbarkeit von Wissen über sein Verhalten zu kontrollieren oder es zu gänzlich verhindern.

Schutzwürdige Interessen des Betroffenen werden die berechtigten Interessen der speichernden Stelle (§ 28 Abs. 1 BDSG) oder eines Dritten (§ 28 Abs. 2 BDSG) regelmäßig überwiegen, wenn personenbezogene Daten, die Aufschluß über persönliche Interessen und Neigungen eines Kunden geben, ohne seine Kenntnis und Zustimmung an Dritte *übermittelt* werden.

Ausdrücklich sichert nunmehr § 28 Abs. 3 Satz 1 BDSG dem Betroffenen die Möglichkeit zu, durch einen *Widerspruch* gegenüber der speichernden Stelle die Nutzung oder Übermittlung seiner Daten „für Zwecke der *Werbung oder der Markt- oder Meinungsforschung*“ zu verhindern.[21] Das BDSG akzeptiert damit ein überwiegendes schutzwürdiges Interesse des Betroffenen, an einer derartigen Nutzung oder Übermittlung zumindest beteiligt zu werden. Zu „Wer-

---

[18] Simitis, BDSG, § 28, Rn. 155; s.a. Podlech/Pfeiffer, RDV 1998, 148 f. Siehe auch Tinnefeld/Ehmann, 360 ff.

[19] Simitis, BDSG, § 28, Rn. 155.

[20] Bergmann/Möhrle/Herb, § 28, Rn. 110.

[21] Tinnefeld/Ehmann, S. 373 ff.

bezwecken" werden personenbezogene Daten verwendet, wenn mit ihrer Hilfe (potentielle) Kunden aktiv angesprochen werden, um sie für ein Produkt oder eine Dienstleistung zu gewinnen. Unter „Marktforschung" ist die „systematische Beobachtung und Erfassung von Zuständen und Vorgängen auf Märkten" und unter „Meinungsforschung", die von Meinungen und ihren Veränderungen zu verstehen.[22] Widerspricht der Betroffene beim Empfänger einer nach § 28 Abs. 2 BDSG zulässigen Übermittlung, dann hat jener diese Daten zu sperren. Widerspricht er gegenüber der speichernden Stelle, dann ist die Verarbeitung oder Nutzung unzulässig.

Ein Widerspruchsrecht sieht auch Art. 14 der *EG-Datenschutzrichtlinie* 95/46/EG vor, die bis Ende 1998 umzusetzen ist. Nach Art. 14 a der Richtlinie ist ein Widerspruchsrecht vorzusehen, wenn eine Verarbeitung aus berechtigten Interessen der verantwortlichen Stelle zulässig ist, ohne daß schutzwürdige Interessen des Betroffenen überwiegen (Art. 7 f). Diese Fälle nach Art. 7 f der Datenschutzrichtlinie sind mit den in § 28 Abs. 1 Nr. 2, Abs. 2 Nr. 1 a) BDSG vorgesehenen Abwägungsentscheidungen vergleichbar. Allerdings können die Mitgliedstaaten in diesen Fällen auch Ausnahmen von dem Widerspruchsrecht vorsehen. Ein Widerspruchsrecht ist nach Art. 14 b) der Datenschutzrichtlinie jedoch ausdrücklich bei einer Verarbeitung zu Zwecken der *Direktwerbung* vorgesehen: Entweder als Recht, kostenfrei Widerspruch einlegen zu können, oder über das Widerspruchsrecht ausdrücklich informiert zu werden.[23]

3.3 Löschung

Einer Auswertung von *Kundendaten* kann schließlich auch entgegenstehen, daß diese nach den Vorschriften des BDSG zu löschen sind. Nach § 35 Abs. 2 Satz 2 Nr. 3 BDSG sind personenbezogene Daten beispielsweise zu löschen, wenn

> *„sie für eigene Zwecke verarbeitet werden, sobald ihre Kenntnis für die Erfüllung des Zwecks der Speicherung nicht mehr erforderlich ist".*

Eine Ausnahme von dieser *Löschungspflicht* besteht nur dann, wenn gesetzliche oder vertragliche Aufbewahrungsfristen entgegenstehen (§ 35 Abs. 3 Nr. 1 BDSG), oder Grund zu der Annahme besteht, daß durch die Löschung schutzwürdige Interessen des Betroffenen beeinträchtigt würden (§ 35 Abs. 3 Nr. 2 BDSG) oder eine Löschung wegen der besonderen Art der Speicherung nicht oder nur mit unverhältnismäßig hohem Aufwand möglich ist (§ 35 Abs. 3 Nr. 3 BDSG). In diesen Fällen sind die Daten allerdings zu sperren, d.h. sie dürfen ohne Einwilligung des Betroffenen u.a. nur übermittelt oder genutzt werden, wenn dies „im überwiegenden Interesse der speichernden Stelle oder eines Dritten unerläßlich" ist (§ 35 Abs. 7 Nr. 1 BDSG) *und* die Daten übermittelt oder genutzt werden dürften, wenn sie nicht gesperrt wären (§ 35 Abs. 7 Nr. 2 BDSG). Im Regelfall sind demnach personenbezogene Daten bereits nach Erfüllung des Vertragszwecks zu löschen.

---

[22] Zur Auslegung dieser unbestimmten Rechgsbegriffe siehe auch unten 1 – 3.

[23] Dammann in: Dammann/Simitis, Art 14, Rn. 4.

4 Telekommunikationsdaten

Die Bestimmungen des bereichsspezifischen Datenschutzrechts des TKG [24] finden gegenüber den Bestimmungen des BDSG vorrangig Anwendung, § 1 Abs. 4 Satz 1 BDSG, § 85 Abs. 3 Satz 3 TKG. Dies bedeutet, daß für die Verarbeitung von Telekommunikationsdaten die Vorschriften des Telekommunikationsdatenschutzes einschlägig sind

4.1 Grundsätze des Telekommunikationsdatenschutzes

4.1.1 Fernmeldegeheimnis

Der Gesetzgeber hat mit dem einfachgesetzlichen *Fernmeldegeheimnis* in § 85 TKG die „Inhalte" und „insbesondere" Verbindungsdaten der Telekommunikation umfassend schützen wollen.[25] Diese Intention hat ihren Niederschlag in § 85 Abs. 1 TKG gefunden. Danach schützt das Fernmeldegeheimnis den Inhalt der Telekommunikation, die näheren Umstände der Telekommunikation, insbesondere die Tatsache, ob jemand an einem Telekommunikationsvorgang beteiligt ist oder war und die näheren Umstände erfolgloser Verbindungsversuche. „Telekommunikation" ist nach § 3 Nr. 16 TKG der

> *„technische Vorgang des Aussendens, Übermittelns und Empfangens von Nachrichten jeglicher Art in der Form von Zeichen, Sprache, Bildern oder Tönen mittels Telekommunikationsanlagen".*

Vom Fernmeldegeheimnis geschützt sind nicht nur die Daten natürlicher Personen, sondern auch die *juristischer Personen* sowie rechtsfähiger Personengesellschaften (oHG, KG etc.). Dieser weite Schutzbereich ergibt sich aus dem Wortlaut des Fernmeldegeheimnisses in § 85 Abs. 1 TKG, in dem von einer Beschränkung auf personenbezogene Daten keine Rede ist. Auch § 89 Abs. 1 Satz 4 sowie § 89 Abs. 2 TKG ist zu entnehmen, daß „Einzelangaben über juristische Personen" vom Fernmeldegeheimnis geschützt sind.

Zur Wahrung des Fernmeldegeheimnisses ist verpflichtet, „wer *geschäftsmäßig Telekommunikationsdienste* erbringt oder daran mitwirkt" (§ 85 Abs. 2 TKG). „Geschäftsmäßig" bedeutet mehr als nur ein gewerbliches, auf Gewinnerzielung gerichtetes Angebot. Geschützt ist auch ein „ohne Gewinnerzielungsabsicht erfolgendes auf Dauer angelegtes Angebot" von TK-Diensten, wie sich aus der Legaldefinition des § 3 Nr. 5 TKG ergibt. Die Gesetzesbegründung nennt als Beispiele:

> *„Corporate Networks, Nebenstellenanlagen in Hotels und Krankenhäusern, Clubtelefone und Nebenstellenanlagen in Betrieben und Behörden, soweit diese Anlagen anderen – und seien es nur die eigenen Beschäftigten – zur privaten Nutzung zur Verfügung gestellt werden".*[26]

Die Pflicht zur Geheimhaltung besteht auch nach dem Ende der Tätigkeit fort, durch die sie begründet worden ist (§ 85 Abs. 2 Satz 2 TKG).

---

[24] Telekommunikationsgesetz vom 25. Juli 1996, BGBl I S. 1120 ff.; zul. geänd. d. BegleitG vom 17. Dezember 1997 (BGBl. I S. 3108).

[25] BT-Drs. 13/3609, S. 53.

[26] BT-Drs 13/3609, 53; Könighofen ArchPT 1/1997, 21; Schaar, DuD 1/1997, 18.

Verpflichtet sind der Diensteanbieter ebenso wie der *Betreiber der TK-Anlage* „mit ihren jeweiligen Mitarbeitern".[27] Auf das Fernmeldegeheimnis sind also beispielsweise auch die Service Provider verpflichtet, die von Anlagen- oder Netzbetreibern Kapazitäten mieten, um diese auf eigene Rechnung zu vermarkten.

Das Fernmeldegeheimnis ist nach § 206 StGB *strafbewehrt*, soweit für den „öffentlichen Verkehr" bestimmte Anlagen betroffen sind. Die Strafbewehrung gilt aber nur für „Inhaber oder Beschäftigte" eines Unternehmens, das geschäftsmäßig TK-Dienste erbringt.[28]

4.1.2 Zweckbindung

Für die dem Fernmeldegeheimnis unterliegenden Daten gilt nach § 85 Abs. 3, § 89 Abs. 1, Satz 2 TKG eine *strikte Zweckbindung*. Die dem Fernmeldegeheimnis unterliegenden Tatsachen dürfen von den Anbietern und ihren Mitarbeitern nicht über das „für die geschäftsmäßige *Erbringung* der Telekommunikationsdienste *erforderliche* Maß" hinaus verwendet werden, § 89 Abs. 3 Satz 2 und 1 TKG. Für die geschäftsmäßige „Erbringung" sind nur solche personenbezogene Daten erforderlich, mit denen der Anbieter oder Betreiber seine vertraglichen Verpflichtungen erfüllt, TK-Dienste zu erbringen. Personenbezogene Datenerhebungen und -auswertungen, mit denen der Anbieter seine Geschäftstätigkeit analysieren will, fallen nicht unter das für die „Erbringung" der Dienste erforderliche Maß. Andernfalls wäre der Katalog der nach § 89 Abs. 2 und Abs. 7 TKG zulässigen Zweckänderungen sinnlos.

Eine Verwendung der dem *Fernmeldegeheimnis* unterliegenden Daten zu *anderen* Zwecken als der Erbringung der TK-Dienste ist nach § 85 Abs. 3 Satz 3 TKG nur zulässig,

> *„soweit dieses Gesetz oder eine andere gesetzliche Vorschrift dies vorsieht und sich dabei ausdrücklich auf Telekommunikationsvorgänge bezieht".*

Das TKG enthält damit ein *präventives* Verarbeitungs- und *Nutzungsverbot mit Erlaubnisvorbehalt*. Das bedeutet, daß eine Verarbeitung der dem Fernmeldegeheimnis unterliegenden Daten nur zu den gesetzlich bestimmten Zwecken zulässig ist. Derartige Erlaubnistatbestände können sich insbesondere aus den Datenschutzbestimmungen des TKG ergeben, das für die einzelnen Bestimmungen auf eine noch zu erlassene Rechtsverordnung verweist (§ 89 Abs. 1, Abs. 2 TKG).

4.1.3 Verhältnis zum Datenschutz

Soweit personenbezogene Angaben dem Fernmeldegeheimnis unterliegen, ist ein Rückgriff auf die Vorschriften des BDSG nicht möglich. Der Vorrang des TKG ergibt sich aus § 85 Abs. 3 Satz 3 TKG, wonach eine Einschränkung des *Fernmeldegeheimnisses* nur zulässig ist,

> *„soweit dieses Gesetz oder eine andere gesetzliche Vorschrift dies vorsieht und sich dabei ausdrücklich auf Telekommunikationsvorgänge bezieht".*

Es handelt sich hierbei um aus dem Verfassungsrecht in das einfache Gesetzesrecht transformiertes *Zitiergebot*. Die Erlaubnistatbestände des BDSG, verweisen jedoch „nicht ausdrücklich" auf „Telekommunikationsvorgänge" im Sinne von § 85 Abs. 3 Satz 2 TKG. Auf das BDSG kann lediglich subsidiär beispielsweise in Hinblick auf die Begriffsbestimmungen zu-

[27] BT-Drs. 13/3609, S. 53.

[28] Hierzu Bizer in: Kubicek (Hrsg), Jahrbuch Telekommunikation und Gesellschaft 1998, S. 435.

rückgegriffen werden, nicht aber soweit personenbezogene Daten entgegen der Zweckbindung des Fernmeldegeheimnisses verarbeitet und verwendet werden sollen.

Das TKG enthält aber nicht nur Regelungen, die die Verarbeitung und Nutzung der dem Fernmeldegeheimnis unterliegenden Daten beschränkt, sondern auch ein *präventives Verbot mit Erlaubnisvorbehalt* für die Erhebung, Verarbeitung und Nutzung der Daten „natürlicher und juristischer Personen“, soweit sie *nicht* dem Fernmeldegeheimnis unterliegen. Dies ergibt sich aus § 89 Abs. 2 TKG wonach die Erhebung, Verarbeitung und Nutzung der „Daten natürlicher und juristischer Personen“ (nur) zu den dann im folgenden näher aufgeführten Zwekken zulässig ist. Zu beachten ist, daß die Regelungen des TK-Datenschutzes in § 89 Abs. 2 TKG im Unterschied zum BDSG nicht nur die Datenverarbeitung personenbezogener Daten, sondern auch die „juristischer Personen“ betreffen.

Der Schutzbereich des Fernmeldegeheimnisses und der des *Datenschutzes* überschneiden sich.[29] Dem Fernmeldegeheimnis unterliegen die Angaben, soweit sich aus ihnen „nähere Umstände“ über TK-Vorgänge ergeben. Nach der Gesetzesbegründung handelt es sich „insbesondere“ um Verbindungsdaten.[30] Nähere Umstände über TK-Vorgänge können sich aber auch aus Angaben „in und aus dem“ Vertragsverhältnis ergeben.[31] Aber auch soweit sich personenbezogene Angaben nur „entfernt“ auf TK-Vorgänge beziehen, unterliegen sie ebenfalls nach § 89 Abs. 2 TKG den Datenschutzbestimmungen des TKG.

Im Ergebnis kommt es also auf eine nähere Differenzierung zwischen Fernmeldegeheimnis und Datenschutz nicht an, weil § 89 TKG eben nicht nur zur Erhebung, Verarbeitung und Nutzung der dem Fernmeldegeheimnis unterliegenden Daten ermächtigt („Inhalte“ und „nähere Umstände“), sondern auch zur Verarbeitung der „weiteren“ Umstände sowie der Angaben über natürliche und juristische Personen zu den in § 89 Abs. 2 ff. TKG näher bestimmten Zwecken.

4.1.4 Zweckänderung

> *„Unternehmen und Personen, die geschäftsmäßig Telekommunikationsdienste erbringen oder an der Erbringung solcher Dienste mitwirken,“*

dürfen nach § 89 Abs. 2 TKG unter Beachtung des *Erforderlichkeitsgrundsatzes* zu näher bestimmten Zwecken

> *„die Daten natürlicher und juristischer Personen erheben, verarbeiten und nutzen“.*

Näheres soll sich aus einer Rechtsverordnung ergeben, die den Grundsätzen der Verhältnismäßigkeit, der Erforderlichkeit und der Zweckbindung Rechnung zu tragen hat, § 89 Abs. 1 S. 2 TKG.

Eine auf der Grundlage des § 89 Abs. 1 TKG erlassene Datenschutzverordnung ist bislang noch nicht erlassen worden. Die derzeit noch bestehende *TDSV* vom 12. Juli 1996 [32] ist von

---

[29] BT-Drs. 13/3609, 53.

[30] BT-Drs. 13/3609, 53.

[31] Schaar, DuD 1/1997, 18.

[32] BGBl. I, 982 ff.

der Bundesregierung - aus unverständlichen Gründen - noch auf der alten Rechtsgrundlage des § 10 PTRegG knapp vierzehn Tage vor Inkrafttreten des TKG verabschiedet worden.[33] Umstritten ist daher, ob die TDSV mangels gültiger Rechtsgrundlage überhaupt Anwendung finden kann.[34]

Aus verfassungsrechtlicher Sicht ist zu beachten, daß der Gesetzgeber die *Ermächtigungsgrundlage* der TDSV nicht aufgehoben[35], sondern nur novelliert hat. Die TDSV ist daher noch wirksam, soweit sie nicht im Widerspruch zur neuen Ermächtigungsgrundlage des § 89 Abs. 1 TKG steht.[36] Dies ergibt sich bereits aus dem Grundsatz des Vorrang des Gesetzes. Die Grundsätze der § 89 TKG gelten also unmittelbar.[37]

Die fehlende inhaltliche Abstimmung zwischen TKG und der TDSV 1996 zeigt sich u.a. im engeren Anwendungsbereich der TDSV, deren Regelungen nach § 1 Abs. 1 Satz 1 TDSV nur für

> *„Unternehmen und Dienstanbieter, die der Öffentlichkeit angebotene Telekommunikationsdienstleistungen erbringen",*

gelten. Unter solchen *TK-Dienstleistungen* ist nach § 2 Nr. 6 TDSV *„das gewerbliche Angebot von Telekommunikation"* zu verstehen. Die Bestimmungen der TDSV sind also nur für solche TK-Dienstleistungen von Bedeutung, deren Angebot auf die *Erzielung von Gewinn* ausgerichtet sind.

4.2 TK-Bestandsdaten

Für *geschäftsmäßige TK-Dienste*, zu denen nach § 3 Nr. 5 TK auch die Dienste mit Gewinnerzielungabsicht gehören, gilt, daß die Daten „natürlicher und juristischer Personen" nur erhoben, verarbeitet und genutzt werden dürfen,

> *„soweit dies erforderlich ist zur betrieblichen Abwicklung ihrer jeweiligen geschäftsmäßigen Telekommunikationsdienste", (§ 89 Abs. 2 Nr. 1a TKG).*

Im Vordergrund steht also die Beschränkung auf den *Erforderlichkeitsgrundsatz* und die Verwendung zur *„betrieblichen Abwicklung"*. Die Zwecke der betrieblichen Abwicklung werden durch die Aufzählung von fünf verschiedenen Unterzwecken näher konkretisiert, nämlich

- die Durchführung des Vertragsverhältnisses (§ 89 Abs. 2 Nr. 1 a TKG),
- das Herstellen und Durchführen der TK-Verbindungen (§ 89 Abs. 2 Nr. 1 b TKG),

---

[33] Kritisch auch Rieß, DuD 1996, 328.

[34] Eine Novellierung wird im Zusammenhang mit der Umsetzung der EG-TK-Datenschutzrichtlinie erforderlich. Diese hätte allerdings ebenso wie die EG.Datenschutzrichtlinie bis zum 24. Oktober 1998 in nationales Recht umgesesetzt werden müssen.

[35] Hierauf allein stellt Maunz in: Maunz/Dürig, Art. 80, Rn. 24, ab

[36] Lücke in: Sachs, Art. 80, Fußn. 14; Vgl. auch den in BVerfGE 78, 179 (198 f.) entschiedenen Fall einer Rechtsverordnung, die nicht allein wegen der mittlerweile außer Kraft getretenen Ermächtigungsgrundlage, sondern aus materiellen Gründen aufgehoben worden war.

[37] Büchner in: BeckTKG-Kommentar, § 89, Rn. 2, 8.

- die Ermittlung und den Nachweis der Entgelte (§ 89 Abs. 2 Nr. 1 c TKG),
- das Erkennen und Beseitigen von Störungen (§ 89 Abs. 2 Nr. 1 d TKG),
- das Aufklären und Unterbinden einer rechtswidrigen Inanspruchnahme (§ 89 Abs. 2 Nr. 1 e) TKG).

Der Verarbeitungszweck der betrieblichen Abwicklung umfaßt jedenfalls nicht den der „*bedarfsgerechten Gestaltung*". Die Voraussetzungen einer Verarbeitung personenbezogener Daten zu diesem Zweck ergeben sich aus § 89 Abs. 2 Nr. 2 TKG. Im übrigen ergibt sich aus der Beschränkung auf „betriebliche Zwecke", daß eine Datenverarbeitung zu betriebsfremden Zwecken des Anbieters und Dritter nicht zulässig ist.

4.2.1 Abwicklung eines Vertragsverhältnisses

Nach § 89 Abs. 2 Nr. 1 a TKG ist eine Erhebung, Verarbeitung und Nutzung für Zwecke der betrieblichen Abwicklung zulässig, soweit dies erforderlich ist

> *„für das Begründen, inhaltliche Ausgestalten und Ändern eines Vertragsverhältnisses".*

Es handelt sich hierbei um die in § 4 Abs. 1 Satz 1 TDSV als „*Bestandsdaten*" bezeichneten Angaben, die „in und aus" dem Vertragsverhältnis stammen.[38] Dazu zählen beispielsweise Name, Anschrift, Bonitätsnachweis, Bankverbindung, Einzugsermächtigung, Mahnungen, Rechnungsdaten etc.[39]

Für das *Begründen des Vertragsverhältnisses* sind die Angaben zur Person wie Name und Anschrift, der gewünschte Dienst und die gewünschten Tarifierung erforderlich. Für die Ausgestaltung sind zusätzlich die personenbezogenen Daten erforderlich, die eine laufende Abwicklung des Vertragsverhältnisses ermöglichen wie Zahlungsart und Bankverbindung. Für das Ändern eines Vertragsverhältnisses sind vor allem personenbezogene Daten erforderlich, die für eine von den Partnern gewünschte Vertragsänderung, wie beispielsweise im Fall eines Umzugs, einer Adressenänderung zu verarbeiten sind.

Die Rechnungsdaten sind nicht unter den betrieblichen *Abrechnungszweck* der „Ermittlung und Nachweis" der Entgelte des § 89 Abs. 2 Nr. 1 c TKG zu subsumieren. Dieser Unterzweck rechtfertigt lediglich die Erhebung, Verarbeitung und Nutzung von Verbindungsdaten, um die Entgelte geschalteter Verbindungen zu ermitteln und nachzuweisen. Die Angaben über die Gesamthöhe einer Rechnung und im Falle eines Einzelverbindungsnachweises ihre Einzelposten dienen der Erfüllung und insofern der Ausgestaltung des Vertragsverhältnisses.

Eine Erhebung, Verarbeitung und Nutzung dieser Bestandsdaten zu Zwecken der Kundenberatung, Werbung oder Marktforschung ist im Rahmen des Verarbeitungszwecks „Vertragsverhältnis" nach § 89 Abs. 2 Nr. 1 a TKG nicht möglich, weil insoweit § 89 Abs. 7 Satz 1 TKG als speziellere Vorschrift einschlägig ist.

---

[38] Schaar, DuD 1/1997, 19; Büchner in: BeckTKG-Kommentar, § 89, Rn. 20.

[39] Lukat, DuD 6/1997, 317; Siehe auch Dix, in: Roßnagel, Recht der Multimediadienste, 1998, § 5 TDDSG, Rn. 28 (i.E.).

4.2.2 Zweckänderungen

Nach § 89 Abs. 7 TKG dürfen die Anbieter *geschäftsmäßiger* TK-Dienste

> *„die personenbezogene Daten, die sie für die Begründung, inhaltliche Ausgestaltung oder Änderung eines Vertragsverhältnisses erhoben haben, verarbeiten und nutzen, soweit dies für Zwecke der Werbung, Kundenberatung oder Marktforschung"*

erforderlich ist. Im einzelnen gilt:

4.2.2.1 Werbung

Werbung ist weder im TK-Datenschutzrecht noch im allgemeinen Datenschutzrecht legal definiert. In der wissenschaftlichen Werbeforschung wird sie als „versuchte Verhaltensbeeinflussung" bezeichnet, „die mittels bezahlter Kommunikationsmittel erfolgt, von einem erkennbaren Sender ausgeht und sich an ein breites Publikum richtet".[40] Werbung ist „stets auf die Beeinflussung des Verhaltens auf dem Markt" gerichtet.[41] Personenbezogene Daten werden demnach zu Werbezwecken verwendet, wenn mit ihrer Hilfe (potentielle) Kunden aktiv angesprochen werden sollen, um sie für ein Produkt oder eine Dienstleistung zu gewinnen.

Werbung beschränkt sich im Unterschied zum Direktmarketing nicht auf eine individuelle und direkte Ansprache eines (potentiellen) Kunden.[42] Werbung ist vielmehr jede „öffentliche Äußerung zur Förderung" von (auch ideellen) Angeboten oder „zur Erzielung einer anderen vom Werbetreibenden gewünschten Wirkung".[43]

Werbung beschränkt sich auch nicht auf die nur „als belästigend empfundene Beeinflussungen".[44] Hintergrund dieser Vorschrift ist – ebenso wie im BDSG – die Notwendigkeit, durch Gesetz die Zweckänderung der zur Erfüllung eines Vertrages erhobenen Daten zu Werbungszwecken und damit zu zwischen den Parteien nicht konsentierten Zwecken zu legitimieren.

4.2.2.2 Kundenberatung

Auch die *Kundenberatung* ist kein Verarbeitungszweck, der bereits mit dem Vertragsschluß konsentiert ist, so daß die Änderung des Verarbeitungszwecks ausdrücklich legitimiert werden muß. Die Verarbeitung und Nutzung von bereits erhobenen Kundendaten dient der Kundenberatung, wenn die Initiative vom Kunden ausgeht, der das Unternehmen von sich aus um Rat fragt, beispielsweise wegen einer Produktänderung oder -erweiterung. Eine aktive Ansprache des Kunden von Seiten des Unternehmens ist keine „Beratung", sondern eine besondere Form

---

[40] Kroeber-Riel, „Werbung", in: Handwörterbuch des Marketings, Sp. 2692.

[41] Kroeber-Riel (Fußn. 40), Sp. 2697.

[42] So aber Gola/Wronka, RdV 1996, 220, die sich auf die Europaratskonvention vom 25.10.1985 berufen, die aber nicht „Werbung", sondern „Direktmarketing" definiert.

[43] Siehe die Legaldefinition in der Europaratskonvention vom 15. Mai 1989, Art. 2 f.: Im Sinne dieses Übereinkommens bedeutet „Werbung" jede öffentliche Äußerung zur Förderung des Verkaufs, des Kaufs oder der Miete oder Pacht eines Erzeugnisses oder einer Dienstleistung, zur Unterstützung einer Sache oder Idee oder zur Erzielung einer anderen vom Werbetreibenden gewünschten Wirkung (...). Vergleichbar auch die Fernsehrichtlinie der EU „Fernsehen ohne Grenzen".

[44] Siehe Gola/Wronka (Fußn. 42).

der gezielten und betreuenden Werbung, um ihn für ein Produkt oder eine Dienstleistung des Unternehmens zu gewinnen.

Die „Information" eines Kunden über Anpassungen und Änderungen eines schon bestehenden Vertragsverhältnisses ist weder „Werbung" noch „Kundenberatung", sondern, soweit sie nebenvertragliche Pflicht des Anbieters ist, durch den Verarbeitungszweck der inhaltlichen Ausgestaltung des Vertragszwecks nach § 87 Abs. 2 Nr. 1 a TKG gedeckt.

4.2.2.3 Marktforschung

Gegenstand der *Marktforschung* ist die „Informationsgewinnung über Absatz und Beschaffungsmärkte". Sie unterscheidet sich von der „Marketingforschung", die zusätzlich die „Bereitstellung unternehmensinterner Informationen" umfaßt.[45] Ziel der Marktforschung ist das Verständnis der unterschiedlichen Bedürfnisse der Verbraucher, ihre optimale Befriedigung und wirksamste Verbreitung der wesentlichen Eigenschaften der angebotenen Waren oder Dienstleistungen.[46]

4.2.2.4 Voraussetzungen

Die Verarbeitung und Nutzung von Bestandsdaten zu Zwecken der Werbung, Kundenberatung oder Marktforschung ist jedoch nach § 89 Abs. 7 S. 1 TKG nur für *Eigenzwecke* des Unternehmens zulässig.[47]

Sie ist außerdem nur zulässig, soweit der Kunde *eingewilligt* hat (§ 89 Abs. 7 Satz 1 TKG). Ohne eine aktive Beteiligung des einzelnen Kunden ist demnach eine Auswertung der Bestandsdaten zu Zwecken der Werbung, Kundenberatung und Marktforschung nicht möglich.[48]

Das Einwilligungsprinzip gilt aber nur für sogenannte *Neudaten*, also den nach Inkrafttreten des TKG am 1.8.1996 erhobenen Daten. Für die vor Inkrafttreten des TKG erhobenen Daten (Altdaten) ist das Widerspruchsrecht des Kunden zu beachten, über das er „in angemessener Weise" zu informieren ist (§ 89 Abs. 7 Satz 2 TKG).

Großzügiger ist die TDSV, die nach § 4 Abs. 3 Satz 1 TDSV für *gewerbliche* Telekommunikationsdienste ebenfalls die „Verarbeitung und Nutzung" von Bestandsdaten ermöglicht,

> *„soweit dies zur Beratung der Kunden, zur Werbung und zur Marktforschung für eigene Zwecke [...] erforderlich ist"*

Diese Verarbeitung und Nutzung ist nur zulässig, wenn der Kunde *nicht widersprochen* hat, wobei der Kunde auf dieses Widerspruchsrecht hinzuweisen ist (§ 4 Abs. 2 Satz 2 TDSV).

Allerdings steht einer Anwendung der TDSV der verfassungsrechtliche Grundsatz des *Vorrangs des Gesetzes* entgegen.[49] § 89 Abs. 7 Satz 1 TKG geht der nur im Rang einer Rechts-

---

[45] H.Böhler, „Marktforschung" (Fußn. 40), Sp 1769.

[46] Vgl. IHK/ESOMAR, Internationaler Kodex für die Praxis der Markt- und Sozialforschung, 1994, Einführung.

[47] Königshofen, RdV 1997, 102.

[48] Büchner in: BeckTKG-Kommentar, § 89, § 89, Rn. 37.

[49] Unzutreffend Königshofen, RdV 1997, 102, der vom Grundsatz „lex posterior" spricht. Die Rechtsverordnung ist aber kein Gesetz!

verordnung stehenden Vorschrift des § 4 Abs. 3 Satz 1 TDSV vor, zumal der Begriff der geschäftlichen TK-Dienste in § 89 Abs. 7 Satz 1 TKG auch die Fälle gewerblicher TK-Dienstleistungen erfaßt. Die geschäftlichen TK-Dienste sind nämlich ebenso wie die gewerblichen auf ein „nachhaltiges Angebot" ausgerichtet und § 3 Nr. 5 TKG bezieht in den Begriff der „geschäftsmäßigen Telekommunikation" ausdrücklich auch die mit Gewinnerzielungsabsicht angebotenen und damit „gewerblichen" Dienstleistungen ein. Der Gesetzgeber hat demnach im TKG mit dem Einwilligungsprinzip zum Schutz der Kunden eine strengere Regelung getroffen, die der Regelung der TDSV vorgeht.[50]

§ 89 Abs. 7 TKG gilt zwar nur für „personenbezogene Daten", nicht aber für *juristische Personen.* Jedoch können nach § 89 Abs. 2 Nr. 1 TKG die Bestandsdaten juristischer Personen gleichwohl nicht ohne Beteiligung des betreffenden Kunden ausgewertet werden, weil nach § 89 Abs. 1 Satz 4 TKG Einzelangaben über juristische Personen, die dem Fernmeldegeheimnis unterliegen, den personenbezogenen Daten gleichstehen. Eine Verarbeitung und Nutzung der Bestandsdaten juristischer Personen ist also nur zulässig, soweit sie die „weiteren Umständen" einer Telekommunikation betreffen, weil diese definitionsgemäß nicht dem Fernmeldegeheimnis unterliegen.

4.2.3 Bedarfsgerechte Gestaltung

Nach § 4 Abs. 2, Satz 1 TDSV darf ein *gewerblicher* Anbieter ferner Bestandsdaten seiner Kunden

> *„für die bedarfsgerechte Gestaltung seiner Telekommunikationsdienstleistung"*

verarbeiten und nutzen, soweit dies erforderlich ist. Allerdings hat der Betroffene ein *Widerspruchsrecht*, über das er vom Anbieter im Zusammenhang mit der Unterrichtung seiner Kunden nach § 3 Abs. 4 TDSV zu informieren ist (§ 4 Abs. 3 Satz 2 TDSV).

Die Geltung dieser Vorschrift wird durch § 89 Abs. 7 S. 1 TKG nicht berührt.[51] Diese Vorschrift bezieht sich ihrem Wortlaut nach nur auf den Verarbeitungszweck des § 89 Abs. 2 Nr. 1 a TKG „Begründen, inhaltliche Ausgestaltung, und Ändern des Vertragsverhältnisses", nicht aber auf den Zweck „bedarfsgerechtes Gestalten von geschäftsmäßigen Telekommunikationsdiensten" des § 89 Abs. 2 Nr. 2 TKG.

4.3 TK-Verbindungsdaten

Verbindungsdaten sind nach der Legaldefinition in § 5 Abs. 1 TDSV die

> *„personenbezogenen Daten zur Bereitstellung von Telekommunikationsdienstleistungen"*

Das TKG verwendet den Begriff der *Verbindungsdaten* entgegen § 5 Abs. 1 TDSV nicht, regelt ihn aber der Sache nach in § 87 Abs. 2, Nr. 1 und Nr. 2 TKG, wonach Daten natürlicher und juristischer Personen für das Herstellen und Aufrechterhalten von Verbindungen (Nr. 1 b) oder ordnungsgemäße Ermitteln der Entgelte (Nr. 1 c) verarbeitet und genutzt werden können.

---

[50] Im Ergebnis ebenso Königshofen RdV 1997, 102.

[51] A.A. offenbar Königshofen, RdV 1997, 102, der hier m.E. nicht ausreichend differenziert.

4.3.1 Auswertung nach Rufnummern

Nach § 6 Abs. 5 Satz 1 TDSV, der nur für *gewerbliche* Anbieter gilt, dürfen Verbindungsdaten nach Rufnummern angerufener Anschlüsse *nicht ohne Einwilligung* des entgeltpflichtigen Kunden ausgewertet werden. Eine Ausnahme gilt nur, wenn der Kunde zur Übernahme der Entgelte für eine bei seinem Anschluß ankommende Verbindung verpflichtet ist. Mit Kunden ist nach § 2 Nr. 1 a TDSV der Vertragspartner des Anbieters gemeint.

Für die Einwilligung ist zu beachten, daß der Kunde bei Anschlüssen in Haushalten schriftlich erklärt haben muß, daß er alle zum Haushalt gehörenden *Mitbenutzer* des Anschlusses über diese Auswertung informiert hat und künftige Mitbenutzer darüber informieren werde (§ 6 Abs. 1 Satz 1 i.V.m. Abs. 7 Satz 2 TDSV). Bei Anschlüssen in Betrieben hat der Kunde entsprechendes bezüglich seiner Mitarbeiter und des Betriebsrates bzw. des Personalrates schriftlich zu erklären (Abs. 7 Satz 3). Eine Auswertung im Rahmen der Verhütung und Aufdeckung mißbräuchlicher Inanspruchnahme von Diensten (§ 7 TDSV) oder im Rahmen von Fangschaltungen (§ 8 TDSV) ist von dieser Regelung nicht berührt. Die dabei erhobenen Daten unterliegen ohnehin einer strikten Zweckbindung und dürfen zu anderen Zwecken nicht verwendet werden.

Dieser Erlaubnistatbestand ermöglicht auf Wunsch des zahlungspflichtigen Kunden eine Zusammenstellung der Entgelte nach bestimmten Zielgruppen.[52] Die Auswertung ist aber nur zulässig, soweit sie zur *Begründung, inhaltlichen Ausgestaltung und Änderung eines Vertragsverhältnisses erforderlich* ist (§ 6 Abs. 5 Satz 3 TDSV). Sie ist also beschränkt auf die Erstellung von Kommunikationsprofilen, um gegebenenfalls einen neuen Vertrag mit dem Kunden abzuschließen oder einen bestehenden Vertrag zu ändern.[53]

Während die Daten des *Anrufenden* nur mit dessen Einwilligung verwendet werden dürfen, sind die Daten des *Angerufenen* unverzüglich zu anonymisieren (§ 6 Abs. 5 Satz 2 TDSV).

4.3.2 Bedarfsgerechtes Gestalten

Ferner dürfen nach § 89 Abs. 2 Nr. 2 TKG die Daten natürlicher und juristischer Personen erhoben, verarbeitet und genutzt werden,

> *„soweit dies erforderlich ist für das bedarfsgerechte Gestalten von geschäftsmäßigen Telekommunikationsdiensten".*

Die Zweckbestimmung der *„bedarfsgerechten Gestaltung"* zielt auf eine Auswertung von Daten, die eine an den Bedürfnissen der Kunden orientierte technische Gestaltung der TK-Dienste ermöglichen soll.

Für *geschäftsmäßige* TK-Dienste schränkt § 89 Abs. 2 Nr. 2, 2. Halbsatz die Befugnis zur Verarbeitung von Verbindungsdaten für das bedarfsgerechte Gestalten von Telekommunkationsdiensten ausdrücklich ein,

> *„... dabei dürfen Daten in bezug auf den Anschluß, von dem der Anruf ausgeht, nur mit Einwilligung des Anschlußinhabers verwendet und müssen Daten in bezug auf den angerufenen Anschluß unverzüglich anonymisiert werden."*

---

[52] Königshofen, ArchPT 1/1997, 24.

[53] Königshofen, ArchPT 1/1997, 24.

Eine fast gleichlautende Bestimmung enthält § 5 Abs. 3 TDSV für gewerbliche TK-Dienstleistungen. Danach bedarf die Auswertung von Verbindungsdaten des Anrufers ebenfalls prinzipiell der *Einwilligung des Anschlußinhabers* und müssen die Daten des angerufenen Anschlusses unverzüglich anonymisiert werden. Nach dieser Vorschrift ist eine derartige Auswertung auch nicht flächendeckend, sondern nur „im Einzelfall" zulässig. Eine Auswertung von Verbindungsdaten, um Kommunikationsprofile oder Verkehrsstromanalysen zu erstellen, ist daher ohne Beteiligung des anrufenden Anschlußinhabers unzulässig.[54]

4.4 TK-Löschungsfristen

Zu beachten sind im übrigen von *gewerblichen Anbietern* die in der TDSV bereichsspezifisch geregelten Löschungsfristen, die einer näheren Speicherung und damit auch späteren Auswertung entgegenstehen. Das TKG beschränkt sich auf die allgemeine Regelung des Grundsatzes der Erforderlichkeit sowie die Ermächtigung des § 89 Abs. 2 TKG, wonach in der Verordnung „Höchstfristen" für die Speicherung zu regeln sind.

Nach der TDSV sind *Bestandsdaten* „mit Ablauf des auf die Beendigung folgenden Kalenderjahres", von bestimmten Ausnahmen abgesehen, zu löschen (§ 4 Abs. 4 TDSV).

Ferner sind *Verbindungsdaten* mit Ende der Verbindung zu löschen (§ 5 Abs. 2 S 2 TDSV), wenn sie nicht für in der TDSV ausdrücklich zugelassene Zwecke noch verarbeitet werden dürfen. Ein derartiger Verarbeitungszweck ist insbesondere die Engeltermittlung und Entgeltabrechnung. Hier gilt, daß die Verbindungsdaten unter Kürzung der Zielrufnummer um die letzten drei Ziffern zu Beweiszwecken für die Richtigkeit nur bis zu 80 Tage nach Versendung der Rechnung gespeichert werden dürfen (§ 6 Abs. 3 Satz 2 TDSV). Nur für den Fall von Einwendungen des Kunden dürfen die Angaben bis zur abschließenden Klärung gespeichert werden.

Die Verbindungsdaten sind abweichend von dieser Regelung und auf Wunsch des Kunden „vollständig zu speichern" oder aber „spätestens mit Versendung der Rechnung vollständig zu löschen" (§ 6 Abs. 4 Satz 1 TDSV).

5 Tele- und Mediendienste

Schließlich können im Zusammenhang mit Data Warehouse Konzepten auch die Regelungen des Teledienstdatenschutzgesetzes (TDDSG) vom 22. Juli 1997 bzw. des gleichlautenden MD-StV von Bedeutung sein.[55] Teledienste sind nach dem Teledienstgesetz

> *„Informations- und Kommunikationsdienste, die für eine individuelle Nutzung von kombinierbaren Daten wie Zeichen, Bilder oder Töne bestimmt sind und denen eine Übermittlung mittels Telekommunikation zugrunde liegt" (§ 2 Abs. 1 TDG).*

---

[54] Königshofen, ArchPT 1/1997, 24. Diese Regelung wird von Köngigshofen in RdV 1997, 102 als Wettbewerbsnachteil angesehen.

[55] Art. 3 des Informations- und Kommunikationsdienstegesetzes (IuKDG) vom 22. Juli 1997, BGBl. I S. 1870 ff.; Siehe allgemein Engel-Flechsig, DuD 1/1997, 7 ff.; ders. DuD 8/1997, 474.

Die Abgrenzung zu den Datenschutzvorschriften des *Telekommunikationsgesetzes*, hier insbesondere § 89 TKG und der TDSV 1996, ergibt sich aus dem Zweck des Teledienstes, elektronische Informations- und Kommunikationsdienste für eine individuelle Nutzung anzubieten, § 2 Abs. 1 TDG, auf den § 1 Abs. 1 verweist. Telediensten liegt definitionsgemäß „eine Übermittlung mittels Telekommunikation zugrunde“, § 2 Abs. 1 TDG. Die Vorschriften des TDDSG sind damit auf den Schutz der sich aus der *Nutzung* angebotener Teledienste ergebenden personenbezogenen Daten gerichtet, während die Datenschutzvorschriften des TKG nur die *Übermittlung* dieser Angebote regeln.[56]

Teledienste sind nach den Beispielen des § 2 Abs. 2 TDG Telebanking, Verkehrs-, Wetter-, Umwelt- und Börsendaten, Telespiele etc. Die Datenschutzbestimmungen des TDDSG betreffen nicht die Erbringung von TK-Diensten, wie sich auch aus § 2 Abs. 4 Nr. 1 Teledienstgesetz (TDG) ergibt, aber die im Zusammenhang mit der „Nutzung der mittels Telekommunikation übermittelten Inhalte“ erhobenen personenbezogenen Daten.[57] Im Einzelfall können also für einen Diensteanbieter die Bestimmungen des TKG Anwendung finden, soweit er TK-Dienstleistungen erbringt, die Bestimmungen des TDDSG, soweit er Teledienste erbringt.

Soweit Nutzungsdaten Rückschlüsse auf „Inhalt und nähere Umstände“ einer Telekommunikation ermöglichen, unterliegen sie dem *Fernmeldegeheimnis* des § 85 TKG, nach dessen Bestimmungen sich die Verwendung dieser Angaben richtet.[58]

Das TDDSG sieht ein striktes *Einwilligungserfordernis* für die Verwendung von Bestandsdaten „für Zwecke der Beratung, der Werbung, der Marktforschung oder zur bedarfsgerechten Gestaltung technischer Einrichtungen“ vor (§ 5 Abs. 2 TDDSG).[59]

Nach § 4 Abs. 4 TDDG sind *Nutzungsprofile* nur bei der Verwendung von Pseudonymen zulässig. Unter einem *Pseudonym*[60] erfaßte Nutzungsprofile dürfen nicht mit Daten über den Träger des Pseudonyms zusammengeführt werden (§ 4 Abs. 4 Satz 2 TDDSG).

Pseudonyme bedeutet so viel wie „erfundener Name“ oder Deckname.[61] Sie ermöglichen den Nutzern eine Verschleierung ihrer Datenspuren auf den Servern der Diensteanbieter und verhindern auf diese Weise die Erstellung von umfassenden Nutzerprofilen. Wenn eine Person mehrere Pseudonyme verwendet, kann sie auch die Zuordnung ihrer Aktivitäten in unterschiedlichen Rollen und Kontexten verhindern. Datenschutzrechtlich handelt es sich bei Pseudonymen um bestimmbare Daten nach § 3 Abs. 1 BDSG, da die Zuordnung von Deckname und Identität des Namensträgers prinzipiell möglich ist. Andernfalls würde es sich nicht um Pseudonyme, sondern um anonyme Daten handeln.

Ferner dürfen Diensteanbieter, die den Zugang zur Nutzung von Telediensten vermitteln, anderen Diensteanbietern, deren Teledienste der Nutzer in Anspruch genommen hat, lediglich

[56] Im Ergebnis ebenso Engel-Flechsig DuD 1/1997, 104.

[57] BR-Drs. 966/96, S. 19. Siehe auch Bizer in: Roßnagel, TDDDSG, § 3, Rn. 43 ff.

[58] Nach BR-Drs. 966/96, S. 24 wird das Fernmeldegeheimnis durch die Bestimmungen des TDDSG nicht berührt. Siehe näher Bizer in: Roßnagel TDDSG, § 3, Rn. 33 f., 43.

[59] Ausführlich zu dieser Vorschrift Dix, in: Roßnagel, TDDSG, § 5, Rn. 53.

[60] Zum Begriff Bizer/Bleumer, DuD 1/1997, 46.

[61] Bizer/Bleumer, DuD 1/1997, 1.

„anonymisierte Nutzungsdaten" zu Zwecken deren *Marktforschung* übermitteln (§ 6 Abs. 3 Nr. 1 TDDSG). Im übrigen ist eine Nutzung der Daten zu anderen Zwecken nur möglich, wenn der Nutzer *eingewilligt* hat (§ 3 Abs. 2 TDDSG).

Identische Regelungen enthält der Mediendienstestaatsvertrag der Bundesländer vom 18.12.1996 für *Mediendienste*, der seit dem 1. August 1997 in Kraft ist.

6 Perspektiven

Zusammengefaßt bedeutet dies, daß eine Verarbeitung und Nutzung personenbezogener Daten aus den Verwendungszusammenhängen eines Angebots an Telekommunikation, Telediensten oder Mediendiensten auf die *Kooperation mit dem Kunden* angewiesen ist. Aber auch nach dem BDSG gilt, daß personenbezogene Kundendaten jenseits des Vertragszwecks nur mit Einwilligung des Betroffenen genutzt und verarbeitet werden dürfen.

Diese Kooperationspflicht sollte jedoch seitens der Anbieter und datenverarbeitenden Stellen nicht als strategischer Nachteil gewertet werden. Jüngste Umfragen zeigen, daß ein tatsächlicher Zusammenhang zwischen *Akzeptanz* der Nutzer und der Höhe des Datenschutzniveaus besteht. Nach einer repräsentativen Umfrage innerhalb der Europäischen Union erklärten nur 15% der Befragten, sie würden die neuen Kommunikationstechnologien auch dann nutzen, wenn sie persönliche Datenspuren hinterlassen würden.[62] 67% fühlen sich durch persönliche Datenspuren im Internet negativ betroffen.[63] Nach einer Mitte 1998 veröffentlichen repräsentativen Umfrage in Deutschland fühlen sich nur 25 % der Bevölkerung durch Datenmißbrauch wenig betroffen, hingegen 29% sehr und immerhin 45 % mittel. Eine deutliche Mehrheit der Bevölkerung (85%) ist der Meinung, der Datenschutz sollte mehr Bedeutung (55%) oder zumindest „die gleiche Bedeutung wie bisher" zugewiesen bekommen (30%).[64] Die Ergebnisse werden durch eine Online-Umfrage Ende 1997 bestätigt, in der die Möglichkeit der Erstellung von Kundenprofilen und Aufzeichnungen des Nutzerverhaltens „als ernstzunehmendes Problem für den privaten Nutzer" im Zusammenhang mit Online-Shopping herausgestellt wurde.[65] Zu denken geben sollte, daß die Bundesbürger ausgerechnet dem Adressenhandel ein „vernichtendes Zeugnis" ausgestellt haben: Nur 8% der repräsentativ Befragten trauen dem Adreßhandel eine richtige Verwendung der persönlichen Daten zu, nur 30% den Versicherungen.[66]

Die Erwartung mancher Marketingfachleute und ihrer juristischen Berater, die „Wahrheit" über den Kunden sei nur ohne seine Mitwirkung zu erfahren, könnte sich unter Marktgesichtspunkten als eine fatale Fehleinschätzung erweisen. Zustimmung ist nur über Kooperation und diese nur über Vertrauen zu gewinnen. *Vertrauen* aber beruht auf Erfahrungen. Wird das Vertrauen der Nutzer und Kunden einmal nachhaltig entäuscht, dann wird sich das Mißtrauen in aller Regeln auf das gesamte Angebot des Dienstleisters erstrecken und nur unter erheblichen Anstrengungen wieder zurückzugewinnen sein. Zum Prinzip der Kooperation mit

[62] International Research Associates, Eurobarometer 46.1, 20.

[63] Eurobarometer, Januar 1997, S. 16: 32 „very worried", 35% „quite worried".

[64] Opaschowski 1998, 57, 67, 91; ders., DuD 1998, 654.; Walz, DuD 10/1998, 554.

[65] Hillebrandt, DuD 4/1998, 220.

[66] Opaschowski, DuD 11/1998, 655.

dem Kunden und damit in die Einwilligung des Kunden als Voraussetzung einer zulässigen Datenverarbeitung gibt es demnach keine Alternative.

Literatur

Auernhammer, H.: Bundesdatenschutzgesetz, Kommentar, 3. Aufl. Köln 1993.

Beck TKG-Kommentar, hrsgg. von Büchner / Ehmer / Geppert u.a, München 1997.

Bergmann, L. / Möhrle, R. / Herb, A.: Datenschutzrecht, Handkommentar, Loseblatt, Stand November 1998.

Bizer, J. / Bleumer, G.: Pseudonym, DuD 1/1997, 46.

Bizer, J.: Datenschutz im Data Warehouse in: H. Mucksch / W. Behme (Hrsg.), Das Data Warehouse–Konzept, Wiesbaden, 3. Aufl. 1998, S. 110 ff.

Bizer, J.: Telekommunikation und Innere Sicherheit 1997 – Neuere Entwicklungen im Telekommunikationsrecht, in: H. Kubicek u.a. (Hrsg.), Jahrbuch Telekommunikation und Gesellschaft 1998, S. 430 ff.

Bizer, J.: TK-Daten im Data Warehouse, DuD 10/1998, 552.

Bizer, J.: Web-Cookies - datenschutzrechtlich, DuD 5/1998, 277 ff.

Bizer, J.: Zweckbindung durch Willenserklärung, DuD 10/1998, 552.

Breinlinger, A.: Datenschutzrechtliche Probleme bei Kunden- und Verbraucherbefragungen zu Marketingzwecken, RDV 1997, 247 ff.

Damker, H./Müller, G.: Verbraucherschutz im Internet, DuD 1/1997, 24.

Dammann, U. / Simitis, S.: EG-Datenschutzrichtlinie, Kommentar, Baden-Baden 1997.

Dix, A.: Der Entwurf der ISDN-Richtlinie, DuD 5/1997, 278 ff.

Engel-Flechsig, S.: Datenschutz in Telediensten, DuD 1/1997, S. 7 ff..

Engel-Flechsig, S.: IuKDG vom Bundestag verabschiedet – Die Änderungen des TDDSG und des SigG, DuD 8/1997, 474.

Gola, P. / Wronka, G.: Das Widerspruchsrecht gegenüber der Verarbeitung personenbezogener Daten zu Zwecken der Werbung, RdV 1996, 217 ff.

Handwörterbuch des Marketings, hrsg. von B. Tietz, 2. Aufl. Stuttgart 1995.

Hillebrandt, A.: Sicherheit im Internet aus Sicht der Nutzer. Eine Analyse auf der Basis von Ergebnissen einer Online-Umfrage, DuD 4/1998, 220.

Hoeren, T.: Web-Cookies und das römische Recht, DuD 8/1998, 455.

International Research Associates: Eurobarometer 46.1., Information Technology and Data Privacy, Report produced for the European Commission, Directorate General „Internal market and financial services", January 1997.

Koch, C.:Scoring-Systeme in der Kreditwirtschaft. MMR 9/1998, 458 ff.

Königshofen, T.: Die Umsetzung von TKG und TDSV durch Netzbetreiber, Service-Provider und Telekommunikationsanbieter, RdV 1997, 97 ff.

Königshofen, T.: Datenschutz in der Telekommunikation – Die neuen bereichsspezifischen Regelungen zum Datenschutz nach dem TKG und TDSV, ArchPT 1/1997, S. 19 ff.

Lukat, J.: Teilnehmerbezogene Daten im D1-Netz, in *DuD* 6/1997. S. 317 ff.

Maunz, T. / Dürig, G.: Grundgesetz-Kommentar, München, Loseblatt 1978, Stand: Dezember 1998.

Möller, F.: Data Warehouse als Warnsignal an die Datenschutzbeauftragten DuD 10/98, 555 ff.

Möller, F.: Ungeschliffene Diamanten, Data Warehouse, Data-Mining, Datenschutz , DANA 3/98, 4 ff.

Möncke, U.: Data Warehouse – eine Herausforderung für den Datenschutz? DuD 10/1998, 561 ff.

Mucksch, H. / Behme, W. (Hrsg.), Das Data Warehouse–Konzept, Wiesbaden 3. Aufl. 1998.

Opaschowski, H.W.: Der gläserne Konsument?, Multimedia und Datenschutz, British-American Tobacco Germany, Hamburg 1998.

Opaschowski, H.W.: Quo vadis, Datenschutz? DuD 11/1998, 654 ff.

Podlech, A. / Pfeifer, M.: Die informationelle Selbstbestimmung im Spannungsverhältnis zu modernen Werbestrategien, RDV 1998, 139 ff.

Rieß, J.: Der Telekommunikationsdatenschutz bleibt eine Baustelle, DuD 1996, 328.

Roßnagel, A.: Recht der Multimediadienste, Kommentar, Loseblatt, München 1999 (i.E.).

Sachs, M.: Grundgesetz, Kommentar, München 1997.

Schaar, P.: Datenschutz in der liberalisierten Telekommunikation, DuD 1/1997, S. 17 ff.

Schweighofer, E.: Data-Mining und Datenschutz, DuD 8/1997, 458 ff.

Simitis, S. / Dammann, U. / Geiger, H. / Mallmann, O.; Walz, S.: Kommentar zum Bundesdatenschutzgesetz, 4. Aufl. 1992, Loseblatt, Baden-Baden, Stand: Dezember 1998.

Tinnfeld, M.-T. / Ehmann, E.: Einführung in das Datenschutzrecht, 3. Aufl., München 1998.

Walz, S.: Quo vadis datenschutz? Neues von den Demoskopen, DuD 10/1998, 554.

Weichert, T.: Datenschutzrechtliche Probleme beim Adressenhandel, WRP 1996, 522 ff.

Weichert, T.: Rechtspolitische und ethische Aspekte des Database Marketing in: Link / Brändl / Scheuning / Hehl (Hrsg.), Handbuch Database Marketing, Ettlingen 1997, S. 864 ff.

Wichert, M.: Web-Cookies –Mythos und Wirklichkeit, DuD 1998, 273 ff.

Corporate Networks im Spannungsfeld zwischen Datenschutz und TK-Überwachung

Peter Büttgen

Der Bundesbeauftragte für den Datenschutz
peter.buettgen@bfd.bund400.de

Zusammenfassung

Im Rahmen der Postreform hat der Bundesgesetzgeber vielfältige legislative Maßnahmen zur Privatisierung und Liberalisierung des Telekommunikationsmarktes in der Bundesrepublik Deutschland getroffen. Ein wesentlicher Aspekt der hierzu erforderlichen Arbeiten galt der Umsetzung des Fernmeldegeheimnisses für den nicht-öffentlichen Bereich, da Artikel 10 GG den Schutz des Fernmeldegeheimnisses nur im Verhältnis zwischen Bürger und Staat regelt. Es besteht aber auch im Rahmen privatrechtlicher Beziehungen ein berechtigtes Interesse der Nutzer von Telekommunikationsdiensten an einer grundsätzlichen Geheimhaltung des Inhalts sowie der näheren Umstände von Telekommunikation. Die Wahrung des Fernmeldegeheimnisses wurde daher durch die Vorschrift des § 85 Telekommunikationsgesetz (TKG) auch denjenigen aufgegeben, die geschäftsmäßig Telekommunikationsdienste erbringen oder daran mitwirken. Da das Fernmeldegeheimnis unabhängig davon sichergestellt werden muß, ob derartige Dienste mit oder ohne Gewinnerzielungsabsicht bzw. nur an bestimmte Personen oder der Öffentlichkeit gegenüber angeboten werden, sind im Rahmen des Telekommunikationsgesetzes auch die geschlossenen Benutzergruppen auf die Achtung des Fernmeldegeheimnisses verpflichtet worden. Das Fernmeldegeheimnis wurde damit auf das nach den Vorschriften des Privatrechts geregelte Verhältnis zwischen Telekommunikationsdiensteanbieter und Telekommunikationsnutzer „heruntergebrochen“. Während diese Bemühungen des Gesetzgebers allgemeine Zustimmung fanden, wurde insbesondere die im Begleitgesetz zum Telekommunikationsgesetz (TKG-Begleitgesetz) vorgenommene Ausdehnung der staatlichen Eingriffsbefugnisse auf die geschlossenen Benutzergruppen von den betroffenen Verbänden und Unternehmen sowie von der Öffentlichkeit kritisch begleitet. Dies betraf in erster Linie die Frage einer Erweiterung der Überwachung von Telekommunikation als Mittel zur Strafverfolgung. Darüber hinaus wurde aber auch der Anwendungsbereich des Gesetzes zu Artikel 10 GG sowie der Kreis der Normadressaten im Außenwirtschaftsgesetz entsprechend ergänzt bzw. erweitert. Die entsprechenden Vorschriften zur technischen Umsetzung dieser Überwachungsmaßnahmen nach § 88 TKG wurde den Betreibern von geschlossenen Benutzergruppen ebenfalls aufgegeben. Die Corporate Networks wurden durch die im Telekommunikationsgesetz enthaltenen Regelungen zur Bestandsdatenabfrage nach § 89 Abs. 6 TKG zudem verpflichtet, den Strafverfolgungs- und Sicherheitsbehörden entsprechende Auskünfte zu erteilen. Gleiches gilt für das automatisierte Abrufverfahren i.S.d. § 90 TKG, welches nach den Vorstellungen des Gesetzgebers ebenfalls die Betreiber von geschlossenen Benutzergruppen umfaßt. Im Rahmen des Gesetzgebungsverfahrens zum TKG-Begleitgesetz wurde schließlich auch die Zulässigkeit eines Einsatzes des IMSI-Catchers diskutiert. Von einer entsprechenden gesetzlichen Erlaubnis wurde letztlich Abstand genommen.

1 Einleitung

Zum 01.01.1995 wurden die drei Postunternehmen (Postdienst, Telekom und Postbank) in Aktiengesellschaften umgewandelt und damit die sog. Postreform II durchgeführt. Die noch erforderlichen gesetzgeberischen Maßnahmen zur Herstellung von Wettbewerb im Telekommunikationsmarkt wurden mit dem Telekommunikationsgesetz vom 25.07.1996 geschaffen. Zum damaligen Zeitpunkt – bei der Verabschiedung des TKG – wurde das sonstige Bundesrecht jedoch nicht angepaßt. Erst ein Jahr später, im Rahmen des TKG-Begleitgesetzes vom 17.12.1997, wurden die notwendigen Änderungen und Ergänzungen verabschiedet.

So hat Artikel 1 TKG-Begleitgesetz die personalrechtlichen Voraussetzungen für die Errichtung der Regulierungsbehörde für Telekommunikation und Post geschaffen. Die Regulierungsbehörde für Telekommunikation und Post konnte danach zum 01.01.1998 ihre Arbeit aufnehmen.

Artikel 2 TKG-Begleitgesetz regelt die in verschiedenen Bereichen des Bundesrechts notwendigen gesetzlichen Anpassungen im Hinblick auf die mit der Postreform vollzogene Privatisierung und Liberalisierung im Bereich der Telekommunikation. Diese Vorschriften sind insbesondere für den Datenschutz im Bereich der Telekommunikation von wesentlicher Bedeutung. Bei der Anpassung der betroffenen Rechtsvorschriften war es dem Gesetzgeber besonders wichtig,

- die rechtlichen Rahmenbedingungen für die Nachfolgerunternehmen der Deutschen Bundespost und deren Wettbewerber anzugleichen,
- Strafbarkeitslücken bei der Verletzung des Fernmeldegeheimnisses zu schließen, sowie
- die Überwachbarkeit von Telekommunikation durch die dazu berechtigten Behörden sicherzustellen.

Im Verlauf des Gesetzgebungsverfahrens zum TKG-Begleitgesetz sind sowohl von Bundestag und Bundesrat als auch in der Öffentlichkeit vor allem die Regelungen zur Überwachung der Telekommunikation intensiv diskutiert worden.

2 Corporate Networks

Kontroverse Auffassungen bestanden insbesondere gegen die im TKG-Begleitgesetz vorgenommene Ausdehnung der staatlichen Eingriffsbefugnisse auf die sog. geschlossenen Benutzergruppen. Die Absicht des Gesetzgebers war es, mit dem TKG-Begleitgesetz eine Harmonisierung mit den Vorschriften des elften Teils des TKG herzustellen. Der elfte Teil des TKG (§§ 85 bis 93) beschäftigt sich mit Regelungen zu Fragen des Fernmeldegeheimnisses, des Datenschutzes sowie der Sicherung von Telekommunikationsanlagen und -diensten.

Zum Adressatenkreis dieser Bestimmungen gehören nicht nur die Betreiber von öffentlichen, für jedermann zugänglichen Telekommunikationsdienstleistungen. Vielmehr betreffen diese Vorschriften auch diejenigen Unternehmen, die i.S.d. § 3 Nr. 5 TKG geschäftsmäßig Telekommunikationsdienste erbringen, d.h. die nachhaltig Telekommunikationsdienstleistungen einschließlich des Angebots von Übertragungswegen für Dritte mit oder ohne Gewinnerzielungsabsicht anbieten.

Zu den Anbietern von geschäftsmäßigen Telekommunikationsdiensten gehören auch die sog. geschlossenen Benutzergruppen. Darunter versteht man solche Telekommunikationsdienste, die ihre Leistungen ausschließlich für bestimmte Personen oder Organisationen anbieten. Typisch für solche „Corporate Networks“ sind etwa die konzerneigenen TK-Netze großer, auch weltweit operierender Wirtschaftsunternehmen. Diesen hinzuzurechnen sind nach dem Willen des Gesetzgebers aber auch Nebenstellenanlagen wie beispielsweise in Hotels und Krankenhäusern, Clubtelefone sowie Nebenstellenanlagen in Betrieben und Behörden, soweit diese den Beschäftigten zur privaten Nutzung zur Verfügung gestellt werden. Demgegenüber zählen private Endgeräte, Haustelefonanlagen und hauseigene Sprechanlagen nicht zu den geschlossenen Benutzergruppen.

3 TKG-Begleitgesetz

Die Entscheidung des Gesetzgebers, den Schutz des Fernmeldegeheimnisses im Rahmen des TKG auch auf geschlossene Benutzergruppen auszudehnen, entspricht grundsätzlich dem Interesse der Nutzer von Telekommunikationsdiensten. Das Recht auf Wahrung des Fernmeldegeheimnisses, d.h. den Inhalt und die näheren Umstände der Telekommunikation Dritten gegenüber geheimzuhalten, besteht unabhängig davon, ob derartige Dienste mit oder ohne Gewinnerzielungsabsicht bzw. nur an bestimmte Personen oder der Öffentlichkeit gegenüber angeboten werden.

Der Gesetzgeber hat allerdings den Erlaß des TKG-Begleitgesetzes zum Anlaß genommen, auch die staatlichen Eingriffsbefugnisse auf die geschlossenen Benutzergruppen auszudehnen. Damit hat er den zugunsten der Nutzer von Corporate Networks im TKG verbürgten Rechten entsprechende Pflichten gegenübergestellt.

3.1 Gesetz zu Artikel 10 Grundgesetz

Eine erste Korrektur der Rechtslage betraf das Gesetz zur Beschränkung des Brief-, Post- und Fernmeldegeheimnisses (G 10-Gesetz). Danach wurde Art. 1 § 1 Abs. 1 Satz 3 G 10-Gesetz wie folgt neu gefaßt:

> *Wer geschäftsmäßig Telekommunikationsdienste erbringt oder an der Erbringung solcher Dienste mitwirkt, hat der berechtigten Stelle auf Anordnung Auskunft über die näheren Umstände der . . . durchgeführten Telekommunikation zu erteilen, Sendungen, die ihm zur Übermittlung auf dem Telekommunikationsweg anvertraut sind, auszuhändigen und die Überwachung und Aufzeichnung der Telekommunikation zu ermöglichen.*

Eine inhaltsgleiche Vorschrift war bereits für die Änderung des G 10-Gesetzes vom 28.04.1997 angedacht worden. Im damaligen Gesetzgebungsverfahren wurde von einer Ausweitung staatlicher Eingriffsbefugnisse auf geschlossene Benutzergruppen aus datenschutzrechtlichen Gründen jedoch Abstand genommen.

3.2 Außenwirtschaftsgesetz

Entsprechende Befugnisse wie sie im Rahmen des G 10-Gesetzes staatlichen Stellen eingeräumt worden sind, wurden durch das TKG-Begleitgesetz auch für den Bereich des Außenwirtschaftsgesetzes (Art. 2 Abs. 9 bzw. 23 TKG-Begleitgesetz) umgesetzt. Damit darf auch insoweit die Telekommunikation in geschlossenen Benutzergruppen überwacht werden.

3.3 Strafprozeßordnung

Im Bereich der Strafprozeßordnung (StPO) wurden mehrere Vorschriften auf die in Corporate Networks stattfindende Telekommunikation ausgedehnt.

So finden nunmehr die Regelungen über die Postbeschlagnahme nach § 99 StPO für den Bereich der geschäftsmäßigen Anbieter von Telekommunikationsdiensten Anwendung. Betroffen und damit Verpflichteter nach § 99 StPO kann damit auch der Betreiber einer geschlossenen Benutzergruppe sein.

Die in § 100a StPO geregelte Überwachung des Fernmeldeverkehrs betrifft nicht mehr nur den von öffentlichen Telekommunikationsdiensteanbietern vermittelten Fernmeldeverkehr. Adressat dieser zur Sicherstellung der Strafverfolgung vorgesehenen Zwangsmaßnahme ist nach § 100b Abs. 3 StPO auch derjenige, der geschäftsmäßig Telekommunikationsdienste erbringt. Wie bereits dargestellt, gehört aufgrund der Legaldefinition in § 3 Nr. 5 TKG auch der Bereich der Corporate Networks dazu.

Schließlich war vorgesehen, die Regelung des bisherigen § 12 Fernmeldeanlagengesetz (FAG) durch einen neuen § 99a StPO zu ersetzen, der die Auskunftspflicht von Telekommunikationsunternehmen gegenüber der Justiz regeln sollte. Nach § 12 FAG kann in strafgerichtlichen Verfahren der Richter von Telekommunikationsunternehmen Auskunft über die näheren Umstände der Telekommunikation verlangen. Es geht dabei nicht um die Überwachung und das Abhören von Gesprächsinhalten, sondern um die Frage, wer wann wie lange mit wem kommuniziert hat.

Der Entwurf für einen § 99a StPO sollte die Voraussetzungen, unter denen Auskünfte über die näheren Umstände der Telekommunikation der Betroffenen verlangt werden können, und den Kreis der zur Auskunft Verpflichteten präzisieren. Verpflichtete sollten die Anbieter von geschäftsmäßigen Telekommunikationsdiensten sein, also auch die Betreiber von Corporate Networks. Dabei war einerseits vorgesehen, bei solchen Straftaten, die unter Benutzung von Telefonapparaten begangen werden, d.h. beispielsweise Straftaten im Zusammenhang mit beleidigenden und belästigenden Telefonanrufen, alles unverändert zu lassen, während andererseits durch eine Beschränkung des Auskunftsersuchens auf „Straftaten von erheblicher Bedeutung" eine Ausweitung des Anwendungsbereichs im übrigen vermieden werden sollte.

Datenschutzrechtlich bedenklich war, daß der Entwurf keine Schutzklausel für Telefonate von Personen, die zur Wahrung von Berufsgeheimnissen verpflichtet sind, enthielt. Dadurch hätte der vom Gesetzgeber durch die Zeugnisverweigerungsrechte gemäß §§ 53 und 53 a StPO anerkannte Schutz des Vertrauensverhältnisses zwischen bestimmten Berufsangehörigen und Dritten, die deren Hilfe und Sachkunde in Anspruch nehmen, in diesem Anwendungsbereich unterlaufen werden können. Dabei geht es nicht darum, zugunsten einer Erweiterung von Persönlichkeitsrechten einen Anspruch auf Wahrheitsfindung zu beschränken, sondern eine vom Gesetzgeber bereits gezogene Grenzlinie auch bei geänderten tatsächlichen Bedingungen und Möglichkeiten der modernen Telekommunikation beizubehalten.

Gegen die geplante Eingrenzung der Auskunftsersuchen durch den Begriff einer „Straftat von erheblicher Bedeutung" bestanden ebenfalls datenschutzrechtliche Bedenken, da mit der vom

Gesetzgeber gewählten Formulierung dem Gebot der Normenklarheit nicht entsprochen worden war.

Außerdem fehlte im Entwurf eine Regelung über die Vernichtung der für die Strafverfolgung nicht bzw. nicht länger erforderlichen Daten. Eine am Grundsatz der Verhältnismäßigkeit orientierte Informationsgewinnung im Strafverfahren erfordert die Vernichtung der nicht mehr benötigten personenbezogenen Daten, wie es § 100 b Abs. 6 StPO beispielhaft zeigt. Schließlich fehlte eine Regelung, die eine Benachrichtigung der von der Maßnahme betroffenen Person zum Inhalt hat.

Der Gesetzgeber hat die o.a. datenschutzrechtlichen Bedenken gewürdigt und von der Ergänzung der StPO um einen § 99a StPO Abstand genommen. Gleichzeitig hat er der Bundesregierung aufgegeben, unter besonderer Berücksichtigung dieser datenschutzrechtlichen Aspekte bis zum 31.04.1998 einen neuen Entwurf für einen § 99a StPO zu erarbeiten. Eine neue Fassung des § 99a StPO liegt bislang noch nicht vor. Im Hinblick auf den Anspruch der Nutzer von Telekommunikationsdiensten auf ausreichende Rechtssicherheit und vor dem Hintergrund, daß die Geltung von § 12 FAG als Vorgängervorschrift des § 99a StPO bis zum 31.12.1999 befristet ist, erscheint dies bedenklich.

3.4 IMSI-Catcher

Besondere Irritationen in der Öffentlichkeit hat die im Rahmen des Gesetzgebungsverfahrens geführte Diskussion zum sog. IMSI-Catcher ausgelöst. Obwohl der Einsatz des IMSI-Catchers letztlich nicht Gegenstand des Gesetzgebungsverfahrens geworden ist, ist wegen der öffentlichen Diskussion und im Hinblick auf mögliche künftige Begehrlichkeiten seitens der Strafverfolgungs- und Sicherheitsbehörden hierzu folgendes anzumerken:

Beim IMSI-Catcher handelt es sich um ein Gerät, mit dem die Telefonnummern in der Nähe befindlicher Mobiltelefone identifiziert werden können, die zu diesem Zeitpunkt empfangsbereit geschaltet sind, mit denen jedoch nicht telefoniert wird. IMSI bedeutet International Mobile Subscriber Identity. Es wird also eine Nummer „gefangen“, die es ermöglicht, auch die unbekannte Telefonnummer des Handy zu ermitteln, die ein Verdächtiger benutzt.

Dies wird vielfach dahingehend mißverstanden, daß nicht nur die Rufnummern ermittelt, sondern auch die geführten Gespräche abgehört werden sollen. Auch wenn lediglich die Telefonnummern der Mobiltelefone – z.B. von der Polizei – ermittelt werden sollten, so wäre dies doch einen ganz erheblicher Eingriff in das Fernmeldegeheimnis der Betroffenen. Der IMSI-Catcher ermittelt aber – technisch unvermeidbar – neben der Rufnummer verdächtiger Personen auch die Rufnummern völlig Unbeteiligter. Um aber feststellen zu können, wer tatsächlich unbeteiligt ist, wären eben auch Ermittlungen im Umfeld all derer erforderlich, deren IMSI „mitgefangen“ wurde. Dies führt zu unverhältnismäßigen Eingriffen in das Persönlichkeitsrecht auf informationelle Selbstbestimmung.

Das vom Bundesrat im Rahmen der Beratungen zum TKG-Begleitgesetz sogar angedachte Mithören von Gesprächsinhalten mittels des IMSI-Catchers wäre ein eklatanter Verstoß gegen das Recht auf unbeobachtete Kommunikation gewesen. Dank der heftigen öffentlichen Diskussion, aber auch der Mahnungen aus dem Bereich der TK-Unternehmen und der seinerzeit noch bestehenden Fernmeldeverwaltung wurden die Pläne der Bundesländer nicht weiterverfolgt.

3.5 Fazit

Dem Bundesgesetzgeber ist mit dem TKG-Begleitgesetz zwar die dringend gebotene Harmonisierung von Rechtsvorschriften gelungen, so daß für den Bürger und für den Kunden von Telekommunikationsdiensten ein Stück Rechtssicherheit geschaffen worden ist. Gleichwohl bedeuten die Bestimmungen zur Überwachung der Telekommunikation einen datenschutzrechtlichen Rückschritt. Es wäre im Interesse eines effektiven Datenschutzes besser gewesen, mit dem TKG-Begleitgesetz den alten Rechtszustand nicht aufzugeben. Dies gilt für die rechtliche Behandlung der Corporate Networks insbesondere in dem sensiblen Bereich der Nebenstellenanlagen in Krankenhäusern, die in der Regel nicht nur dem Klinikpersonal, sondern auch ihren Patienten die Möglichkeit bieten, die TK-Anlage zu nutzen.

4 Standortbestimmung von Mobiltelefonen

Ende 1997 kam es zu ersten Presseberichten, in denen zu der Thematik Standortbestimmung von Mobiltelefonen für Sicherheitsbehörden berichtet wurde. Es wurde gemeldet, daß in einem bestimmten Mobilfunknetz in der Schweiz der Aufenthaltsort von Kunden rückwirkend bis zu einem Jahr festgestellt werden könne. Diese Berichterstattung führte dann auch zu vielen Diskussionen und Fragen in Deutschland. Entsprechende Nachforschungen in Deutschland haben ergeben, daß eine Speicherung dieser Daten auch hier technisch möglich ist, eine Speicherung aber grundsätzlich nicht erfolge.

Im Laufe des Jahres 1998 kam es in Deutschland zu Gerichtsbeschlüssen, über die auch in der Presse berichtet wurde. Durch diese Beschlüsse wurden Mobilfunkunternehmen dazu verpflichtet, den nachfragenden Sicherheitsbehörden die Standorte von Mobiltelefonen auch dann mitzuteilen, wenn nicht telefoniert wird, sondern sich das Handy nur im sog. Stand-by-Modus befindet. In dieser Situation setzt das Handy sich selbst in bestimmten Zeitabständen mit dem Netz in Verbindung. Dabei erfährt das Netz u.a. auch die „Funkzelle“ – also den ungefähren Aufenthaltsort -, in der sich das Handy gerade befindet. Diese Kommunikation geschieht vollautomatisch und ohne daß dies im Regelfall vom Benutzer bemerkt wird. Die Kommunikation erfolgt aus unterschiedlichen Anlässen und für verschiedene Zwecke, insbesondere, damit das Netz weiß, wo das Mobiltelefon sich befindet und einen ankommenden Anruf dort hinleiten kann.

Nach geltender Rechtslage ist die Mitteilung der Funkzelle an eine Sicherheitsbehörde nur im Rahmen einer richterlich angeordneten Überwachungsmaßnahme zulässig und auch nur, wenn tatsächlich ein Gespräch stattfindet. In diesem Fall ist der Sicherheitsbehörde gemäß § 3 Abs. 2 Ziff. 4 FÜV auch die Funkzelle mitzuteilen, über die die Verbindung abgewickelt wird. Es war von Seiten des Gesetzgebers nicht beabsichtigt, diese Möglichkeit als zulässige Maßnahme der Strafverfolgungsbehörden auf die Fälle auszuweiten, in denen das Handy nur im Stand-by-Modus ist. Dies wurde im Rahmen des Gesetzgebungsverfahrens zum TKG-Begleitgesetz Ende 1997 deutlich. Die Bundesregierung hatte geäußert, daß von gesetzgeberischen Regelungsvorschlägen zur Erfassung von Aufenthaltsdaten abgesehen werde, weil das praktische Bedürfnis für die Erfassung dieser Daten aufgrund der Aktivmeldungen des Handy nicht nachgewiesen sei.

Um dem Handy Gespräche überhaupt zuleiten zu können, wird von den Mobilfunknetzen im Stand-by-Modus nur die aktuelle „Location Area“ kurzfristig zwischengespeichert. Eine Speicherung von Standortdaten über einen längeren Zeitraum ist in den Systemen für diesen Fall nicht vorgesehen.

Während ein Kunde mit seinem Handy telefoniert, wird die Funkzellenkennung gespeichert, als Teil der Verbindungsdaten auch zu Abrechnungszwecken. Bei einem Wechsel der Funkzelle während des Gesprächs wird nur die Zelle gespeichert, in der das Gespräch begonnen hat. Wegen der Regelungen in § 6 Abs. 3 Telekommunikationsdienstunternehmen-Datenschutzverordnung darf die Speicherung in diesem Fall höchstens 80 Tage andauern, falls der Kunde sich für die Option der Speicherung seiner Daten nach Rechnungsversand entschieden hat. Eine Mitteilung von Standortdaten nach einem Jahr – wie in der Schweiz geschehen – wäre in Deutschland demnach nicht nur rechtlich unzulässig, sondern ist technisch auch nicht möglich.

Aufgrund der beschriebenen technischen Gegebenheiten können keine Bewegungsprofile der Nutzer von Mobiltelefonen erstellt werden.

Soweit im Rahmen einer geschlossenen Benutzergruppe auch Mobiltelefone Verwendung finden, gilt die Fernmeldeverkehr-Überwachungs-Verordnung auch für diese Fälle.

5 Technische Umsetzung von Überwachungsmaßnahmen nach § 88 TKG

Bei der Durchführung der gesetzlich vorgesehenen Maßnahmen zur Überwachung der Telekommunikation stützen sich die hierzu berechtigten Stellen derzeit noch auf die Fernmeldeverkehr-Überwachungs-Verordnung vom 18.05.1995. Ermächtigungsgrundlage für diese Verordnung war das inzwischen nur noch in § 12 geltende FAG. Mit § 88 TKG ist eine neue Ermächtigungsgrundlage für die technische Umsetzung von Überwachungsmaßnahmen geschaffen worden, die eine umfassende Anpassung der Verordnungsregelung an das neue Telekommunikationsrecht erfordert.

Weitreichende Änderungen ergeben sich zunächst aus der Ausweitung des Adressatenkreises. Im Zuge der vollständigen Aufhebung des staatlichen Fernmeldemonopols durch das TKG ist die Verpflichtung, Abhörmaßnahmen zu ermöglichen, auf alle diejenigen erweitert worden, die geschäftsmäßig Telekommunikationsdienste erbringen oder daran mitwirken, während früher nur die Betreiber öffentlicher Telekommunikationsnetze das Abhören ermöglichen mußten. Darüber hinaus sieht § 88 TKG vor, daß die neue Verordnung Vorschriften über die Genehmigung und die Abnahme von Überwachungseinrichtungen sowie die Durchführung von Jahresstatistiken über Überwachungsmaßnahmen enthalten soll.

Das zuständige Bundesministerium für Wirtschaft und Technologie hat als Nachfolgevorschrift für die Fernmeldeverkehr-Überwachungs-Verordnung den Entwurf einer Telekommunikations-Überwachungsverordnung erarbeitet, zu dem vor einer abschließenden Abstimmung innerhalb der Bundesregierung auch den Verbänden, Organisationen und Arbeitsgemeinschaften des Telekommunikationsbereichs Gelegenheit zur Stellungnahme gegeben wurde. Die Äußerungen aus diesem Kreise, unterstützt durch zahlreiche kritische Presseberichte, führten dazu, daß eine für Anfang Juli 1998 bereits terminierte öffentliche Anhörung abgesagt und der Fortgang des Verordnungsverfahrens vorerst gestoppt wurde. Einen neuen Verordnungsentwurf hat das Bundesministerium für Wirtschaft und Technologie bislang noch nicht vorgelegt.

Wesentliche Kritikpunkte betrafen die Ausweitung der Verpflichtungen zur Bereitstellung von Überwachungsmaßnahmen auf Corporate Networks und Nebenstellenanlagen, die Ausdehnung von Überwachungsmaßnahmen auf den E-Mail-Verkehr sowie die Internet-Telekommunikation und die unzureichenden Ausnahmeregelungen z.B. für Nebenstellenanlagen von kleineren Hotels und Pensionen, Firmen, Krankenhäusern usw. Nach dem Verordnungsentwurf sollte beispielsweise jeder Betreiber einer Nebenstellenanlage mit mehr als 20 Anschlüssen, die nicht nahezu ausschließlich von eigenem Personal genutzt werden, zur Bereitstellung einer Überwachungseinrichtung verpflichtet werden.

Datenschutzrechtlich von Bedeutung ist, daß der erweiterte Kreis der Verpflichteten sowie die von diesen zu treffenden Maßnahmen durch die Verordnungsregelung konkretisiert und sachgerecht begrenzt wird. So besteht die Sorge, daß bei einer Ausdehnung der Verpflichtungen auf Nebenstellenanlagen insbesondere von Krankenhäusern aber auch von Zeitungsredaktionen oder großen Anwaltskanzleien die Wahrung von Berufsgeheimnissen erschwert, wenn nicht unmöglich gemacht würde. Ferner steht zu befürchten, daß durch die Schaffung einer großen Zahl neuer Überwachungseinrichtungen die Gefahr des Mißbrauchs durch Unbefugte ansteigen könnte.

Des weiteren muß die Verordnung sicherstellen, daß Gesprächsinhalte, die wegen ihrer Sensibilität von den Kunden (mit Hilfe des Netzbetreibers) durch Verschlüsselung oder andere technische Maßnahmen besonders geschützt werden, auch bei der Übertragung an die Sicherheitsbehörden mit einem gleichwertigen Schutz versehen werden. Die Zulassung einer ungeschützten Übertragung solcher Gespräche von der Abhörschnittstelle beim Verpflichteten – möglicherweise quer durch ganz Deutschland – bis zur Sicherheitsbehörde, die die Überwachungsmaßnahme durchführt, wäre unter dem Aspekt eines ausreichenden und angemessenen Datenschutzes nicht hinnehmbar.

6 Bestandsdatenabfrage nach § 89 Abs. 6 TKG

Gemäß § 89 Abs. 6 TKG müssen den Strafverfolgungs- und Sicherheitsbehörden, wenn dies zur Erfüllung ihrer Aufgaben erforderlich ist, im Einzelfall von den Telekommunikationsunternehmen die sog. Bestandsdaten ihrer Kunden mitgeteilt werden (Name, Anschrift, Telefonnummer usw.). Verbindungsdaten sind – wie in der amtlichen Begründung zu § 89 Abs. 6 TKG ausdrücklich klargestellt wird – von diesem Auskunftsanspruch nicht betroffen. Da sich die Verpflichtung zur Auskunftserteilung nach § 89 Abs. 6 TKG an alle Anbieter von geschäftsmäßigen Telekommunikationsdiensten richtet, sind von dieser Vorschrift auch die geschlossenen Benutzergruppen betroffen. Abfrageberechtigt sind:

- die Strafverfolgungsbehörden,
- die Verfassungsschutzbehörden des Bundes und der Länder,
- der Bundesnachrichtendienst,
- der Militärische Abschirmdienst sowie
- das Zollkriminalamt.

Die Vorschrift darf jedoch nicht dazu mißbraucht werden, sämtliche Daten, die ein Unternehmen bei Vertragsabschluß von dem Kunden erhoben hat, abzufordern. Der Gesetzgeber hat bei der Ausgestaltung der Vorschrift des § 89 Abs. 6 TKG über die Auskunftspflicht der Telekommunikationsdiensteanbieter eine Ausnahme vom datenschutzrechtlichen Zweckbindungsgrundsatz geschaffen. Entsprechend dem datenschutzrechtlichen Prinzip, Daten nur zu dem Zweck zu verwenden, zu dem sie auch erhoben worden sind, muß die Vorschrift des § 89 Abs. 6 TKG einschränkend ausgelegt werden. Der Auskunftsanspruch muß daher streng auf solche Daten beschränkt werden, die einen besonderen Telekommunikationsbezug aufweisen, wie z.B. Name des Anschlußinhabers, Standort des Anschlusses und Rufnummer des Anschlusses. Weitere Daten, wie z.B. die Bankverbindung des Anschlußinhabers oder die Zugehörigkeit zu einer bestimmten gesellschaftlichen Gruppe, der ein Sondertarif eingeräumt worden ist, können den TK-Unternehmen aufgrund des § 89 Abs. 6 TKG nicht abverlangt werden.

Ein Anspruch, in einem "vereinfachten Verfahren" Auskunft über beliebige, nicht telekommunikationsspezifische Kundendaten zu erhalten, den es in anderen Branchen der Privatwirtschaft nicht gibt, läßt sich auch für den TK-Bereich nicht rechtfertigen. Auskunftersuchen über nicht telekommunikationsspezifische Daten können daher nicht auf das TKG gestützt werden, sondern nur auf die einschlägigen Vorschriften (z.B. die der StPO), sofern die Voraussetzungen dafür im Einzelfall vorliegen.

Die Auskünfte über Bestandsdaten nach § 89 TKG werden im Gegensatz zu den Auskünften im automatisierten Abrufverfahren nach § 90 TKG (s.u. Nr. 7) in der Regel nicht kostenfrei erteilt. Rechtsgrundlage für den Kostenerstattungsanspruch gegenüber der nachfragenden Behörde ist § 17a des Gesetzes über die Entschädigung von Zeugen und Sachverständigen. Eine Entschädigungspflicht kann dann angenommen werden, wenn es sich um ein Ersuchen zur Strafverfolgung handelt. Außerdem muß dem verpflichteten Diensteanbieter bei der Zusammenstellung der nachgefragten Bestandsdaten ein entsprechender personeller und/oder sächlicher Aufwand entstanden sein.

7 Automatisiertes Abrufverfahren i.S.d. § 90 TKG

Wer geschäftsmäßig Telekommunikationsdienste anbietet, ist nach § 90 TKG verpflichtet, Kundendateien zu führen, in die unverzüglich die Rufnummern und Rufnummernkontingente, die zur weiteren Vermarktung oder sonstigen Nutzung an andere – z.B. sog. Service-Provider – vergeben werden, sowie Name und Anschrift der Inhaber von Rufnummern und Rufnummernkontingente aufzunehmen sind. Das gilt auch, soweit diese nicht in öffentlichen Verzeichnissen eingetragen sind. Die aktuellen Kundendateien sind so verfügbar zu halten, daß die Regulierungsbehörde für Telekommunikation und Post einzelne Daten oder Datensätze in einem von ihr vorgegebenen automatisierten Verfahren abrufen kann. Der Verpflichtete hat durch technische und organisatorische Maßnahmen sicherzustellen, daß ihm Abrufe nicht zur Kenntnis gelangen können.

Auskünfte aus den Kundendateien sind

- den Gerichten, Staatsanwaltschaften und anderen Justizbehörden sowie sonstigen Strafverfolgungsbehörden,
- der Polizei von Bund und Ländern für Zwecke der Gefahrenabwehr,

- den Zollfahndungsämtern für Zwecke eines Strafverfahrens sowie dem Zollkriminalamt zur Vorbereitung und Durchführung von Maßnahmen nach § 39 des Außenwirtschaftsgesetzes und
- den Verfassungsschutzbehörden des Bundes und der Länder, dem Militärischen Abschirmdienst und dem Bundesnachrichtendienst

jederzeit unentgeltlich zu erteilen, soweit dies zur Erfüllung ihrer gesetzlichen Aufgaben erforderlich ist. Die Regulierungsbehörde für Telekommunikation und Post hat die Daten, die in Kundendateien gespeichert sind, auf Ersuchen der vorgenannten Stellen automatisiert abzurufen und an die ersuchende Stelle zu übermitteln.

Mit dieser Vorschrift wollte der Gesetzgeber dem Umstand Rechnung tragen, daß Auskunftsersuchen über die genannten Daten nicht mehr wie früher nur von der Telekom beantwortet werden können, sondern hierfür inzwischen mehrere Adressaten – insbesondere die Mobilfunkanbieter – in Frage kommen. Um zeitraubende Recherchen darüber zu vermeiden, bei wem die nachgefragten Daten gespeichert sind, wurde die Rechtsgrundlage für ein automatisiertes Abrufverfahren geschaffen, die als Bedarfsträger auch die Sicherheitsbehörden vorsieht.

Nur wenige Vorschriften des TKG haben – schon vor dessen Inkrafttreten – eine vergleichbare Diskussion entfacht. Die teilweise erhobene Behauptung, mit dieser Vorschrift nehme man vom Fernmeldegeheimnis Abschied, ist jedoch unzutreffend, da die genannten Daten nicht dem Fernmeldegeheimnis unterliegen. Dieses Verfahren sieht eben nicht den Abruf von Verbindungsdaten oder Gesprächsinhalten vor. Auch werden nicht die näheren Umstände der Telekommunikation ermittelt.

Soweit der Anbieter von Telekommunikationsdiensten durch technische und organisatorische Maßnahmen sicherzustellen hat, daß ihm Abrufe nicht zur Kenntnis gelangen können, wurde der Vorwurf erhoben, hierdurch erhielten die Strafverfolgungs- und Sicherheitsbehörden die Möglichkeit, sich in Telekommunikationsdatenbeständen – quasi im verborgenen – selbst zu bedienen. Auch dieser Vorwurf macht es sich etwas zu einfach. Denn mit dieser Regelung soll verhindert werden, daß in den verpflichteten Unternehmen Spekulationen etwa über die Bonität des betroffenen Kunden angestellt werden und man ihm vorsichtshalber den Vertrag kündigt nach dem Motto: „Wenn sich die Regulierungsbehörde für XY interessiert, bedeutet das nichts Gutes."

Die Regulierungsbehörde für Telekommunikation und Post soll aber nicht nur die abgerufenen Daten an die ersuchende Stelle weitergeben, sondern ist verpflichtet, bei jedem Abruf auch den Zeitpunkt zu protokollieren, die bei der Durchführung des Abrufs verwendeten Daten, die abgerufenen Daten, die die Daten abrufende Person sowie die ersuchende Stelle und deren Aktenzeichen. Hiermit soll auch bei der ersuchenden Behörde eine genaue Datenschutzkontrolle ermöglicht werden. Ruft die Regulierungsbehörde z.B. für die Polizei Berlins Daten ab, kann der Berliner Datenschutzbeauftragte kontrollieren, ob das erforderlich war.

Inzwischen steht aber zu befürchten, daß der Gesetzgeber mit der Regelung des § 90 TKG weit über das angestrebte Ziel hinausgeschossen ist, danach ihr jeder verpflichtet ist, der geschäftsmäßig Telekommunikationsdienste anbietet. Seitens der Bundesregierung wurde auf eine parlamentarische Anfrage hin mitgeteilt, daß nach Untersuchungen der Regulierungsbehörde für Telekommunikation und Post von der Vorschrift nach derzeitiger Rechtslage ca. 400.000 Unternehmen betroffen wären. Deshalb soll in der ersten Ausbauphase zunächst mit Anbietern von Telekommunikationsdiensten begonnen werden, die eine Lizenz nach der Lizenzklasse 1 oder 4 (vgl. § 6 Abs. 2 TKG) erhalten haben. Es soll sich hierbei um etwa 70 Unternehmen handeln. Das Bundesministerium für Wirtschaft und Technologie hat mittlerweile erklärt, daß darüber, wann und unter welchen Bedingungen der zahlenmäßig große Bereich derjenigen in das Verfahren einbezogen werden kann, die Telekommunikationsdienste in dem Rahmen anbieten, der früher mit dem Begriff „Nebenstellenanlage“ bezeichnet wurde, erst dann entschieden werden könne, wenn ausreichende Erfahrungen mit dem Verfahren vorlägen.

Allerdings hat das Ministerium bekräftigt, daß die Verpflichtungen des § 90 TKG grundsätzlich auch sämtliche Betreiber von Nebenstellenanlagen treffen, die ihre Anschlüsse Dritten geschäftsmäßig, d.h. unabhängig von einer Gewinnerzielungsabsicht zur Verfügung stellen. Betroffen ist damit auch der Bereich der Corporate Networks. Nach dieser Stellungnahme ist in absehbarer Zeit jedoch nicht damit zu rechnen, daß Nebenstellenanlagen in das Verfahren nach § 90 TKG einbezogen werden.

Damit ist das grundsätzliche Problem, ob § 90 TKG eine hinreichend normenklare Rechtsgrundlage für die Durchbrechung der ärztlichen Schweigepflicht darstellt oder ob Krankenhäuser und gegebenenfalls auch Nebenstellenanlagen in Bereichen, in denen andere Berufsgeheimnisse berührt sind, vom Geltungsbereich des § 90 TKG ausgenommen werden müssen, zur Zeit nur theoretischer Natur.

Ein weiteres gravierendes Problem besteht darin, daß staatlichen Stellen bei Anfragen nach § 90 TKG nicht nur die Daten der Personen bekannt werden könnten, nach denen sie tatsächlich suchen, sondern möglicherweise auch die Daten Unbeteiligter, nämlich dann, wenn Anfragen mit unvollständigen Rufnummern oder unvollständigen Namens- bzw. Adressangaben getätigt werden, sog. "Jokeranfragen“.

Die Strafverfolgungs- und Sicherheitsbehörden haben Abfragemöglichkeiten mit unvollständigen Daten als unerläßlich bezeichnet, weil ihnen im Rahmen ihrer Ermittlungen oftmals nur schlecht leserliche oder unvollständige Angaben zur Verfügung stünden. Zwar erscheint diese Einlassung plausibel. Hierzu fehlt m.E. jedoch eine gesetzliche Ermächtigung, die erst noch geschaffen werden müßte. In dieser gesetzlichen Ermächtigung wären dann genaue Voraussetzungen für Jokerabfragen festzulegen. So müßten Abfragen ausgeschlossen werden, bei denen durch eine geschickte Verwendung des Jokerzeichens z.B. die nahezu komplette Belegschaftsliste einer Firma herausgegeben werden müßte (nämlich sämtliche Inhaber der dem Firmenanschluß nachgeordneten Nebenstellen) oder z.B. sämtliche Personen, die aktuell in einem Krankenhaus ein Telefon gemietet haben. Die Regulierungsbehörde für Telekommunikation und Post wird daher „Jokerabfragen“ erst dann zulassen, wenn eine entsprechende tragfähige Rechtsgrundlage geschaffen worden ist.

8 EG Telekommunikations-Datenschutzrichtlinie

Die Entwicklung des Telekommunikationsbereiches wird von den Europäischen Gemeinschaften als ein zentraler Punkt zur Verwirklichung des gemeinsamen Marktes angesehen. Dem Ausbau transeuropäischer Telekommunikationsnetze kommt daher in der Europäischen Union eine besondere Bedeutung zu. Ziel ist es, für die Bürger einen offenen Zugang zu den bestehenden Telekommunikationsnetzen und -diensten sicherzustellen. Zugleich sollen die Anbieter solcher Leistungen in allen Mitgliedstaaten gleiche Bedingungen vorfinden. Die Entstehung und Weiterentwicklung neuer Telekommunikationsdienste und -netze soll im Sinne eines funktionierenden Binnenmarktes gefördert werden. Vor diesem Hintergrund haben das Europäische Parlament und der Rat am 15.12.1997 die EG Telekommunikations-Datenschutzrichtlinie (Richtlinie 97/66/EG) erlassen.

Im Gegensatz zum deutschen Telekommunikationsgesetz, welches auch für sog. Corporate Networks gilt, werden von der Richtlinie ausschließlich öffentliche Telekommunikationsnetze sowie öffentlich zugängliche Telekommunikationsdienste erfaßt. Für die Bundesrepublik Deutschland war es daher von großer Bedeutung, daß Rat und Kommission im Ratsprotokoll erklärt haben, die Mitgliedstaaten seien nicht daran gehindert, die Bestimmungen der Richtlinie auch auf nicht-öffentliche Telekommunikationsnetze und nicht öffentlich zugängliche Telekommunikationsdienste anzuwenden. In diesem Sinne kann auch Erwägungsgrund Nr. 8 der Richtlinie verstanden werden, da sich die dort beschriebene Pflicht zur Harmonisierung der von den Mitgliedstaaten im Bereich der Telekommunikation zu erlassenden rechtlichen, ordnungspolitischen und technischen Vorschriften auf diejenigen Maßnahmen beschränkt, die unbedingt notwendig sind, um zu gewährleisten, daß die Entstehung und die Weiterentwicklung neuer Telekommunikationsdienste und -netze zwischen den Mitgliedstaaten nicht behindert werden. Damit wird gewährleistet, daß die Mitgliedstaaten auch im Bereich der Telekommunikation grundsätzlich ihren nationalen Datenschutzstandard beibehalten und weiter ausbauen können.

Die beschriebene Rechtslage in der Bundesrepublik Deutschland, wie sie sich nach den Vorgaben im Telekommunikationsgesetz bzw. aufgrund des TKG-Begleitgesetzes darstellt, steht damit nicht im Widerspruch zum Grundsatz eines harmonisierten europäischen Binnenmarktes. Vielmehr ist der Handlungsspielraum, den die Richtlinie dem nationalen Gesetzgeber einräumt, im zulässigen Rahmen ausgeschöpft worden.

Literatur

[Beck97] Beck'scher TKG-Kommentar, herausgegeben von Büchner, Ehmer, Geppert u.a, München 1997.

[Etli96] Etling-Ernst: TKG Kommentar 1996.

[GoSc97] Gola, Schomerus: Bundesdatenschutzgesetz, 6. Auflage, 1997.

[KiRu98] Kiper, Ruhmann: Überwachung der Telekommunikation, DuD 1998, S. 155 ff.

[Lamm97] Lammich: TKG-Kommentar, November 1997 (1. Ergänzung).

[SDG+98] Simitis, Dammann, Geiger, Mallmann, Walz: Kommentar zum Bundesdatenschutzgesetz, 4. Aufl. 1992, Loseblatt, Baden-Baden, Stand: Dezember 1998.

[WuFe97] Wuermeling, Felixberger: Staatliche Überwachung der Telekommunikation, CR 1997, S. 555 ff.

Aktueller Stand der Umsetzung von TK-Überwachungsmaßnahmen und Auskunftersuchen

Peter Ehrmann

Secunet GmbH
ehrmann@secunet.de

Zusammenfassung

Stehen Sie auch gerade vor der Umsetzung der Anforderungen des 11. Teils des TKG? Oder befinden Sie sich schon mitten drin? Planen Sie, neue Vermittlungstechnik anzuschaffen oder Dienste auf den Markt zu bringen? Dann kann Ihnen der folgende Beitrag vielleicht ein paar Tips oder Anregungen geben, wie Sie Ihre Prozesse für Überwachungsmaßnahmen oder Auskunftsersuchen mit wenig Ärger gestalten und umsetzen können. Der Beitrag geht auf die Chancen durch die neue Rechtsverordnung TKÜV ein, stellt aber auch Fragen, anhand derer Sie Ihre eigene Situation besser einschätzen können. Er macht einen Vorschlag, wie sie die Auskunftsersuchen nach § 90 TKG bewältigen können, und stellt Ihnen andere Rechtsgrundlagen für Auskunftsersuchen vor.

1 Einleitung

Mit dem am 17.12.97 verabschiedeten Begleitgesetz zu TKG (BegleitG) wurden die Gesetze, die den Eingriff in das Fernmeldegeheimnis erlauben[1], so verändert, daß alle, die geschäftsmäßig Telekommunikationsdienste erbringen, für diese die Überwachung gewährleisten müssen - darunter fallen auch Corporate Networks, die von Hotels und Krankenhäusern erbrachten Telekommunikationsdienste und Nebenstellenanlagen, über die die Mitarbeiter des Betreibers privat telefonieren dürfen.

2 Umsetzung von Überwachungsmaßnahmen nach § 88 TKG

Wenn Sie über Fachverbände, Tagungen oder auf anderen Wegen etwas über die Anforderungen des § 88 TKG gehört haben, dann ist der nächste Schritt zu prüfen, ob Ihr Unternehmen betroffen ist und an welcher Stelle Ihre TK-Dienstleistung im Interesse der Bedarfsträger[2] steht. Letztere Einschätzung ist besonders wichtig für die Entscheidung, wann Sie die Anforderungen umsetzen wollen oder müssen, denn zur Zeit ist die RegTP mit der Bearbeitung der

[1] § 100b StPO, § 39 AWG und G10-Gesetz

[2] Stellen wie Richter oder der Verfassungsschutz, die zur Überwachung des Fernmeldeverkehrs berechtigt sind

Lizenznehmer schon ganz gut ausgelastet. Hinzu kommt, daß die neue Version der Fernmeldeverkehrsüberwachungsverordnung (FÜV) der Entwurf zur Telekommunikationsüberwachungsverordnung (TKÜV-E) [3] eine Reihe von Ausnahmen vorsieht.

2.1 Bewertung der eigenen Situation

Um die Situation Ihrer Firma besser einschätzen zu können, sollten Sie die folgenden Parameter näher betrachten. Sie werden ein Gefühl dafür bekommen, wie wichtig Ihr Unternehmen den Bedarfsträgern ist und ob Sie von den Ausnahmeregelungen profitieren können.

Bewertung der zeitlichen Brisanz bei der Umsetzung:

- Welche Kunden bedienen Sie?
- Wie groß ist Ihr Anteil an Teilnehmeranschlüssen?
- Ist Ihr Dienst regional begrenzt?
- Verwenden Sie öffentliche Vermittlungstechnik (EWSD, S12 oder DX200 usw.)?
- Benutzen Sie eine gängige Technik (z.B. HICOM)?
- Kann man mit Ihrem Dienst eine Überwachung beim DTAG-Anschluß verhindern?

Besteht die Möglichkeit einer Ausnahmeregelung?

- Sind Sie reiner Verbindungsnetzbetreiber?
- Wie hoch ist der Anteil der Nutzung durch Dritte gegenüber der eigenen Nutzung?
- Dient Ihre TK-Anlage Steuerungs-, Produktions- und Fertigungszwecken und übermitteln Sie keine Sprache?

2.2 Ausnahmeregelungen

Die Bestimmungen des § 20 TKÜV-E sind zur Vermeidung teils sinnloser, teils unverhältnismäßiger Anforderungen erforderlich. Dies soll aus Sicht des Bundesregierung ein Gegengewicht zur der eigentlichen Forderung, die Telekommunikation der von der Anordnung betroffenen Person vollständig und ohne Lücken zu erfassen, bilden.

Bestimmte Funktionseinheiten einer Telekommunikationsanlage sind technisch besser geeignet als andere, eine den Anforderungen entsprechende gesetzmäßige Überwachung zu gewährleisten. Gemeint sind dabei u.a. Teilnehmervermittlungsstellen. Es gibt hingegen aber auch Netzelemente, die aus der Sicht der Bundesregierung *„aus grundsätzlichen Überlegungen für eine den gesetzlichen Anforderungen entsprechende Überwachung ungeeignet sind"* [4].

Die Beispiele in der Begründung beziehen sich auf:

- Netzelemente, an denen nur ein Teil des Fernmeldeverkehrs überwacht werden kann und es ein Netzelement gibt, an dem der komplette Fernmeldeverkehr zur Verfügung steht

[3] Telekommunikations-Überwachungs-Verordnung

[4] Begründung zur TKÜV vom 28.05.1998

(z.B. vermittelnde Netzknoten eines Fernverkehrsnetzes oder die diese Netzknoten verbindenden Übertragungswege).

- Weiterhin sollen reine *„Übertragungsvermittlungsstellen ohne eigenen Teilnehmeranschluß und TK-Anlagen, die ausschließlich der Verteilung von Rundfunk oder anderen für die Öffentlichkeit bestimmten Informationsdiensten oder für den Abruf solcher Informationsdienste dienen (z. B. Breitbandverteilanlagen, Verkehrsfunkanlagen, Informationsdienste im Internet, Kommunikationsplattformen, bei denen beliebige Teilnehmer oder Teilnehmer bestimmter Interessensgruppen im Rahmen einer quasi offenen Diskussion Informationen austauschen)“* [5], ausgenommen werden.
- *„Auch TK-Anlagen, die ausschließlich der Steuerung von Produktions- und Fertigungsabläufen in Industrie und Landwirtschaft, der Übertragung von Meßwerten oder sonstigen nicht individualisierten Daten, der Raumüberwachung oder der Zutrittskontrolle zu Liegenschaften ... oder der Übermittlung von Notrufen oder der Sicherheit des See- und Luftverkehrs dienen,...“* sowie
- TK-Anlagen *„...deren vorhandene Endeinrichtungen dauerhaft selbst oder durch eigene Beschäftigte genutzt werden; eine Selbstnutzung liegt nach dem Text der Begründung auch dann vor, wenn nicht mehr als zehn vom Hundert der vorhandenen Endeinrichtungen an Dritte überlassen werden oder...“*
- *„..die nicht mehr als 20 Endeinrichtungen versorgen können...“* fallen unter die Ausnahmeregelung.[6]

Abgesehen von den Inhabern einer Lizenz der Klasse 1,3, oder 4, für die fast kein Weg an diesen Anforderungen vorbei führt (außer für reine Verbindungsnetzbetreiber) lohnt allein die Möglichkeit, daß man wegen einer Ausnahmeregelung keine oder nur sehr viel später kostenintensive Maßnahmen treffen muß, das Warten auf die TKÜV. Hinzu kommt noch, daß außer in der öffentlichen Vermittlungstechnik keine günstigen Lösungen am Markt verfügbar sind. Es kommen dann nur teure Sonderlösungen in Betracht.

2.3 Dienstedesign und die Beschaffung neuer Technik

Wenn Sie nicht warten können oder wollen, weil sie neue Dienste planen oder Vermittlungstechnik anschaffen wollen, sollten Sie sich gegenüber dem Hersteller ihrer Vermittlungssysteme vertraglich absichern. Verpflichten Sie ihn, die folgenden Rechtsnormen einzuhalten:

FÜV	Verordnung über die technische Umsetzung von Überwachungsmaßnahmen des Fernmeldeverkehrs in Telekommunikationsanlagen, die für den öffentlichen Verkehr bestimmt sind (Fernmeldeverkehr-Überwachungs-Verordnung-FÜV) vom 18.05.1995 (BGBl. I S. 722)
TKG	Telekommunikationsgesetz vom 25.07.1996

[5] Begründung zur TKÜV vom 28.05.1998

[6] Begründung zur TKÜV vom 28.05.1998

TR-FÜV	Technische Richtlinie zur Beschreibung der Anforderungen nach § 13 FÜV (TR-FÜV); Ausgabe April 1997 des REGTP
Begleitgesetz zum TKG	Referentenentwurf Begleitgesetz zum TKG vom 07.11.97
International Requirements	Council Resolution of 17 January 1995 on the lawful interception of Telecommunications, 9529/95 ENFOPOL 90, Brussels, 28. August 1995
TKÜV-E	Telekommunikationsüberwachungsverordnung, Entwurf vom 11.05.98 des BMWi
TR-FÜV-E	Technische Richtlinie zur Beschreibung der Anforderungen nach § 13 FÜV (TR-FÜV); Entwurf vom März 1998 des REGTP

- Lassen Sie sich erläutern, wie der Hersteller die Anforderungen umsetzen will. Da Sie davon ausgehen müssen, daß die Nachfolgeverordnung der FÜV, die TKÜV sowie die überarbeitete Version der TR-FÜV als TR-TKÜV im 2. Quartal 1999 verabschiedet werden, muß der Hersteller sie auch mit einplanen.
- Bedingen die genannten Richtlinien und Verordnungen Änderungen in der Überwachungsfunktion, so sind diese unter Angabe von Preis und Umsetzungszeit im Angebot vom Hersteller anzugeben.
- Denken Sie dabei auch an weitere Dienste, mit denen Sie Ihr Diensteangebot erweitern wollen. Wenn Sie einen Dienste wie z.B. Mailboxen, UPT oder andere Intelligente Netzdienste einführen wollen, benötigen Sie eine Überwachungfunktion in der Vermittlungseinrichtung, die das und die benötigten Schnittstellen unterstützt. Ist das nicht der Fall, so kann dies zu unangenehmen Verzögerungen bei der Markteinführung des Dienstes führen.
- Prüfen Sie, ob der Hersteller bei der RegTP ein Rahmenkonzept vorgelegt hat. Wenn es möglich ist, lassen Sie sich das Ergebnis der Prüfung durch die RegTP vorlegen. Ein Rahmenkonzept erleichtert Ihnen die Erstellung und Abnahme Ihres Konzeptes erheblich. Der Regulierungsbehörde sind nach dem neuen Entwurf die folgenden Unterlagen vorzulegen:

  1. *die technische Beschreibung der Telekommunikationsanlage einschließlich der geplanten Telekommunikationsdienste und der zugehörigen Dienstemerkmale,*
  2. *die in bezug auf diese Telekommunikationsanlage oder auf diese Telekommunikationsdienste nach § 3 TKÜV-E bereitzustellenden Informationen,*
  3. *die Beschreibung der technischen Einrichtungen, die der Bereitstellung der zu überwachenden Telekommunikation nach § 3 dienen,*
  4. *die Beschreibung der Schnittstelle nach § 8 und*
  5. *die Beschreibung der technischen Einrichtungen zur Umsetzung der Anforderungen nach den §§ 4 bis 12 unter Berücksichtigung der Bestimmungen der Technischen*

Richtlinien nach § 13 sowie gegebenenfalls Zeitpläne für die Umsetzung im Rahmen des § 21 Abs. 1.

Angelehnt an § 14 Abs. 2 TKÜV-E „Genehmigungsverfahren" reicht zur Genehmigung durch die RegTP ein Antrag, wenn ein Rahmenkonzept vorhanden ist. Im Rahmenkonzept sind die Punkte 2, 3 und 4 enthalten.

- Verlangen Sie für die gekauften Systeme ein Überwachungskonzept nach § 88 TKG. Wenn Sie kein komplettes Konzept inkl. der organisatorischen Maßnahmen verlangen, sollte dies ein Teil der Dokumentation sein.
- Lassen Sie sich Zeiten nennen, wie schnell der Hersteller neue Gesetzänderungen einarbeitet.
- Prüfen Sie, ob bei einer Überwachung jede beliebige Rufnummer (einschließlich netzfremder und IN-Rufnummern) zur Überwachung eingerichtet werden kann.
- Dienste und Dienstmerkmale, die nicht überwachbar sind, müssen im Angebot angegeben werden.
- Geben Sie die vermutete Anzahl von Überwachungsmaßnahmen an und fordern Sie den Hersteller auf, Ihnen Einflüsse auf Ihre ursprüngliche Netzplanung aufzuzeigen, z.B. größere Controlprozessoren, neuere Softwareversion, zusätzliche Anschlußgruppen, besondere Installationen, höhere Netzauslastung....
- Das System zur Administrierung der ÜW-Maßnahmen muß so gestaltet sein, daß es ohne tiefere Kenntnis der Vermittlungstechnik bedient werden kann.
- Es muß die in dem Entwurf der TKÜV beschriebene Trennung der Rollen von Administrator, ÜW-Administrator und Auditor gewährleisten.

Haben Sie sich für einen Hersteller entschieden, steht schon das nächste Problem vor der Tür: Wie werden die Maßnahmen bei Ihnen umgesetzt?

2.4 Notwendige Organisation und Abläufe

Die Maßnahme muß unverzüglich nach Eingang der Anordnung umgesetzt werden [7]. Das erfordert eine 24h 7 Tage besetzte Stelle, die qualifiziert ist, die folgenden Tätigkeiten durchzuführen:

- Entgegennahme der Anordnung
- Prüfung des Absenders oder des Überbringers
- Formale Prüfung der Anordnung
- Umsetzung der Maßnahme
- Störungsbehebung
- Beendung der Maßnahme
- Protokollierung der Maßnahmen

[7] § 4 Abs. 2 FÜV und § 4 TKÜV-E

Die zeitlichen Vorgaben sollen mit der TKÜV-E im Paragraphen 4 verändert werden. In dem neuen Entwurf wird hinsichtlich der zeitlichen Umsetzung zwischen der Entgegennahme der Anordnung und der Umsetzung (die Überwachungseinrichtung wird aktiviert) unterschieden.

Innerhalb der üblichen Geschäftszeiten (i.d.R. 8.00 bis 18.00 Uhr) muß die Anordnung jederzeit entgegengenommen werden können. Dies bedingt, daß mind. 2 Personen über die entsprechende Ausbildung (und Konfliktfähigkeit!) verfügen müssen, um eine Anordnung entgegennehmen und auf Vollständigkeit prüfen zu können. Dies ist notwendig, um Urlaub, Weiterbildung oder andere Tätigkeiten eines Mitarbeiters ausgleichen zu können.

Außerhalb der üblichen Geschäftszeiten muß die Annahme der Anordnung innerhalb von 6 Stunden erfolgen, es sei denn, in der Anordnung ist eine kürzere Zeitspanne festgelegt. Eine minimale Zeitspanne wird jedoch nicht angegeben.[8]

Diese Einschränkung zerstört die sinnvolle Flexibilität der 6-Stunden-Regelung, da eine eventuelle Rufbereitschaft eines weiter entfernten Mitarbeiters je nach Anordnung eine Überschreitung der in der Anordnung vorgegeben Zeit bedingt.

2.5 Regelung des Verfahrens

Es empfiehlt sich, das Verfahren in einer Richtlinie oder Arbeitsanweisung schriftlich zu regeln. Diese Richtlinie kann wie folgt aufgebaut sein:

1. Verantwortliche Stellen im Unternehmen
2. Beschreibung und Prüfung der Stellen, die berechtigt sind, Überwachungsmaßnahmen anzuordnen und durchzuführen.
3. Umsetzung einer Überwachungsmaßnahme
   - Personelle Voraussetzungen für die Umsetzung von Überwachungsmaßnahmen
   - Eingang einer Anordnung
   - Prüfung der übermittelten Unterlagen
   - Einrichten einer Überwachungsmaßnahme
   - Ablauf einer Überwachungsmaßnahme
   - Ende der Überwachungsmaßnahme
   - Eskalationsverfahren
4. Anlagen
   - Überblick über die Rechtsgrundlagen
   - Muster von Anordnungen
   - Adressen und Telefonnummern der Bedarfsträger

Unabhängig von der Umsetzung sollten Sie einen Mitarbeiter auswählen, der sich genügend Fachwissen aneignet, bei der Planung neuer Dienste die gesetzlichen Anforderungen von An-

[8] § 4 Abs.1 TKÜV-E

fang an mit einbringt und die Schnittstelle zum Hersteller und der RegTP bildet. Damit vermeiden Sie hohe Kosten bei der Nachbesserung Ihrer Systeme.

2.6 Lohnt sich Outsourcing ?

Mit dem § 10 TKÜV-E wird es entgegen der sehr strengen Vorschrift in der FÜV [9] möglich, Teile der Überwachungsprozesses durch externe Dienstleister erbringen zu lassen. Obwohl die TKÜV noch nicht verabschiedet ist, bieten fast alle großen Hersteller eine solche Dienstleistung an.

Diese Tätigkeiten müssen natürlich in einer gesicherten Umgebung mit qualifiziertem Personal stattfinden. Führt man die notwendigen Komponenten auf, kann man die Kosten leicht dem Outsourcing-Angebot gegenüberstellen.

Um Anordnungen entgegenzunehmen und Überwachungsmaßnahmen selber umzusetzen, müssen in der Regel die folgen Komponenten angeschafft bzw. entsprechendes Personal eingestellt werden.

Hardware

- G10-Administrierungssystem
- Logische Sicherheit / Firewalls, Sicheres Betriebssystem usw.
- X.25 Anschluß zum Bedarfsträger
- Externer ISDN-Anschluß mit ISDN-Endgerät
- Externer Faxanschluß mit FAX-Gerät
- Ersatzsystem oder Maßnahme für Katastrophenfälle

Personal

- Leiter / Sicherheitsbeauftragter
- G10-Operator (5 Mitarbeiter)
- G10-Administror (LAN, Betriebssysteme)
- Unterstützung vom Netzbetrieb für Störungen
- Rechtsabteilung

Räumlich

- Einbruchschutz
- Sicherheitstüren, Fenster
- Stahlschrank
- Brandmeldeanlagen

[9] *„Der Betreiber hat seine Fernmeldeanlage so zu gestalten, daß er eine angeordnete Überwachungsmaßnahme ohne Mitwirkung anderer umsetzen kann"* § 10 FÜV

Überschlägt man die anfallenden Kosten, fällt vor allen der hohe Personaltetat ins Auge. Wenn Sie schon über eine rund um die Uhr besetzte Stelle verfügen (z.B. ein Netzmanagementzentrum – NMC) können Sie einfache personal-intensive Tätigkeiten wie das Einrichten oder Beenden einer Maßnahme dahin verlagern. Das ist dann häufig günstiger als der externe Dienstleister. Denken Sie daran, daß Ihre Mitarbeiter im NMC nicht juristisch vorgebildet sind. Sie brauchen mentale und fachliche Unterstützung, da die Bedarfsträger häufig einen großen Druck auf die Mitarbeiter ausüben (Androhung von Beugehaft usw.).

2.7 Abnahme durch die RegTP

Nach der Entscheidung ob Sie einen externen Dienstleister in Anspruch oder die Sache selbst in die Hand nehmen, müssen Sie Ihr Konzept von der RegTP abnehmen lassen. Entgegen zur FÜV ist die Abnahme der technischen Einrichtungen zur Überwachung in dem Entwurf der TKÜV umfangreich geregelt. Für die Abnahme kann die RegTP vom Verpflichteten verlangen, daß ihren Bediensteten die Durchführung von Messungen ermöglicht wird, die RegTP bei ihren Arbeiten unterstützt wird und die „erforderlichen" Anschlüsse und „*Endeinrichtungen*" bereitgestellt werden.

Der Begriff „Endeinrichtung" ist nicht sehr präzise. Unter diesem Begriff können sowohl ein Telefon, ein Computer, ein Faxgerät oder auch eine - i.d.R. von den Bedarfsträgern verwendete - Aufzeichnungseinrichtung verstanden werden, obwohl die Begründung [10] zur TKÜV-E dies nicht wünscht.

Die Dauer der Abnahme hängt entscheidend von den bei der RegTP verfügbaren technischen Einrichtungen und ihren Personalkapazitäten ab. Die RegTP (oder jede andere zur Abnahme befugte Stelle) muß über alle technischen Einrichtungen verfügen, um einen abschließenden Abnahmetest durchzuführen.

Um eine reibungslose Abnahme in einer kurzen Zeit zu ermöglichen, ist die Mitwirkung der Regulierungsbehörde unbedingt notwendig. Je länger eine Abnahme dauert, desto länger werden auch wertvolle Ressourcen bei dem Verpflichteten gebunden. Leider wird diese Mitwirkungspflicht der RegTP in Abs. 2 nicht explizit ausgewiesen.

3 Auskunftsersuchen

Netzbetreiber und Serviceprovider sind, basierend auf einer Vielzahl von Rechtsquellen, zur Auskunft verpflichtet.

Es müssen gegenüber berechtigten Stellen Auskünfte über

- personenbezogene Daten nach § 89 Abs. 2, die für die Begründung, inhaltliche Ausgestaltung oder Änderung eines Vertragsverhälnisses notwendig sind (§ 89 TKG),
- Rufnummern und Rufnummernkontingente sowie Namen und Anschrift deren Inhaber (§ 90 TKG),
- Strukturen der erbrachten Telekommunikationsdienste und -netze sowie bevorstehende Änderungen (§ 92TKG) und

[10] I Allgemeines b) Seite 4 Begründung zu TKÜV-E vom 28.05.98

- die in der Vergangenheit stattgefundenen Telekommunikation eines Kunden (§ 12 FAG),
- Anschrift und Namen eines am Fernmeldeverkehr Beteiligten (§ 4 Schwarzarbeitsgesetz)

gegeben werden.

In den weiteren Abschnitten möchte ich einen Teil der für einen Netzbetreiber relevanten Gesetze und Verordnungen für Anfragen, Auskunftsersuchen und Beschlagnahme beschreiben. Aufgrund der Menge möglicher Rechtsgrundlagen ist dieses Dokument keine abschließende Beschreibung der Rechtsvorschriften in ihrer Gesamtheit.

Zur weiteren Vereinfachung werde ich die Rechtsnormen beispielhaft einem Netzbetreiber zuordnen, der die folgenden Annahmen erfüllt:

- Der Netzbetreiber erbringt z.Zt. und in der Zukunft geschäftsmäßig Telekommunikationsdienstleistungen gemäß § 3 Ziffer 5 TKG.
- Er ist z.Zt. und in der Zukunft Betreiber eines Telekommunikationsnetzes nach § 3 Ziffer. 2 TKG.
- Er bietet Sprachtelefondienste gemäß § 3 Ziffer 15 TKG an (Lizenzklasse 4).

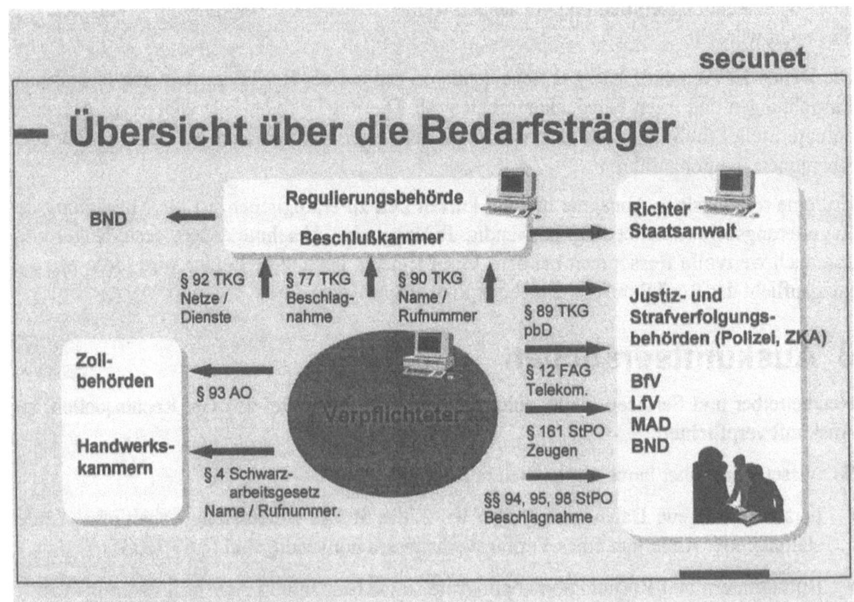

Abb. 1: Beispielhafte Übersicht über die Auskunft nehmenden Stellen (Bedarfsträger).

3.1 Auskunft über Rufnummer und Rufnummern-kontingente sowie Name und Anschrift von deren Inhaber (§ 90 TKG)

Auskunftsverpflichteter:	Netzbetreiber
Auskunftsempfänger:	Regulierungsbehörde
Auskunftsempfänger: (aus Sicht der RegTP)	• Gerichte, • Staatsanwaltschaften • Justiz- und Strafverfolgungsbehörden • Polizei des Bundes und der Länder • Zollfahndungsämter und ZKA • Verfassungsschutzbehörden, BND und MAD
Gegenstand der Auskunft:	Ausschließlich • *Rufnummer* und *Rufnummernkontingente* sowie • *Name* und • *Anschrift* von deren Inhaber. Die Daten müssen vom Netzbetreiber nach § 90 TKG erhoben werden.
Weitere Anforderungen:	Auskünfte an die o.g. Stellen dürfen Kunden oder Dritten nicht mitgeteilt werden. Die Datensätze müssen derart vom Netzbetreiber vorgehalten werden, daß die Datensätze in einem vom RegTP vorgegebenen automatisierten Verfahren abgerufen werden können. Dem Netzbetreiber dürfen Abrufe der Datensätze durch die Regulierungsbehörde nicht zur Kenntnis gelangen.
Voraussetzungen:	Ein richterlicher Beschluß ist nicht erforderlich.
Zeitliche Verfügbarkeit:	24 h / 7 Tage die Woche
Kostenträger:	Der Netzbetreiber muß alle Kosten tragen, die für den automatisierten Abruf erforderlich sind.
Konsequenzen bei Nichtbefolgung:	§91 TKG ermächtigt die Regulierungsbehörde bei der Nichterfüllung der Anforderungen, die dem Betreiber durch eine Rechtsverordnung nach § 90 Abs. 1 und 2 auferlegt sind, Zwangsgelder bis zu 200.000 DM festlegen. Zudem kann nach § 93 die Nichteinhaltung von Teilen des § 90 als Ordnungswidrigkeit mit einer Geldbuße bis zu 20.000 DM geahndet werden kann. Bei Nichterfüllung von Verpflichtungen des Elften Teils (§§ 80 bis 90 TKG-E) des TKG kann die Regulierungsbehörde außerdem den Betrieb der betreffenden Telekommunikationsanlage oder das Angebot der betreffenden Telekommunikationsdienstleistung *ganz oder teilweise untersagen.*

Anbieter, die geschäftsmäßig Telekommunikationsdienste betreiben, sind nach §90 TKG dazu verpflichtet, Kundendateien zu führen, die von der Regulierungsbehörde abgerufen werden können. Diese Schnittstelle ist durch ein Dokument des BAPT spezifiziert (SARV) und durch bisher 4 Rundschreiben der RegTP ergänzt. Entgegen der Annahme der damaligen Bundesregierung, das Verfahren bis Ende September 1998 etablieren zu können [11], drängt die RegTP, den Wirkbetrieb jetzt bis Ende April 1999 aufzunehmen.

Auf der Seite der Verpflichteten gibt es prinzipiell zwei verschiedene Lösungsansätze. Zum einen kann jeder Verpflichtete die Anfragen selbst beantworten, oder alternativ hält ein Dienstleister alle erforderlichen Daten mehrerer Netzbetreiber in einer Art Clearinghouse bereit und nimmt alle Anfragen der RegTP entgegen.

3.1.1 Betrieb einer zentralen Datenbank

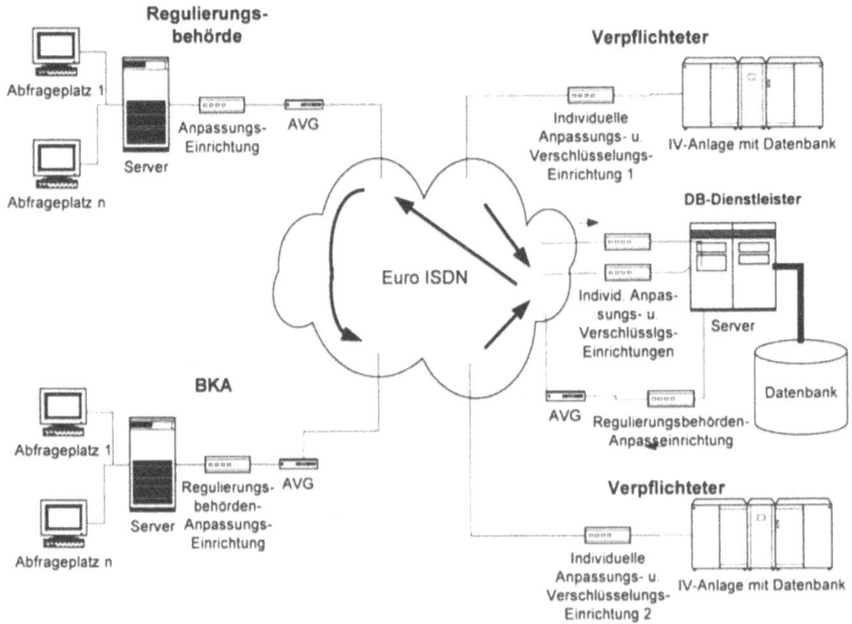

Abb. 2: Betrieb einer zentralen Datenbank

Die Kommunikation mit der RegTP findet nun ausschließlich mit der zentralen Datenbank statt. Die beteiligten Netzbetreiber und Serviceprovider müssen regelmäßig über sichere Kanäle den relevanten Teil ihrer Bestandsdaten an die Datenbank in einer einheitlichen Form übermitteln. Selbst brauchen sie keine weiteren technischen Einrichtungen oder Personal für Auskunftsersuchen nach § 90 TKG bereitzustellen, sondern sie entrichten monatlich und/oder pro Maßnahme ein Entgelt an den Betreiber der zentralen Datenbank. Die Vorteile für den

[11] BT 13/11329, S25 vom 05.08.1998

Verpflichteten sind für das Outsourcing von DV-Dienstleistungen typisch: Es ist kein eigenes Personal notwendig. Der Verpflichtete muß keine eigene Hard- und Software anschaffen, und nur der Dienstleister muß Verhandlungen mit der RegTP führen und Änderungen nachpflegen.

Diese Lösung hat wie viele Alternativen auch ein paar Nachteile. Die große Menge der Datensätze erhöht die Gefahr, daß die Daten mißbräuchlich genutzt werden. Für Auskunftsersuchen auf der Basis anderer Rechtsnormen benötigt der Netzbetreiber immer noch eigenes qualifiziertes Personal, und viele Verpflichtete schreckt die langfristige Abhängigkeit von einem Dienstleister zusätzlich ab.

3.1.2 Betrieb einer eigenen Spiegeldatenbank

Die zweite Alternative ist der Aufbau einer eigenen Datenbank durch den einzelnen Verpflichteten. In der Regel ist es dabei nicht zu empfehlen, der RegTP einen direkten Zugriff auf die Bestandsdatenbank des Verpflichteten zu ermöglichen. Durch die Anbindung an ein öffentliches Netz stellt dies eine zusätzliche Gefährdung der Bestandsdaten dar. Zudem ist die Anforderung, daß der Inhalt der Anfragen der RegTP dem Verpflichteten nicht zur Kenntnis gelangt, nur schwer in einem komplexen Billingsystem zu realisieren.

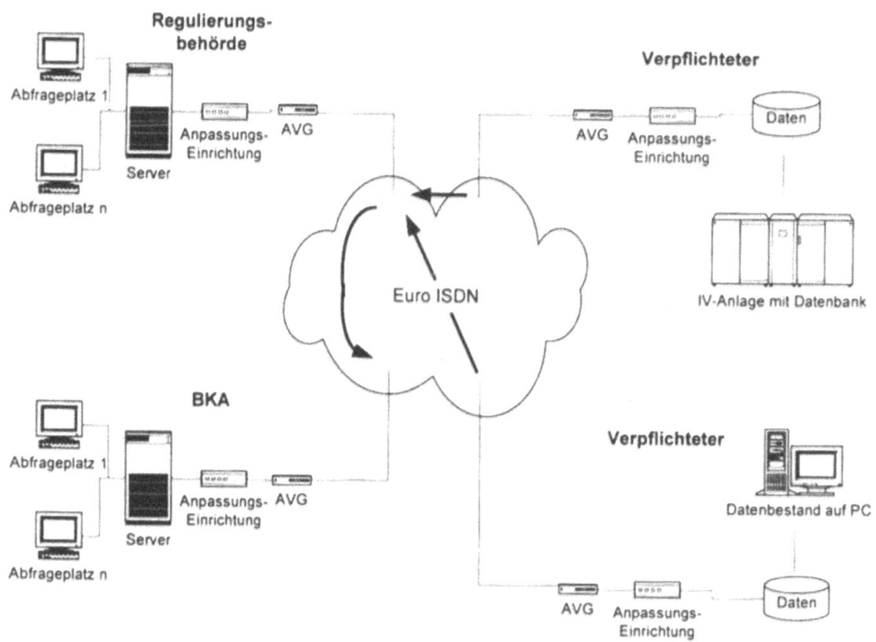

Abb. 3: Betrieb mit einer Spiegeldatenbank

Abhilfe schafft hier der Aufbau einer Spiegeldatenbank, die nur den relevanten Teil der Bestandsdaten enthält. Die Spiegeldatenbank wird regelmäßig durch das Billingsystem aktualisiert. Die Anfrage der RegTP erfolgt nun direkt an die Spiegeldatenbank. Die Vorteile für den Verpflichteten sind, daß vorhandene Fachkenntnisse und Personal zur Administration eingesetzt werden können, ihm keine zusätzlichen regelmäßigen Verpflichtungen entstehen, er die volle Funktionsherrschaft hat und so seine eigenen Sicherheitsstandards gelten.

Bei dieser Lösung benötigt der Verpflichtete jedoch eigenes Personal und Fachkenntnisse, eine eigene Sicherheitsinfrastruktur für die Spiegeldatenbank, und er muß die Kosten für Hard- und Software sowie Leitungskosten selber tragen.

3.1.3 Realisierungsvorschlag

Bei den Verpflichteten wird jeweils eine Workstation betrieben, die Zugriff zu den internen Rufnummerndatenbanken hat und von diesen regelmäßig aktualisiert wird. Die Dimensionierung der Workstation hängt von der Anzahl der Teilnehmerdatensätze und der erwarteten Ausfallsicherheit ab. Läßt sich eine kleines System für einen Stadtnetzbetreiber mit bis zu 100.000 Datensätzen schon auf einer SUN Ultra 5 realisieren, so ist gerade in Hinsicht auf die Möglichkeit, interne Komponenten der Workstation redundant auszulegen, bei größeren Anbietern (< 5 Millionen Datensätze) eine SUN Enterprise 250 / 300 MHz die angemessenere Wahl.

Durch den Einsatz eines sicheren Betriebssystemaufsatzes (z.B. Argus PitBull) auf Solaris läuft die Workstation unter einem Betriebssystem, das so konfiguriert ist, daß der Inhalt der Abfragen dem Systemadministrator nicht zur Kenntnis gelangen kann. Falls ein solcher Betriebssystemaufsatz nicht eingesetzt wird, muß der Verpflichtete den Schutz der Daten mit organisatorischen Mitteln gewährleisten. Die Datenbank kann mit Oracel 8.1 umgesetzt werden.

Die Spiegeldatenbank kann mit einem gewissen Aufwand auch als Basis für die Beantwortung von Anfragen der Notrufträger (Rettungsleitstellen) genutzt werden. Die Anfragen müssen aber hierfür über eine zentrale Stelle (z.B. die Telekom oder die RegTP) gesammelt und an die Verpflichteten weitergegeben werden. Im Gegensatz zu § 90 TKG müssen in diesem Fall alle Anfragen revisionssicher protokolliert werden. Diese Protokolle sind gegen unbefugten Zugriff z.B. durch Verschlüsselung zu sichern.

3.2 Weitere Rechtsgrundlagen

3.2.1 Auskunft über Name und Anschrift von am Fernmeldeverkehrbeteiligten Personen (§ 4 Schwarzarbeitsgesetz)

Auskunftsverpflichteter:	Netzbetreiber
Auskunftsempfänger:	Handwerkskammern
Gegenstand der Auskunft:	Ausschließlich Auskunft über die Zuordnung von der • *Rufnummer* zu • *Name* und • *Anschrift* und umgekehrt, von Personen, die an einem bestimmten Fernmeldeverkehr teilgenommen haben (soweit vorhanden).

Voraussetzungen:	Der Anschlußinhaber muß für die selbständige Erbringung handwerklicher Dienst- oder Werkleistungen durch eine Anzeige in Zeitungen, Zeitschriften oder anderen Medien auf andere Weise geworben haben. Die Werbemaßnahmen müssen ohne Angabe von Name und Anschrift und bei Nennung eines Fernmeldeanschlusses erfolgt sein. Es müssen Anhaltspunkte dafür bestehen, daß der Anschlußinhaber nicht in die Handwerksrolle eingetragen ist. Ein richterlicher Beschluß ist nicht erforderlich.
Zeitliche Verfügbarkeit:	Normale Arbeitszeit
Konsequenzen bei Nichtbefolgung:	Ordnungs- und Zwangsmittel

3.2.2 Auskunft nach § 93 Abs. 1 Abgabenordnung (AO)

Auskunftsverpflichteter:	Netzbetreiber
Auskunftsempfänger:	• Finanzbehörden • Steuerfahndung / Zollfahndung
Gegenstand der Auskunft:	Ausgeschlossen vom Auskunftsersuchen sind m. E. alle Daten / Informationen (z.B. Verbindungsdaten, Mailbox), die direkt oder indirekt dem Fernmeldegeheimnis unterliegen. Erfolgt das Auskunftsersuchen im Rahmen eines Strafverfahrens wegen Steuerstraftaten, gilt u.a. die StPO, insbesondere wenn die Finanzbehörde gemäß § 399 AO die Rechte und Pflichten der Staatsanwaltschaft wahrnimmt. Auskünfte an die Finanzbehörde nach § 12 FAG sind in diesem Fall möglich.
Weitere Anforderungen:	In dem Auskunftsersuchen ist anzugeben, worüber Auskünfte erteilt werden sollen und ob die Auskunft für die Besteuerung des Auskunftspflichtigen oder einer anderen Person angefordert wird. Auskunftsersuchen haben auf Ersuchen des Auskunftspflichtigen schriftlich zu ergehen. Die Finanzbehörde kann verlangen, daß die Auskunft schriftlich erteilt wird.
Voraussetzungen:	
Zeitliche Verfügbarkeit:	Normale Arbeitszeit
Kostenträger:	Richtet sich nach dem ZSEG
Konsequenzen bei Nichtbefolgung:	Ordnungswidrigkeit / Bußgeld

3.2.3 Auskunft über personenbezogene Daten nach § 89 Abs.6 TKG

Auskunftsverpflichteter:	Mitarbeiter
Auskunftsempfänger:	• Alle für die Verfolgung von Ordnungswidrigkeiten und Straftaten zuständigen Stellen sowie • Verfassungsschutzbehörden • BND • MAD • ZKA
Gegenstand der Auskunft:	*Personenbezogene Daten nach § 89 Abs. 2 TKG*, die für die Begründung, inhaltliche Ausgestaltung oder Änderung eines Vertragsverhältnisses (*Bestandsdaten*) gemäß § 89 TKG vom Netzbetreiber erhoben wurden wie z.B.: • Name • Adresse • Rufnummer / Rufnummernkontingente • angebotene Dienstleistung • die Standorte • eingesetzte Technik... Ausgeschlossen sind alle Daten / Informationen (z.B. Verbindungsdaten, Mailbox), die direkt oder indirekt dem Fernmeldegeheimnis unterliegen.
Weitere Anforderungen:	Auskünfte an die o.g. Stellen dürfen Kunden oder Dritten nicht mitgeteilt werden.
Voraussetzungen:	Ein richterlicher Beschluß ist nicht erforderlich.
Zeitliche Verfügbarkeit:	Normale Arbeitszeit
Kostenträger:	Der Netzbetreiber
Konsequenzen bei Nichtbefolgung:	Bei Nichterfüllung von Verpflichtungen des Elften Teils (§§ 80 bis 90 TKG-E) des TKG kann die Regulierungsbehörde außerdem den Betrieb der betreffenden Telekommunikationsanlage oder das Angebot der betreffenden Telekommunikationsdienstleistung *ganz oder teilweise untersagen*.

3.2.4 Auskunft über Strukturen der vom Netzbetreiber erbrachten Telekommunikationsdienste und -netze sowie bevorstehende Änderungen (§ 92 TKG)

Auskunftsverpflichteter:	Netzbetreiber
Auskunftsempfänger: (aus Sicht des Netzbetreibers)	Regulierungsbehörde
Auskunftsempfänger: (aus Sicht der RegTP)	Bundesnachrichtendienst (BND)
Gegenstand der Auskunft:	Strukturen der vom Netzbetreiber erbrachten *Telekommunikationsdienste* und *–netze*, sowie bevorstehende Änderungen Ausgeschlossen sind alle Daten / Informationen (z.B. Verbindungsdaten, Mailbox), die direkt oder indirekt dem Fernmeldegeheimnis unterliegen.
Voraussetzungen:	Begründetes Auskunftsersuchen des BND muß bei der RegTP vorliegen
Zeitliche Verfügbarkeit:	Normale Arbeitszeit
Kostenträger:	Netzbetreiber
Konsequenzen bei Nichtbefolgung:	Bei Nichterfüllung von Verpflichtungen des Elften Teils des TKG kann die Regulierungsbehörde außerdem den Betrieb der betreffenden Telekommunikationsanlage oder das Angebot der betreffenden Telekommunikationsdienstleistung *ganz oder teilweise untersagen.*

3.2.5 Auskunft über die in der Vergangenheit stattgefundene Telekommunikation eines Kunden (§ 12 FAG n.F.)

Auskunftsverpflichteter:	Netzbetreiber
Auskunftsempfänger:	Gerichte und ggf. Staatsanwaltschaften in strafgerichtlichen Untersuchungen
Gegenstand der Auskunft:	die in der *Vergangenheit stattgefundene Telekommunikation* eines Kunden (soweit vorhanden), wie z.B. Verbindungsdaten, Mailbox. Das Grundrecht des Art. 10 GG wird insoweit eingeschränkt.
Weitere Anforderungen:	Auskünfte an die o.g. Stellen müssen Kunden oder Dritten nicht mitgeteilt werden. Im Einzelfall liegt die Entscheidung bei der speichernden Stelle (Gerichte und ggf. Staatsanwaltschaften).
Zeitliche Verfügbarkeit:	24h / 7 Tage die Woche

Kostenträger:	gemäß ZSEG
Konsequenzen bei Nichtbefolgung:	Ordnungs- und Zwangsmittel

Die Bundesregierung hatte in ihrem Entwurf zum BegleitG eine Neufassung des § 12 FAG in der Form des § 99a StPO vorgeschlagen. Der Wirkungsbereich ging erheblich über den des § 12 FAG hinaus und stieß auch in der eigenen Regierungskoalition auf Kritik. Daraufhin wurde er zurückgezogen und die Gültigkeitsdauer des § 12 FAG bis Ende 1999 verlängert.

3.2.6 Herausgabe und Beschlagnahme nach §§ 94, 95, 98 StPO

Herausgabeverpflichteter:	Netzbetreiber
Anordnende Stelle: (§ 98 StPO)	Richter und bei Gefahr im Verzuge die Staatsanwaltschaft und ihre Hilfsbeamten.
Gegenstand der Beschlagnahme:	Bewegliche Sachen jeder Art, auch Datenträger und Rechnungsunterlagen. Die Verpflichtung zur Herausgabe von Verbindungsdaten ist umstritten, da in diesen Paragraphen das Fernmeldegeheimnis nicht ausdrücklich eingeschränkt wird.
Voraussetzungen / Verfahren:	Die richterliche Anordnung ergeht in der Form eines Beschlusses, der schriftlich abzufassen und zu begründen ist. Anordnungen der Staatsanwaltschaft und ihrer Hilfsbeamten sollen innerhalb von drei Tagen nach Ende der Durchführung der Beschlagnahme richterlich bestätigt werden. Ein richterlicher Beschluß kann jederzeit vom Betroffenen beantragt werden.
Zeitliche Verfügbarkeit:	24 h / 7 Tage die Woche
Konsequenzen bei Nichtbefolgung:	Ordnungs- und Zwangsmittel

3.2.7 Herausgabe und Beschlagnahme von Geräten / Daten nach § 77 TKG

Herausgabeverpflichteter:	Netzbetreiber
Anordnende Stelle:	Beschlußkammern der Regulierungsbehörde gemäß § 73 TKG
Gegenstand der Beschlagnahme:	Bewegliche Sachen jeder Art, auch Datenträger und Rechnungsunterlagen, die für die Ermittlung der Beschlußkammer von Bedeutung sein können. Ausgeschlossen sind alle Daten / Informationen (z.B. Verbindungsdaten, Mailbox), die direkt oder indirekt dem Fernmeldegeheimnis unterliegen.

Voraussetzungen / Verfahren:	Die Beschlußkammer hat ggf. binnen drei Tagen um die richterliche Bestätigung des zuständigen Amtsgerichtes nachzusuchen. Die Beschlagnahme ist dem Betroffenen unverzüglich bekanntzugeben. Der Betroffene kann jederzeit um eine richterliche Entscheidung nachsuchen.
Zeitliche Verfügbarkeit:	24 h / 7 Tage die Woche
Konsequenzen bei Nichtbefolgung:	Ordnungs- und Zwangsmittel

3.2.8 Ladungen zur Zeugenvernehmung gemäß §§ 161a, 48 StPO

Zeuge:	Mitarbeiter des Netzbetreibers
Anordnende Stelle:	Richter, die Staatsanwaltschaft und ihre Hilfsbeamten
Gegenstand der Vernehmung:	In der Regel wird eine Zuordnung von *Name* und *Adresse* zu den *Rufnummern* gefordert. Ausgeschlossen sind alle Daten / Informationen (z.B. Verbindungsdaten, Mailbox), die direkt oder indirekt dem Fernmeldegeheimnis unterliegen.
Voraussetzungen / Verfahren:	Anordnung mit • Aktenzeichen der Staatsanwaltschaft oder des Gerichts • Name des Staatsanwaltes / Richters • Namen des Zeugen • Benennung des Gegenstandes des Auskunftsersuchens, ggf. Tatvorwurf • Belehrung des Zeugen • Unterschrift, Dienstsiegel
Zeitliche Verfügbarkeit:	Zu den Gerichtsterminen / Dienstzeit
Konsequenzen bei Nichtbefolgung:	Beugehaft

4 Fazit

Viele Branchen haben nicht im Traum daran gedacht solche Verpflichtungen auferlegt zu bekommen. Insbesondere, da die damalige Bundesregierung und die Bedarfsträger zu jeder Zeit betont haben, daß lediglich der alte Zustand – als die Telekom noch eine Behörde war – wiederhergestellt werden sollte.

Die Hoffnung der dadurch Betroffenen stützt sich jetzt auf einen neue Version der Fernmeldeverkehrsüberwachungsverordnung (FÜV) der Telekommunikationsüberwachungsverordnung (TKÜV), die zur Zeit- nach einem ersten Entwurf – wieder in die Schubladen des Wirtschaftsministeriums gewandert ist. Eine neuer Versuch, diese Rechtsverordnung zu verabschieden, ist vor Mitte 1999 nicht zu erwarten.

Der TKÜV-E orientiert sich, wie seine Vorgängerverordnung, leider stark an der Überwachung von Sprachtelefondiensten und verursacht durch unsachgemäße Regelungen unverhältnismäßig hohe Kosten für die Umsetzung der Richtlinie bei anderen innovativen Telekommunikationsdiensten. Unklarheiten bei den für Telefonie geschaffenen Regelungen führen zu Investitionsrisiken auf der Seite der Hersteller und verhindern so, daß entsprechende Überwachungsfunktionen in den Netzelementen den Verpflichteten angeboten werden können.

Als Beispiel sei hier die Entfernung der überwachten Adresse aus dem Datenpaket genannt [12]. Die Verhinderung der Übermittlung der gegebenenfalls für die Verbindung temporären Anschlußkennung stellt bei paketorientierten Protokollen eine Veränderung der zu überwachenden Telekommunikation dar. Dies kann die Telekommunikation als Beweis im Sinne des § 244 Abs. 2 StGB ungeeignet machen. Des weiteren erfordert diese Änderung bei hohen Datenaufkommen eine (unverhältnismäßige) Rechenleistung, die in keinem Verhältnis zu der angeblichen Steigerung der Vertraulichkeit der Übermittelung der überwachten Telekommunikation steht.

Die Ausnahmen im TKÜV-E zeigen, daß auch die damalige Bundesregierung Zweifel an der Verhältnismäßigkeit des § 88 TKG hatte. Die Zweifel beziehen sich aber nur auf die Vorhaltung technischer Einrichtung durch den Verpflichteten und die dadurch entstehenden Kosten. An der Rechtmäßigkeit, auch Nebenstellenanlagen in Wohngemeinschaften oder Altersheimen zu überwachen, zweifelten sie jedoch leider nicht.

Literatur

[Bizer98] Dr. Bizer, Johann: rechtliche Rahmenbedingungen der TK-Überwachung, in: Jahrbuch Telekommunikation und Gesellschaft 1998, S430 ff.

[BMWi98] Entwurf der Begründung zur TKÜV vom 28.05.98 des BMWi.

[EU95] International Requirements Council Resolution of 17 January 1995 on the lawful interception of Telecommunications, 9529/95 ENFOPOL 90, Brussels, 28. August 1995.

[Königsh97] Königshofen, Thomas: Datenschutz in der Telekommunikation, Artikel in: ARCHIV Post und Telekommunikation 1/97.

[12] § 3 Abs. 2 Ziffer 1 TKÜV-E

Inhaltsfilterung und Jugendschutz im Internet

Marit Köhntopp

Der Landesbeauftragte für den Datenschutz Schleswig-Holstein
marit@koehntopp.de

Dörte Neundorf

Secorvo Security Consulting GmbH
neundorf@secorvo.de

Zusammenfassung

Wie alle anderen Medien auch wird das Internet zur Verbreitung von Daten beispielsweise jugendgefährdenden oder kriminellen Inhalts genutzt. Daher wurden verschiedenen Techniken der Sperrung und Inhaltsfilterung entwickelt und in Form von Programmen angeboten. Keine dieser Methoden kann eine vollständig korrekte Filterung und damit einen sicheren Jugendschutz garantieren. Die Verfahren sind jedoch unter bestimmten Randbedingungen ein nützliches Hilfsmittel im Rahmen einer umfassenden Medienerziehung.

1 Einführung

Wie alle anderen Medien auch wird das Internet zur Verbreitung von Daten beispielsweise jugendgefährdenden oder kriminellen Inhalts genutzt. Dies hat den Ruf nach staatlichen Eingriffen und technischen Verfahren laut werden lassen, um die Verbreitung dieser Inhalte zu verhindern oder zumindest das Abrufen dieser Inhalte durch Jugendliche und Kinder.

Die technischen Verfahren können zum einen auf der Netzwerkebene ansetzen und den Weg vom Anbieter der Information zum Endbenutzer unterbrechen. Zum anderen können sie auf dem lokalen Rechner filternd eingreifen.

Bevor man die technischen Maßnahmen zur Sperrung von Inhalten im Internet und die Wege ihrer Realisierung diskutieren kann, muß man sich darüber klar werden, welche Ziele man mit einer solchen Sperrung erreichen möchte. Mögliche Ziele sind:

- *Law Enforcement*: Man möchte verhindern, daß nach den Kriterien einer nationalen oder regionalen Rechtsordnung strafrechtlich relevantes Material für die Subjekte dieser Rechtsordnung erreichbar ist bzw. von ihnen veröffentlicht werden kann, und zwar auch dann, wenn die Veröffentlichung außerhalb des Durchsetzungsbereiches dieser Rechtsordnung erfolgt. Angestrebtes Ziel wäre, das Begehen solcher Straftaten technisch unmöglich zu machen.

- *Indecency*: In den USA wurde mit dem ***communication decency act*** (CDA) versucht, eine noch weitergehende Regelung zu etablieren: Es sollte verboten werden, Material über Datennetze zugänglich zu machen, das ***indecent*** ist, d.h. nach den Grundsätzen der jeweils herrschenden Moraldefinition ungehörig, obszön oder in anderer Weise störend.[1]
- *Jugendschutz*: Nur Minderjährigen soll der Zugang zu bestimmten Materialien verwehrt werden, während Volljährigen weiterhin die gesamten Inhalte des Internet zugänglich bleiben sollen.
- *Rating*: Für jeden Teilnehmer im Netz soll weiterhin frei definierbar sein, welches Material empfangen/nicht empfangen werden soll, aber es soll eine Bewertungsstruktur geschaffen werden, die es jedem Konsumenten in eigener Verantwortung ermöglicht, seine Präferenzen anzugeben (z.B. „kein Sex"/"viel Sex", „keine Gewalt"/"Blood and Splatter", „politisch links"/"politisch rechts") und nur noch den Ausschnitt aus dem Internet wahrzunehmen, der diesen selbstgewählten Filter passieren kann.
- *Nichtregulierung*: Jeder Netzteilnehmer soll freien Zugriff auf alle angebotene Information haben. Sogar die Existenz von Bewertungskriterien Dritter wird als schädlich angesehen und die Bildung einer Bewertungsinfrastruktur abgelehnt.

2 Betroffene Dienste

Unter der Bezeichnung „Inhalte im Internet" wird eine ganze Reihe von Diensten verstanden, die technisch vollkommen unterschiedlich realisiert werden und administrativ zu großen Teilen disjunkte Strukturen aufweisen. Allen Diensten ist lediglich gemeinsam, daß ihnen das Datenübertragungsprotokoll TCP/IP zugrunde liegt.

Man muß mindestens die beiden Dienste World Wide Web und USENET News betrachten. Weitere Dienste sollen hier im Interesse einer kompakten Darstellung nicht diskutiert werden. Die folgenden Argumente gelten aber in ähnlicher Form auch dort.

2.1 World Wide Web

Das World Wide Web (WWW) ist der graphisch ansprechendste Dienst des Internet. Es handelt sich um Server, die auf die Anfrage eines Benutzers „Seiten" beliebigen Inhaltes an das Darstellungsprogramm (*„Browser"*) auf dessen Rechner ausliefern. Der Zugriff auf diese Seiten erfolgt in der Regel mit Hilfe des *HyperText Transport Protocol* (HTTP). Dieses Protokoll erfordert keine Identifizierung oder Authentisierung des Abrufers und des Anbieters.

Größere Server erzeugen die Seiten oftmals dynamisch in Abhängigkeit von der Identität des Abrufers, seiner Netzadresse, seiner bevorzugten Landessprache (im Browser konfigurierbar), dem vom Abrufer verwendeten Browsertyp, der Uhrzeit des Abrufs oder anderen Kriterien, die frei progammierbar sind. Es ist also nicht sichergestellt, daß zwei aufeinanderfolgende Abfragen derselben Seite identische Antworten ergeben.

Falls die Seiten aus einer Datenbank dynamisch erzeugt werden, kann sich der Datenbestand des Webservers durch die Updates der Datenbank ständig ändern. Dies ist zum Beispiel der

---

[1] Zu „Free Speech" siehe z.B. The Electronic Frontier Foundation (EFF), http://www.eff.org/

Fall bei Katalogsystemen für Onlinehandel (Preis- und Produktupdates, Änderungen im Lagerbestand mit Auswirkungen auf die Lieferbarkeit usw.), bei Nachrichtenagenturen mit Anschluß an Presse- und Tickerdienste und bei Webverzeichnissen und Suchmaschinen, die einen Volltextindex für Seiten generieren und eine Recherche nach Inhalten erlauben.

Grundsätzlich ist der Datenbestand im Web also höchst dynamisch: Neue Versionen von Seiten lassen sich zu sehr geringen Kosten erzeugen und in Verkehr bringen. Dadurch ist eine hohe Auflagenfrequenz möglich.

2.2 USENET News

Das USENET ist ein verteiltes System von Diskussionsforen („*Newsgroups*"). Es handelt sich um ein teilweise zusammenhängendes Netz von Servern, von denen jeder eine Auswahl von Artikeln zum Abruf bereithält. Die Artikel sind in der Regel in thematisch gegliederten Diskussionsforen in der Reihenfolge des Eingangs abgelegt. Leser können eine Verbindung zum netztopologisch am günstigsten gelegenen Server aufbauen, Artikel nach Diskussionsforen und Eingangsdatum selektiert abrufen und grundsätzlich auf jeden gelesenen Artikel antworten oder unabhängig eigene Artikel auf dem Server ablegen. Der Server wird dann seine Nachbarserver darüber informieren, daß er einen neuen Artikel vorrätig hat, und den Artikel ggf. an seine Nachbarserver replizieren. Diese verbreiten den Artikel dann wieder an ihre Nachbarn usw. Nach einigen Stunden existieren Hunderttausende von Kopien dieses Artikels auf der gesamten Welt.

Die Zeitspanne bis zur Löschung eines Artikels hängt von der individuellen Konfiguration des Servers und seiner Platzsituation ab, liegt aber in der Regel nicht über 14 Tagen. Es gibt jedoch auch einige Newsarchive, die Diskussionen über mehrere Jahre hinweg abspeichern und diesen Datenbestand durch weitgehende Recherchemöglichkeiten erschließen.[2]

Die Kommunikation zwischen Leser und Server sowie die Kommunikation zwischen den Servern erfolgt in der Regel unverschlüsselt und ohne Identifizierung und Authentisierung der Leser oder der Autoren von Artikeln. Die Fälschung von Absenderadresse oder Herkunftspfad eines Artikels ist trivial und in einigen Diskussionsforen sogar üblich. Es existieren Umsetzungsdienste von E-Mail nach USENET News und Anonymisierungs- sowie Pseudonymisierungs-Server, die zum Teil mit kryptographisch starken Methoden [3] die Identität des Absenders zu verschleiern suchen. Einige Newsserver lassen Lese- und Schreibzugriff von jedermann und ohne Authentisierung zu; es ist Sache des Veröffentlichenden, seine Identität in einem Artikel offenzulegen oder nicht.

3 Sperrungstechniken im Netzwerk

Der erste Ansatz zur Sperrung von Servern oder Seiten ist die Unterbrechung der Netzwerkverbindung oder zumindest der Übertragungswege auf dem physikalischen Netzwerk.

---

[2] Z.B. http://www.dejanews.com, http://www.altavista.digital.com im Newsmodus

[3] Insbesondere Mixmaster-Remailer
FAQ von Lance Cottrell unter http://www.obscura.com/~loki/remailer/mixmaster-faq.html,
Liste existierender Mixmaster-Remailer unter http://kiwi.cs. berkeley.edu/mixmaster-list.html

3.1 Vorgehen

Sperrungen können dabei auf unterschiedlichen Ebenen der Kommunikation ansetzen. Nicht praktikabel ist es, die physikalische Kommunikation zu unterbinden, indem man etwa einen Telefonanschluß sperrt oder bestimmte Telefonnummern nicht erreichbar schaltet, Standleitungen unterbricht oder Störsender in Richtfunkstrecken einbringt.

Im Internet wird meist keine homogene physikalische Verbindung verwendet, sondern diese Verbindung wird aus Teilstücken unterschiedlicher Technologie zusammengestückelt. An den Übergangspunkten zwischen den Teilstücken befindet sich ein Router, der IP-Pakete von einem Teilstück zum nächsten weiterreicht. In Routingtabellen ist eingetragen, in welche Richtung der Router Pakete mit einer gegebenen Zieladresse weiterzuleiten hat. Sperrungen können hier über Eingriffe in die Routingtabellen vorgenommen werden. Es ist beispielsweise leicht möglich, alle Pakete an bestimmte Zieladressen am Router verwerfen zu lassen („*eine Route zu erden*"). Mit diesem Verfahren werden ganze Rechner unerreichbar: Bei der durch den DFN-Verein 1997 kurzzeitig praktizierten Sperrung des Rechners mit dem Namen *www.xs4all.com* waren auf diese Weise die Webseiten von mehr als 6000 Anbietern nicht mehr abrufbar, es konnte keine Mail auf der Maschine *www.xs4all.com* eingeliefert werden, und auch jede andere Kommunikation des DFN-Vereins mit dieser Maschine wurde unterbunden.

Die Auswahl eines Dienstes erfolgt im TCP/IP-Protokoll in der Regel durch die Angabe einer TCP-Portnummer. Mit Hilfe dieser Portnummer könnte eine selektivere Sperrung eines Dienstes erfolgen. Beispielsweise sind einige Router in der Lage, nach entsprechender Konfiguration TCP-Verkehr für den Port 80 (HTTP) zu einer Zieladresse zu sperren, Verkehr auf Port 25 (*Mail*) zur selben Adresse jedoch zu gestatten.

Mit Hilfe eines Vermittlungsrechners („*Proxy*") oder einer geeigneten Firewall, denen die Ebene der Anwendungsprotokolle zugänglich ist, kann eine selektive Sperrung von Dienstelementen (einzelne Seiten, einzelne Nachrichten) erreicht werden. Eine Firewall muß hierbei jedoch für jeden Dienst (WWW, News, Mail, IRC etc.) angepaßt werden. Solche Systeme sind in der Regel sehr aufwendig im Betrieb, da sie für die nutzenden Clients die volle Leistung aller durch den Client in Anspruch genommenen Dienste simulieren müssen.[4]

Sperrungen von IP-Adressen und der Einsatz von Firewalls sind unter bestimmten Voraussetzungen kombinierbar. Diese Lösung ist je nach Art der zu sperrenden und zu simulierenden Dienste sehr aufwendig zu konfigurieren und zu warten. Zum einen setzt sie einen zentralen Übergangspunkt zwischen dem zu kontrollierenden Netz und dem Rest der Welt voraus. Zum anderen handelt es sich bei diesem Verfahren um einen klassischen „Man in the middle"-Angriff. Daher versagt der Ansatz bei verschlüsselter Kommunikation, die unempfindlich gegen solche Angriffe ist.

Grundsätzlich sind die Auswirkungen von Filtermechanismen auf die Systemleistung desto höher, je feiner die Granularität der Sperrungen und je größer die Liste der zu sperrenden In-

[4] Trotzdem setzen einige totalitäre Staaten auf dieses System, um das Eindringen mißliebiger Inhalte in das Land zu erschweren: In China läuft sämtliche Kommunikation mit dem Ausland durch staatlich betriebene Firewalls (Nachricht von Li Gong vom 14.06.97 in comp.risks, RISKS DIGEST 19.23).

formationsquellen ist.[5]

Alle bisher diskutierten Sperrungsverfahren setzen auf dritten Maschinen zwischen dem Anbieter der zu sperrenden Information und dem Abrufer an. Denkbar wäre auch eine freiwillige Sperrung beim Anbieter oder beim Abrufer der Information.

Eine Sperrung beim Anbieter würde bedeuten, daß der Anbieter die zu sperrenden Inhalte entweder niemandem anbietet oder daß er sie nur bestimmten Personen nicht anbietet.

Ein personenselektives Anbieten von Inhalten setzt selbst bei Kooperation des Anbieters voraus, daß der Anbieter den Abrufer einer Information zweifelsfrei identifizieren kann und daß ihm genaue Entscheidungstabellen vorgelegt werden, die es ihm erlauben, automatisch zu entscheiden, wem er welche Inhalte ausliefern darf. Ein Identifikationsmechanismus, der das Geforderte leistet, existiert derzeit nicht und ist auch nicht in absehbarer Zeit realisierbar. Insbesondere kann im allgemeinen nicht aus der IP-Adresse oder dem Rechnernamen eines Absenders auf seine Identität oder seinen physikalischen Aufenthalt geschlossen werden: Deutsche Kunden von amerikanischen Online-Diensten erscheinen im Netz als aus den Vereinigten Staaten kommend. Ähnliches gilt für Mitarbeiter multinationaler Konzerne. Zudem ist es möglich, eine falsche IP-Adresse einzustellen.

Eine Sperrung beim Abrufer würde bedeuten, daß dieser selber eine Inhaltsfilterung vornimmt; z.B. anhand in den Seiten enthaltener Bewertungen oder automatisierter Bewertungsverfahren. Die hierfür existierenden Ansätze werden in Abschnitt 4 diskutiert.

3.2 Möglichkeiten zum Unterlaufen von Sperrungen

Für den Nutzer stellt sich eine Sperrung von Inhalten als Betriebsstörung dar. Er wird nach Wegen suchen, die ordnungsgemäße Funktion des Netzes wiederherzustellen, d.h. die Sperrung zu unterlaufen. Diese Motivation ist um so größer, je stärker sich der Benutzer durch die Sperrung behindert fühlt.

Bei einer Sperrung der physikalischen Kommunikation ist dies nur durch einen Wechsel des Mediums möglich: Wenn etwa ein Störsender in Betrieb genommen wird, wird man versuchen, auf das Telefonnetz auszuweichen.

Bei einer Sperrung von bestimmten IP-Adressen stehen dem Benutzer mehrere Möglichkeiten offen, die Störung zu umgehen. Alle laufen darauf hinaus, den sperrenden Router vollständig zu umgehen.[6]

Der Benutzer wechselt den Internet-Anbieter, notfalls wird er Kunde bei einem ausländischen Provider. Er baut eine Telefonverbindung oder Standleitung zu diesem Provider auf und wickelt seine Kommunikation über diesen nichtsperrenden Provider ab. Der sperrende Router des lokalen Providers wird nicht mehr verwendet, die Sperre ist wirkungslos.[7]

---

[5] Systeme wie PICS lassen sich nicht effizient an zentralen Stellen im Netz etablieren, sondern können nur dezentral funktionieren.

[6] Siehe auch Ulf Möller: „Internet-Zensur: Routingsperren umgehen", http://www.fitug.de/ulf/zensur/

[7] Diese Situation tritt automatisch ein, wenn der Nutzer Mitarbeiter eines (multinationalen) Konzerns mit einem eigenen Konzernverbundnetz ist, das an mehreren Stellen (im Ausland) mit dem Internet verbunden ist.

Der Anbieter der gesperrten Information kann Abrufer unterstützen, indem er ebenfalls versucht, die Sperre zu unterlaufen.

So hat beispielsweise im Falle der Sperrung des Rechners *www.xs4all.nl* der gesperrte Anbieter die Internet-Adresse seines Rechners alle zwanzig Minuten verändert. Sperrungen einer einzelnen Adresse wurden dadurch wirkungslos, statt dessen mußten ganze Teilnetze gesperrt werden; die Sperrung wurde noch unspezifischer, es wurden als Nebenwirkung noch mehr unbeteiligte Anbieter mitgesperrt.

Nicht nur vom Standpunkt der Kontrolle der Bewerter, sondern auch vom Standpunkt des technischen Netzbetriebes ist außerdem eine Offenlegung aller Sperrungen unumgänglich. Wenn Sperrungen von Rechnern oder einzelnen Angeboten massenhaft umgesetzt werden, ist für den einzelnen Systembetreiber ebenso wie für den einzelnen Anwender nämlich nicht mehr entscheidbar, ob eine technische Störung vorliegt, die zu beheben ist, oder ob eine inhaltlich begründete Sperrung vorgenommen wurde. Andererseits können offengelegte Sperrlisten natürlich leicht als Kataloge für pornographische oder gewalttätige Angebote genutzt werden. Wie gezeigt wurde, sind offengelegte Sperrungen zudem mit entsprechend modifizierten Programmen automatisiert umgehbar.

Die bisher diskutierten Möglichkeiten des Unterlaufens von Sperrungen waren unabhängig vom gesperrten Dienst. Die im folgenden dargestellten Möglichkeiten sind dienstspezifisch.

3.2.1 World Wide Web

Ähnlich der erwähnten Veränderung der IP-Nummer eines Serverrechners kann auch die Adresse eines Angebotes auf einem Server automatisch verändert werden. Eine automatische Sperrung einzelner Angebote würde dadurch unterlaufen, und man müßte wieder den gesamten Rechner pauschal sperren.

Wenn zu einem Angebot eine Suchmaschine existiert, mit der alle Seiten eines Angebotes nach bestimmten Begriffen durchsucht werden können, ist eine einzelne Seite unter nicht vorhersagbaren Adressen zu finden (nämlich allen Begriffen, die den Text in der Suchmaschine finden). Eine Sperrung müßte hier zusätzlich den Zugriff auf die Suchmaschine verhindern.

Das Verfahren des indirekten Zugriffs, wie es unter „Mobile-IP“ diskutiert wurde, läßt sich mit Veränderungen auch für WWW einsetzen: Mit Hilfe eines entfernten Webservers, der Zugriffe im Auftrag Dritter abwickelt („*Proxy*“-Server), ist ein indirekter Abruf der Seite möglich. Da Proxy-Server mit Zwischenspeicher zur Beschleunigung von Zugriffen üblich sind, ist es in der Regel kein Problem, einen solchen dritten Server zu finden. Während der Diskussion der letzten Monate sind mittlerweile im In- und Ausland auch schon Proxy-Server ausschließlich für solche Umgehungen eingerichtet worden – etwa am MIT für chinesische Staatsbürger, die die Zensur im eigenen Land unterlaufen möchten.

Bei verschlüsselter Kommunikation [8] entsteht ein nicht mehr in Echtzeit einsehbarer und nicht einfach verfälschbarer Kanal zwischen Server und Client. Für Dritte ist nicht erkennbar, welche Seiten abgerufen werden und welche Informationen sie enthalten. Damit scheitert eine Sperrung nach einzelnen Seiten oder nach Stichworten.

---

[8] Etwa mit dem in allen gängigen Browsern eingebauten SSL-Support (Secure Sockets Layer), siehe Esslinger/Müller, DuD 12/1997.

3.2.2 USENET News

Artikel in den USENET News liegen in zahlreichen Kopien auf Tausenden von Servern überall auf der Welt vor. Löschungen werden von vielen dieser Server nicht mehr ausgeführt, nachdem es seit einigen Jahren immer wieder zu gefälschten Löschaufforderungen von Saboteuren kam. Die großen Archive für USENET News (DejaNews und AltaVista) führen grundsätzlich keine Löschungen aus. Über Archivanfragen ist es daher in der Regel möglich, auch auf ältere und lokal nicht mehr verfügbare Texte zuzugreifen. Dabei gilt wie bei Suchmaschinen für Webseiten (siehe oben): Artikel sind nicht nur unter einer festen Bezeichnung abrufbar, sondern werden auch zu beliebigen im Artikel enthaltenen Stichworten gefunden.

Im Rahmen einer Untersuchung der bayrischen Staatsanwaltschaft wurde der Betreiber Compuserve aufgefordert, einige Newsgroups grundsätzlich nicht mehr bereitzustellen, da bei ihnen davon auszugehen sei, daß diese in Deutschland strafrechtlich relevante Inhalte enthielten. Die Leser dieser Gruppen beziehen diese jetzt direkt von anderen, nicht gesperrten Newsservern. Außerdem gehen die Autoren von Artikeln für solche schlecht verbreiteten Newsgroups immer mehr dazu über, ihre Artikel zusätzlich in andere, thematisch unpassende, aber besser verbreitete Gruppen zu setzen. So kam es zum Beispiel anläßlich der Sperrung des Servers *www.xs4all.nl* wegen des Angebotes der verbotenen Zeitschrift „Radikal, Ausgabe 154" zweimal zu je einem Posting der Komplettausgabe der Radikal in den Diskussionsforen „de.soc.zensur" (Diskussion über Zensur und Inhaltskontrolle) und „de.org.politik.spd" (Forum des virtuellen Ortsverbandes der SPD).

Da die Neueinrichtung von Newsgroups technisch automatisiert werden kann, kommt es vielfach zur Neueinrichtung lokal gesperrter Gruppen unter neuem Namen oder zum Angebot bekannter Gruppen unter Aliasnamen.[9]

4 Inhaltliche Filterung

Soll es dem Endnutzer ermöglicht werden, sich selber (oder im Falle des Jugendschutzes die den Internetzugang mitbenutzenden Kindern oder Schülern) nur den Zugang zu einem Teil des Internetangebotes zu gestatten – Sperrung beim Abrufer –, benötigt er dafür ein technisches Instrumentarium zur Inhaltsfilterung.

Die Durchführung der dazu notwendigen Sortierung (Filterung) wiederum erfordert, daß die Inhalte *bewertet*, *gekennzeichnet* und *ausgewählt* werden. Jeder dieser Vorgänge kann sich dabei auf ganze Server beziehen, auf Unterverzeichnisse oder einzelne Seiten, Dokumente oder Dateien. Dabei können sie auf verschiedenen Wegen und von verschiedenen Personen bzw. Instanzen mit jeweils spezifischen Vor- und Nachteilen durchgeführt werden.

4.1 Bewertung der Inhalte

Inhalte im Internet – und auch in anderen Medien – können zunächst sehr einfach in „kriminell" und „nicht kriminell" unterschieden werden, wobei die zugrunde liegenden Maßstäbe

---

[9] So wurde die Gruppe de.talk.sex (Diskussionsforum über Sexualität) an einer deutschen Universität mehrere Jahre lang unter dem Namen de.talk.verkehr geführt, nachdem dort entschieden worden war, keine Gruppen mehr anzubieten, deren Bezeichnung den Begriff „sex" enthält.

z.B. den gesetzlichen Grundlagen entnommen werden können. Im Sinne einer sinnvollen Nutzung ist jedoch eine feinere Unterteilung hilfreich, z.B. nach Eignung für verschiedene Altersklassen (wie z.B. die Kategorien für die freiwillige Selbstkontrolle von Spielfilmen) für den Jugendschutz, aber auch nach der Art des Inhalts (Unterhaltung, Naturwissenschaft, Suchmaschine, ...) zur Erleichterung einer persönlichen Auswahl. Eine solche Bewertung erlaubt eine spezifische Einstellung der verwendeten Filtersoftware nach den strafrechtlichen, inhaltlichen, pädagogischen oder sozialen Anforderungen.

In beiden Fällen stellt sich jedoch das Problem, den jeweiligen Inhalt den Kategorien zuzuweisen. Da dort Text, Bilder, Audio-Sequenzen etc. zusammenspielen, ist eine solche Bewertung nur sehr selten automatisiert möglich. Daher ist eine Einzelbetrachtung und Einordnung durch einen Menschen notwendig.

Um eine Einheitlichkeit der durchgeführten Bewertungen zu gewährleisten, ist weiterhin eine detaillierte und eindeutige Festlegung der Bewertungsmaßstäbe erforderlich. Dies ist um so wichtiger, je mehr Personen an der Bewertung beteiligt sind.

Im Grundsatz besteht ein solches Bewertungssystem aus einer Liste von Inhaltsgruppen und einer mehr oder weniger detaillierten Beschreibung, was zu jeder dieser Gruppen gehört. Ein großer Teil der existierenden Schemata beschränkt sich auf eine Eingruppierung der Eignung für Kinder und Jugendliche in verschiedene Kategorien wie „Sexualität", „Gewalt", „Drogen". Nur wenige sehen zusätzliche Inhaltsbeschreibungen vor wie „Politik", „Einkaufen" o.ä.

Diese Systeme können öffentlich zugänglich sein, z.B. wenn die Bewertung einer Seite vom Autor selbst vorgenommen wird.[10] Kommerzielle Hersteller werden ihre Schemata eher nicht veröffentlichen; insbesondere die Bewertungen einzelner Seiten werden in diesen Fällen nicht preisgegeben, da in ihrer Erstellung ein wesentlicher Teil der Leistung liegt. Oft unterbleibt eine Veröffentlichung des Bewertungssystems auch aus der (nicht unberechtigten) Befürchtung, Anbieter jugendgefährdender Seiten könnten das Wissen um die Kategorisierungskriterien zur Umgehung der technischen Filterlösungen mißbrauchen. Um als Endbenutzer eine geeignete Auswahl treffen zu können ist allerdings eine Transparenz der Bewertung unabdingbar. Auch Fehlbewertungen können nur identifiziert werden, wenn Kontrollen möglich sind.

Für die konkrete Durchführung der Bewertung in technischer Hinsicht ist zu unterscheiden, wo und durch wen diese Bewertung vorgenommen wird. Daraus ergeben sich unterschiedliche Konsequenzen für Aufwand, Verwaltung, Verwendbarkeit und Aktualisierung des Verfahrens.

4.1.1 Bewertung durch Verfasser

Die einfachste, dem Umgang mit Videos, Spielen etc. nachempfundene Variante ist eine Eigenbewertung durch die Verfasser einer WWW-Seite oder Dokuments. Der zusätzliche Aufwand bei der Erstellung der Seite ist gering.

Voraussetzung für diese Vorgehen ist ein Bewertungsschema, das möglichst objektive und präzise Einstufungen ermöglicht und außerdem weit verbreitet ist.

[10] Dies sind z.B. SafeSurf, RSACi, ESRB, evaluWEB.

Die Gefahr bei diesem Ansatz ist, daß gerade bei jugendgefährdenden Inhalten die Verfasser ihre eigenen Inhalte harmloser einschätzen werden als z.B. Eltern. Eine Kontrolle der Bewertungen ist also erforderlich – durch die Öffentlichkeit oder auch durch eine dafür zu schaffende Kontrollinstanz. Außerdem wird es immer Seiten ohne eine solche Bewertung geben – und sei es nur durch technische Fehler bei der Übertragung. Es muß also immer zusätzlich eine Verfahrensvorschrift für solche Fälle geben.

4.1.2 Bewertung durch Dritte

Eine einheitlichere Vorgehensweise ist die Durchführung der Bewertung durch eine dritte – von der die Seite verfassenden und lesenden Person verschiedene – Instanz. Der Aufwand ist bei der großen Anzahl von Internetseiten beträchtlich. Daher verfolgen die Anbieter solcher Bewertungen meist spezifische Interessen. Diese können politisch sein (z.B. Elterninitiativen, politische Verbände, Initiativen für bestimmte politische Ziele etc.) – daraus resultierende Bewertungen sind meist frei verfügbar – oder auch kommerziell.

In der Bewertung schlagen sich die unterschiedlichen Interessen der Bewertenden nieder. Dies ist bei der Auswahl eines Filtersystems zu beachten, da sonst eine ungewollte und im Falle von nicht offengelegten Filterregeln auch unerkannte Einschränkung des Angebotes in Kauf genommen wird.[11] Gerade hier ist also die Einsicht in die Bewertungskriterien eine wesentliche Voraussetzung für deren Nutzbarkeit.

4.1.3 Bewertung durch die Allgemeinheit

Eine weitere, dem Charakter des Internets besonders entsprechende Variante ist eine Bewertung durch alle Netzteilnehmenden. Generell könnte dann jeder und jede eine Bewertung einer Seite an eine verwaltende Instanz schicken. Je nach Charakter des Systems würden die Bewertungen dort überprüft oder direkt in eine Liste eingefügt, die dann – eventuell unter Verwendung bestimmter Software – abrufbar gehalten werden könnte.

Die Verwaltung muß allerdings dafür sorgen, daß die Bewertungen ein gewisses Grundmaß an Einheitlichkeit aufweisen. Es wird dabei mit großer Wahrscheinlichkeit zu Mehrfachbewertungen mit unterschiedlichen Resultaten kommen. Daher muß es ein Konzept geben, wie mit solchen Widersprüchen umzugehen ist. Außerdem sollte es nicht möglich sein, durch mehrfache Bewertung einer Seite als „pornographisch" diese für das Internet praktisch zu sperren, wenn sie z.B. politisch unangenehme Aussagen enthält.

Andererseits kann mit dieser Methode eine sehr große Zahl von Seiten ohne hohen (zentralen) Aufwand bewertet werden.

4.1.4 Bewertung durch Endnutzer

Das aus Benutzungssicht zuverlässigste Vorgehen ist eine Bewertung am Endrechner selber. So könnte z.B. ein Lehrer oder eine Lehrerin eine genaue Liste aller für eine bestimmte Klasse verfügbaren Seiten definieren; und nur diese sind dann zugänglich.

Der Konfigurationsaufwand dafür ist allerdings sehr groß, da jede Seite (oder wenigstens jeder Server oder jede Domäne) explizit eingegeben werden muß. Der im Vergleich zum Ange-

---

[11] Auf www.peacefire.org finden sich viele Fälle, in denen nach Kriterien des Jugendschutzes unproblematische Server in den Sperrlisten kommerzieller Programme auftauchten.

bot im Internet geringe Umfang solcher Listen schränkt die Möglichkeiten des Internets drastisch ein. Daher ist eine solche Möglichkeit in vielen Produkten häufig nur als Ergänzung zu einem der anderen Verfahren integriert und wird kaum als Einzellösung angeboten.

4.2 Kennzeichnung der Inhalte

Eine Bewertung ist nur dann für eine technische Unterstützung des Jugendschutzes verwertbar, wenn sie für das lokale Endsystem verfügbar ist. Dazu wird sie entweder direkt auf einer Webseite vermerkt und kann beim Abruf ausgewertet werden oder in getrennten Listen gesammelt, die dann für den abrufenden Computer verfügbar sein müssen, so daß dieser einen Abgleich durchführen kann.

4.2.1 Markierung der Seite

In einer WWW-Seite enthaltene Bewertung können nur praktikabel von den verfassenden Personen durchgeführt werden, da sie im Quelltext der Seite enthalten sein müssen. Sie eigenen sich daher nur für die Selbstbewertung. Aktualisierungen sind ebenfalls nur vom Autor durchzuführen, wenn er oder sie den Inhalt der Seite ändert; für den filternden lokalen Rechner besteht also kein Aktualisierungsbedarf.

Um eine allgemeine Verwertbarkeit dieser Angaben zu gewährleisten, sind formale Regeln für die Integration und die Übertragung erforderlich (z.B. PICS [12]). Diese müssen eine Markierung jeder Seite ermöglichen, auch wenn sie nur aus einem Bild oder einer Audio-Sequenz besteht und keine expliziten html-Befehle enthält.

Ist ein solches System weit verbreitet, steigt die Motivation, Bewertungsmerkmale in eigene Webseiten einzufügen, da diese einerseits eine Blockade wegen fehlender Kategorisierung verhindern und andererseits die Anzahl der erwünschten Zugriffe steigern können.[13]

4.2.2 Bewertungslisten

Bewertungen können statt auf der WWW-Seite selbst auch separat gesammelt und verwaltet werden. Dies geschieht im allgemeinen dann, wenn die Bewertung von Dritten (also Institutionen oder der Öffentlichkeit) durchgeführt werden.

Für die Verwaltungsinstanzen solcher Listen gelten ähnliche Anmerkungen wie die oben für die Bewertungsinstanzen gemachten: Es stehen meist politische oder kommerzielle Interessen dahinter, die bei der Auswahl einer Filterlösung beachtet werden sollten.

Für die konkrete Filterung muß eine solche Liste für den Endrechner verfügbar sein: entweder als lokal gespeicherte Kopie – die dann immer wieder durch aktuelle Versionen ersetzt werden muß – oder online auf einem aktiv arbeitenden Server, der vor dem Laden einer Seite jeweils über deren Zulässigkeit befragt wird (dann entfällt die Übertragung der neuen Versio-

---

[12] Platform for Internet Content Selection, www.w3c.org/pics, eine Initiative des WorldWideWebConsortiums (W3C), die Regeln zur Angabe und Übertragung von Bewertungen im Internet spezifiziert. Auf diese Spezifikation basieren die verbreitetsten Labeling-Systeme SafeSurf und RSACi.

[13] Einige Systeme sehen neben der Angabe der Eignung für Kinder auch eine Inhaltsbeschreibung vor, die die Resultate von Suchvorgängen verbessern soll. Auch haben viele Anbieter von kostenpflichtigen Angeboten für Erwachsene kaum Interesse an jugendlichen Besuchern, da sie Kosten für die Internetnutzung verursachen, aber nicht zu den zahlenden Kunden gehören.

nen, der Server muß allerdings dauernd und schnell verfügbar sein). In beiden Fällen ist die Aktualität einer solchen Liste der kritische Parameter für die Wirksamkeit und Korrektheit einer darauf aufbauenden Filterung: Im Internet entstehen ständig neue Seiten und werden bestehende verändert, so daß die Bewertung entsprechend schnell aktualisiert werden muß.

4.3 Auswahl

Die eigentliche Aufgabe eines Werkzeugs zur technischen Unterstützung des Jugendschutzes im Internet ist die Auswahl geeigneter bzw. die Sperrung ungeeigneter Seiten. Die Durchführung dieser Auswahl erfolgt entweder direkt auf dem Client-Rechner oder auf den vorgeschalteten Netzwerkkomponenten (Server eines Internetproviders, Proxy).

Dies kann aufgrund eines oder mehrerer der genannten Bewertungsschemata oder durch automatisierte Filterung geschehen; am effektivsten sind Kombinationen.

4.3.1 Inhaltsbewertung

Geschieht die Auswahl nach Inhaltsbewertung, so ist es für den Systemadministrator möglich, in Abhängigkeit vom Bewertungssystem genaue Richtlinien für die Auswahl vorzugeben. So kann definiert werden, welche Inhalte angezeigt werden (z.B. jede Seite mit dem Label „für Kinder unter 10" oder „Grundschule", wenn ein Kind am Computer sitzt) und welche Seiten verborgen bleiben (z.B. „nur für Erwachsene" oder auch „Politik" oder „Werbung").

Entsprechend spricht man von Positivauswahl – die anzuzeigenden Seiten werden charakterisiert – oder Negativauswahl, wenn die zu sperrenden Seiten benannt werden. Dabei ist eine Positivauswahl immer restriktiver, da damit alle Seiten ohne die geforderte Eigenschaft ausgeschlossen werden; hingegen erlaubt eine Negativauswahl weiterhin einen Zugriff auf fast alle Internet-Angebote, sofern sie nicht die ausgewählte Bewertung besitzen.

Eine Inhaltsbewertung in Reinform sperrt alle nicht bewerteten Seiten oder Server. Damit wird ein großer Teil des Internets von vornherein ausgeschlossen, solange sich nicht weltweit Bewertungssysteme verbreitet haben. Als alleiniger Mechanismus eignet sich eine Filterung nach Inhaltsbewertung also erst dann, wenn ein Großteil der Angebote bewertet ist.

4.3.2 Automatisierte Filterung

Um auch unbewertete Seiten oder Server oder auch einzelne Nachrichten in Diskussionsforen beurteilen zu können, werden automatische Filtersysteme eingesetzt. Sie blockieren Seiten, auf denen bestimmte Schlüsselwörter oder Sätze enthalten sind oder zeigen zumindest diese Ausschnitte nicht an. Einige Systeme setzen auch kontextsensitive Verfahren ein.

Obwohl dieser Ansatz allein nicht zuverlässig filtern kann,[14] ist er als Ergänzung zu den oben genannten Filterungen nach Bewertungen hilfreich und kann gerade bei Negativlisten die Zuverlässigkeit erhöhen. Seine Leistungsfähigkeit hängt wesentlich von der „Intelligenz" der Filterung ab.

---

[14] Ein gängiges Beispiel für eine unbeabsichtigte Sperrung ist das Internetangebot der University of sussex auf www.sussex.ac.uk, das durch die Filterung nach dem Wort Sex u.U. gesperrt wird. Andererseits werden Bilder oder Audio-Sequenzen mit harmlosen Namen, aber rassistischem Inhalt durch Schlüsselwortfilterung nicht gesperrt.

5 Anwendung: Jugendschutz im Internet

Eine der häufigsten Anwendungen für Filtertechnologien im Internet ist der Jugendschutz. Hier wird die Technologie von Lehren, Eltern oder auch Internetserviceprovidern verwendet, um für Kinder und Jugendliche den Zugang zu jugendgefährdendem und anderem als ungeeignet eingeschätztem Material möglichst zu untersagen und das Internet auch zusätzlich im Rahmen einer umfassenden Medienerziehung zu nutzen. Dabei erfolgt die Bewertung und Auswahl unter der Zielsetzung „Jugendschutz" und unterscheidet sich damit z.B. von dem in der Diskussion um die Verbreitung von kriminellen Inhalten einzunehmenden Standpunkt. Insbesondere ist hier die Beschränkung pädagogisch gewollt und somit in Hinblick auf einen Zensurverdacht unproblematisch. Allerdings ist bei der konkreten Auswahl und Bewertung von Inhalten die Gefahr einer ungewollten Anpassung an fremde Bewertungsmaßstäbe zu beachten.

Die technischen Umsetzungen lassen sich in zwei Typen unterteilen:[15]

- Einzelplatz-Filterprogramme werden zusätzlich zu den Kommunikationsprogrammen lokal – auf einem Client, Proxy oder Netzwerkserver – installiert; sie beobachten dann die transportierten Daten und beeinflussen die Abrufe gemäß ihrer Einstellung.

  In einem solchen Fall wird die gesamte Konfiguration lokal vorgenommen, bleibt daher vertraulich und kann optimal an die individuellen Bedürfnisse und Vorstellungen angepaßt werden. Bei vielen Nutzern und einem feinen Bewertungsschema kann die Konfiguration und Pflege allerdings einigen Aufwand erfordern.

- Ein solches Programm kann alternativ in das Angebot eines Internetserviceproviders eingebunden sein (z.B. bei AOL und Compuserve); dann entfällt die lokale Haltung des Programms. Zusätzlich erfolgt die Pflege der Filterkriterien und -listen an zentraler Stelle – mit weniger Aufwand bei der Verwendung, aber auch weniger Einfluß auf die Filterung.

  Auch eventuelle Probleme im Zusammenspiel zwischen Filtersoftware und Internetprogramm reduzieren sich. Andererseits ist der Filtervorgang weniger transparent. Auch müssen bei der Konfiguration immer Daten an den Provider übergeben werden (z.B. das Vorhandensein minderjähriger Kinder oder Informationen über politische und/oder pädagogische Präferenzen), die sich in den Einstellungen der Filterung niederschlagen. Der Filtervorgang findet ebenfalls beim Provider statt und kann dort protokolliert werden.

Außerdem gibt es eine Vielzahl von Speziallösungen. Diese führen z.T. neben der Filterung auch die Netzwerkadministration oder das Internet Access Mangement durch – dann eher mit einer Zielrichtung für große Netze und kommerzielle Anwendungen. Andere haben neben einfachen Filteransätzen ein eigenes Angebot für Kinder entwickelt, das als pädagogisches Hilfsmittel zur Medienerziehung dienen kann und damit ein zum strengen Filtern paralleles Jugendschutzkonzept verfolgt.

Eine besonders gute Umsetzung der technischen Unterstützung des Jugendschutzes ist dann möglich, wenn die Programme möglichst viele der folgenden Kriterien erfüllen:

---

[15] Auflistungen von einzelnen Produkten und deren Tests finden sich z.B. in [Cranor98], [Schmidt97], [Tomorrow99]

- ein großer Funktionsumfang (mindestens Positiv- und Negativlisten und Schlüsselwörter, möglichst auch PICS und kontextsensitive Verfahren)
- offene Bewertungskriterien für die mitgelieferten Listen, möglichst Listen im Klartext oder Werkzeuge zur Überprüfung
- Anpassungsmöglichkeiten an den konkreten Bedarf (Sicherheit, Altersgruppe, Wertvorstellungen), Möglichkeit zur Einrichtung mehrerer Benutzer mit unterschiedlichen Anforderungen
- einfache Verwendbarkeit (sowohl in der Konfiguration als auch im Gebrauch)

Je mehr dieser Kriterien erfüllt sind, desto zuverlässiger wird das Programm die eingestellten Funktionen realisieren können. Allerdings wird ein vollständiger Jugendschutz nie durch technische Maßnahmen allein auf dem Rechner des Endbenutzers gewährleistet werden können.

6 Fazit und Konsequenz

Eine zentrale Sperre von Inhalten im Internet läßt sich technisch auf Neztwerkebene noch nicht paßgenau vornehmen. Es sind immer Umgehungen der Sperrungen möglich; gleichzeitig besteht die Gefahr einer zu weit gefaßten Sperrung.

Daher sind zentrale Maßnahmen von staatlicher Seite nicht erfolgversprechend. Die „Ohnmachtserfahrung“ des Staates bedeutet jedoch nicht gleichzeitig eine Kapitulation vor den neuen Gefahren, sondern die modernen Informationstechnologien bergen vielfältige Möglichkeiten, mit denen der Bürger sich selbst schützen kann.

Hier bietet also die dezentrale Kontrolle und Filterung durch den Benutzer selbst nach dessen eigenen Kriterien einen Lösungsansatz. Dazu müssen jedoch die Bewertungen durch Dritte (etwa nach dem PICS-System) nachvollziehbar sein. Beispielhafte Filterkonfigurationen können von einer Vielzahl von Interessengruppen vorgeschlagen werden; der Benutzer muß jedoch die Möglichkeit haben, seine eigene Konfiguration individuell vorzunehmen oder anzupassen.

Ein universelles Rating wie PICS ist mit erhöhtem Zeitaufwand und zusätzlichen Kosten verbunden. Eine Reihe von Anbietern wird daher darauf verzichten, wenn das System nicht einfach zu realisieren und nicht sehr weit verbreitet ist. Den Rating-Organisationen kommt ein hohes Maß an Verantwortung zu, da jede Vorbewertung bereits zur Meinungsbildung der potentiellen Abrufer beiträgt und da absichtliche oder unabsichtliche Fehlbewertungen großen Schaden anrichten können. Es ist daher unbedingt zu verhindern, daß die Definition moralischer und gesellschaftlicher Werte in den Aufgabenbereich privater Organisationen übertragen wird. Durch eine Offenlegung der Bewertungsmaßstäbe und aller Bewertungen kann diese Gefahr des Mißbrauchs reduziert werden.

Sind die organisatorischen Randbedingungen so, daß diese Bedingungen gewährleistet werden können, kann die Inhaltsfilterung ein wirksames Hilfsmittel im Jugendschutz und im pädagogischen Einsatz des Internets sein, das seine Wirkung im Kontext einer umfassenden Medienpädagogik hat. Das Ziel der weiteren Überlegungen muß daher die Herstellung der genannten Randbedingungen sein, also die Definition geeigneter Rating-Systeme und Organisationen und die Schaffung von Anreizen zu deren Verwendung.

Literatur

[Froomkin96] Froomkin, A. Michael: *The Internet As A Source Of Regulatory Arbitrage.* Kahin / Nesson (Hg.): Borders in Cyberspace, MIT Press 1996. http://www.law.miami. edu/~froomkin/articles/arbitr.htm

[Kossel96] Kossel, Axel: *Kindersicherung: Jugendfreies Internet.* c't 9/96, S. 120-121.

[Möcke96] Möcke, Frank; Heinson, Dennis: *Ein Krampf: Extremismus im Internet und Zensurversuche.* c't 11/96, S. 118-125.

[Ponnath96] Ponnath, Heimo: *Pornographie im Internet? Dichtung und Wahrheit.* in'side online 2/3 1996. http://www.bda.de/bda/jp/home/heimo.ponnath/articles/SiN.html

[Wuermeling96] Wuermeling, Ulrich: *Ordnungshüter im Netz: Anbieter suchen nach Alternativen zum starken Staat.* c't 9/96, S. 122-125.

[Cranor98] Lorrie Faith Cranor et al: *Technology Inventory – A Catalog of Tools that Support Parents' Ability to Choose Online Content Appropriate for their Children*, http://www.research.att.com/projects/tech4kids/t4k.html

[Schmidt97] Schmidt , Jürgen: *Kindersicheres Netz*, c't 15/97.

[Tomorrow99] *So schützen Sie Ihre Kinder*, Tomorrow, 2/99.

Key Recovery[1] Möglichkeiten, Risiken und Empfehlungen

Gerhard Weck

INFODAS GmbH
GerhardWeck@compuserve.com

Zusammenfassung

Dieser Beitrag untersucht verschiedene Möglichkeiten zur Wiederherstellung verschlüsselter Daten, ohne daß ein direkter Zugriff auf den vom intendierten Nutzer zur Entschlüsselung verwendeten Schlüssel besteht, und vergleicht sie hinsichtlich ihrer sicherheitstechnischen Eigenschaften.

1 Problemstellung

Der zunehmende Austausch sensitiver Informationen über offene Rechnernetze bis hin zur Abwicklung von Geschäften über das Internet erfordert die Verfügbarkeit von Verfahren zum sicheren, d.h. integeren, authentischen und zumindest teilweise auch vertraulichen Datentransport über unsichere Übertragungsmedien. Der benötigte Schutz kann durch kryptographische Verfahren, nämlich die Verschlüsselung der übertragenen Daten und/oder die Verwendung digitaler Signaturen realisiert werden.

Bei korrekter Realisierung der verwendeten Kryptosysteme ist der durch Verschlüsselung gebotene Schutz allerdings so groß, daß bei Verlust der eingesetzten Schlüssel überhaupt kein Zugriff mehr auf die so gesicherten Daten möglich ist. Auch wird eventuell vorhandenen berechtigten Dritten jeder Zugriff auf diese Daten verwehrt, wenn sie keinen Zugriff auf die verwendeten Schlüssel haben.

Aus diesem Grund werden derzeit verschiedene Verfahren diskutiert und zum Teil auch in Versuchsinstallationen genauer untersucht, die Dritten Zugriff auf verschlüsselte Daten ermöglichen, ohne daß sie auf die vom Empfänger bzw. Eigentümer der Daten zu deren Entschlüsselung verwendeten Schlüssel zuzugreifen brauchen. Zwei Gründe werden gegenwärtig aufgeführt, weshalb diese Art von Zugriff verfügbar sein sollte:

- Einerseits kann der Originalschlüssel verloren gehen oder zerstört werden. Dann sollte es für die dazu Berechtigten noch einen Weg geben, trotzdem auf die verschlüsselten Daten zugreifen zu können.

---

[1] Dieser Beitrag basiert auf Material, das zu einem großen Teil im Rahmen der Arbeit des Präsidiumsarbeitskreises der GI „Datenschutz und IT-Sicherheit" entstand und z.T. in [Weck98] veröffentlicht wurde.

- Andererseits kann das Ziel auch darin bestehen, nach Art.10, Abs.2 GG den dazu berechtigten Institutionen Zugriff auf Daten oder Kommunikationsvorgänge einzuräumen, auch wenn sie verschlüsselt sind (z.B. nach richterlichem Beschluß im Rahmen der Bekämpfung von Terrorismus oder organisiertem Verbrechen).

Die für diese Zwecke verwendeten Techniken werden wegen des ersten Anwendungsfalls als *Key Recovery* bezeichnet. Zu beachten ist allerdings, daß ein vorhandenes Key Recovery System nicht nur für die beiden hier genannten Ziele eingesetzt werden kann, sondern auch zu anderen Zwecken, wie etwa der Industriespionage, genutzt werden kann, wenn es nicht ausreichend abgesichert ist – oder sogar mit einem solchen Ziel im Auge installiert wurde.

Im Folgenden wird aufgezeigt, welche Möglichkeiten des Key Recovery es aus technischer Sicht gibt und mit welchen Risiken für die Sicherheit der Schlüssel und der verschlüsselten Informationen diese verbunden sind. Dabei wird auch ein Spezialfall des Key Recovery behandelt, der als Message Recovery bezeichnet wird und der sich hinsichtlich seiner sicherheitstechnischen Eigenschaften von anderen Verfahren des Key Recovery zum Teil deutlich unterscheidet. Anhand verschiedener Anwendungsszenarien wird diskutiert, in welchem Umfang außer dem intendierten Datenzugriff weitere Zugriffsmöglichkeiten und Integritätsrisiken entstehen, nachdem die Schlüssel durch das Key Recovery verfügbar gemacht wurden.

2 Technische Grundlagen und Begriffe

Aus technischer Sicht besteht die Aufgabe des Key Recovery darin, eine Möglichkeit zum Zugriff auf verschlüsselte Daten zu gewähren, auch wenn die notwendigen Schlüssel nicht direkt verfügbar sind. Sofern man davon ausgeht, daß die zur Verschlüsselung verwendeten Verfahren kryptographisch so sicher sind, daß sie nicht (mit tragbarem Aufwand) durch Kryptanalyse gebrochen werden können, muß jedes Key Recovery Möglichkeiten bieten, bestimmte Schlüssel zu rekonstruieren. Dies sind:

- bei symmetrischer Verschlüsselung die verwendeten geheimen Schlüssel,
- bei asymmetrischen Verfahren die zur Entschlüsselung benötigten persönlichen (privaten) Schlüssel und
- bei hybriden Verfahren die Sitzungsschlüssel einzelner bzw. aller verschlüsselten Daten und/oder die zur Entschlüsselung der Sitzungsschlüssel benötigten persönlichen Schlüssel.

Der Diskussion des Key Recovery wird ein allgemeines Modell eines Verschlüsselungsverfahrens zugrundegelegt, das in der Abb. 1 skizziert wird.

In diesem Modell überträgt ein Sender A eine Nachricht M verschlüsselt an einen Empfänger B. Der dabei verwendete Schlüssel K ist im Fall eines hybriden Verschlüsselungsverfahrens der für diese Übertragung verwendete symmetrische Sitzungsschlüssel; im Falle eines symmetrischen Verfahrens ist es der zwischen den beiden Kommunikationspartnern abgesprochene gemeinsame geheime Schlüssel. Falls zur Verschlüsselung ein asymmetrisches Verfahren verwendet wird, so ist der für Key Recovery im Rahmen der Kommunikation interessierende Schlüssel der persönliche Schlüssel P_B des Empfängers; dieser kann jedoch auch bei Verwendung eines hybriden Verfahrens für Key Recovery von Interesse sein.

Unabhängig davon kann jeder der beiden Kommunikationspartner die Nachricht M bei sich auch verschlüsselt unter Verwendung eines Schlüssels K_A bzw. K_B speichern, wobei wieder sowohl symmetrische als auch asymmetrische oder hybride Verschlüsselung zur Anwendung kommen kann, so daß sich auch hier für Key Recovery die genannten Alternativen ergeben können. Wesentlich ist dabei, daß die Schlüssel K, K_A und K_B voneinander unabhängig gewählt werden können, so daß je nach dem Zweck des Key Recovery unterschiedliche Schlüssel zu rekonstruieren sind.

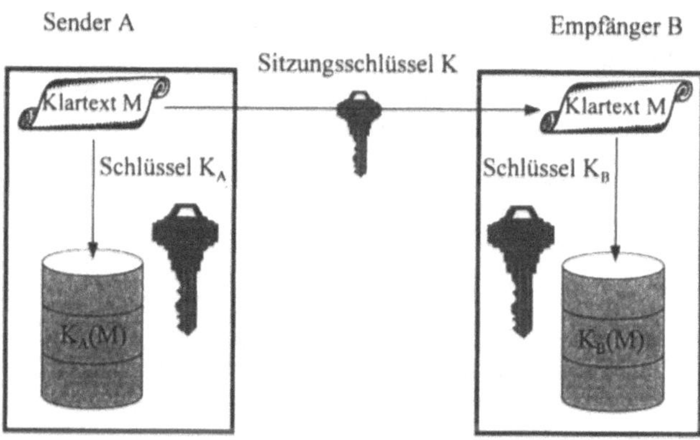

Abb. 1: Allgemeines Modell der Verschlüsselung

Die Art der Rekonstruktion dieser Schlüssel und die Form ihrer Bereitstellung zum Zwecke des Key Recovery können sich je nach der gewählten technischen Lösung sehr stark unterscheiden, mit zum Teil gravierenden Auswirkungen auf die Sicherheit des gesamten Kryptosystems.

3 Realisierungsalternativen

Mögliche Realisierungsalternativen für Key Recovery werden in den folgenden Abschnitten dargestellt. Dabei sind insbesondere auch die zum Teil unterschiedlichen Interessenlagen der einzelnen am Key Recovery beteiligten Parteien zu beachten, und der je nach Ort und Anwendungsbereich des Key Recovery unterschiedliche Nutzen dieses Verfahrens ist zu berücksichtigen.

3.1 Verfahren der Schlüsselrekonstruktion

Zugriff auf die verschlüsselten Daten (Entschlüsselung) ohne direkte Verfügbarkeit des ursprünglichen Schlüssels ist auf zwei Weisen möglich,

- entweder durch Rekonstruktion des ursprünglichen Schlüssels *(key recovery i.e.S.)*.
- oder unter Benutzung eines zweiten Schlüssels *(message recovery)*

Die Möglichkeit, daß die Verschlüsselung selbst mit kryptanalytischen Methoden gebrochen wird, soll hier nicht weiter betrachtet werden. Es wird in jedem Fall eine „starke" Verschlüsselung vorausgesetzt.

Die erste der hier genannten Möglichkeit wird *Key Recovery im engeren Sinne* genannt. Der einfachste Weg dazu ist, eine Kopie des persönlichen (bei asymmetrischer Verschlüsselung) oder des geheimen (bei symmetrischer Verschlüsselung) Schlüssels an sicherer Stelle zu hinterlegen und bei Bedarf darauf zuzugreifen.

Alternativ dazu kann auch der persönliche Schlüssel P bzw. geheime Schlüssel K bestimmt werden, indem er, mit einem zweiten, als *Recovery Key* bezeichneten, Schlüssel R verschlüsselt als T = E(R, P) bzw. T = E(R, K) den Daten hinzugefügt oder ebenfalls einer sicheren Stelle hinterlegt wird. Bei Verwendung symmetrischer oder asymmetrischer Verschlüsselung ergibt sich dann das in Abb. 2 dargestellte Schema.

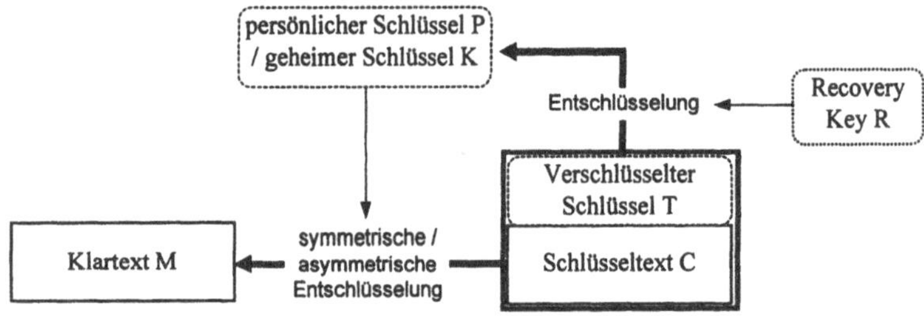

Abb. 2: Key Recovery bei symmetrischer oder asymmetrischer Verschlüsselung

Beim Einsatz hybrider Verschlüsselungssystems ist diese Form des Key Recovery etwas komplexer, als nach Bestimmung des persönlichen Schlüssels P = D(R, T) dieser in einem weiteren Schritt dazu verwendet werden muß, den aktuellen Sitzungsschlüssel K = D(P, S) zu entschlüsseln, denn erst mit diesem kann der Schlüsseltext C zum Klartext M = D(S, C) entschlüsselt werden.

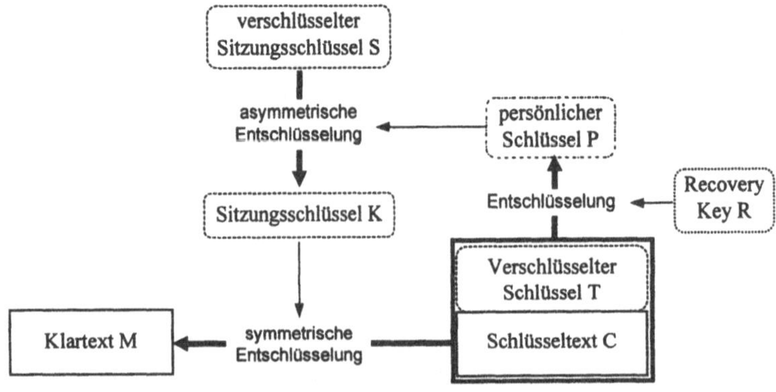

Abb. 3: Key Recovery bei hybrider Verschlüsselung

Bei Einsatz eines hybriden Verschlüsselungssystems besteht zusätzlich zur Möglichkeit der Rekonstruktion des persönlichen Schlüssels P noch die Möglichkeit, statt dessen für jede Nachricht M den zugehörigen Sitzungsschlüssel K wiederherzustellen. Dazu wird der Sitzungsschlüssel K mit zwei verschiedenen Schlüsseln verschlüsselt: zum einen mit dem öffentlichen Schlüssel O des Benutzers, zum zweiten mit einem *Recovery Key* R. Beide verschlüsselten Sitzungsschlüssel $S_1 = E(O, K)$ und $S_2 = E(R, K)$ werden den verschlüsselten Daten hinzugefügt.

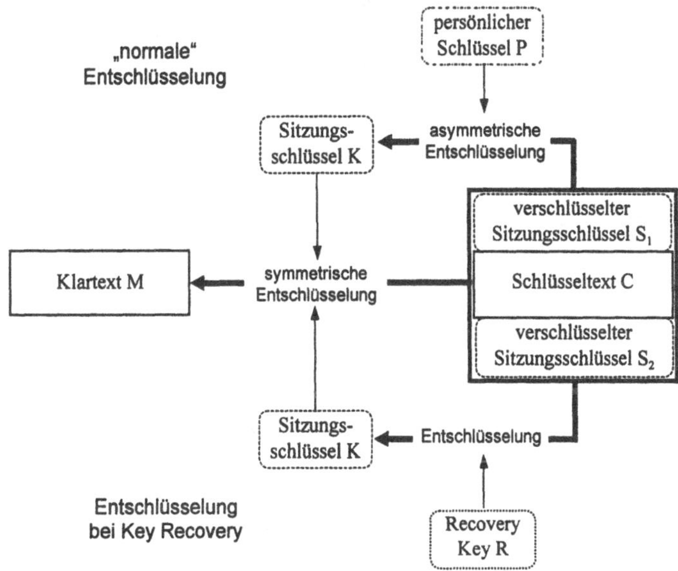

Abb. 4: Message Recovery

Wer den Recovery Key R kennt, kann mit ihm den Sitzungsschlüssel $K = D(R, S_2)$ durch Entschlüsselung des verschlüsselten Sitzungsschlüssels S_2 rekonstruieren und damit auf die verschlüsselten Daten $M = D(K, C)$ zugreifen, ohne den persönlichen Schlüssel zu kennen. Man bezeichnet diese spezielle Form des Key Recovery als *Message Recovery*.

3.2 Vergleich von Key Recovery und Message Recovery

Beide Verfahren erlauben einen Zugriff auf die verschlüsselten Daten, ohne daß der Benutzer seinen persönlichen Schlüssel P herausgeben muß. Das Ziel des Key Recovery läßt sich also mit beiden Verfahren erreichen. Sie unterscheiden sich jedoch sehr stark in ihren Sicherheitseigenschaften:

- Bei Rekonstruktion des persönlichen Schlüssels P können potentiell alle Daten, deren Vertraulichkeit mit diesem Schlüssel gesichert wurde, vollständig offengelegt werden. Sobald der persönliche Schlüssel verfügbar ist, kann er zur Entschlüsselung beliebiger Informationen, die weit über den ursprünglichen Rekonstruktionsauftrag hinausgehen, genutzt werden. Dies ist insbesondere dann problematisch, wenn Key Recovery im Rahmen staatlicher

Überwachungsmaßnahmen durchgeführt wird, da dann ein Zugriff auf Informationen erfolgen kann, der nicht durch den vorliegenden Überwachungsauftrag abgedeckt ist, so daß sich damit entweder ein Rechtsbruch oder eine Veränderung der geltenden Rechtslage ergäbe.

Weiterhin existiert vom Zeitpunkt der Rekonstruktion an eine Kopie des persönlichen Schlüssels, die einem eventuell hohen Sicherheitsrisiko ausgesetzt ist. Insbesondere wird die Vertraulichkeit des persönlichen Schlüssels sehr gefährdet, wenn dieser Schlüssel ursprünglich nur auf einem sicheren Träger, z.B. in einer Chipkarte, gespeichert war und nach seiner Rekonstruktion in einem Rechnersystem vorliegt, dessen Sicherheit geringer ist als die der Chipkarte, oder wenn er sogar zum Zweck der weiteren Verarbeitung über ein Rechnernetz übertragen werden muß. Selbst wenn diese Übertragung kryptographisch gesichert erfolgt, wird in diesem Fall die Sicherheit des persönlichen Schlüssels erheblich gefährdet, da dieser Schlüssel dann an mehreren Stellen im Rechnernetz unter möglicherweise höchst unterschiedlichen sicherheitstechnischen Randbedingungen vorliegt.

- Im Gegensatz hierzu erfolgt beim Message Recovery ein Zugriff nur auf Daten bzw. Nachrichten, die den mit dem Recovery Key verschlüsselten Sitzungsschlüssel K enthalten. Da der persönliche Schlüssel des Benutzers nicht benötigt wird und auch nicht verfügbar ist, kann seine Vertraulichkeit auch nicht gefährdet werden. Auch können mit diesem Verfahren bestimmte Daten wahlweise vom Key Recovery ausgenommen werden, indem dort auf die Nutzung des Recovery Key verzichtet wird, also die Abspeicherung bzw. Übertragung von $S_2 = E(R, K)$ für den hier verwendeten Sitzungsschlüssel K unterbleibt.

  Mit dem rekonstruierten Sitzungsschlüssel K läßt sich genau die zugehörige Nachricht M entschlüsseln; auf weitere Nachrichten und Daten ist dieser Schlüssel nicht anwendbar, da für diese wieder andere Sitzungsschlüssel verwendet werden. Dennoch lassen sich auch bei Message Recovery bei Bedarf alle Nachrichten bzw. Daten entschlüsseln, sofern in jedem Fall S_2 mit abgespeichert bzw. übertragen wird. Daraus folgt, daß Message Recovery in der Lage ist, dasselbe zu leisten wie die Rekonstruktion persönlicher bzw. geheimer Schlüssel, ohne jedoch bei Rekonstruktion einer Nachricht damit automatisch Zugriff auf alle anderen Nachrichten zu geben, die zur Entschlüsselung denselben geheimen bzw. persönlichen Schlüssel erfordern.

Das Verfahren der Rekonstruktion des persönlichen bzw. geheimen Schlüssels aus einem verschlüsselt gespeicherten bzw. übermittelten Schlüssel ist daher mit erheblich größeren Risiken für die kryptographisch erreichbare Sicherheit verbunden als das Verfahren des Message Recovery, ohne daß es diesen Nachteil durch erweiterte Möglichkeiten der Datenrekonstruktion kompensiert.

Beide Verfahren lassen sich allerdings dadurch unterlaufen, daß eine Abspeicherung bzw. Übermittlung des mit R verschlüsselten Schlüssels unterbleibt bzw. verfälscht wird. Eine Rekonstruktion des persönlichen bzw. geheimen Schlüssels aus einer separat hinterlegten Kopie dieses Schlüssels erlaubt dagegen in jedem Fall eine Datenrekonstruktion, doch bringt sie erhebliche zusätzliche Risiken mit sich.

3.3 Anwendungsbereich der Verschlüsselung

Wesentliche Unterschiede des Key Recovery ergeben sich je nach Art der wiederherzustellenden Daten:

- Einerseits kann Key Recovery genutzt werden, um Zugriff auf gespeicherte Daten, in der Regel also verschlüsselte Dateien und/oder Datenträger, zu erhalten. Im Sinne des allgemeinen Modells eines Verschlüsselungssystems der Abb. 1 bezieht sich diese Art des Key Recovery auf die lokal verwendeten Schlüssel K_A und K_B.

  Hier ist Key Recovery also eine lokale Funktion, die somit auch unter lokale Kontrolle, z.B. in die Verantwortung einzelner Kommunikationsteilnehmer gestellt werden kann und – zumindest prinzipiell – keiner globalen Koordination und/oder Überwachung bedarf und auch keine übergreifenden Infrastruktur benötigt. Es ist daher in diesem Fall möglich, Recovery Keys lokal zu erzeugen, zu verwalten und den Anwendungen verfügbar zu machen, etwa indem Key Recovery in ein lokal vorhandenes Backup-Konzept eingebunden wird.

  Diese Form des Key Recovery kann zwar auch im Rahmen polizeilicher Beweiserhebung erforderlich werden. Der Regelfall für diese Form der Anwendung dürfte jedoch eher die Rekonstruktion gespeicherter Daten sein, die ohne Key Recovery endgültig verloren wären, beispielsweise wenn der persönliche Schlüssel nicht zugreifbar ist oder nicht mehr existiert (z.B. defekte Chipkarte). In diesem Anwendungsbereich dürfte der wesentliche wirtschaftliche Nutzen des Key Recovery liegen, so daß hier berechtigte wirtschaftliche Interessen der einzelnen Kommunikationsteilnehmer geschützt werden können.

- Dagegen ist Key Recovery zum Zweck der Entschlüsselung von Nachrichten, die kryptiert übermittelt werden, ausschließlich für Anwendungen von Interesse, bei denen Dritte Zugriff auf diese Nachrichten wünschen, ohne auf die Zusammenarbeit mit den Kommunikationspartnern angewiesen zu sein. Beispiele dafür sind polizeiliche Ermittlungen ebenso wie Überwachung und Spionage aller Art. Eine Rekonstruktion verlorener oder zerstörter Kommunikationsschlüssel (K im Sinne des allgemeinen Modells der Abb. 1) ist dabei überflüssig, da bei deren Verlust jederzeit neue Schlüssel generiert und die Nachrichten damit neu verschlüsselt und übertragen werden können [Huhn97].

  Diese Form des Key Recovery ist von ihrer Struktur her eine globale Funktion, da sie immer in die Zuständigkeit mehrerer Kommunikationsteilnehmer eingreift. Sie liegt primär *nicht* im Interesse der Kommunikationsteilnehmer selbst, da sie diesen keinen Nutzen für die Abwicklung ihrer Kommunikationsvorgänge bringt, sondern im Gegenteil für sie lediglich den Effekt hat, daß sie die Sicherheit der verwendeten Kryptosysteme potentiell verringert. Umgekehrt liegen hier wesentliche Interessen Dritter, zu denen auf der einen Seite Polizei und Staatsschutzorgane, auf der anderen Seite jedoch auch alle Arten von Informationssammlern bis hin zu Spionen und fremden Nachrichtendiensten zu rechnen sind.

  Problematisch ist dabei, daß hier die Erzeugung, Bereitstellung und Verwaltung der Recovery Keys global geregelt werden muß. Dies kann dadurch geschehen, daß Key Recovery als Dienstleistung des Kommunikationssystems bereitgestellt wird. Die Recovery Keys werden in diesem Fall den Anwendern extern bereitgestellt, beispielsweise durch ein eigens zu diesem Zweck eingerichtetes *Key Recovery Center (KRC)*.

Hier ist es von ausschlaggebender Bedeutung für die Sicherheit des gesamten Key Recovery Systems, daß dieses Key Recovery Center sicher und vertrauenswürdig arbeitet. Dabei erheben sich eine Reihe von Fragen, die schlüssig beantwortet werden müssen, wenn die angebotene Dienstleistung des Key Recovery überhaupt akzeptabel sein soll:

- Wer betreibt das Key Recovery System, also z.B. das KRC? Ist das eine staatliche Stelle, ein Netzbetreiber, ein vertrauenswürdiger Dritter (*Trusted Third Party, TTP*) oder eine Institution?
- Welches sind dessen Interessen (im Gegensatz zu den Interessen der Kommunikationsteilnehmer)?
- Durch welche technischen, organisatorischen und rechtlichen Maßnahmen ist sichergestellt, daß der Betreiber des Key Recovery Systems dieses nicht für eigene Zwecke mißbraucht oder durch mangelnde Sicherheitsvorkehrungen externen Angreifern Möglichkeiten des Mißbrauchs bietet?
- Während die Verantwortung für die Sicherheit der zur Verschlüsselung verwendeten Schlüssel in der Regel bei den Kommunikationsteilnehmern liegt, ist für die Sicherheit der Recovery Keys im wesentlichen der Betreiber des Key Recovery Systems resp. des KRC verantwortlich. Ist diese Übertragung von Verantwortung akzeptabel? Wenn ja, wie ist sie geregelt?

Nur wenn diese Fragen zur Zufriedenheit der Kommunikationsteilnehmer beantwortet werden können, ist für diese die Inanspruchnahme eines Key Recovery Systems vertretbar, da sie andernfalls jede Kontrolle über die durch das eingesetzte Kryptosystem gebotene Sicherheit verlieren.

Key Recovery in Kommunikationssystemen kann daher ausschließlich den Sinn haben, die Inhalte der Kommunikation durch Dritte überwachbar zu machen, Key Recovery zur Rekonstruktion gespeicherter Daten dagegen kann durchaus wirtschaftliche Verluste abwenden. Während jedoch die Verwaltung des Key Recovery im Falle des Schutzes gespeicherter Daten lokal, sicher und ohne großen Aufwand geregelt werden kann, erheben sich im Fall des Key Recovery von Kommunikationssystemen eine Reihe prinzipieller Fragen, ohne deren zufriedenstellende Klärung der sichere Einsatz eines solchen System nicht zu gewährleisten ist.

Insbesondere ist die Notwendigkeit einer zentralen Koordination des Key Recovery von Kommunikationssystemen sicherheitskritisch, da hierdurch eine Stelle geschaffen wird, deren Kompromittierung die Sicherheit des gesamten Kommunikationssystems aushöhlt. Dagegen wird im Falle einer dezentral geregelten Wiederherstellung gespeicherter Daten das Risiko einer Kompromittierung von Recovery Keys verteilt, und es werden keine zentralen Angriffspunkte für eventuelle Angreifer geschaffen. Außerdem verbleibt in diesem Falle die Kontrolle über die Recovery Keys bei derselben Organisation, die auch die Verantwortung über die zur Verschlüsselung eingesetzten Schlüssel trägt.

3.4 Nutzungsart des persönlichen Schlüssels

Ein weiterer Aspekt, der hier zu betrachten ist, ist die Nutzungsart des persönlichen Schlüssels. Wird dieser nur dazu benutzt, die Vertraulichkeit von Informationen durch Verschlüsselung sicherzustellen (Konzelation), dann kann durch Key Recovery auch nur diese Vertraulichkeit gefährdet werden. Bei der Verwendung asymmetrischer Verschlüsselung können mit dem persönlichen Schlüssel jedoch auch digitale Signaturen erzeugt und damit Integrität und Authentizität von Daten geschützt werden.

Wenn derselbe persönliche Schlüssel für beide Zwecke, also als Konzelations- *und* als Signaturschlüssel genutzt wird, dann kann der persönliche Schlüssel nach erfolgreicher Rekonstruktion auch zur Fälschung digitaler Signaturen benutzt werden. Dies ist in höchstem Maße fragwürdig, weil dann nicht einmal mehr sichergestellt ist, daß die rekonstruierten Daten tatsächlich vom Eigentümer des persönlichen Schlüssels stammen. Sie können genauso gut eine Fälschung der Person oder Instanz sein, die den persönlichen Schlüssel durch Key Recovery rekonstruiert hat.

Darüber hinaus ist Key Recovery sogar überflüssig, wenn ein Signaturschlüssel, d.h. der geheime Teil eines für digitale Signaturen verwendeten asymmetrischen Schlüsselpaares verlorengegangen ist. Bis zum Zeitpunkt des Verlusts erstellte digitale Signaturen können dann mit Hilfe des immer noch verfügbaren öffentlichen Schlüssels weiterhin verifiziert werden, es können nur keine neuen Signaturen mehr erzeugt werden. In diesem Fall ist es einfacher und auch sicherer, für die Erstellung künftiger Signaturen den verlorenen Schlüssel nicht durch Key Recovery zu rekonstruieren, sondern ein neues Schlüsselpaar zu erzeugen. Key Recovery von Signaturschlüsseln ist somit nicht nur gefährlich, sondern auch sinnlos [Huhn97].

4 Konsequenzen für die Sicherheit

In den folgenden Abschnitten werden die sicherheitstechnischen Auswirkungen möglicher Realisierungsalternativen analysiert. Insbesondere wird auch untersucht, ob und inwieweit Key Recovery dazu verwendet werden kann, eine generelle Überwachung von Kommunikationsvorgängen – auch gegen den Willen der miteinander kommunizierenden Parteien – durchzusetzen.

4.1 Gültigkeitsbereich des Recovery Key

Die Sicherheit jedes Verfahrens für Key Recovery hängt ganz entscheidend davon ab, wie gut die verwendeten Recovery Keys gegen Kompromittierung (unbefugten Zugriff) geschützt sind. Denn jeder Vertraulichkeitsverlust eines Recovery Key hebt zwangsweise die Vertraulichkeit aller zugeordneten (Sitzungs-)Schlüssel auf. Wenn Recovery Key und persönlicher Schlüssel übereinstimmen, ist dies direkt einsichtig. Wird dagegen der Recovery Key nur zum Verschlüsseln des persönlichen Schlüssels genutzt, so werden durch seine Offenlegung alle diejenigen persönlichen Schlüssel kompromittiert, die jemals mit diesem Recovery Key verschlüsselt in Umlauf gebracht wurden. Wird schließlich im Falle des Message Recovery der Recovery Key nur zum Verschlüsseln von Sitzungsschlüsseln benutzt, dann wird bei seiner Kompromittierung nur die Vertraulichkeit der Daten bzw. Nachrichten verletzt, deren Sitzungsschlüssel mit diesem Recovery Key verschlüsselt wurden; die persönlichen Schlüssel sind – bei Verwendung eines hybriden Verschlüsselungssystems – in diesem Fall nicht gefährdet.

Wird der Gültigkeitszeitraum für einen Recovery Key begrenzt, dann läßt sich die Wahrscheinlichkeit reduzieren, daß für einen kompromittierten Recovery Key Daten vorliegen, die eine Rekonstruktion eines bestimmten Schlüssels ermöglichen. Ebenso läßt sich der Schaden dadurch begrenzen, daß für den Fall einer Kompromittierung eines Recovery Key geeignete Maßnahmen wie etwa ein schneller Schlüsseltausch vorgesehen werden. Weiterhin kann der Umfang einer solchen Kompromittierung beschränkt werden, indem einem bestimmten Recovery Key nur eine begrenzte Anzahl von Anwendern bzw. Kommunikationsteilnehmern zugeordnet wird, bis hin zu einer 1:1-Zuordnung. In jedem Fall ist jedoch bei Bekanntwerden eines Recovery Key jeder Schlüssel endgültig kompromittiert, dessen Rekonstruktion aus vorliegenden Daten – und dies können im Falle der Kommunikation alle übertragenen Daten sein – damit möglich geworden ist.

An diesem Schadenspotential ändern auch Verfahren prinzipiell nichts, die die Kompromittierung von Recovery Keys durch Aufteilung in mehrere unabhängig verwahrte Teilschlüssel erschweren. Sobald ein Recovery Key aus diesen Teilschlüsseln zusammengesetzt werden konnte, lassen sich damit auch alle damit jemals verschlüsselten Schlüssel kompromittieren. Ein absoluter Schutz von Recovery Keys ist grundsätzlich nicht zu gewährleisten, da *jedes* technische System in seiner Konstruktion und/oder seinem Betrieb Mängel enthalten kann, die die vorgegebenen Schutzziele zunichte machen können. Daher bringt *jede* Verwendung von Recovery Keys für die zugeordneten Schlüssel ein zusätzliches Risiko mit sich.

4.2 Bereitstellung des Recovery Key

Wenn der Zugriff auf Daten und/oder Schlüssel durch Key Recovery ermöglicht werden soll, entstehen für die Sicherheit dieser Daten bzw. Schlüssel zusätzliche Risiken, die ohne Key Recovery nicht vorhanden wären. Art und Umfang dieser Risiken hängen entscheidend davon ab, auf welche Weise die Key Recovery Funktion verwirklicht wurde.

- Die *zentrale Bereitstellung* von Key Recovery durch Rekonstruktion persönlicher bzw. geheimer Schlüssel schafft einen zentralen Angriffspunkt, der die Vertraulichkeit aller dieser Schlüssel gefährdet. Eine zentrale Bereitstellung von Message Recovery gefährdet dagegen „nur" die Vertraulichkeit aller davon betroffenen Nachrichten bzw. Daten – und dies sind in der Regel alle kryptographisch geschützten Informationen.

  Diese Gefährdung ist insbesondere dann problematisch, wenn die Verantwortung für das Key Recovery nicht beim Nutzer des persönlichen Schlüssels oder bei dessen Organisation liegt, sondern wenn diese Funktion zentral für eine Vielzahl von Nutzern und Organisationen bereitgestellt wird. Diese verlieren durch Key Recovery letztlich die Kontrolle über den Schutz, den das Kryptosystem eigentlich bieten sollte.

- Es sind auch unterschiedliche Risiken möglich, je nachdem, ob Key Recovery nur zur Rekonstruktion gespeicherter Daten verwendet wird oder ob es die Überwachung von Kommunikationsvorgängen ermöglichen soll. Im zweiten Fall ist das Risiko deutlich höher, da hier das Key Recovery an ein Kommunikationsnetz angeschlossen werden muß, während im ersten Fall die Daten in einem besonders geschützten, abgeschotteten Bereich rekonstruiert werden können.

  Eine Rekonstruktion übertragener Daten in einem separaten, nicht an das Kommunikationsnetz angeschlossenen System ist zwar ebenfalls möglich – und aus Sicht der Sicherheit deutlich vorzuziehen –, doch erfordert sie die Aufzeichnung und nachträgliche Bearbeitung von Kommunikationsinhalten, so daß die erhöhte Sicherheit mit einem Verlust an Aktualität erkauft wird.

- Eine Überwachung von Kommunikationsvorgängen in Realzeit ist sicherheitstechnisch auch deshalb problematisch, weil dafür der Recovery Key in der Regel sehr schnell bereitstehen muß. Hier stellt sich vor allem das Problem, innerhalb sehr kurzer Zeit überprüfen zu müssen, ob eine Anforderung für Key Recovery authentisch und unter den gegeben Randbedingungen überhaupt zulässig ist.

  Diese Realzeit-Forderung kann zu erheblichen Anforderungen an die Leistung des Key Recovery Systems führen, wenn dieses innerhalb kurzer Zeit den Zugriff auf einen Kommunikationsvorgang ermöglichen soll, der einen beliebigen aus einer Vielzahl verwalteter Schlüssel benutzt. Würde man aber Abstriche an den Sicherheitsüberprüfungen machen, die gerade an dieser Stelle notwendig sind, so wäre der durch das Kryptosystem insgesamt gebotene Schutz in Frage gestellt. Umgekehrt können jedoch die notwendigen Überprüfungen der Berechtigung und Authentizität der Anforderungen auch einen derartigen Zeitverzug verursachen, daß eine Überwachung in Realzeit zumindest für kurze Kommunikationsvorgänge nicht möglich ist.

Für eine beschränkte Funktionalität des Key Recovery, etwa in der Form eines Message Recovery für gespeicherte Daten, die in einer abgeschlossenen Umgebung durchgeführt wird, kann das dadurch gegebene Risiko in überschaubarem Rahmen gehalten werden. Für ein allgemeines Key Recovery, das in Realzeit Zugriff auf beliebige Kommunikationen in einem umfangreichen Netz erlaubt, ist nach Meinung führender Kryptographen mit den heutigen technischen Möglichkeiten das Risiko nicht beherrschbar [Abel97]. Würde dennoch unter Mißachtung der verfügbaren sicherheitstechnischen Möglichkeiten ein solches allgemeines Key Recovery versucht, so wäre es entweder so ineffizient, daß es für den angestrebten Zweck unbrauchbar wäre, oder es würde den durch das Kryptosystem gebotenen Schutz insgesamt zunichte machen.

4.3 Vertraulichkeit des persönlichen Schlüssels

Wird auf die verschlüsselten Daten mit dem Verfahren des Message Recovery zugegriffen, so werden keine zusätzlichen Anforderungen an den Schutz der persönlichen Schlüssel gestellt. Denn diese werden ja für den externen Zugriff auf die Nutzdaten überhaupt nicht benötigt und werden somit von diesem Verfahren auch nicht tangiert. Eine Kompromittierung des Recovery Key gefährdet nur die Vertraulichkeit der Nutzdaten, und dieses Risiko läßt sich durch Beschränkung des Gültigkeitsbereichs und/oder der -zeitdauer des Recovery Key begrenzen.

Die Möglichkeit des Key Recovery durch Rekonstruktion des persönlichen Schlüssels, also die Verwendung von Key Recovery im engeren Sinne, stellt dagegen erhebliche zusätzliche Anforderungen an die Sicherheit des gesamten Kryptosystems. Werden sie nicht erfüllt, kann die Vertraulichkeit der persönlichen Schlüssel in hohem Maße gefährdet sein. Hier sind folgende Aspekte zu betrachten:

- Sofern der persönliche Schlüssel unmittelbar im sicheren Trägermedium (z.B. Chipkarte) mit dem Recovery Key verschlüsselt und von dort in verschlüsselter Form den Nutzdaten hinzugefügt wird, ist seine Vertraulichkeit nicht zusätzlich direkt gefährdet. Dies gilt, solange der Recovery Key selbst nicht kompromittiert und solange der persönliche Schlüssel nicht rekonstruiert wird. Alle anderen Verfahren der Bereitstellung des persönlichen

Schlüssels für Key Recovery, z.B. durch Abrufen bei einem zentralen Server, eröffnen zusätzliche Verwundbarkeiten der Vertraulichkeit des persönlichen Schlüssels.

- Eine Kompromittierung des Recovery Key legt alle persönlichen Schlüssel offen, die mit diesem Recovery Key verschlüsselt wurden. Je nach Gültigkeitsbereich bzw. -zeitdauer des Recovery Key können hierdurch mehr oder weniger umfangreiche Schäden entstehen.
- Nach Rekonstruktion des persönlichen Schlüssels befindet dieser sich im Klartext in einem Rechner, dessen Fähigkeiten, die Vertraulichkeit zu gewährleisten, in aller Regel erheblich geringer sind als die des sicheren Trägermediums. Diese Sicherheitslücke läßt sich nur dann vermeiden, wenn der Schlüssel direkt in einem sicheren Trägermedium rekonstruiert wird, d.h. wenn seine Entschlüsselung und Speicherung in einer nicht auslesbaren Chipkarte erfolgt. In allen anderen Fällen besteht die nicht zu vernachlässigende Gefahr, daß der rekonstruierte persönliche Schlüssel in dem zur Rekonstruktion verwendeten Rechner kompromittiert wird. Diese Gefahr ist erheblich höher anzusetzen als die Gefahr einer Kompromittierung des sicheren Trägermediums.
- Dabei ist zu beachten, daß eine vertrauenswürdige und vollständige Vernichtung von Daten in einem Rechner extrem aufwendig und risikobehaftet ist: Einerseits muß sichergestellt sein, daß nach der Nutzung *alle* Kopien des Schlüssels vernichtet werden, und dazu gehören auch Abspeicherungen auf Sicherungsdatenträgern und temporäre Kopien, etwa in der Seitenwechseldatei eines virtuellen Betriebssystems, und andererseits muß die Vernichtung unwiderruflich so geschehen, daß eine Wiederherstellung ausgeschlossen ist. Dies bedeutet minimal ein vielfaches Überschreiben aller Speicherorte, an denen sich der Schlüssel jemals befunden haben könnte, doch selbst dann ist nicht sichergestellt, daß eine Wiederherstellung mit physikalischen Methoden ausgeschlossen ist.
- Wird der rekonstruierte Schlüssel nicht an der Stelle genutzt, an der er rekonstruiert wurde, so ist er während der ganzen Zeit und auf dem ganzen Weg des Transports von seiner Rekonstruktion über die Nutzung bis zu seiner endgültigen Vernichtung gefährdet. Risiken für die Vertrauenswürdigkeit des rekonstruierten Schlüssels bleiben bestehen, wenn dieser nicht zuverlässig und vertrauenswürdig vernichtet wird.

Jede Möglichkeit des Key Recovery, die eine Rekonstruktion persönlicher Schlüssel erlaubt, setzt diese somit zusätzlichen Gefahren aus, die es ohne Key Recovery nicht gäbe. Dabei ist zu beachten, daß die Offenlegung eines persönlichen Schlüssels potentiell die Vertraulichkeit und ggf. auch die Integrität bzw. Authentizität *aller* Daten aufhebt, die jemals mit diesem Schlüssel geschützt wurden oder in Zukunft geschützt werden sollen.

4.4 Unterlaufen der Key Recovery Funktion

Wie im Abschnitt 3.3 dargestellt, liegt Key Recovery in Kommunikationssystemen nicht im Interesse der Kommunikationsteilnehmer, da es diesen keinen Nutzen, sondern nur ein erhöhtes Risiko bringt und da es dem möglicherweise vorhandenen Ziel der unüberwachten / unüberwachbaren Kommunikation widerspricht. Es ist daher notwendig zu untersuchen, ob und in welchem Umfang ein vorhandenes Key Recovery durch Maßnahmen der Kommunikationsteilnehmer unterlaufen, d.h. unwirksam gemacht werden kann – oder ob es im Gegenteil geeignet sein kann, das Ziel einer Überwachung der Kommunikation wirksam durchzusetzen. Die Diskussion dieses Abschnitts bezieht sich wegen der je nach Anwendungsbereich des Key

Recovery unterschiedlichen Interessenlage hauptsächlich auf den Fall der Verschlüsselung in Kommunikationssystemen, doch gelten die folgenden Argumente auch weitgehend für Key Recovery von Verschlüsselung bei der Datenspeicherung.

Key Recovery beruht in jedem Fall darauf, daß zusätzlich zur (verschlüsselten) Nutzinformation weitere Informationen, nämlich der verschlüsselte (Sitzungs-)Schlüssel, übertragen werden, die die Rekonstruktion der Nutzinformation ermöglichen. Wird diese zusätzliche Information weggelassen oder verändert, so ist Key Recovery, gleichgültig welches Verfahren angewendet wird, nicht mehr möglich. Damit also Key Recovery eine wirksame Überwachung von Kommunikationsvorgängen ermöglicht, muß erzwungen werden, daß diese Recovery Information übertragen wird, und zwar in unveränderter Form, und es muß gewährleistet sein, daß diese Information zur Rekonstruktion der übertragenen Nachrichten ausreicht. Beide Voraussetzungen sind jedoch nicht zu erzwingen:

- Es ist jederzeit möglich, die mit dem Recovery Key verschlüsselten (Sitzungs-)Schlüssel aus den zur Übertragung vorgesehenen Nachrichten vor dieser Übertragung zu entfernen oder sie inhaltlich so zu verändern, daß ein Key Recovery unmöglich wird. Dies gilt auch für geschlossene Systeme wie etwa ein verschlüsselndes ISDN-Telefon, da die vom geschlossenen System erzeugten Nachrichten vor der Übergabe an das Kommunikationsnetz immer noch durch ein nachgeschaltetes programmierbares System, beispielsweise einen zwischen Telefon und Netz geschalteten PC, manipuliert werden können.
- Um derartige Manipulationen auszuschließen oder zumindest erkennbar zu machen, müßte die Recovery Information gegen Veränderungen geschützt werden. Der einzige nicht leicht zu unterlaufende Schutz bestünde dabei in der digitalen Signatur der Recovery Information, ggf. eingebettet in die Signatur der Nutzdaten. Sofern die Kommunikationsteilnehmer jedoch Zugriff auf die zur Signatur benötigten kryptographischen Schlüssel haben, können sie dennoch jederzeit die Recovery Information verändern und anschließend diese veränderte Information signieren, so daß sich auch diese Schutzmaßnahme unterlaufen läßt.
- Selbst wenn kein Zugriff auf die Signierschlüssel besteht, weil diese nur in einem geschlossenen und geschützten System vorliegen, läßt sich Key Recovery verhindern, indem die Nutzdaten schon vor der Übergabe an das mit Key Recovery arbeitende Kryptosystem verschlüsselt werden. Dazu lassen sich in der Regel sogar die Funktionen dieses Kryptosystems selbst verwenden, indem die Nutzdaten zweimal, mit unterschiedlichen Schlüsseln, durch dieses System geleitet werden.

  Gängige Produkte, die ein solches Unterlaufen des Key Recovery verhindern sollen, versuchen dies dadurch zu erreichen, daß das Kryptosystem seine eigenen Ausgabedaten nicht mehr als Eingabedaten für eine zweite Verschlüsselung akzeptiert. Diese Einschränkung ist jedoch wirkungslos, da es prinzipiell immer möglich ist, den im ersten Verschlüsselungsschritt erzeugten Schlüsseltext einer (reversiblen) Transformation zu unterziehen, so daß das Kryptosystem ihn nicht mehr als Schlüsseltext erkennen kann. Eine einfache Transformation, die dies leistet, ist die logische Antivalenz (XOR) mit einer geeigneten, hinreichend großen Konstanten.
- Unberührt davon ist es auch möglich, als Nutzdaten selbst schon Schlüsseltext zu versenden, der mit einem anderen Kryptosystem erzeugt wurde. Unter Verwendung von Steganographie lassen sich dazu noch diese Nutzdaten so verbergen, daß mit realistischem Auf-

wand überhaupt nicht erkannt werden kann, daß hier ein verschlüsselter, nicht dem Key Recovery unterliegender Datenaustausch erfolgt [Huhn97].

Damit ergibt sich, daß Key Recovery nicht geeignet ist, einen eventuellen Überwachungsanspruch von Kommunikationsvorgängen wirksam durchzusetzen. Kommunikationsteilnehmer, die eine Überwachung ihres Datenaustauschs verhindern wollen, können dies ohne großen Aufwand erreichen, ggf. sogar, ohne daß ihnen dies nachgewiesen werden kann. Damit reduziert sich Key Recovery von Kommunikationsvorgängen im wesentlichen auf die *freiwillige* Bereitstellung einer Überwachungsschnittstelle – und ob dies den dafür erforderlichen Aufwand rechtfertigt, erscheint mehr als fraglich.

Dies bedeutet letztlich, daß Key Recovery zur Überwachung von Kommunikationsvorgängen, eben weil es unterlaufen werden kann, nur zusätzliche Risiken für die Kommunikationsteilnehmer schafft, die das Kryptosystem mit Key Recovery, doch sonst in unveränderter Form nutzen, während die eigentlich zu überwachenden Kommunikationsteilnehmer sich dieser Überwachung jederzeit entziehen können. Der Gesamteffekt ist daher nur eine Reduktion der Sicherheit des eingesetzten Kryptosystems, also eine Gefährdung der Vertraulichkeit der Daten *aller* Kommunikationsteilnehmer.

4.5 Nutzung eines Trust Centers

Der Ansatz, die Funktion des Key Recovery mit der eines Trust Centers zu verbinden, sieht zwar auf den ersten Blick vielversprechend aus, doch werden dabei einander wesensfremde Schutzanforderungen in unzulässiger Weise miteinander vermischt.

- Aufgabe des Trust Centers ist im wesentlichen, öffentliche Schlüssel authentisch bereitzustellen. Dies bedeutet, daß ein Trust Center sehr hohe Anforderungen an seine Integrität erfüllen muß. Es werden jedoch keine Anforderungen an die Vertraulichkeit der angebotenen Auskunftsdienste gestellt, solange nicht aufgrund der Konstruktion des Trust Centers und der angebotenen Dienstleistungen der Zugriff auf die geheimen Schlüssel der Benutzer gefordert wird.

  Die Sicherheitsanforderungen an Trust Center orientieren sich deshalb an der Gewährleistung der notwendigen Integrität, und sie bieten die Möglichkeit, die Vertraulichkeit geheimer Schlüssel dadurch zu gewährleisten, daß diese entweder vom Trust Center überhaupt nicht verwendet werden oder grundsätzlich nur in einem sicheren Trägermedium gespeichert bleiben, das sie nie verlassen [Hors95].

  Hier ist insbesondere zu beachten, daß digitale Signaturen und Zertifikate in einem Trust Center ohne weiteres in einem völlig abgeschlossenen System, ohne Anschluß an irgendwelche Rechnernetze, erzeugt werden können. Die dazu verwendeten geheimen Schlüssel müssen also keinerlei Angriffen über das Netz ausgesetzt werden. Dies steht im Gegensatz zu einer Situation, bei der die persönlichen Schlüssel von Nutzern des Trust Centers bzw. geheime Sitzungsschlüssel im Rahmen eines Key Recovery Dienstes über ein Netz bereitgestellt werden müßten.

- Soll ein Trust Center Funktionen des Key Recovery anbieten, muß es zusätzlich in der Lage sein, die Vertraulichkeit geheimer Schlüssel mit höchster Verläßlichkeit zu gewährleisten. Dies betrifft einerseits den Schutz der Recovery Keys, die möglicherweise in so großer Zahl oder so schnell benötigt werden, daß sich ihre Speicherung in vertrauenswürdigen

Trägermedien – Chipkarten – aus praktischen Gründen verbietet, und andererseits auch den Schutz rekonstruierter persönlicher Schlüssel bis zu deren vertrauenswürdiger Vernichtung.

Die für Trust Center vorgesehenen Schutzmaßnahmen sind bei weitem nicht ausreichend, um diesen notwendigen Schutz zu bieten, zumal auch die mögliche Kompromittierung geheimer Schlüssel eine weitere Bedrohung ist, der begegnet werden muß. Insbesondere erscheint die jetzt für Trust Center zulässige Beschränkung der Evaluierungsstufe sicherheitsrelevanter Komponenten auf die Stufe E4 als nicht ausreichend. Bei einer Evaluation nach der ITSEC-Stufe E4 besteht immer noch die Möglichkeit, durch Ausnutzung von Designschwächen oder Fehlern bei der Implementierung Sicherheitslücken zu finden, deren Nutzung – im Gegensatz zu einer Verletzung von Integrität und/oder Authentizität – möglicherweise auch über längere Zeit hinweg nicht erkennbar wird.

Aus diesen Überlegungen heraus sollten die beiden Funktionen des Trust Centers und des Key Recovery möglichst getrennt bleiben. Letztlich erhöht jede Anhäufung von Funktionalität in einem technischen, aber auch einem organisatorischen System dessen Komplexität und macht es damit fehleranfälliger und unsicherer.

5 Empfehlungen

Je nach Art der Verwirklichung eines Key Recovery entstehen ganz verschiedene Risiken für die Vertraulichkeit persönlicher Schlüssel und verschlüsselter Daten. Wenn die Sicherheit des gesamten Kryptosystems durch die Verfügbarkeit von Key Recovery nicht in Frage gestellt werden soll, empfiehlt es sich, bei dessen Einrichtung folgende Empfehlungen zu beachten:

- Die Rekonstruktion von Nutzdaten durch reines Message Recovery, also die Rekonstruktion von Sitzungsschlüsseln, ist mit einem deutlich geringeren Risiko verbunden, als jede Form von Key Recovery, die Zugriff auf persönliche Schlüssel benötigt oder ermöglicht.
- Für jede Form des Key Recovery sind grundsätzlich nur solche Kryptosysteme einzusetzen, deren Sicherheit wenigstens ebenso hoch ist wie die Sicherheit der zur Verschlüsselung der Nutzdaten verwendeten Systeme, da andernfalls deren Sicherheit entsprechend verringert wird. Um die Schlüsselverwaltung des Key Recovery Systems überschaubar zu halten, sollte dieses möglichst unter Verwendung eines asymmetrischen Verschlüsselungsverfahrens realisiert werden.
- Key Recovery für die Verschlüsselung von Kommunikationsvorgängen kann nur dann Sinn machen, wenn das Ziel explizit deren Überwachung ist. Hierdurch wird ein erhebliches Sicherheitsrisko geschaffen, vor allem wenn diese Funktion zentral für ein ganzes Netz und in Realzeit bereitgestellt werden soll. Gegenwärtig ist dieses Risiko technisch nicht beherrschbar, da weder die Auswahl noch die Realisierung der notwendigen Sicherheitsmaßnahmen im notwendigen Umfang und in der notwendigen Detaillierung verstanden werden.

  Darüber hinaus ist Key Recovery zur Durchsetzung einer Überwachung von Kommunikationsvorgängen weitgehend wirkungslos, da sich die Schlüsselrekonstruktion durch relativ einfache Maßnahmen verhindern läßt. Kommunikation mit Key Recovery setzt die Vertraulichkeit der übertragenen Informationen zusätzlichen Risiken aus, ohne dem Überwacher den Zugriff auf ihn interessierende Informationen zu gewährleisten. Auf die Nutzung von Key Recovery in Kommunikationssystemen sollte daher verzichtet werden.

- Key Recovery von Schlüsseln, mit denen digitale Signaturen erzeugt werden, ist weder sinnvoll noch vertretbar. Sofern Key Recovery für Konzelationsschlüssel benötigt wird, ist es daher unabdingbar, für die Erzeugung digitaler Signaturen andere Schlüssel als für den Schutz der Vertraulichkeit von Daten zu verwenden. Mit anderen Worten: Konzelations- und Signaturschlüssel *müssen* dann voneinander verschieden sein und dürfen nicht auseinander abgeleitet werden können.

- Recovery Keys, die zur Rekonstruktion persönlicher oder geheimer Schlüssel verwendet werden, müssen mindestens so gut gesichert werden wie diese Schlüssel selbst. Ihr Gültigkeitsbereich sowie ihre Gültigkeitszeitdauer sollten so weit wie möglich eingeschränkt werden. Zusätzlich sollte nach einem Key Recovery, bei dem ein persönlicher oder ein geheimer Schlüssel wiederhergestellt wurde, dieser Schlüssel ausgetauscht werden, um eine Kompromittierung seiner zukünftigen Nutzung auszuschließen.

  Dies widerspricht jedoch der Forderung nach unbemerktem Datenzugriff im Falle von Überwachungsmaßnahmen. Dieser Konflikt ist *prinzipiell* unauflösbar. Außerdem ist ein solcher Austausch in vielen Fällen auch praktisch unmöglich oder mit einem inakzeptablen Aufwand verbunden, wenn der persönliche oder geheime Schlüssel zur Entschlüsselung gespeicherter Daten benötigt wird. In diesem Falle müßten alle diese Daten mit dem alten Schlüssel entschlüsselt und mit dem neuen Schlüssel wieder verschlüsselt werden und wären bei dieser ggf. sehr aufwendigen Prozedur zusätzlichen, möglicherweise untragbaren Risiken ausgesetzt.

  Aus diesen Gründen verbietet sich eigentlich jede Form von Key Recovery, die persönliche Schlüssel eines asymmetrischen oder hybriden Verschlüsselungssystems wiederherstellt.

- Eine zentrale Bereitstellung von Recovery Keys widerspricht dem Schutz persönlicher Schlüssel durch Verteilung und sollte daher vermieden werden; sie ist darüber hinaus für die Schlüsselrekonstruktion von Speicherungsschlüsseln auch weder notwendig noch sinnvoll. Die Kompromittierung eines einzelnen persönlichen Schlüssels darf nur die Vertraulichkeitsanforderungen des betroffenen Benutzers gefährden. Ein zentrales Key Recovery bringt die Gefahr eines globalen Zusammenbruchs des kryptographischen Schutzes mit sich und kann damit völlig neue Bedrohungen und Schadenspotentiale (z.B. Erpressung) zur Folge haben. Dies ist besonders dann kritisch, wenn die Key Recovery Funktion über ein Netz angeboten werden soll.

- Die Übertragung von Key Recovery Funktionen an ein Trust Center stellt an dieses zusätzliche Anforderungen. Denen ist es einerseits nicht gewachsen, wenn für seinen Betrieb nur die derzeit gesetzlich vorgesehenen Regelungen umgesetzt wurden, andererseits wird das Risiko in einem ohnehin schon kritischen Bereich in untragbarem Maß erhöht.

  Trust Center sollten daher keine Key Recovery Funktionen anbieten, zumindest solange nicht, wie sie sich selbst noch im Aufbau befinden und ihre Sicherheit noch Gegenstand von Studien ist. Umgekehrt muß man derzeit davon ausgehen, daß ein Trust Center, das Key Recovery anbietet, Aufgaben durchführt, die es nicht beherrscht. Ein solches Trust Center verdient kein Vertrauen, weil es eine Leistung zur Verfügung stellt, die seine eigene Sicherheit untergraben kann.

Diese Erwägungen zeigen, daß der Aufbau von Strukturen für ein Key Recovery derzeit problematisch, unverstanden und daher letztlich unbeherrschbar ist. Beim heutigen Wissensstand ist die Einführung dieser Funktionalität in eine Produktionsumgebung nicht zu vertreten, weil sie die Sicherheit eines Kryptosystems in unkontrollierbarer Weise aushöhlen kann. Eine zwangsweise flächendeckende Einführung von Key Recovery, wie sie von einigen Stellen empfohlen wird, ist daher zum heutigen Zeitpunkt leichtsinnig und auch kontraproduktiv. Es liegt aus diesem Grund nahe, zunächst in Testumgebungen für eingeschränkte Anwendungsszenarien Erfahrungen mit Key Recovery zu sammeln. Derartige Untersuchungen sollten durchgeführt werden, um das Verständnis der Risiken von Key Recovery zu fördern und um Mittel und Wege zur Minderung dieser Risiken zu finden.

Auf jeden Fall macht die Einführung von Key Recovery nur Sinn zur Rekonstruktion von Speicherungsschlüsseln, auf keinen Fall jedoch für Kommunikationsschlüssel. Eine Vermischung beider Anwendungen von Key Recovery, die derzeit häufig in diesbezüglichen Diskussionen und sogar in technischen Darstellungen zu beobachten ist, führt nur zur Verwirrung des potentiellen Anwenders, bis hin zur Verschleierung der mit Key Recovery verbundenen Einzelinteressen. Eine zwangsweise flächendeckende Einführung von Key Recovery würde durch die neu entstehenden Risiken und die dadurch notgedrungen zu erwartenden Schäden das Vertrauen in kryptographische Techniken untergraben – und dies zu einem Zeitpunkt, wo es zuerst einmal gilt, Vertrauen in sichere digitale Kommunikation zu schaffen.

Literatur

[Abel97] Abelson, Hal et al.: The Risks of Key Recovery, Key Escrow, and Trusted Third-Party Encryption. In: http://www.crypto.com/key_study

[Hors95] Horster, P. (Hrsg.): Trust Center. DuD Fachbeiträge, Vieweg, Braunschweig / Wiesbaden, 1995.

[Huhn97] Huhn, M., Pfitzmann, A.: Technische Randbedingungen jeder Kryptoregulierung. In: Müller, G., Pfitzmann, A.: Mehrseitige Sicherheit in der Kommunikationstechnik – Verfahren, Komponenten, Integration; Addison-Wesley Longman, Inc., Bonn, Reading MA, 1997, S. 497-506.

[Weck98] Weck, G.: Key Recovery – Möglichkeiten und Risiken. In: Informatik-Spektrum, Springer, Berlin/Heidelberg, Band 21, Heft 3, Juni 1998, S. 147-158.

Anonymisierung in Datennetzen

Thomas Roessler

Universität Bonn
roessler@guug.de

Zusammenfassung

Der vorliegende Beitrag stellt zunächst die Grundlage der heute im Internet verwendeten Anonymisierungstechniken vor. Nach einem Überblick über eine Reihe von Diensten auf Applikationsebene wird ein Einstieg in die Anonymisierung auf Netzwerkebene gegeben. Schließlich kommen die politischen Aspekte anonymer Netznutzung zur Sprache.

1 Einführung

Daß die Nutzung von Internet-Diensten regelmäßig Datenspuren hinterläßt, ist längst eine Binsenweisheit. Nutzeraktivitäten sind häufig verkettbar. Öffentliche Äußerungen sind noch nach Jahren für jedermann mittels einfacher Stichwortsuche abrufbar.

Die in Deutschland durch das Teledienstedatenschutzgesetz getroffenen Regelungen sind spätestens jenseits der Bundesgrenzen wirkungslos, und auch im Inland werden sie nicht unbedingt eingehalten.

Während diese Möglichkeiten der Datennetze Anbietern (und häufig auch Behörden) das Wasser im Munde zusammenlaufen lassen, ist der Nutzer eher daran interessiert, seine Online-Aktivitäten möglichst von seiner realen Existenz getrennt zu halten, getreu dem alten Cartoon des *New Yorker*: *„On the Internet, nobody knows you are a dog."*

Einen Weg hierzu bieten kryptographische Techniken. Sie ermöglichen es dem Nutzer, seine Datenschutzinteressen auch in einem weltumspannenden Datennetz wie dem Internet zu wahren.

2 Grundlagen und Angreifermodell

2.1 Ziele

Anonymisierungsdienste dienen der Umsetzung einer Reihe von Zielen. Konkret geht es um drei verschiedene Aspekte [11]:

1. Die Verdeckung von Kommunikationsbeziehungen gegenüber Dritten. (Unbeobachtbarkeit)
2. Die Verdeckung der Identität des Absenders einer Nachricht gegenüber dem Empfänger dieser Nachricht. (Absenderanonymität)
3. Die Verdeckung der Identität des Empfängers einer Nachricht gegenüber deren Absender. (Empfängeranonymität)

2.2 Modell: Vertrauenswürdiger Mittler

Als idealisiertes Modell eines Anonymisierungsdienstes können wir einen vertrauenswürdigen Mittler annehmen, der zwischen einer festen Menge von Nutzern Nachrichten vermittelt, dabei aber die Identität der Kommunikationspartner verschleiert. [10] Zur Herstellung von Empfängeranonymität könnten dabei pseudonyme Adressen genutzt werden.

Wir nehmen an, daß alle Nutzer des Anonymisierungsdienstes über sichere Kanäle mit dem Mittler kommunizieren. Ein Angreifer soll damit insbesondere nicht in der Lage sein, irgendwelche Informationen über die Nutzung dieser Kanäle zu erhalten. Er soll weiterhin nicht in der Lage sein, Nachrichten in diese Kanäle einzuspeisen oder Nachrichten zu unterdrücken.

In diesem Modell ist jeder Teilnehmer mit gleicher Wahrscheinlichkeit Urheber bzw. Empfänger einer Nachricht.

Arbeitet ein Teil der möglichen Nutzer mit dem Angreifer zusammen, sind die Nachrichten der „ehrlichen" Teilnehmer für diesen immer noch untereinander ununterscheidbar.

Um das Modell in realen Netzwerkumgebungen nachzubilden, greift man auf kryptographische Methoden zurück. Ziel eines Anonymisierungsdienstes ist, daß der Angreifer möglichst nicht mehr Informationen erhält als derjenige des idealisierten Modells.

2.3 Angreifermodell

Das Angreifermodell wird durch die Gegebenheiten der Datennetze bestimmt. Wir unterscheiden zwei verschiedene Typen von Angreifern:

- Passiver Angreifer: Man geht davon aus, daß ein passiver Angreifer in der Lage ist, alle verwendeten Netzwerkverbindungen abzuhören. Er soll jedoch nicht in der Lage sein, zum Schutz der übermittelten Nachrichten eingesetzte Verschlüsselungsmechanismen zu brechen. Wird die vertrauenswürdige Instanz durch eine Reihe von Mittlern nachgebildet, ist zusätzlich anzunehmen, daß der passive Angreifer mit einigen (nicht allen) dieser Mittler zusammenarbeitet und Kenntnis von deren Aktivitäten hat.
- Aktiver Angreifer: Ein aktiver Angreifer verfügt über die Möglichkeit, die verwendeten Kanäle zu unterbrechen, Datenübermittlungen abzufangen oder zu modifizieren und zusätzliche Daten einzuspeisen. Wird die vertrauenswürdige Instanz durch eine Reihe von Mittlern nachgebildet, wird zusätzlich angenommen, daß der aktive Angreifer die Übermittlung und Verarbeitung von Daten durch die mit ihm zusammenarbeitenden Mittler beeinflussen kann.

Sprechen wir von Empfänger- oder Absenderanonymität, so ist der Angreifer identisch mit dem Absender oder Empfänger der anonym zu verschickenden Nachrichten.

2.4 Gleichmäßige Verteilung

Empfängeranonymität kann durch die gleichmäßige (*konsistente*) Verteilung einer Nachricht auf eine Menge möglicher Empfänger erreicht werden. Dieses Instrument ist altbekannt – man denke etwa an die Kommunikation mit Erpressern über kryptische Zeitungsanzeigen.

Diese Anwendungsform demonstriert gleichzeitig auch die bei gleichmäßiger Verteilung regelmäßig benötigte *implizite Adressierung* von Nachrichten: Eine Mitteilung wird dabei so verschlüsselt, daß allein der tatsächliche Empfänger sie dechiffrieren kann. Weitere Hinweise auf seine Identität werden jedoch nicht gegeben.

Ein passiver, möglicherweise mit dem Absender identischer Angreifer hat keine Möglichkeit, den tatsächlichen Empfänger von den anderen möglichen Empfängern zu unterscheiden – jeder hat die Nachricht erhalten.

Will der Empfänger der Nachricht absenderanonym antworten, so muß er zuvor sicher sein, daß die Nachricht tatsächlich an alle möglichen Empfänger verteilt wurde. Hat die Nachricht tatsächlich nur einen Teil der möglichen Empfänger erreicht, schränkt allein die Tatsache, daß sie beantwortet wurde, den Kreis der Verdächtigen ein.

2.5 DC-Netze

Grundlage dieses Verfahrens zur unbeobachtbaren und absenderanonymen Verteilung ist das *Dining-Cryptographers*-Problem [2,14]: Drei kryptographisch interessierte Damen und Herren dinieren festlich in einem Restaurant. Der Kellner teilt ihnen mit, daß die Rechnung von genau einem ungenannten Spender übernommen werde.

Die drei möchten wissen, ob einer von ihnen dieser Spender ist, oder ob es sich um einen Außenstehenden handelt. Dabei soll nicht offengelegt werden, wer der drei das Essen bezahlt.

Zur Lösung dieses Problems bestimmt jeder am Tisch mit seinem rechten Nachbarn zufällig ein Bit, das dem Dritten am Tisch verborgen bleibt. Zum Beispiel könnte hinter vorgehaltener Speisekarte eine Münze geworfen werden. Nun beantwortet jeder der drei die Frage, ob er zweimal den gleichen Wurf gesehen habe. Es wird vereinbart, daß dabei derjenige, der das Essen gezahlt hat, lügen soll.

Haben zwei der drei Personen am Tisch gleiche Würfe gesehen, so müssen alle drei Würfe gleich gewesen sein. Der dritte am Tisch muß also ebenfalls gleiche Münzwürfe gesehen haben. Sahen umgekehrt zwei Persone am Tisch unterschiedliche Würfe, so muß der dritte gleiche gesehen haben.

Es folgt, daß immer eine ungerade Zahl von Teilnehmern gleiche Münzwürfe gesehen hat. Ist die Anzahl derjenigen, die gleiche Würfe angeben, gerade, hat einer gelogen, also das Essen bezahlt. (Aus der Aussage des Kellners ergibt sich, daß höchstens einer der drei das Essen bezahlt hat. Da sich alle Beteiligten protokollkonform verhalten, wird höchstens einer lügen.)

Die Identität des Lügners können die beiden anderen jedoch nur gemeinsam aufdecken. Sie erhalten also nur die Informationen, die ein Angreifer im idealen Modell gewinnen würde.

Dieses Verfahren läßt sich auf die anonyme und unbeobachtbare Verteilung von mehr als einem Bit auf mehr als drei Parteien verallgemeinern. Soll eine Nachricht nur für einen bestimmten Teilnehmer lesbar sein, muß sie verschlüsselt werden.

DC-Netze liefern einen Kanal, der gleichzeitig von allen Beteiligten beschrieben und gelesen werden kann. Versuchen mehrere Teilnehmer, gleichzeitig Nachrichten zu übermitteln, kommt es zu einer *Kollision.* Verteilt wird letztlich eine mehr oder minder sinnfreie Nachricht, die die Mitteilungen der Schreibenden vermengt. Protokolle zur Handhabung dieser Situation sind aus anderen Zusammenhängen (Medienzugriff) bekannt.

Für den Einsatz in Datennetzen ist der enorme Aufwand hinderlich: In jeder „Runde“ müssen alle beteiligten Parteien auf einem öffentlichen Kanal senden.

2.6 Mixe

Die meisten heute verwendeten Anonymisierungsdienste bauen auf dem Konzept des Mixes auf. [1,11] Hierunter versteht man einen Netzknoten, der Nachrichten vor dem Weiterreichen transformiert, verzögert und umsortiert, so daß ein- und ausgehende Nachrichten nicht miteinander verkettet werden können. Hierdurch werden Absenderanonymität und Unbeobachtbarkeit erreicht.

Werden mehrere Mixe in eine Kette zusammengeschaltet und sind die Übertragungskanäle zwischen den Mixen und dem Nutzer sicher, so genügt bereits *ein* ehrlicher Mix in der Kette, um unbeobachtbare Kommunikation sicherzustellen.

Empfängeranonyme Kommunikation kann über *Reply-Blöcke* erreicht werden. Wir nehmen dazu an, daß jeder Knoten des Mix-Netzes einen öffentlichen Schlüssel für ein Public-Key-Kryptosystem erzeugt habe. Um einen Reply-Block zu erzeugen, wird zunächst eine Kette von Mixen festgelegt, die für die Zustellung der Nachricht verwendet werden soll.

Die tatsächliche Adresse des Empfängers wird nun zusammen mit Informationen über eine vorzunehmende Umverschlüsselung mit dem öffentlichen Schlüssel des letzten Mixes in der Kette verschlüsselt. Das resultierende Chiffrat, die Adresse des letzten Mixes und Informationen zur Umverschlüsselung werden dann mit dem öffentlichen Schlüssel des vorletzten Mixes verschlüsselt. Dieser Vorgang wird für jeden weiteren Mix in der Kette wiederholt, bis nur mehr die Adresse des ersten Mixes in der Kette und die mehrfach verschlüsselten Adressierungsinformationen vorliegen.

Um aus diesen Adressierungsinformationen die tatsächliche Identität des Empfängers zu gewinnen, sind die Entschlüsselungsschlüssel *aller* beteiligten Mixe nötig.

Den Empfänger erreicht die Nachricht in mehrfach um- bzw. überverschlüsselter Form.

2.7 Angriffe auf Mix-Netze

Wir nehmen zunächst einen rein passiven Angreifer an, der Zugriff auf die Kommunikationskanäle innerhalb des Mix-Netzes und zwischen Mixen und Nutzern hat.

Implementierungen müssen so ausgelegt sein, daß ein Beobachter nicht bestimmen kann, ob zwischen zwei Mixen in einem Netz tatsächliche Nachrichten ausgetauscht werden. Der Datenverkehr zwischen den Mixen muß daher von den tatsächlich zu übermittelten Nachrichten unabhängig sein. Hierzu können die Mixe beispielsweise zufällig erzeugte Füllnachrichten übermitteln, sofern ihnen keine tatsächlichen Nachrichten vorliegen.

Das gleiche gilt für den Datenverkehr zwischen Nutzern und Mixen: Kann ein passiver Angreifer beobachten, daß zwischen Nutzern und Mix-Netz tatsächliche Nachrichten ausgetauscht werden, ist es ihm durch einen *Timing-Angriff* möglich, Kommunikationsbeziehungen aufzudecken. Erreicht eine Nachricht einen Empfänger, besteht die Menge der möglichen Absender aus all jenen Nutzern, die innerhalb eines gewissen Zeitraums vor dem Eintreffen der Mitteilung eine Nachricht an das Mix-Netz geschickt haben. Findet ein regelmäßiger Nachrichtenaustausch statt, kann der Angreifer diesen Verdächtigenkreis durch einfache Schnittmengenbildung immer weiter einschränken, bis er die Kommunikationsbeziehung aufgedeckt hat.

Als Lösung dieses Problems kommen Fülldaten oder der Betrieb eines eigenen Mixes in Frage, der von Dritten benutzt wird und Teil des allgemeinen Mix-Netzes ist. Im letzteren Fall übernehmen die Nachrichten anderer Netznutzer die Rolle der Füllnachrichten.

Werden Nachrichten unterschiedlicher Größe verschickt, kann es einem Beobachter oder einer Reihe kooperierender Mixe möglich sein, eine Nachricht durch das gesamte Mix-Netz zu verfolgen. Um diesen Angriff abzuwehren, werden ausschließlich Nachrichten einer vorher vereinbarten, fixen Größe verschickt. Längere Mitteilungen werden in mehrere Teile aufgeteilt, kürzere durch das Hinzufügen von zufälligem Material auf Standardlänge gebracht.

Kann ein aktiver Angreifer die Übermittlung von Nachrichten zwischen Mix-Netz und Nutzern beobachten und dabei tatsächliche von Füllnachrichten unterscheiden, ermöglicht ihm dies die Aufdeckung der Identität des Empfängers.

Hierzu speist der Angreifer eine aufgefangene Nachricht wiederholt in das Mix-Netz ein. Das Mix-Netz wird nun wiederholt identische Nachrichten an den Empfänger schicken. Dies kann der Angreifer beobachten und dadurch die Identität des Empfängers aufdecken.

Eine einfache Gegenmaßnahme gegen diese Klasse von Angriffen (*Replay*-Angriffe) ist möglich: Die einzelnen Nachrichten werden mit einem Zeitstempel und einer zufällig erzeugten Seriennummer versehen. Die Mixe können hierdurch duplizierte Nachrichten erkennen und ignorieren.

Ein sehr ähnlicher Angriff ist leicht möglich, wenn das Mix-Netz Reply-Blöcke unterstützt: In diesem Fall kann der Angreifer ohne weiteres mehrere identische Nachrichten an den gleichen Empfänger durch das Mix-Netz übermitteln.

Das Design der zum Umsortieren der Nachrichten verwendeten *Pools* gibt Anlaß zu einer weiteren Klasse aktiver Angriffe, die als *flooding* oder *spamming* des Mixes bezeichnet werden. Der Angreifer versucht hierbei, den Zustand zu erreichen, daß der Mix-Pool genau eine Nachricht eines ehrlichen Nutzers enthält. Alle anderen Nachrichten im Pool sind vom Angreifer erzeugt. Schickt der Mix nun Nachrichten aus dem Pool weiter und ist der Angreifer in der Lage, seine eigenen Nachrichten zu erkennen, hat er die zu verfolgende Nachricht isoliert. Diesen Vorgang kann er für jeden Mix in der Kette wiederholen. Erleichtert wird dieser Angriff, wenn der Angreifer Nachrichten ehrlicher Nutzer unterdrücken oder verzögern kann.

Man beachte, daß der Angreifer in der Lage sein muß, die ausgehenden Verbindungen des Mixes oder deren Endpunkte zu beobachten.

Es gibt eine Reihe von Strategien, um in praktischen Anwendungen diesen Angriff zu erschweren:

- Der Mix leert den Pool in festgelegten Zeitabständen, beläßt aber eine festgelegte Anzahl von Nachrichten im Pool. Ist der Zeitraum zwischen den einzelnen „Leerungen" so bemessen, daß vor jeder Leerung des Pools mehrere Nachrichten ehrlicher Nutzer eingehen, so ist der Angreifer trotz *Spamming* nicht in der Lage, zwischen diesen legitimen Nachrichten zu unterscheiden.

- Mixe können mit variabler Pool-Größe betrieben werden. Dabei wird eine minimale Pool-Größe festgelegt, die der Mix niemals unterschreitet. Zusätzlich werden nicht alle „überschüssigen" Nachrichten verschickt, sondern nur ein gewisser Anteil dieser Nachrichten. Diese Strategie ermöglicht es dem Mix zusätzlich, seine Poolgröße an schwankendes Verkehrsaufkommen anzupassen.

Die Nutzung von Mix-Netzen für zeitkritische oder Echtzeit-Kommunikation führt zu einer weiteren Angriffsmöglichkeit: Ein aktiver Angreifer kann die Kommunikationskanäle zwischen einzelnen Knoten des Mix-Netzes unterbrechen und überprüfen, welche Verbindungen zwischen Mix-Netz und Nutzern hierdurch unterbrochen oder verzögert werden.

Eine mögliche Gegenmaßnahme besteht darin, derartige Störungen zwangsweise durch das gesamte Mix-Netz zu propagieren. Ein derartiger Ansatz hat zwar den Vorteil, die Vertraulichkeit der Verbindungen zu sichern. Diesem steht der Nachteil mangelnder Verfügbarkeit gegenüber: Es fällt dem Angreifer leicht, das gesamte Mix-Netz lahmzulegen. [5]

3 Spezielle Dienste I: E-Mail und Usenet News

3.1 Funktionsweise und Risiken

Die vermutlich ersten Netzdienste, für die öffentlich verfügbare und populäre Anonymisierungsdienste angeboten wurden, sind E-Mail und Usenet News. Dies dürfte nicht zuletzt damit zusammenhängen, daß es sich um zwei der ältesten und (vor WWW-Zeiten) beliebtesten Netzdienste handelt.

E-Mail wird traditionell nach dem *store-and-forward*-Prinzip verteilt, wobei nicht alle beteiligten Rechner direkten Kontakt zum Internet haben müssen. Praktisch jede E-Mail wird von einer ganzen Reihe von vernetzten Rechnern zwischengespeichert und dann in Richtung ihres eigentlichen Adressaten weitergeleitet. An jeder Station werden dabei genaue Informationen über die Herkunft der Nachricht und ihre Bestimmung sowie ein Zeitstempel im Kopf der Nachricht eingetragen (Received-Header). Diese Informationen, eine eindeutige Seriennummer (Message-ID) und die Länge der Nachricht werden von den meisten Stationen zusätzlich in Log-Dateien festgehalten. Um Fälschungen aufzudecken, zeichnen moderne Mail-Transport-Systeme üblicherweise auch die Netzwerkadresse des einliefernden Systems ein.

Es ist damit ohne weiteres möglich, E-Mails praktisch lückenlos zurückzuverfolgen. Die hierzu nötigen Informationen werden dem Empfänger in Form der Received-Header frei Haus geliefert.

Als *Usenet* wird eine Infrastruktur für weltweite, verteilte Diskussionsforen bezeichnet.

Hierzu werden Beiträge nach dem *flood-fill*-Verfahren auf möglichst viele sogenannte *Newsserver* verteilt. Newsserver halten die Beiträge für einen gewissen Zeitraum vor und ermöglichen es ihren Nutzern, die Artikel anderer zu lesen und eigene Beiträge zu veröffentlichen.

Diese Beiträge werden nach formalisierten Schlagworten in Kategorien eingeteilt. Man spricht von *Newsgroups* oder Gruppen. Es gibt Gruppen zu annähernd beliebigen und auch beliebig sensiblen Themen.

Artikel werden weltweit verteilt und häufig auch archiviert. Einige dieser Archive sind jedermann zugänglich. Es ist damit praktisch möglich, Usenet-Artikel auch nach Jahren noch durch einfache Stichwortsuche oder durch die Suche nach dem Namen des Autors aufzufinden.

Auch im Usenet ist es relativ einfach, Artikel mit verfälschten oder unterdrückten Absenderinformationen zurückzuverfolgen: Der Verteilungsmechanismus des Usenet vermeidet Schleifen unter anderem dadurch, daß jeder Artikel in einem Path-Header all jene Server verzeichnet, über die er gelaufen ist. Diese Liste kann rückwärts bis zum Ursprungsserver verfolgt werden, dessen Log-Dateien dann die tatsächliche Identität des Autors preisgeben.

3.2 Anonyme Veröffentlichung im Usenet

Anonymisierungsdienste für E-Mail können grundsätzlich immer auch zum absenderanonymen Veröffentlichen von Usenet-Artikeln genutzt werden: Es gibt eine Reihe von Gateways, die Artikel per E-Mail annehmen und diese dann veröffentlichen.

Damit ist zugleich auch die Möglichkeit gegeben, Empfängeranonymität durch konsistente Verteilung herzustellen: Nachrichten werden mit dem öffentlichen Schlüssel des Empfängers verschlüsselt und im Usenet veröffentlicht, beispielsweise in der Gruppe alt.anonymous. messages, die speziell für diese Anwendung geschaffen wurde. Der Empfänger muß zunächst alle Nachrichten in dieser Gruppe auf seinen eigenen Rechner herunterladen. Dechiffrieren kann er allein die für ihn selbst bestimmten.

Kommen übliche Kryptosysteme wie zum Beispiel PGP zum Einsatz, ist besonders darauf zu achten, daß die verschlüsselte Nachricht selbst keine Information über die Identität des Empfängers preisgibt – etwa durch die unverschlüsselte Angabe eines Merkmals des zur Entschlüsselung benötigten Schlüssels (*Key-ID*).

3.3 anon.penet.fi

Der historisch erste „Anonymisierungsdienst" für E-Mail war nach dem für die pseudonymen Adressen verwendeten Domainnamen als anon.penet.fi bekannt.

Der Remailer bot Absender- und Empfängeranonymität. Der Dienst ordnete ausnahmslos jedem Nutzer eine pseudonyme Adresse zu, unter der dieser erreichbar war. Nachrichten an diese Pseudonyme wurden automatisch selbst anonymisiert, ihrem Absender ebenfalls ein Pseudonym zugeordnet.

Der Dienst war nicht durch kryptographische Methoden gesichert: Nachrichten an Pseudonyme wurden im Klartext an anNNNNNN@anon.penet.fi geschickt. Absenderanonyme Nachrichten gingen an anon@anon.penet.fi; die tatsächliche Zieladresse wurde in einem zusätzlichen Header-Feld eingetragen.

Um die Identität des Absenders einer Nachricht zu verschleiern, wurden sämtliche kompromittierenden Header-Informationen entfernt und die E-Mail-Adresse des Absenders durch dessen Pseudonym ersetzt.

Die Zuordnung zwischen pseudonymer und realer E-Mail-Adresse war in einer einfachen Datenbank abgelegt und für den Betreiber des Dienstes jederzeit zugreifbar.

Dank seiner einfachen Bedienung war anon.penet.fi extrem populär. Eine Quelle nennt die Zahl von 3500 Nachrichten pro Tag.

Die automatische Zuordnung der Pseudonyme ermöglichte eine Möglichkeit zu deren Aufdeckung: Der Angreifer richtete zunächst selbst ein Pseudonym ein. Unter diesem Pseudonym nahm er an einer öffentlichen Mailingliste teil, an die der Angegriffene Nachrichten schickte. Der Remailer ersezte bei der Zustellung dieser Nachrichten an den Angreifer die Absenderangabe durch das Pseudonym des Angegriffenen. Andererseits konnte der Angreifer die Nachricht dem Angegriffenen zuordnen. Das Pseudonym war damit aufgedeckt.

Der Dienst wurde 1996 eingestellt, nachdem der Betreiber des Dienstes zur Aufdeckung der Pseudonyme einiger Nutzer gezwungen worden war und in der Presse nachweislich falsche Meldungen erschienen, der Dienst sei zum Versand von Kinderpornographie genutzt worden.

3.4 Cypherpunk-Remailer

Der *cypherpunk*-Remailer (Typ-1-Remailer) ist eine erste Implementierung Mix-ähnlicher Ideen für den E-Mail-Dienst.

Die einfachste Form der Benutzung hat das Ziel der Absenderanonymität: Die zu verschickende Nachricht und die Adresse des Empfängers werden mit dem öffentlichen PGP-Schlüssel des Remailers verschlüsselt und per E-Mail an diesen geschickt.

Der Remailer dechiffriert die Nachricht und leitet den Klartext weiter. Die Adresse des Absenders wird dabei unterdrückt.

Da dieser Vorgang ohne weiteres mehrfach geschachtelt werden kann, ergibt sich ein einfaches Mix-Netz. Dieses kann mit Hilfe von Reply-Blöcken auch genutzt werden, um Empfängeranonymität zu erreichen.

Die Nutzung der Reply-Blöcke wird durch öffentlich zugängliche *Nym-Server* [9] erleichtert. Diese stellen dem Nutzer eine pseudonyme E-Mail-Adresse zur Verfügung. Jeder derartigen Adresse sind ein oder mehrere Reply-Blöcke zugeordnet, mit deren Hilfe der Nym-Server die Nachricht über eine Remailer-Kette an den endgültigen Empfänger schickt. Die Nutzung dieser Nym-Server ist für den Absender der Nachricht vollkommen transparent.

Cypherpunk-Remailer weisen eine Reihe von Schwächen auf, die Kommunikationsbeziehungen und die Identität der Kommunikationspartner aufdecken können. [4]

So werden Nachrichten beim Transport durch Typ-1-Remailer bei jedem Entschlüsselungsschritt verkürzt. Sie sind damit anhand ihrer Größe verfolgbar. Hierdurch werden Flooding-Angriffe gegen Cypherpunk-Remailer praktikabel.

Reply-Blöcke und die Tatsache, daß cypherpunk-Remailer über keine Methoden zur Erkennung duplizierter Nachrichten verfügen, machen Replay-Angriffe möglich.

Hinzu kommt, daß Cypherpunk-Remailer in einigen möglichen Konfigurationen keine „echten" Mix-Pools verwenden, sondern Nachrichten nach einer vom Absender zu wählenden Wartezeit weiterleiten. Die Auswirkungen dieser Technik sind nur schwer abzuschätzen, da hier der Absender einer Nachricht (oder der Ersteller des Reply-Blocks) die Nutzung des Remailers im voraus abschätzen muß.

Tabelle 1: Remailer-Auslastung / 24h [12. Januar 1999]

Name	Nachrichten Typ 2	Nachrichten Typ 1
doom	1171	-
lcs	802	-
privacy	576	-
replay	1310	3918
hyperreal	950	675
fitugmix	447	-
olymp	541	-
athena	872	-
cracker	509	1235
nowhere	1187	1480
squirrel	911	748

3.5 Mixmaster

Das *Mixmaster*-System, auch als Typ-2-Remailer bezeichnet, behebt die dargestellten Schwächen. [3,4]

Hierzu kommt ein eigenes Datenformat zum Einsatz, das grundsätzlich Nachrichten fixer Länge (nach Radix-64-Codierung etwa 28kB) verwendet. Längere Mitteilungen werden automatisch aufgeteilt und beim letzten Remailer der verwendeten Kette vor der endgültigen Zustellung wieder zusammengesetzt. Kürzere Nachrichten werden durch „Padding" auf die gewünschte Länge gebracht.

Der Nachrichtenkopf besitzt ebenfalls eine feste Länge; die Länge der Remailer-Kette wird hierdurch begrenzt.

Mixmaster kann in einer Reihe verschiedener Modi betrieben werden:

- Fixer Nachrichtenpool. Mixmaster sammelt in diesem Modus eine feste Anzahl von Nachrichten in einem Pool an. Dieser Pool wird zu festgelegten Zeitpunkten oder beim Eintreffen neuer Nachrichten geleert.
- Variabler Nachrichtenpool. In diesem Modus wird ein festgesetzter Anteil der Nachrichten im Pool verschickt. Dies kann wiederum zu festen Zeitpunkten oder beim Eintreffen neuer Nachrichten geschehen. Dieser Modus ist am besten zur Abwehr von Flooding- und Timing-Angriffen geeignet.

Füllnachrichten, die zur Verdeckung der tatsächlichen Kommunikationsbeziehungen zwischen einzelnen Knoten des Mixnetzes benötigt werden, müssen gesondert erzeugt werden.

Um Replay-Angriffe abzuwehren, versieht Mixmaster jeden Nachrichtenkopf mit einem Zeitstempel, einer zufällig erzeugten Seriennummer und einer Prüfsumme (MD5-Hash). Nachrichten mit einem Zeitstempel, der zu weit in der Zukunft oder in der Vergangenheit liegt, werden abgewiesen. Die Seriennummer des Nachrichtenkopfes wird abgespeichert. Trifft eine Nachricht mit der gleichen Seriennummer ein zweites Mal ein, so wird sie ignoriert.

Mixmaster unterstützt keine Reply-Blöcke. Empfänger-Anonymität kann damit nur durch Verteilung, zum Beispiel über alt.anonymous.messages, erreicht werden.

Zur Erzeugung der Mixmaster-Nachrichten wird eine spezielle Client-Software benötigt. Diese wird von mehreren Mail-Clients für Unix unterstützt (premail, Mutt, mailcrypt). Windows-Nutzer können zur Bedienung von Mixmaster auf graphische Benutzeroberflächen zurückgreifen.

Eine interessante Anwendung für Mixmaster ergibt sich im Zusammenhang mit Cypherpunk-Remailern: Es ist möglich, Nachrichten zwischen verschiedenen Cypherpunk-Remailern und von Cypherpunk-Remailern an Endnutzer nicht direkt, sondern über zufällig ausgewählte Mixmaster-Ketten zu verschicken. Dies kann genutzt werden, um einige der rein passiven Angriffe gegen Cypherpunk-Remailer unwirksam zu machen oder zu erschweren. Dieser Mechanismus ist besonders wirksam, wenn Typ-1- und Typ-2-Remailer gemeinsam betrieben werden: In diesem Fall sind für einen unbeteiligten passiven Angreifer die Nachrichten der verschiedenen Remailerklassen nicht mehr zu unterscheiden.

Keine Abhilfe bringt das Zwischenschalten von Mixmaster-Ketten jedoch gegen einen Angreifer, der mit einigen der verwendeten Cypherpunk-Remailer zusammenarbeitet.

4 Spezielle Dienste II: Anonym im World Wide Web

4.1 Funktionsweise, Risiken

Das World Wide Web (WWW) gilt heute als die Internet-Anwendung schlechthin. Gerade hier hinterläßt der Nutzer eine Vielzahl von Datenspuren.

Dies ergibt sich teilweise aus der Funktionsweise des Dienstes: Das *HyperText Transfer Protocol* (*HTTP*), das für die meisten WWW-Abfragen verwendet wird, geht von einem Client-Server-Modell aus. Will der Nutzer eine WWW-Seite betrachten öffnet seine Client-Software eine TCP-Verbindung zum Server des Diensteanbieters und übergibt diesem die gewünschte Web-Adresse (*URL*). Der Server antwortet hierauf mit dem – unter Umständen dynamisch erzeugten – Seiteninhalt.

Anstatt den Web-Server direkt zu kontaktieren, kann der Client auch eine Verbindung zu einem *Proxy* aufbauen, der den gewünschten Seiteninhalt entweder aus einem Zwischenspeicher (*Cache*) der vom tatsächlichen Web-Server abruft und an den Client weitergibt.

Hierbei fallen beträchtliche Mengen an Nutzerdaten an: Werden Einbenutzersysteme verwendet, so identifiziert bereits die IP-Adresse des Client-Rechners die Person des Abrufenden.

Mehrbenutzersysteme stellen häufig einen Dienst zur Verfügung, der die Zuordnung von TCP-Verbindung und initiierendem Nutzer offenlegt.

Hinzu kommen Datenschutzrisiken, die in der Client-Software angelegt sind: Viele „Browser" teilen dem Server in jeder Anfrage Namen und E-Mail-Adresse des Abrufenden mit.

HTTP-Server können in sogenannten *Cookies* beim Client Daten ablegen, die ihnen später mit jeder HTTP-Anfrage übermittelt werden. Dieser Mechanismus erlaubt die Verkettung von HTTP-Anfragen, die vom gleichen Nutzer ausgehen.

Anonymisierungsdienste für das WWW haben neben der Unbeobachtbarkeit der Kommunikationsbeziehung zwei Ziele:

- Client-Anonymität: Die Identität des Abrufenden soll dem Server gegenüber nicht preisgegeben werden. Dieser soll nicht in der Lage sein, die verschiedenen Abfragen des Client zu verketten. Betrachtet man die Rollen von Client und Server beim tatsächlichen Kommunikationsvorgang, so liegt hier das Problem der *Absenderanonymität* vor.
- Server-Anonymität: Es sollen URLs konstruiert werden, aus denen der tatsächliche „Standort" des abgerufenen Inhalts nicht oder nur mit großem Aufwand zu entnehmen ist. Hier handelt es sich um das Problem der *Empfänger*-Anonymität.

Um zumindest ein geringes Maß an Client-Anonymität zu erreichen, sind einfache Filter auf Applikationsebene populär, die kompromittierende Informationen aus HTTP-Abfragen entfernen. Der „Anonymizer" ist nur ein Beispiel. Es liegt auf der Hand, daß solche Lösungen keinen Schutz gegen einen Angreifer bieten, der in großem Maßstab Netzwerkverbindungen überwacht. Beim Betreiber des Filters liegen außerdem sämtliche Informationen über das Surfverhalten des Nutzers zentral und im Klartext vor.

Wir erwähnen die Filter hier aus dem Grund, daß sie ein unverzichtbarer Bestandteil jeder weiter fortgeschrittenen Lösung sind.

Beide Probleme können durch den Einsatz von Mix-Netzen auf Applikationsebene jedenfalls ansatzweise gelöst werden.

4.2 Rewebber

Der *Rewebber* von Goldberg und Wagner [8] bildet das Konzept des Reply-Blocks auf das WWW ab, um Server-Anonymität zu erreichen. Bei den einzelnen Knoten des Mix-Netzes handelt es sich in diesem Fall um spezielle HTTP-Server. Diese erwarten im lokalen Teil einer ihnen übergebenen URL (WWW-Adresse) eine weitere, verschlüsselte URL sowie Informationen zur Entschlüsselung der zu übermittelnden Daten.

Zum Beispiel könnte der Rewebber rewebber.com die URL http://rewebber.com/!C1o+uuaRqfJG35MP6XSJb6ISZ2ws3oNxP6UhlS4im3Q= in http://www.dud.de/ geheim.html umwandeln. Er würde diese URL dann abrufen und die dort abgelegten Informationen mit dem ebenfalls übermittelten Schlüssel dechiffrieren. Die dechiffrierte Seite würde er an den Browser des Nutzers weitergeben.

Dieser Prozeß läßt sich mehrfach schachteln. Ruft der Nutzer die resultierende verschlüsselte URL auf, so entsteht eine Kette von HTTP-Abfragen entlang der vorgegebenen Kette von Rewebbern. Allein das letzte Glied dieser Kette kennt die tatsächlich abgerufene URL. Die

Entschlüsselungsinformationen, die für jedes Glied der Rewebber-Kette angegeben wurden, dienen dazu, den Seiteninhalt schichtweise in Klartext umzuwandeln, der dem Nutzer schließlich vom von ihm aus gesehen ersten Rewebber geliefert wird.

Um in der Praxis mit den äußerst unhandlichen verschlüsselten URLs umgehen zu können, wurde vorgeschlagen, eine WWW-Entsprechung des Nym-Servers einzurichten: Eine weitere Klasse spezieller WWW-Proxies soll allein dem Zweck dienen, menschenlesbaren „pseudonymen" URLs die eigentlichen verschlüsselten Informationen zuzuordnen.

Da WWW-Abrufe typischerweise interaktiv ablaufen, dürfen die einzelnen Knoten des Rewebber-Netzes Abrufe nicht über Gebühr verzögern. „Echtes" Mischen der einzelnen Abrufe ist damit nicht möglich. Die vermutete Sicherheit des Rewebber-Systems gegen einen passiven Angreifer mit weitreichenden Fähigkeiten ergibt sich daher vor allem aus einer hypothetischen starken Benutzung und aus der Tatsache, daß Implementierungen üblicherweise auf existierende WWW-Proxies aufsetzen werden. Diese sind regelmäßig darauf ausgelegt, Netzwerklast bzw. Wartezeiten des Nutzers zu reduzieren. Hierzu kommen Techniken wie das Zwischenspeichern von abgerufenen Seiten (*Caching*) und das sogenannte *Pre-Fetching* von Seiten zum Einsatz: Ein Proxy versucht, die nächsten Surf-Schritte des Nutzers im voraus zu erraten, ruft die hierzu benötigten Seiten ohne weiteres Zutun des Nutzers ab und legt sie auf Vorrat in seinem Zwischenspeicher ab.

Diese Techniken verwischen den Zusammenhang zwischen der Abfrage des Nutzers und den ausgehenden Abfragen des Proxy. Es wird vermutet, daß sie die Praktikabilität von Timing-Angriffen gegen ein Rewebber-Netz stark erschweren.

Die Tatsache, daß die ursprüngliche WWW-Seite in verschlüsselter Form zusammen mit zusätzlichen Fülldaten abgelegt wird, durchkreuzt einen weiteren, WWW-spezifischen Angriff: Der Angreifer könnte die üblichen Suchmaschinen auf charakteristische Stichworte oder Stichwortkombinationen aus dem ihm bekannten Klartext ansetzen und auf diesem Wege die Identität des Seitenurhebers aufdecken.

4.3 Janus

Das Janus-Projekt der Fernuniversität Hagen erweitert das Rewebber-Konzept auf den Aspekt beidseitiger Anonymität. [6] Der Proxy wird hier nicht nur genutzt, um die Identität des Urhebers der Seite gegenüber dem Abrufenden zu verschleiern, sondern auch, um umgekehrt die Identität des Abrufenden gegenüber dem Diensteanbieter geheim zu halten.

Zur Sicherung gegen einen passiven Angreifer können die übertragenen Daten zur Zeit nur auf Netzwerkebene mit SSL verschlüsselt werden. Diese Maßnahme verdeckt jedoch nicht alle für einen Angreifer nützlichen Informationen: Der oben geschilderte Suchmaschinen-Angriff zur Aufdeckung der Identität des Anbieters bleibt für den Abrufer praktikabel. Die Größe der Seite bleibt für einen Angreifer trotz SSL-Verschlüsselung sichtbar. Er kann sie als weiteres Indiz zur Aufdeckung der Identität des Absenders nutzen.

Janus sieht vor, Hyperlinks im abgerufenen Dokument so umzuschreiben, daß die Software des Nutzers die referenzierten Seiten wiederum über den Janus-Dienst abgerufen wird. Dies ist vom Gesichtspunkt der Client-Anonymität aus betrachtet wünschenswert.

Dem Diensteanbieter hilft es jedoch nur, sofern entweder nur ein einziger Knoten verwendet wird, oder wenn der Seiteninhalt grundsätzlich im Klartext übermittelt wird – andernfalls würden die kompromittierenden Informationen auf dem vom Anbieter aus gesehen letzten Knoten der Janus-Kette entfernt. Dieser letzte Knoten kann damit in vielen Fällen den Abruf der Seite und deren realen Standort verknüpfen.

Ein Anbieter, der über Janus anonym veröffentlichen will, wird daher selbst dafür Sorge tragen müssen, daß der angebotene Inhalt keine kompromittierenden Daten enthält.

Ziel des Projektes ist letztlich, eine bessere Abbildung des Mix-Konzeptes auf das WWW zu erreichen. So sollen Seiten zum Beispiel auf verschiedenen Pfaden durch ein Janus-Netz erreicht werden können. In diesem Zusammenhang soll auch die Umverschlüsselung der Seiteninhalte in Angriff genommen werden.

4.4 Crowds

Das von AT&T entwickelte *Crowds*-System stellt einen weiteren Ansatz zur Client-Anonymität im Web dar. [13] Die betrachteten Angriffsszenarien sind der Anbieter und kollaborierende Netzknoten.

Eine Reihe von Nutzern schließt sich zu einer als Crowd bezeichneten Gruppe zusammen. Jedes Mitglied der Crowd betreibt auf seinem eigenen Rechner einen als *Jondo* („John Doe") bezeichneten Mix-Knoten. HTTP-Anfragen werden zunächst an den eigenen, als HTTP-Proxy arbeitenden Jondo gerichtet.

Erhält ein Jondo eine Anfrage, so reicht er sie mit einer festgesetzten Wahrscheinlichkeit entweder direkt an den Server oder aber an einen Jondo aus der Crowd weiter. Es kann dabei vorkommen, daß er die Anfrage an sich selbst schickt. Die übertragenen Daten werden beim Transport zwischen den einzelnen Jondos mit einem symmetrischen Kryptoverfahren verschlüsselt.

Die verwendeten Pfade durch die Crowd sind zufällig, aber fest gewählt: Würden die Pfade für jede Anfrage neu erzeugt, könnten kollaborierende Jondos Abfragen miteinander verketten und hierdurch letztlich den Jondo des Nutzers identifizieren.

Da allen Jondos entlang einem Pfad die Abfragen des Nutzers im Klartext vorliegen, könnten schnell aufeinanderfolgende Abfragen des Nutzers Anlaß zu einem Angriff geben, der einem Jondo erlaubt festzustellen, an welcher Stelle er in der Kette steht. Derartige Abfragen sind vor allem bei in WWW-Seiten eingebetteten Bildern, Frames und dergleichen zu erwarten. Um dem zu begegnen, greift Crowds auf die oben beschriebene Technik des Pre-Fetching zurück: Der letzte Jondo der Kette fragt Inline-Inhalte automatisch beim Server ab und leitet sie über die Kette an den Jondo des Nutzers weiter, ohne daß dieser gesonderte Anfragen stellen würde.

Gegenüber kooperierenden Jondos ist der Nutzer als Urheber einer Anfrage „wahrscheinlich unbeteiligt", sofern eine genügende Anzahl ehrlicher Jondos an der Gruppe teilnimmt. „Wahrscheinlich unbeteiligt" bedeutet dabei, daß er mit einer Wahrscheinlichkeit von weniger als fünfzig Prozent Urheber der Anfrage war.

Gegenüber dem Diensteanbieter ist der Nutzer „außer Verdacht“: Es ist für den Anbieter genauso wahrscheinlich oder wahrscheinlicher, daß ein anderes Mitglied der Crowd die Anfrage gestartet hat.

Ein mächtiger passiver Angreifer, der in der Lage ist, die Netzwerkverbindungen der Jondos zu überwachen, kann Anfragen leicht zu dem initiierenden Jondo zurückverfolgen. Dieser ist insbesondere aus dem Grund leicht zu identifizieren, daß es zu der ausgehenden Anfrage an die übrigen Jondos oder den WWW-Server keine hereinkommende Anfrage eines anderen Jondos gibt.

5 Anonymisierung auf Netzwerkebene

5.1 Onion Routing

Onion-Routing ermöglicht unbeobachtbare und anonyme Echtzeit-Verbindungen zwischen Netzknoten. [12] Diese können beispielsweise genutzt werden, um anonyme TCP-Sitzungen zu realisieren.

Dem Verfahren liegt ein Netz von als Onion-Routern bezeichneten Knoten zugrunde, die über langfristige, zuverlässige und vertrauliche Verbindungen (z.B. verschlüsselte TCP-Verbindungen) miteinander kommunizieren. Diese Kommunikation geschieht ihrerseits in Paketen fixer Länge. Hierzu hängt jeder Router vor der Weiterleitung die nötigen zufälligen Fülldaten an die Pakete an. Es kann angenommen werden, daß die benutzten Kanäle durch das Senden geeigneter Füllnachrichten gleichmäßig ausgelastet sind.

Will ein Nutzer eine anonyme Verbindung durch dieses Netz aufbauen, erzeugt er zunächst eine „Zwiebel“. Diese enthält, schichtweise verschlüsselt, den gewünschten Pfad der Verbindung durch das Router-Netz und Schlüsselinformationen für die Umverschlüsselung der Nutzdaten durch die einzelnen Onion-Router. Der Nutzer eröffnet eine Verbindung zum ersten Router in der vorgesehenen Kette (dieser ist zweckmäßigerweise Bestandteil der eigenen Firewall) und sendet diesem die Zwiebel.

Dieser erste Router entfernt nun die erste Verschlüsselungsschicht. Er trägt die Schlüsselinformationen und die Verbindungsdaten in einer Tabelle ein und übermittelt die „gepellte Zwiebel“ an den nächsten, ihm benachbarten Router der Kette. Dieser Vorgang wiederholt sich sukzessive bis zum letzten Kettenglied, das schließlich eine Netzwerkverbindung zum eigentlichen Ziel eröffnen wird.

Ist der Verbindungsaufbau durch das Router-Netz erfolgreich abgeschlossen, kann diese Verbindung zur bidirektionalen Übertragung von Nutzdaten genutzt werden. Man beachte, daß alle Daten, die zu einer Verbindung gehören, den gleichen festen Weg durch das Router-Netz nehmen werden.

Während das zugrundeliegende Mix-Netz auf Netzwerkebene arbeitet, sieht der Nutzer Proxies auf Applikationsebene, die seine Daten über eine oder mehrere anonyme Verbindungen durch das Onion-Netz übermitteln.

Jeder Router, der Teil einer derartigen Verbindung ist, kennt seinen Vorgänger und seinen Nachfolger in der verwendeten Kette.

Allein dem als vertrauenswürdig angenommenen Eingangsrouter ist die Identität des Initiators der Verbindung bekannt. Die Identität des Zielpunktes der Verbindung liegt ausschließlich beim letzten Glied der Kette vor. Dort ist ebenfalls der gesamte Klartext verfügbar, sofern nicht zusätzlich Ende-zu-Ende-Verschlüsselung verwendet wird.

Es gibt Einsatzmodelle für Onion-Router, bei denen die Erzeugung der Zwiebel von einem gemeinsam mit dem ersten Glied der Router-Kette betriebenen *input funnel* vorgenommen wird. In diesem Fall liegen dem *input funnel* sämtliche Verbindungsinformationen im Klartext vor. Die Verbindungen vom Nutzer zum *input funnel* werden bei einer solchen Einsatzweise regelmäßig als vertrauenswürdig angesehen.

Replay-Angriffe werden verhindert, indem jeder Router beim Aufbau einer Verbindung prüft, ob die betreffende „Zwiebel" schon zuvor vorgelegt wurde.

Während das Onion-Netz guten Schutz gegen einen passiven externen Angreifer liefert, weist es eine Reihe von Schwachstellen auf, wenn ein interner Angreifer angenommen wird. So besitzt jeder Router, der Teil einer Verbindung ist, genaue Informationen über die Zeitsignatur dieser Verbindung und über die Menge der übermittelten Daten. Kooperierende Router können diese Informationen zusammenführen.

Ein aktiver interner Angreifer hat weitergehende Möglichkeiten, da er künstlich bestimmte Zeitmuster für eine Verbindung erzeugen kann.

5.2 Freedom

Die kanadische Firma Zero Knowledge Systems plant, im ersten Quartal 1999 ein kommerzielles, integriertes Paket von Diensten zu einer *pseudonymen* Nutzung des Netzes auf den Markt zu bringen. [15]

Dem angebotenen Dienst liegt ein Mix-Netz auf Netzwerkebene zugrunde, das prinzipiell zum Transport beliebiger IP-basierter Dienste genutzt werden kann. Die einzelnen Knoten dieses Mix-Netzes werden von unabhängigen Organisationen betrieben. Man kann daher annehmen, daß nicht alle Mixe einer Kette in diesem Netz zusammenarbeiten.

Das Mix-Netz ähnelt dem beim Onion-Routing verwendeten: Zwischen den einzelnen Knoten bestehen feste Nachbarschaftsbeziehungen. Zwischen benachbarten Knoten werden in festgelegten Zeitintervallen Daten ausgetauscht. Dieser „Herzschlag" ist unabhängig von den tatsächlich übermittelten Nutzdaten. Die zwischen je zwei Knoten übermittelten Daten werden verschlüsselt.

Will ein Nutzer Daten durch das Mix-Netz transportieren, so wird zunächst eine als *anonyme Route* bezeichnete Verbindung eingerichtet. Diese Verbindung wird zur Übermittlung von Paketen zwischen dem Rechner des Nutzers und dem als *Wurmloch* bezeichneten Ausgang des Mix-Netzes genutzt. Die Software des Nutzers wählt in regelmäßigen Zeitabständen neue anonyme Routen.

Die Datenpakete des Nutzers werden vor dem Transport durch das Mixnetz mehrfach überverschlüsselt und auf ihrem Weg durch das Netz schichtweise entschlüsselt. Da das Mix-Netz auf IP-Ebene operiert, können nur das erste und letzte Glied der Mix-Kette Pakete, die zu einer speziellen TCP-Verbindung gehören, miteinander verketten. Hieraus ergibt sich ein Sicherheitsgewinn im Vergleich zum Onion-Netz, bei dem jede TCP-Verbindung des Nutzers für alle beteiligten Knoten sichtbar bleibt.

Im Gegensatz zum Onion-Routing wird zwischen den einzelnen Knoten kein verbindungsorientiertes Protokoll eingesetzt: Die Mixknoten übermitteln die Datensätze als UDP-Pakete. Dieser Ansatz ist besser an die TCP/IP-Protokollfamilie angepaßt als derjenige des Onion-Routing, da es ja um die Anonymisierung eines paketorientierten Netzwerkprotokolls geht. Die Fehlerbehandlung wird dabei höheren Protokollebenen überlassen.

Der Anonymisierungsdienst auf IP-Ebene wird als Grundlage für verschiedene applikationsspezifische Dienste genutzt:

- Client-anonymer WWW-Zugriff ist durch die Kombination eines auf Applikationsebene operierenden Filters mit den durch das Mix-Netz gelieferten Anonymisierungsdiensten möglich.
- Zum Versand absenderanonymer E-Mail wird ein gesondertes Mix-Netz auf Applikationsebene eingerichtet. Die Knoten dieses Netzes kommunizieren untereinander wiederum über den Anonymisierungsdienst auf IP-Ebene. Dies erschwert den Zugriff für einen externen Beobachter, und die Kenntnisse der einzelnen Mixe werden weiter eingeschränkt: Jeder Mix kennt nur mehr seinen Nachfolger in der Kette. Der Vorgänger wird durch den Anonymisierungsdienst auf IP-Ebene verschleiert.
- Die Client-Software unterstützt weiterhin anonyme DNS-Abfragen, sowie eine ganze Reihe von TCP-basierten Diensten.

Die Nutzung des Freedom-Netzes wird kostenpflichtig sein. Zur Abrechnung dienen dabei Pseudonyme, die der realen Identität des Nutzers nicht zugeordnet werden können. Jegliche Kommunikation über das Freedom-Netz wird mit einer elektronischen Signatur des Pseudonyms versehen. Diese überprüft das Wurmloch, wenn Daten das Mix-Netz verlassen. Anonyme E-Mail wird mit einer elektronischen Signatur des Pseudonyms versehen. [7]

Auch ohne ein Pseudonym ist die anonyme Kommunikation mit Diensten möglich, die die Knoten des Mix-Netzes selbst anbieten.

Genutzt wird dies unter anderem bei der Erzeugung von Pseudonymen: Gegen Zahlung einer gewissen Gebühr erhält der Nutzer zunächst eine zufällig erzeugte Seriennummer. Über eine anonyme Netzwerkverbindung kann er nun von einem Server auf einem der Mix-Knoten einen oder mehrere elektronische Gutscheine anfordern. Die Zuordnung zwischen Gutschein und Seriennummer wird dabei nicht aufgezeichnet.

Der Gutschein schließlich kann (wiederum per anonymer Netzverbindung) genutzt werden, um das eigentliche Pseudonym zu konstruieren.

Sobald die Frage nach der Zukunft der von Digicash gehaltenen Patente geklärt ist, soll dieses wenig überzeugende Schema durch eine Schlüsselzertifizierung mit blinden Signaturen ersetzt werden. Hierbei hätte der Netzbetreiber zu keinem Zeitpunkt Kenntnis von der Zuordnung zwischen Nutzer und *digitaler Identität*.

Aufdeckbar ist die Beziehung zwischen realer und digitaler Identität vor allem dann, wenn man sie als Transformation von Geld in pseudonyme, verkettbare Netzwerkpakete betrachtet: Die schon früher beschriebenen Timing-Angriffe auf Mixe sind hier anwendbar.

Zero Knowledge Systems empfiehlt den Kunden daher, zwischen dem Erhalt der Seriennummer und der Registrierung des Pseudonyms eine gewisse Zeit zu warten.

Werden regelmäßig neue Pseudonyme benötigt (etwa, weil die bisher benutzten auf Grund von Mißbrauch gesperrt wurden), bleibt ein statistischer Angriff ohne weiteres möglich – zumal die meisten Nutzer wohl keine „Füllnachrichten" in Form gegenleistungsfreier Spenden erzeugen werden.

6 Risiken und Nebenwirkungen

Am Beginn dieses Beitrags war die Rede von den Risiken, die Datennetze für die Privatsphäre ihrer Nutzer darstellen.

Anonymisierungsdienste können viele dieser Risiken vermindern oder ausschalten. Sie ermöglichen es dem Nutzer, in weltweit verbreiteten Diskussionsforen auch sensible Themen anzusprechen, ohne daß diese unerwünschte Konsequenzen fürchten müßten. Sie ermöglichen die Aufdeckung von Mißständen oder Straftaten, ohne daß ein Hinweisgeber um seine Sicherheit zu fürchten hätte. Beratungsstellen können die Dienste nutzen, um die Anonymität des Beratenden sicherzustellen. (Man denke etwa an Drogenberatungsstellen.)

Zugleich eröffnen Anonymisierungsdienste Mißbrauchsmöglichkeiten.

Äußerungsdelikte können begangen werden, ohne daß es möglich wäre, den Straftäter auszumachen. Beleidigungen oder Verleumdungen können verbreitet werden, ohne daß es dem Betroffenen möglich wäre, Schadenersatz einzufordern. Firmengeheimnisse können, wie schon in der Usenet-Gruppe `sci.crypt` geschehen, öffentlich verraten werden, ohne daß dieser Verrat zu einem speziellen Mitarbeiter zurückverfolgt werden könnte, den das Unternehmen dann für den entstandenen Schaden in Anspruch nehmen könnte. Unterlassungsansprüche können in Ermangelung eines Klagegegners nicht geltend gemacht werden.

Anonymisierungsdienste auf Netzwerkebene könnten von Crackern dazu genutzt werden, fremde Rechnersysteme aufzubrechen und zu mißbrauchen, ohne daß zu irgendeinem Zeitpunkt die Gefahr bestünde, daß sie sich dafür verantworten müssen.

Es ist ersichtlich, daß Ge- und Mißbrauch von Anonymisierungsdiensten kaum zu unterscheiden sind. Das wird nirgends deutlicher als bei Äußerungsdelikten: Was für die chinesische Führung als Hochverrat zählt, gilt uns als legitime Meinungsäußerung. Was hierzulande als Gewaltverherrlichung oder Volksverhetzung bestraft wird, ist in anderen Ländern von der Freiheit der Meinungsäußerung noch gedeckt.

Gefragt ist letztlich eine Abwägung zwischen dem offensichtlich vorhandenen Nutzen von Anonymisierungsdiensten und deren Kosten. Bei der Bewertung von Mißbräuchen wird diese Abwägung sich an internationalen Minimalstandards orientieren müssen – ein Problem, das die Datennetze in sehr unterschiedlichen Zusammenhängen aufwerfen.

Vier Fragen sind zu stellen:

- Wieviel Anonymität brauchen wir?
- Wieviel Anonymität können wir ertragen?
- Wieviel Anonymität ist unvermeidbar?

- Wie können Anonymisierungsdienste gestaltet werden, um den entstehenden Schaden zu begrenzen?

An dieser Stelle können wir nur auf die letzten beiden Fragen eingehen.

Unvermeidbare Anonymität

Hier ist zunächst zu beachten, daß die heutigen Datennetze weltumspannend sind. Folglich können Anonymisierungsdienste in beliebigen Ländern leicht von beliebigen anderen Ländern aus genutzt werden. Strikte juristische Regelungen wären damit contraproduktiv, da sie die vorhandenen Möglichkeiten, auf die Gestaltung von Anonymisierungsdiensten einzuwirken, verspielen würden.

Beim Hacking werden gezielt andere Dienste zur Verschleierung der Identität des Angreifers mißbraucht. Sorge bereiten hier vor allem die praktisch anonymen Probezugänge großer Internetprovider. Aber auch die Verschachtelung verschiedener aufgebrochener Rechner, um die Rückverfolgung zu erschweren, ist durchaus Realität.

Es folgt, daß gerade die Verschleierung von Identitäten für strafbare Zwecke durch ein strikte juristische Kontrolle von Anonymisierungsdiensten kaum behindert würde.

Behindert würden jedoch all jene Nutzer von Anonymisierungsdiensten, die nicht über kriminelle Energie verfügen. Wie Kosten und Nutzen hier letztlich zu bewerten sind, bleibt eine rein politische Frage.

Gestaltungsmöglichkeiten

Es gibt eine Reihe von Möglichkeiten, das Mißbrauchspotential von Anonymisierungsdiensten einzuschränken.

Werden diese Dienste zum Beispiel für gezielte Belästigungen genutzt, sollte es für das Opfer möglich sein, die Zusendung von Nachrichten durch den Anonymisierungsdienst unterbinden zu lassen. Dies wird von den existierenden Remailern umgesetzt: Die Dienste verfügen über schwarze Listen von Zieladressen, und jede anonyme Mitteilung trägt einen gut erkennbaren Vermerk mit der E-Mail-Adresse des für den Remailer Verantwortlichen.

Anonyme Nachrichten sollten eindeutig und maschinenlesbar als solche erkennbar sein: Dies ermöglicht es dem Nutzer, sie gezielt zu ignorieren – sei es durch E-Mail-Filter, die berühmten „Kill-Files“ im Usenet oder aber durch Filter-Software im Web-Browser. Auch dieses Kriterium erfüllen praktisch alle heute aktiven Dienste.

Interessante neue Ansätze zur Mißbrauchsbekämpfung bringt das Design des Freedom-Dienstes mit sich: Hier bieten die digitalen Identitäten einen Mittelweg zwischen der „absoluten“ Anonymität anderer Dienste und der kompletten Zurechenbarkeit von Nutzeraktivitäten bei anderen Nutzungsformen. Im Gegensatz zur normalen Nutzung ist es sogar möglich, durch die verwendeten digitalen Signaturen Mißbrauchsfälle mit *Gewißheit* einer bestimmten digitalen Identität zuzuschreiben.

Durch die Sperrung dieser digitalen Identität für die weitere Nutzung des Dienstes können Mißbräuche unmittelbar „bestraft“ werden. Um den Dienst weiter nutzen zu können, muß zunächst kostenpflichtig eine neue Identität erworben werden. Eine mißbräuchliche Nutzung verursacht damit unmittelbare Kosten – im Vergleich mit den heutigen Diensten ein Novum.

Gleichzeitig öffnen wiederholte und regelmäßige Überweisungen zum Erwerb neuer Pseudonyme bei verkettbaren Mißbrauchsmustern einen Ansatzpunkt zur Aufhebung der Anonymität des Angreifers.

Literatur

[1] Chaum, D.: *Untraceable Electronic Mail, Return Addresses, and Digital Pseudonyms*. Communications of the ACM, 2(24):84-88, 1981.

[2] Chaum, D.: *The Dining Cryptographers Problem. Unconditional Sender and Recipient Untraceability*. Journal of Cryptology, 1(1):65-75, 1988.

[3] Cottrell, L.: *Mixmaster – anonymizing remailer*.

[4] Cottrell, L.: *Mixmaster and Remailer Attacks*, 1995. http://www.obscura.com/~loki/remailer-essay.html

[5] Dai, W.: *PipeNet description*. Nachricht an die cypherpunks-Mailingliste, 1998.

[6] Demuth, T., Rieke, A.: *Anonym im World Wide Web?* Datenschutz und Datensicherheit, 7, 1998. http://janus.fernuni-hagen.de/publications/welcome.html.en

[7] Goldberg, I.: *freedom questions*. E-Mail, 1999.

[8] Goldberg, I., Wagener, D.: *TAZ Servers and the Rewebber Network – Enabling Anonymous Publishing on the World Wide Web*. University of California, Berkeley, 1997. http://www.cs.berkeley.edu/~daw/cs268/taz.ps

[9] Mazieres, D., Kaashoek, M. F.: *The Design, Implementation and Operation of an Email Pseudonym Server*. MIT Laboratory for Computer Science, 1998.

[10] Möller, U.: *Studienarbeit: Anonymisierung von Internet-Diensten*. Universität Hamburg, Fachbereich Informatik, 1998.

[11] Pfitzmann, A., Waidner, M.: *Networks without user observability*. Computers & Security, 6(2):158-166, 1987. http://www.semper.org/sirene/publ/PfWa_86anonyNetze.html

[12] Reed, M. G., Syverson P. F., Goldschlag, D.: *Anonymous Connections and Onion Routing*. IEEE Journal on Selected Areas in Communication. Special Issue on Copyright and Privacy Protection, 1998. http://www.onion-router.net/Publications/JSAC-1998.ps

[13] Reiter, M. K., Rubin, A. D.: *Crowds: Anonymity for Web Transactions*. AT & T Labs – Research, 1997. http://www.research.att.com/projects/crowds/papers/j8.ps.gz

[14] Schneier, B.: *Applied Cryptography*. John Wiley & Sons, 2., 1996.

[15] *The Freedon Network Architecture*. Zero-Knowledge-Systems, Inc., 1998. http://www.freedom.net/

Anonyme TK-Dienstleistungen aus der Sicht eines Unternehmens

Wolfgang Weber

o.tele.o communications GmbH & Co.
wolfgang.weber@o-tel-o.de

Zusammenfassung

Zunächst wird der Begriff der anonymen Nutzung präzisiert, darauf aufbauend wird auf TK-Dienstleistungen eingegangen, bei deren Nutzung der Anrufer anonym bleiben kann. Im nächsten Schritt werden die Vor- und Nachteile von Produkten aus Sicht des sie anbietenden Unternehmens betrachtet, um dann weitere Möglichkeiten zur Nutzung anonymer TK-Dienstleistungen aufzuzeigen und zu bewerten. Die Ergebnisse werden in einer rechtspolitischen Betrachtung zusammengefaßt.

1 Einleitung

Als Grundlage für eine Definition des Begriffs der anonymen Nutzung kann nur [1] die Legaldefinition des Begriffs „Anonymisieren" in § 3 Abs. 7 BDSG dienen. In Anlehnung an diese Definition liegt eine anonyme Nutzung von TK-Dienstleistungen dann vor, wenn die Telekommunikationspartner, die beteiligten TK-Unternehmen oder sonstige Dritte die bei der Nutzung entstehenden Daten nicht oder nur mit einem unverhältnismäßig großen Aufwand an Zeit, Kosten und Arbeitskraft einer bestimmten oder bestimmbaren natürlichen Person zuordnen können. Im Blickfeld stehen wegen ihrer besonderen Sensibiltät ein Teil der sogenannten Verbindungsdaten. Bei herkömmlichen TK-Dienstleistungen geht aus ihnen hervor, wer mit wem, wann und wie lange telefoniert hat. Anonym nutzbare TK-Dienstleistungen müßten daher zumindest derart gestaltet sein, daß nicht mehr erkennbar wird, wer mit wem telefoniert hat. Das Datum, an dem die Kommunikation stattgefunden hat („wann") und ihre Dauer („wie lange") müssen dabei nicht berücksichtigt werden. Mit dem isolierten Wissen über Datum und Dauer einer Kommunikation ließe sich zwar unter Umständen ein Verbindungsdatensatz ermitteln. Eine personenbezogene Zuordnung wäre aber nur möglich, wenn zusätzlich noch die Daten eines der Kommunikationsteilnehmer („wer" oder „mit wem") bekannt wären.

Unter dieser Prämisse ist es fraglich, ob in diesem Sinne anonym nutzbare TK-Dienstleistungen überhaupt möglich sind. Telekommunikation findet mindestens zwischen zwei Partnern statt. Sie werden im folgenden der Einfachheit halber als Anrufer und Angerufener bezeichnet. Der Anrufer hat bereits jetzt – bei Nutzung von Telefonkarten und Prepaid Calling Cards – die Möglichkeit, seine Identität sowohl gegenüber dem Angerufenen, als auch gegen-

[1] Im TK-Datenschutzrecht gilt das BDSG, soweit nicht Spezialgesetze wie TKG und TDSV vorgehen. Landesdatenschutzgesetze mit anderen Definitionen bleiben daher unberücksichtigt.

über dem TK-Unternehmen sowie sonstigen Dritten zu verbergen. Dies gilt jedoch nicht für den Angerufenen. Möchte dieser für jedermann öffentlich erreichbar sein, muß er seine Identität offenbaren und einen ihm zuordenbaren Anschluß haben, unter dem man ihn erreichen kann. Es scheint insoweit zweifelhaft, ob vollständig anonym nutzbare TK-Dienstleistungen überhaupt realisiert werden können.

Diese theoretische Überlegung vorweg geschickt wird im folgenden auf TK-Dienstleistungen eingegangen, bei deren Nutzung der Anrufer anonym bleiben kann. Im nächsten Schritt werden die Vor- und Nachteile dieser Produkte aus Sicht des sie anbietenden Unternehmens aufgezeigt, um dann weitere mögliche Produkte zur Nutzung anonymer TK-Dienstleistungen zu bewerten.

2 Produkte auf dem Markt

Derzeit bieten verschiedene Unternehmen TK-Dienstleistungen an, die dem Anrufer anonymes Telefonieren ermöglichen.

2.1 Telefonkarte

Unter den anonymen TK-Möglichkeiten ist am weitesten verbreitet sicherlich die Telefonkarte, mit der es möglich ist, von öffentlichen Telefonzellen aus zu telefonieren. Daneben gibt es zwei weitere Produkttypen, die eine anonyme Inanspruchnahme von TK-Dienstleistungen ermöglichen.

2.2 Prepaid Calling Cards

Im Festnetzbereich sind dies die sogenannten vorausbezahlten oder auch Prepaid Calling Cards. Derartige Karten gibt es zum Beispiel mit einem Guthaben von 20 oder 50 DM. Wie bei der Telefonkarte ist auch hier die Leistung vom Kunden im voraus zu zahlen. Verschiedene Unternehmen bieten auch sogenannte Postpaid Cards an [2], die sich jedoch nicht anonym nutzen lassen. Bei den Postpaid Calling Cards muß der Kunde vorher seine Bankverbindung bzw. Kreditkartennummer angeben. Geführte Gespräche werden gespeichert und der Kunde erhält, wie bei einem Festnetzanschluß, eine Rechnung.

Ein Vorteil der Calling Cards gegenüber den Telefonkarten ist, daß man mit ihnen nicht nur von Telefonzellen aus, sondern von jedem beliebigen Telefonanschluß aus anonym telefonieren kann. Ein weiterer Unterschied zur Telefonkarte liegt darin, daß man zum Telefonieren nicht die eigentliche Karte benötigt. Erforderlich sind lediglich die auf ihr abgedruckten Informationen. Im einzelnen ist dies eine im Regelfall mit 0130 bzw. 0800 beginnende gebührenfreie Zugangsnummer, mit der der Karteninhaber sich bei dem Unternehmen auf der Calling Card Plattform einwählt. Anschließend muß der Anrufer die Kartennummer eingeben. Sobald der Anrufer diese Nummern eingegeben hat, kann er die eigentliche Zielrufnummer wählen. Um die Einwahl in die Calling Card Plattform zu vereinfachen, sind tonwahlfähige Geräte etwa von der Größe einer Streichholzschachtel erhältlich. In diesen Geräten können die Zugangs- und die Kartennummer gespeichert werden. Um eine Verbindung aufzubauen, ist es

[2] Zum Beispiel die o.tel.o Card, oder die T-Card der DTAG.

danach lediglich erforderlich, dieses Gerät an die Sprechmuschel eines tonwahlfähigen Telefonapparats zu halten und einen Knopf zu drücken [3]. Danach kann die Rufnummer gewählt werden.

Der Kunde muß bei der Verwendung dieser Geräte für Calling Cards jedoch bedenken, daß jeder, der das Gerät mit den gespeicherten Nummern hat, auf seine Kosten telefonieren kann. Bei den Prepaid Calling Cards ist das Risiko bei einem Mißbrauch auf das Guthaben begrenzt. Postpaid Calling Cards muß der Kunde umgehend sperren lassen, um einen Mißbrauch einzugrenzen.

Um die TK-Dienstleistung abrechnen zu können, ist auf der hinter der Zugangsnummer stehenden Calling Card Plattform jeder Kartennummer ein Konto zugeordnet. Dieses Konto wird bei einem Gespräch entsprechend belastet. Insofern entstehen natürlich auch Verbindungsdaten. Bei vorausbezahlten Calling Cards können die Verbindungsdaten aber nur einer Kartennummer, nicht jedoch der Person, die die Karte erworben hat, zugeordnet werden.

2.3 Wiederaufladbare Mobilfunkkarten

Neben den Calling Cards im Festnetzbereich sind für den Mobilfunkbereich als weiterer Produkttyp wiederaufladbare Karten erhältlich. Bei E-Plus ist dieser Produkttyp unter der Bezeichnung Free & Easy Card, bei Mannesmann Mobilfunk als D2-CallYa und bei D1 als Xtra erhältlich.

Äußerlich handelt es sich bei den wiederaufladbaren Mobilfunkkarten – wie bei den Telefonkarten – um Chipkarten. Die Bezeichnung „wiederaufladbare Karte" ist dabei etwas irreführend. Im Gegensatz zu Telefonkarten wird das Guthaben nicht auf dem Chip geführt, sondern im Abrechnungssystem des Unternehmens. Der Chip dient bei diesen Karten nicht der Abrechnung, sondern der automatisierten Identifzierung und Authentisierung des Kunden.

Der Kunde kann per Überweisung oder Kreditkarte, aber auch anonym per Cash Karte auf das zu der Karte gehörende Konto einzahlen.

Die Einzahlung eines Guthabens erfolgt mit einer solchen Cash-Karte bspw. bei E-Plus wie folgt: Nach dem Kauf einer Cash-Karte (Wertgutschein) zum Preis von DM 50,- wählt der Kunde zunächst eine kostenlose Servicenummer an. Dort gibt er die auf der Cash-Karte abgedruckte 16-stellige Aufladenummer an. Innerhalb der nächsten 15 Minuten wird dem Kunden daraufhin der entsprechende Betrag auf dem zu der „wiederaufladbaren" Karte gehörenden Konto gutgeschrieben.

Wesentlich für das Guthaben, welches der Kunde mit der Cash Karte erwirbt, ist hierbei – wie bei der Calling Card – nicht die Karte selbst, sondern die auf ihr enthaltenen Informationen.

Die Nutzung der wiederaufladbaren Mobilfunkkarten ließe sich somit in Verbindung mit den Cash-Karten für den Anrufer anonym gestalten. Die Anbieter dieser Produkte erheben aufgrund staatlicher Anforderungen, die sich aus dem Bedarf nach Überwachbarkeit der Telekommunikation herleiten, beim Verkauf dennoch Bestandsdaten der Käufer. Hier zeigt sich ein Dilemma der TK-Unternehmen auf: Einerseits werden sie von Datenschutzbehörden aufgefordert datenschutzfreundliche Technologien einzusetzen und entsprechende Produkte zu

[3] Diese Geräte lassen sich auch nutzen, um Fernabfragen von Anrufbeantwortern durchzuführen.

entwickeln, andererseits geraten sie, sobald sie dies tun, mit den Sicherheitsbehörden (Bedarfsträgern) in Konflikt.

Die Telefonkarte, die verschiedenen Prepaid Calling Cards und theoretisch auch die wiederaufladbaren Mobilfunkkarten sind die derzeit auf dem Markt befindlichen Produkte, mit denen der Anrufer telefonieren kann, ohne seine Identität preisgeben zu müssen.

3 Bewertung der Produkte

Für ein TK-Unternehmen haben diese Produkte eine wesentliche Konsequenz: Es kennt seinen Kunden nicht. Hieraus leiten sich verschiedene Probleme ab.

3.1 Kundenbindung

Jedes Unternehmen – also nicht nur Telekommunikationsunternehmen – strebt eine möglichst starke Kundenbindung an. Diese wird in erster Linie durch die Qualität des Produkts beeinflußt.

Daher definiert o.tel.o Qualität wie folgt: Die Erfüllung der Ansprüche der Kunden ist das Maß für die Qualität. Das setzt unter anderem voraus, Kundenbedürfnisse zu kennen und Kunden kompetent und individuell zu beraten.

Zu der Qualität eines Produkts gehört insofern natürlich in erster Linie der um das Produkt herum gebotene Service. Gerade in der Telekommunikationsbranche, in der die Produkte bzw. deren technische Qualität sich sehr ähnlich sind, ist der Service, den das Unternehmen seinem Kunden bietet, ein wesentliches Unterscheidungskriterium, um sich im Wettbewerb von anderen Unternehmen abzusetzen.

Und ein guter Service fängt mit einer persönlichen Begrüßung an: Die Beziehung des Unternehmens zum Kunden läßt sich durch eine Personalisierung, also durch eine individuelle Ansprache des Kunden, intensivieren.

Daneben kann es von Vorteil sein, die Historie des Kunden (z.B. hinsichtlich aufgetretener Probleme oder Fehler) zu kennen. Mit diesem Wissen kann mit neuen Schwierigkeiten oftmals angemessener umgegangen werden.

3.2 Bezahlung

Ein weiteres – nicht zu vernachlässigendes – Problem bei anonymer Nutzung von TK-Dienstleistungen ist die Bezahlung. Prinzipiell gibt es zwei Möglichkeiten, wann die Leistung, die das Unternehmen gegenüber dem Kunden erbringt, bezahlt wird:

Die eine ist, daß das Unternehmen in Vorleistung tritt und der Kunde die erbrachte Dienstleistung erst später bezahlt. Die andere ist, daß der Kunde in Vorleistung tritt und das Unternehmen zu einem späteren Zeitpunkt eine bereits bezahlte Dienstleistung erbringt.

Dazwischen ist es natürlich möglich, den Zeitraum zwischen Leistung und Gegenleistung zu verkürzen.

In dem Arbeitspapier „Datenschutzfreundliche Technologien in der Telekommunikation" der Datenschutzbeauftragten des Bundes und der Länder [4] ist zum Beispiel der dort so bezeichnete „T-Zähler" mit Telefonkarte dargestellt. Mit ihm soll es dem Privatkunden von zu Hause aus möglich sein, mittels einer aufladbaren Chipkarte – wie von einer Telefonzelle aus – zu telefonieren. Die Bezahlung erfolgt dabei unmittelbar vor Inanspruchnahme der Dienstleistung.

Dieses und auch alle anderen Verfahren ermöglichen dem Kunden jedoch keine Inanspruchnahme der Dienstleistung „auf Kredit". Es handelt sich immer um vom Kunden vorausbezahlte Dienste; den Kredit gewährt also nicht das Unternehmen, sondern der Kunde.

Eine Bezahlung der Dienstleistung erst nach Inanspruchnahme der TK-Dienstleistung ist nur möglich, wenn das Unternehmen den Kunden kennt. Es benötigt seine Bestandsdaten und es muß wissen, in welchem Umfang er Dienstleistungen in Anspruch genommen hat. Um diesen Umfang feststellen zu können, kommt es nicht ohne seine entgeltrelevanten Verbindungsdaten aus.

Die Vorleistung durch das Unternehmen stellt ein Servicemerkmal dar, welches bei TK-Dienstleistungen, die anonym in Anspruch genommen werden können, nicht realisierbar ist. Dieser Umstand stellt sich für den Kunden als Nachteil dar. Für ihn ist die spätere Bezahlung der TK-Dienstleistung komfortabler. Er muß sich – ähnlich wie beim Einkauf mit einer Kreditkarte – keine Gedanken darüber machen, ob er genug Guthaben auf der Telefonkarte oder eventuell auf einem T-Zähler bzw. bei Nutzung eines Münzfernsprechers genug Bargeld zur Verfügung hat.

3.3 Marktforschung

Dessen ungeachtet ist es für die Frage, ob ein Unternehmen anonym nutzbare TK-Dienstleistungen einführen wird, entscheidend, ob auf Seiten der Verbraucher eine entsprechende Nachfrage besteht. Dies müßte im Wege von Marktforschungen geklärt werden.

Bei meinen Recherchen zu diesem Thema bin ich bisher auf keine repräsentativen Forschungen gestoßen.

Eine im Auftrag von o.tel.o durchgeführte kleinere, nicht repräsentative Untersuchungen hat jedoch ergeben, daß das Thema „Anonymität" aus Sicht der Verbraucher nicht relevant ist. Es handelt sich dabei um etwas, worüber sie bisher noch nicht nachgedacht haben. Die befragten Personen haben mit anonymer Nutzung sehr schnell „kriminelles Verhalten" assoziiert. Die aus Sicht des Datenschutzes eigentliche Zielrichtung anonymer Dienste, nämlich die informationelle Selbstbestimmung, wurde nicht erkannt.

Ungeachtet der mangelnden Repräsentativität der Befragung denke ich, daß hier ein anderes Problem offenbar wird. Gerade der Markt der Sprachtelefondienstleistungen ist für den Verbraucher derzeit nur schwer zu übersehen. Es werden neue Begriffe wie „Call by Call" und „Preselection" gebraucht. Vielen Verbrauchern fehlt derzeit noch das Wissen, welche Produkte in diesem Bereich überhaupt und zu welchen Konditionen auf dem Markt erhältlich sind. Es ist insoweit für den Verbraucher sehr schwer, über Kriterien wie Preis und Nutzungs-

[4] DuD 12/1997, S. 709 ff.

voraussetzungen hinaus, ein Produkt zusätzlich noch unter Datenschutzgesichtspunkten zu bewerten.

3.4 Abwägung

Der Wunsch bzw. die Nachfrage des Verbrauchers ist bei der Einführung von Produkten von herausragender Bedeutung.

Für anonym nutzbare TK-Dienstleistungen spricht sicherlich, daß auf diese Weise das Grundrecht des Kunden auf informationelle Selbstbestimmung am wirkungsvollsten geschützt werden kann.

Diesem Vorteil stehen jedoch auch einige Nachteile entgegen. Wie bereits dargestellt, müßte der Kunde Einbußen hinsichtlich des Services in Kauf nehmen. Ein weiterer Nachteil ergibt sich daraus, daß der Kunde die Dienstleistung vorher bezahlen muß. Verliert der Kunde nun die Informationen, mittels derer er auf sein Guthaben zugreifen kann, oder die Chipkarte, auf die sein Guthaben gebucht ist, ist das Guthaben für ihn verloren. Der Kunde trägt somit das Verlustrisiko.

Wenn der Kunde jedoch auf Kredit telefoniert, besteht kein Verlustrisiko. Darüber hinaus kann der Kunde bei Dienstleistungen, die er nicht anonym nutzt, die Inanspruchnahme der TK-Dienstleistung sperren lassen, um so Mißbrauch zu verhindern. Bei den derzeit auf dem Markt befindlichen Produkten, mit denen TK-Dienstleistungen anonym nutzbar sind, ist für den Kunden interessanterweise auch nicht das Merkmal „Anonymität“ entscheidend. Gerade bei den (theoretisch) anonym nutzbaren, auf dem Markt sehr erfolgreichen wiederaufladbaren Mobilfunkkarten ist für den Kunden der Aspekt der Kostenkontrolle weitaus wichtiger.

Auch aus Sicht des Angerufenen haben anonym nutzbare Dienstleistungen einen entscheidenden Nachteil. Der Anrufer kann den Dienst für bedrohende oder belästigende Anrufe mißbrauchen ohne Gefahr zu laufen, dabei entdeckt zu werden. Fangschaltungen wären zwar noch durchführbar, doch ließe sich der Anrufer nicht identifizieren.

4 Ausblick

Es gibt jedoch noch weitere Produktkonzepte, mit denen für den Anrufer anonyme Telekommunikation möglich ist.

Diese Produkte sind dadurch gekennzeichnet, daß ihre Kosten weder vom Anrufer noch vom Netzbetreiber getragen werden, sondern durch Werbung finanziert werden sollen.

4.1 o.tel.o Spotline

Anläßlich der Berliner Funkschau 1997 hat o.tel.o im Rahmen eines Pilotprojekts das Produkt „o.tel.o Spotline“ getestet. Die Testteilnehmer konnten dabei kostenfrei telefonieren. Die Kosten für die Telefonate sollten durch Werbespots gedeckt werden, welche die Telefonate in regelmäßigen Abständen unterbrachen. Es handelte sich kurz gesagt um werbefinanziertes telefonieren, vergleichbar mit dem werbefinanzierten Privatfernsehen.

Dieser Dienst hätte theoretisch auch so gestaltet werden können, daß sich der Anrufer nicht bei dem Anbieter registrieren muß. Dies wäre jedoch den Interessen der finanzierenden Werbetreibenden entgegenlaufen. Für diese war o.tel.o Spotline gerade deswegen interessant, weil die Teilnehmer in einem Fragebogen Aussagen über ihre Person machten. So war es möglich, den Anrufer zielgerichtet zu bewerben. Der Hundebesitzer hörte in der Werbepause zum Beispiel Werbespots für Tierfutter und der Autofahrer Werbespots für Ersatzteile. Sonst bei der Werbung übliche Streuungsverluste konnten bei o.tel.o Spotline wesentlich reduziert werden.

Selbstverständlich hat o.tel.o bei diesem Projekt das informationelle Selbstbestimmungsrecht der Teilnehmer gewahrt, indem es diese umfassend über die Verarbeitung und Nutzung ihrer Daten aufklärte und die erforderlichen Einwilligungen einholte.

Eine Finanzierung durch die Werbung wäre jedoch, ohne daß die Teilnehmer ihre persönlichen Verhältnisse offenbaren, nicht denkbar gewesen. Insofern scheidet dieser Produkttyp für anonymes Telefonieren aus.

4.2 E-Mail-Services

Ein weiteres Beispiel werbefinanzierter Dienstleistungen sind E-Mail-Services. Hier kann der Anrufer, oder besser gesagt der Nutzer, auf der Homepage des Diensteanbieters eine Adresse und ein Passwort wählen. Mit der Adresse kann er dann von der Homepage des Anbieters aus E-Mails versenden und empfangen. Auf den Internetseiten, von denen dies aus geschieht, sind Werbebanner enthalten. Diese beinhalten jedoch nicht nur Werbeinformationen, sondern sie funktionieren gleichzeitig als Verknüpfung zu anderen Seiten. Klickt der Nutzer diese an, landet er direkt auf der Seite desjenigen, der die Werbung geschaltet hat.

Diese E-Mail-Dienste werden von Anbietern wie Hotmail, iName oder auch in Deutschland von GMX bereitgehalten. Teilweise ist jedoch eine Registrierung erforderlich, bei der Name und Adresse angegeben werden müssen.

4.3 T-Zähler

Im dem Arbeitspapier „Datenschutzfreundliche Technologien in der Telekommunikation“ ist schließlich der bereits erwähnte T-Zähler beschrieben. Kritisch erscheinen mir bei diesem Verfahren, daß der Nutzer neue Hardware benötigt. Alle bisher beschriebenen bereits erhältlichen Produkte sind im wesentlichen nicht mit Investitionen für den Kunden verbunden.

Ferner gebe ich zu bedenken, daß auch bei Einsatz eines T-Zählers Anfangs- und Endpunkt der Telekommunikationsverbindung bekannt sind. Der Anfangspunkt läßt demgemäß Rückschlüsse auf die Identität des Anrufers zu. Eine vollständige Anonymität läßt sich daher auch mit dem T-Zähler nicht erreichen.

Dieser Umstand trifft im übrigen auf jede Telekommunikation zu. Verbindungsdaten werden – zumindest für die Dauer der Verbindung – immer Informationen über den Ausgangs- und Endpunkt enthalten. Unter diesem Gesichtspunkt ist es wichtig, daß, soweit eine Speicherung dieser Daten stattfindet, der Grundsatz der Erforderlichkeit gewahrt wird.

Soweit dieser Grundsatz sichergestellt ist, ist es fraglich, ob die mit einem T-Zähler verbundenen Investitionskosten überhaupt sinnvoll sind, da mit der Prepaid Calling Card bereits ein wesentlich günstigeres Produkt auf dem Markt erhältlich ist. Benutzt der Kunde diese Karte von seinem Festnetzanschluß aus, entstehen zwar Verbindungsdaten, die ihm zugeordnet werden können, gemäß § 6 Abs. 3 Satz 1 TDSV ist das Unternehmen, welches den Festnetzanschluß anbietet, jedoch verpflichtet, diese Daten unverzüglich zu löschen, da sie nicht entgeltrelevant sind. Wie bereits geschildert wählt sich der Nutzer einer Calling Card über eine gebührenfreie Rufnummer auf der Calling Card Plattform ein. Auf dem Einzelverbindungsnachweis des Festnetzanschlusses dürfen gemäß § 6 Abs. 7 Satz 1 TDSV die über die Prepaid Calling Card geführten Gespräche nicht ausgewiesen werden. In dem Calling Card Billingsystem sind die Verbindungsdaten nicht zuordenbar, da das System nur die Kartennummer aber nicht den Karteninhaber kennt.

Da sich die Nachfrage nach Prepaid Calling Cards in Grenzen hält, ist es fraglich, ob für den T-Zähler überhaupt ein ausreichend großer Markt vorhanden ist.

5 Rechtspolitische Betrachtung

Zusammenfassend stellen sich anonym nutzbare TK-Dienstleistungen für ein Unternehmen als sinnvolle Ergänzung der Produktpalette dar. Auf der anderen Seite sollte man aber die in die entgegengesetzte Richtung gehende Ausprägung des Rechts auf informationelle Selbstbestimmung nicht aus den Augen verlieren. Das informationelle Selbstbestimmungsrecht muß gerade dort, wo es nicht als klassisches Abwehrrecht des Bürgers gegenüber dem Staat fungiert, das Recht des Einzelnen beinhalten, über seine Daten derart zu bestimmen, daß er in einen weitergehenden Umgang mit seinen Daten einwilligen kann. Wenn der Kunde ein unter Umständen kostengünstigeres Produkt mit niedrigem Datenschutzniveau wünscht, muß ihm diese Wahlmöglichkeit gelassen bzw. eröffnet werden. Eine Bevormundung des Kunden dadurch, daß der Gesetzgeber das Angebot anonym nutzbarer Dienstleistungen vorschreibt [5], ist aber nicht nur aus diesem Grunde kritisch zu hinterfragen.

So ist das Internet im Gegensatz zu einem herkömmlichen Festnetz unsicher. An vielen Stellen des Netzes können Informationen mitgelesen und ausgewertet werden. Der Nutzer hat aber die Möglichkeit, seinerseits das Schutzniveau dadurch zu erhöhen, daß er zum Beispiel Verschlüsselungsmechanismen einsetzt, oder Techniken zur Anonymisierung seiner Kommunikationsdaten verwendet. Die Entwicklung der Telekommunikation geht erkennbar in diese Richtung. An einem Telekommunikationsvorgang ist in der Regel nicht mehr nur ein Netz, sondern es sind mehrere Netze verschiedener Betreiber – unter Umständen in verschiedenen Ländern – beteiligt.

Abschließend ist zu bemängeln, daß für Daten gleicher Sensibilität unterschiedliche Regelungen bestehen. So gilt zum Beispiel für Banken und Versicherungen in der Regel lediglich das Bundesdatenschutzgesetz. Die Informationen, die eine Bank über ihre Kunden sammeln kann, sind immens. Wenn Verbraucher die Möglichkeiten des bargeldlosen Zahlungsverkehrs ausnutzen, hinterlassen sie Datenspuren, die weitaus mehr aussagen können, als zum Beispiel Verbindungsdaten. Wer die anonyme Nutzbarkeit von TK-Dienstleistungen fordert, sollte daher folgerichtig auch das Bankgewerbe dazu zu ermuntern, seinen Kunden anonym nutzbare Girokonten anzubieten. Dies gilt insbesondere auch vor dem Hintergrund der, aufgrund des E-Commerce zu erwartenden, zunehmenden Verarbeitung und Nutzung sensitiver personenbezogener Daten.

[5] Vgl. §§ 4 Abs. 1 TDDSG, 13 Abs. 1 MDStV

Die datenschutzrechtlichen Bestimmungen des § 89 TKG und der TDSV, welche den Umgang mit Bestandsdaten regeln, schränken die Zwecke erheblich ein, zu denen Telekommunikationsunternehmen die Bestandsdaten ihrer Kunden nutzen dürfen. Insoweit besteht eine Ungleichbehandlung zu anderen Branchen, welche sich nach den weitaus weniger restriktiven Vorgaben des Bundesdatenschutzgesetzes richten müssen.[6]

Bevor man daher darüber nachdenkt, das sehr hohe Niveau des Telekommunikationsdatenschutzes weiter zu erhöhen, indem man ausdrücklich die Pflicht normiert, anonym nutzbare TK-Dienstleistungen anzubieten, sollte zuerst einmal ein einheitliches Datenschutzniveau geschaffen werden.

[6] Im Telekommunikationsdatenschutzrecht gibt es z.B. keine ähnlich weitreichende, mit § 28 Abs. 1 Nr. 2 BDSG vergleichbare Erlaubnisnorm.

BDSG-Novellierung und EG-Datenschutzrichtlinie Die neue Stellung des betrieblichen Datenschutzbeauftragten

Gerd Runge

Forschungszentrum Karlsruhe GmbH
gerd.runge@bti.fzk.de

Zusammenfassung

Der Verfasser dieses Beitrages ist betrieblicher Datenschutzbeauftragter seit 1978. Er hat den Paradigmenwechsel vom Rechenzentrum zum Heim-PC, vom Schutz der Daten zur Garantie von Rechten und Freiheiten betroffener Personen, von der Technik als angstmachender Bedrohung zu den technischen Instrumenten des Persönlichkeitsschutzes miterlebt. Vor diesem Hintergrund wollen die folgenden Ausführungen als persönlicher Ausdruck des steten Zweifels eines Datenschutzbeauftragten im nicht-öffentlichen Bereich am Sinn des eigenen Tuns verstanden werden. Vom Wandel blieb auch die Sprache des Datenschutzes nicht unberührt. Heute ist es angemessen, die Terminologie der Europäischen Datenschutzrichtlinie zu verwenden. "Datenverarbeitung" meint daher auch die Erhebung und Nutzung von Daten, "Verantwortliche Stelle" wird in Anlehnung an den "Verantwortlichen für die Verarbeitung" anstelle des Begriffs "Speichernde Stelle" gebraucht.

1 Krisenerscheinungen im Datenschutz

Das Bundesdatenschutzgesetz (BDSG), auf dessen Inhalt und Umsetzung im nicht-öffentlichen Bereich sich die folgenden Betrachtungen beziehen, stammt in seinen Ursprüngen aus der Mitte der siebziger Jahre, verkündet wurde es am 27. Januar 1977 (BGBl I, Seite 201). Eine sogenannte Novellierung kam im Jahre 1990 zustande (BGBl I vom 20. Dezember 1990, Seite 2954). Aber da man schon damals mehr Kosmetik betrieb, als wirklich Neues zu wagen, blieb die Grundstruktur des Gesetzes unverändert. Und, was noch schwerer wiegen mag: die Praxis des Datenschutzes in den Betrieben blieb unverändert. Die von Anfang an mißverständliche Begriffswahl (Datenschutz als eine Veranstaltung zum Schutz der Daten) hatte sich zu fest in den Aufgabenbeschreibungen der Datenschutzbeauftragten etabliert. So konnte sich Datenschutz auf die Elemente "Rechtmäßigkeit" und "Datensicherheit" reduzieren. Die auf die Persönlichkeitsrechte gerichtete Änderung in der Zielformulierung des § 1(1) BDSG blieb ohne praktische Resonanz.

Daß in einer Zeit rasanter technischer Entwicklungen – auch und gerade in der Informationstechnik – ein „Technikfolgengesetz“ wie das BDSG keine Weiterentwicklung erfuhr, darf als prima-facie-Beweis für Krisenanfälligkeit in der Wirklichkeit heute gelten. Weitere Beweise in Form von Forderungen und Stellungnahmen kompetenter Fachleute und Gremien lassen sich nennen:

- Die Entschließung der 54. Konferenz der Datenschutzbeauftragten des Bundes und der Länder vom 23./24. Oktober 1997.
- Der Beschluß des 62. Deutschen Juristentages Bremen vom 22.-25. September 1998 einschl. dem Entwurf zu einem Informationsgesetzbuch.
- Die Beiträge in: Bäumler, Helmut, (Hrsg.), Der neue Datenschutz, Datenschutz in der Informationsgesellschaft von morgen, Neuwied 1998.

Die Krise des Datenschutzrechts ist nicht zuletzt deshalb manifest geworden, weil im Oktober 1995 die „Richtlinie des Europäischen Parlaments und des Rates zum Schutz natürlicher Personen bei der Verarbeitung personenbezogener Daten und zum freien Datenverkehr“ (Amtsblatt der EG vom 23.November 1995 Nr. L 281/32) verabschiedet worden war. Sie hätte binnen drei Jahren in nationales Recht umgesetzt werden müssen. Diese Frist ist um.

In zahlreichen Veröffentlichungen kann man heute Erleichterung registrieren, daß es der alten Bundesregierung nicht mehr gelungen ist, das BDSG noch einmal zu „novellieren“. Diejenigen, denen am Fortbestand des Altgewohnten gelegen war, stehen erst einmal als Verlierer da. Diejenigen, die wirklich wollen, daß wir ein neues, modernes Datenschutzrecht bekommen, dürfen hoffen. Ein vorliegender Gesetzesentwurf der Fraktion Bündnis90/Die Grünen aus der vergangenen Wahlperiode und ein sog. „Eckwerte-Papier“ einer Abgeordnetengruppe der SPD aus dem neuen Bundestag geben dazu jedenfalls Anlaß.

An dieser Stelle sollen zwei Aspekte des Datenschutzes behandelt werden, die für den Datenschutzbeauftragten in den Betrieben zentrale Bedeutung gewinnen müssen.

1.1 Technikgerechter Datenschutz

Der Entwurf der ersten Datenschutzgesetze orientierte sich zwangsläufig an der damalig aktuellen Realität der Datenverarbeitung, und die hieß

- Datenverarbeitung ist zentrale Funktion sowohl organisatorisch als auch in ihrer technischen Umsetzung und
- Datenverarbeitung ist Aufgabe einiger weniger, spezialisierter Mitarbeiter.

Die Herrschaft einiger weniger über Rechner und Daten, dieses Informationsmonopol und damit verbunden Machtmonopol wurde als die entscheidende Gefahr gesehen, der das Datenschutzrecht entgegenwirken sollte. Inzwischen ist Informationstechnik zum Alltags-Gebrauchsgut für jedermann – zu Hause wie am Arbeitsplatz – geworden. Darum geht Datenschutz heute jeden an

- als Betroffenen sowieso aber auch
- als Verantwortliche Stelle, die Daten anderer Menschen verarbeitet.

Die Technik der Informationsverarbeitung erscheint uns janusköpfig. Einerseits ist sie Ursache der Bedrohungen für Persönlichkeitsrechte, denen das Datenschutzrecht entgegenwirken soll, andererseits kann sie so ausgestaltet werden, daß diese Bedrohungen erst gar nicht wirksam werden. Dieser Seite des IT-Einsatzes muß das Augenmerk der Datenschutzbeauftragten in den Betrieben gelten.

1.2 Gesellschaftsrelevanter Datenschutz

Das zentrale Anliegen der Datenschutzdiskussion der siebziger Jahre war es, einem durch Informationsmasse übermächtigen Staat Grenzen gegenüber der Privatsphäre des Bürgers zu setzen. Die Konzentration von Information in privater Hand trat damals noch nicht wesentlich in Erscheinung. Man könnte sagen: Orwells 1984 war noch Zukunft. Noch sah man die dort geschilderte Vision umgesetzt im „Gläsernen Menschen", der staatlichen Mächten ausgesetzt ist. Das vom Bundesverfassungsgericht postulierte „Recht auf informationelle Selbstbestimmung" (Urteil BVerfGE 65, 1, 44 ff.) aus dem Jahre 1983, ein Abwehrrecht des Grundrechtsträgers Bürger gegen den Staat, liegt genau auf dieser Linie.

Diese Gefahr ist auch heute noch virulent. Viele, allzuviele Gesetze mit datenschutzrechtlichen Zulässigkeitsregelungen verhindern heute zuverlässig, daß der Bürger weiß, welches Organ des Staates was und wieviel über ihn weiß. Hinzugekommen ist zweierlei:

- Aus ehemaligen Behörden sind Unternehmen in privater Rechtsform geworden.
- Die Datensammlungen in privaten Organisationen sind enorm angewachsen, dürften das staatliche Wissen inzwischen in den Schatten stellen.

Datenschutz kann daher nicht mehr nur Grundrechtsschutz sein. Der Schutz der Persönlichkeit muß uneingeschränkt auch die informationstechnischen Regeln zwischen Privatrechtspersonen bestimmen. Er ist damit auch zur Richtschnur für die Arbeit betrieblicher Datenschutzbeauftragter geworden.

Dennoch ist es nicht so, daß hier gegen ein „Grundrecht auf Datenschutz" votiert würde. Im Gegenteil. Ein solches Grundrecht wäre ein wirksames Gegengewicht gegen die verfassungsrechtlichen Garantien des Eigentums (Art. 14 Abs. 1 Satz 1 GG) und der freien Berufsausübung (Art. 12 GG). Personenbezogene Daten bekommen so eine andere Qualität als irgendein beliebiges privates Vermögensrecht in dinglicher oder schuldrechtlicher Form.

2 Der Datenschutzbeauftragte in der Krise?

Wenn „der Datenschutz" – wie zuvor beschrieben – in der Krise steckt, dann muß man fragen dürfen, ob eine zentrale Figur im BDSG, der betriebliche Datenschutzbeauftragte (bDSB) als Organ der Eigenkontrolle im Betrieb, von dieser Krise verschont geblieben sein kann. Um diese Frage beantworten zu können, muß man die Erfolge der Tätigkeit des bDSB an den ihm gestellten Aufgaben messen.

„Der Beauftragte für den Datenschutz hat die Ausführung dieses Gesetzes sowie anderer Vorschriften über den Datenschutz sicherzustellen" so heißt es in § 29 BDSG(1977) und § 1 (1) bestimmte: „Aufgabe des Datenschutzes ist es, durch den Schutz personenbezogener Daten bei ihrer Verarbeitung der Beeinträchtigung schutzwürdiger Belange der Betroffenen entgegenzuwirken".

Die Daten und ihre Verarbeitung waren es ursprünglich, auf die der bDSB seine Aktivitäten richten sollte. An vorderster Stelle der „insbesondere“ von ihm wahrzunehmenden Aufgaben standen daher in § 29

Nr. 1 Register der Dateien und der Datenverarbeitungsanlagen führen,

Nr. 2 Ordnungsgemäße Anwendung der Datenverarbeitung überwachen.

Auch heute noch stehen in der praktischen Arbeit der bDSB diese beiden Aufgaben obenan, wenngleich die erste Aufgabe bei der Novellierung 1990 weggefallen und an deren Stelle die Dokumentationspflicht der speichernden Stelle getreten war (was allerdings viele Gesetzesinterpreten nicht wahr haben wollten und wollen). Die zweite Aufgabe, die 1977 vielleicht noch erfüllbar war, ist jedenfalls mehr als 20 Jahre später unerfüllbar geworden.

Eine weitere Aufgabe war dem bDSB 1977 und auch 1990 noch aufgegeben worden: "Bei der Auswahl der in der Verarbeitung personenbezogener Daten tätigen Personen beratend mitzuwirken". (Allein das Wörtchen "in" hatte sich in "bei" geändert.) Von Anfang an hatte diese Vorschrift wenig praktische Relevanz, wenn sie auch hinsichtlich des "Rechenzentrumspersonals" einen fest umrissenen Gültigkeitsbereich beanspruchen konnte. Heute müßte sich diese Aufgabe auf alle einzustellenden Personen beziehen, wenn sie im Betrieb einen PC nutzen – unabhängig von ihrer eigentlichen fachlichen Aufgabe. Die Beratung müßte heißen, bei der Einstellung fachlich kompetente und zuverlässige Personen auszuwählen. Ein solcher Rat ist aber ein sehr banaler Beitrag zur Personalauswahl!

Dreifach unerfüllbare oder unnötige Aufgaben des bDSB und keine Krise?

Schließlich ist dem bDSB im BDSG sowohl von 1977 als auch von 1990 "insbesondere" noch die Aufgabe gestellt, die bei der Verarbeitung personenbezogener Daten Beschäftigten in Sachen Datenschutz kundig zu machen. Diese Aufgabe war und ist eminent wichtig und wird dies auch in Zukunft bleiben. Darauf wird zurückzukommen sein (siehe Abschnitt 4).

3 Datenschutz zur Wahrung der Betroffenenrechte

Die Krise des Datenschutzes und seines Beauftragten haben wir festgestellt. Was liegt näher, als ein neues rechtliches Regelwerk, die Europäischen Datenschutzrichtlinie, darauf abzufragen, ob sie Elemente enthält, die – in ein neues BDSG übernommen – den Weg aus der Krise weisen.

Bei der Suche in der Richtlinie ist zunächst feststellbar, daß es einen oder mehrere eigenständige, dem Datenschutzbeauftragten gewidmete Paragrafen – etwa analog zu §§ 36, 37 BDSG – nicht gibt. Der betriebliche (und behördliche) Datenschutzbeauftragte wird in der Richtlinie als Alternative zur staatlichen Kontrollstelle in Art. 18 Abs. 2, 2. Spiegelstrich eingeführt. Die Mitgliedstaaten können vorsehen, daß der für die Verarbeitung Verantwortliche keine Meldungen an die Kontrollstelle abgeben muß, wenn er einen bDSB bestellt. Diesem obliegt es

- die Anwendung der einzelstaatlichen Datenschutzbestimmungen unabhängig zu überwachen,
- die gesetzlich vorzusehende Meldung an die Kontrollstelle statt dieser entgegenzunehmen und darüber ein Verzeichnis zu führen,

um auf diese Weise sicherzustellen, daß die Rechte und Freiheiten der betroffenen Personen durch die Verarbeitung ihrer personenbezogenen Daten nicht beeinträchtigt werden. Der bDSB wird also als „Anwalt der Betroffenen" eingesetzt, wobei als Betroffene nicht nur und nicht in erster Linie die von einer Personalvertretung repräsentierten Arbeitnehmer zu sehen sind sondern auch Personen, die als Kunden, Lieferanten, Kooperationspartner in der Entwicklung oder im Marketing oder in anderen Beziehungen zur verarbeitenden Stelle stehen.

Damit ist ein grundlegender Unterschied zum Text des BDSG konstatiert: Im BDSG heißt es, daß der bDSB die Ausführung des Gesetzes sicherstellen soll. Bürokratischer Gesetzesvollzug garantiert aber noch lange keinen Betroffenenschutz. Gerade dieser ist aber in der EG-Richtlinie zum Ziel gesetzt, dem die Umsetzung der Gesetzesvorschriften ebenso wie deren Überwachung durch den bDSB dienen soll. Der Datenschutzbeauftragte der EG-Richtlinie hat zwar den Namen mit dem des BDSG gemeinsam, sein Selbstverständnis wie sein Aufgabenfeld sind aber anders definiert.

4 Vorabkontrolle

Eine weitere Aufgabe des bDSB findet sich, fast versteckt in einem Nebensatz des Art. 20 „Vorabkontrolle" der Europäischen Datenschutzrichtlinie. In Abs. 1 dieses Artikels heißt es:

"Die Mitgliedstaaten legen fest, welche Verarbeitungen spezifische Risiken für die Rechte und Freiheiten der Personen beinhalten können, und tragen dafür Sorge, daß diese Verarbeitungen vor ihrem Beginn geprüft werden."

Abs. 2 legt fest, daß die Vorabprüfung von der Kontrollstelle nach Empfang der Meldung vorgenommen wird oder daß sie durch den bDSB erfolgt. Auch die Vorabkontrolle ist also ein Instrument, das der Wahrung der Persönlichkeitsrechte dienen soll. Alle Verarbeitungen, die in Bezug hierauf spezifische Risiken bewirken können, sind ihr zu unterwerfen: Ohne Vorabprüfung kein zulässiger Beginn derartiger Verarbeitungen.

"Im Zweifel" muß der bDSB die Kontrollstelle konsultieren, so schreibt es Art. 20 Abs. 2 vor. Eine Kontrollstelle als öffentliche Stelle, die überwacht, daß die einzelstaatlichen Datenschutzvorschriften von den Verantwortlichen Stellen eingehalten werden, ist in Art. 28 vorgeschrieben; ihre Rechte aus Art. 28 Abs. 3 – Untersuchungsbefugnisse, wirksame Einwirkungsbefugnisse, Klagerecht oder Anzeigebefugnis – werden durch die Benennung eines bDSB nicht berührt.

Die Richtlinie fordert, daß

- der betriebliche/behördliche Datenschutzbeauftragte die Anwendung des nationalen Datenschutzrechtes "unabhängig überwachen" soll und daß
- die (staatlichen) Kontrollbehörden die ihnen zugewiesenen Aufgaben "in völliger Unabhängigkeit" wahrnehmen.

Es muß sehr wohl untersucht werden, was Unabhängigkeit in einem privaten Unternehmen bzw. in einer staatlichen Behörde bedeutet, und des weiteren, wie sich diese Unabhängigkeit von der völligen Unabhängigkeit der Kontrollstelle abhebt. Im betrieblichen und behördlichen Umfeld kann "unabhängig" nicht "betriebsfremd" heißen. Die Betriebszugehörigkeit ist vielmehr die Regel, die Bestellung eines Betriebsfremden die (zulässige) Ausnahme. Unabhängigkeit wird hier charakterisiert durch Unterstellung direkt unter das Leitungsorgan, ausdrückliche Weisungsfreiheit, Abberufungsschutz und Benachteiligungsverbot.

Die Kontrollstellen sind im deutschen Recht z. Zt. In zwei Formen bestehend:

- als Landes- und Bundesbeauftragte für den Datenschutz mit Zuständigkeit für den jeweiligen öffentlichen Bereich,
- als Aufsichtsbehörden für den Datenschutz mit Zuständigkeit für den nicht-öffentlichen Bereich.

Der Wortlaut der Richtlinie läßt getrennte Kontrollstellen für beide Bereiche zu. Ob man es dabei belassen soll, ist eine andere Frage. Immer weniger weiß der Betroffene, welchen rechtlichen Status eine Verantwortliche Stelle hat (öffentlich-rechtliche Kreditinstitute, Telekommunikationsanbieter, sonstige Versorgungsunternehmen, Versicherungen: durch Out-Sourcing ist häufig nicht-öffentlich geworden, was zuvor öffentlich war, ohne daß sich aus Betroffenensicht das Schutzbedürfnis geändert hätte). Es ist einem Betroffenen nicht zuzumuten, erst Nachforschungen betreiben zu müssen, bis er über die zuständige Kontrollstelle Bescheid weiß. Die Annahme, der Bürger sei in dieser Hinsicht gut unterrichtet, ist jedenfalls irrig.

Zweifel sind anzumelden, ob die Eingliederung der Aufsichtsbehörden in einen Ministerialbereich der Anforderung "völlige Unabhängigkeit" (von den Kontrollierten? von der Regierung?) genügt; erst recht gilt dies hinsichtlich der öffentlichen Landesdatenschutzbeauftragten, wenn sie einem Ministerium zugeordnet sind. (*Dieser Aspekt soll hier nicht weiter untersucht werden. Siehe dazu: Ute Arlt, und Robert Piendl, Zukünftige Organisation und Rechtsstellung der Datenschutzkontrolle in Deutschland, in CR 12/1998 S. 713 ff.*)

Festzulegen, was Verarbeitungen mit spezifischen Risiken sind, bleibt dem nationalen Gesetzgeber überlassen. Man darf annehmen, daß die Autoren der Richtlinie zumindest alle Verarbeitungen von Daten gemäß Art. 8 im Auge hatten: "Die Mitgliedstaaten untersagen die Verarbeitung personenbezogener Daten, aus denen die rassische oder ethnische Herkunft, politische Meinungen, religiöse oder philosophische Überzeugungen oder die Gewerkschaftszugehörigkeit hervorgehen, sowie von Daten über Gesundheit oder Sexualleben." Der BDSG-Novellierungsentwurf vom 8. 12. 1997 bezog zusätzlich Daten über strafbare Handlungen oder Ordnungswidrigkeiten ein, ebenso den gesamten Bereich der Auftrags-Datenverarbeitung (§ 4d Abs. 6 des Entwurfs). Auch die Daten, die Auskunft geben über die Nutzung von Telekommunikationsdiensten und Telediensten durch einen Betroffenen, könnten hier hinzugerechnet werden.

Keine Aussage macht die Richtlinie dazu, wie diese Vorabkontrollen inhaltlich vorzunehmen sind. Jedenfalls muß man annehmen, daß sie umfassen müssen:

- Einhaltung der Grundsätze in Art. 6,
- Prüfung der Rechtmäßigkeit nach Art. 7 und 8,
- Beachtung des Verarbeitungsverbots in Art. 15,
- Sicherheit der Verarbeitung gemäß Art. 17.

Diese Prüfungen stellen an die Fachkunde des bDSB die bekannten Universalanforderungen. In der Diskussion darüber, ob der Jurist mit Technikverständnis oder der Informatiker mit Jurakenntnissen der bessere bDSB ist, wird oft eines vergessen: Verletzungen des Datenschutzes wie der IT-Sicherheit geschehen in der Mehrzahl der Fälle durch eigene Mitarbeiter der Verantwortlichen Stelle. Unkenntnis hinsichtlich drohender Gefährdungen und schiere Nachlässigkeit sind die häufigsten Ursachen, hinzu kommt das fehlende Vorstellungsvermögen, was die abstrakte "Gefährdung des Persönlichkeitsrechts" konkret bedeuten mag.

Daher muß sich der bDSB in ganz besonderer Weise den Angehörigen der eigenen Vernatwortlichen Stelle widmen. Dem dient die Aufgabenstellung in § 37 Abs. 1 Nr. 2 BDSG(1990) bzw. wortgleich zuvor schon in § 29 Abs. 1 Nr. 2 BDSG(1977). Zu den hier genannten „Vorschriften dieses Gesetzes" gehört auch der § 9 (bzw. 6) bezüglich technischer und organisatorischer Maßnahmen, den man heute mit „Gewährleistung der IT-Sicherheit" überschreiben würde. Es genügt daher keinesfalls, den genannten Personenkreis mit den in der Anlage zum Gesetz genannten Anforderungen vertraut zu machen. Diese sog. 10 Gebote müssen in konkrete Handlungsvorschriften umgesetzt werden, wie sie etwa im Maßnahmenkatalog des Grundschutzhandbuches des BSI enthalten sind. Dabei darf nicht nur an den Betrieb der automatisierten Systeme gedacht werden; das Sicherheitsniveau muß auf allen Technikebenen (Papier, Datenträger, Netzzugang) gleichwertig sein.

Die Vorabkontrolle muß so ausgestaltet werden, daß sie neben rechtlichen und technischen Aspekten auch die personalen Anforderungen an Schulung und Ausbildung umschließt. Es muß sichergestellt sein, daß die mit der Verarbeitung personenbezogener Daten beauftragten Personen – seien es eigene Mitarbeiter im Rahmen eines Arbeitsvertrages oder Angehörige anderer Betriebe im Rahmen eines Dienstleistungsvertrages (Auftrags-DV) – über die jeweils spezifischen Erfordernisse des Datenschutzes in den der Vorabkontrolle unterliegenden Verfahren hinreichend informiert sind. Die Pflicht, das "Datengeheimnis" zu beachten, ist als Pflicht zur Wahrung der Privatsphäre zu interpretieren.

5 Register der Verarbeitungsverfahren

Zwei Themenfelder beschreiben also – jenseits von Juristerei und Technik – die Aufgaben des zukünftigen bDSB:

- die Rechte und Freiheiten der von der Verarbeitung ihrer personenbezogenen Daten betroffenen Personen und
- die zureichende Fachkunde und Zuverlässigkeit der bei der Verarbeitung personenbezogener Daten beschäftigten Personen, die dem Datengeheimnis – § 5 BDSG – unterliegen.

Der bDSB sollte dokumentieren,

- daß die Zweckbestimmung der Verarbeitungsverfahren rechtmäßig ist und Persönlichkeitsrechte nicht beeinträchtigt werden,
- daß die zu verarbeitenden Daten/Datenkategorien für den Verarbeitungszweck erforderlich sind und nicht über das notwendige Maß hinaus gehen (Datensparsamkeit),
- daß sie für den Verarbeitungszweck erheblich sind (ansonsten anonyme oder pseudonyme Daten zu verwenden sind) und daß sie richtig sind,
- welche technischen Sicherheitsmaßnahmen zum Schutz der Daten realisiert sind,
- was Maßnahmen zur Schulung der bei der Datenverarbeitung beschäftigten Personen einschließt.

Damit ist im Kern beschrieben, was im Art. 19 Abs. 1 der Europäischen Datenschutzrichtlinie als Inhalt der Meldung an die Kontrollstelle verlangt wird. Mit dieser Beschreibung wird deutlich, daß ein „Dateiregister" nicht gemeint ist; auf die Dokumentation der Verfahren kommt es an. Wie sollte auch das Dateiregister für ein Office-Paket wie MSOutlook beschrieben werden, wie im Fall SAP-R/3 aussehen? Der Leitfaden Datenschutz für SAP-R/3 legt es nahe, jede Tabelle im System als eine Datei aufzufassen, doch die Existenz dieser Tabellen vermag noch keine Persönlichkeitsrechte zu beeinträchtigen. Erst ihre Verknüpfung und Auswertung führt zu personenbezogen relevanten Aussagen. Verknüpfung und Auswertung sind aber Gegenstand von Verfahren.

Der Verzicht auf Dateimeldungen ist in Landesdatenschutzgesetzen bereits realisiert. So z.B. in § 6 des neuen Hessischen Landesdatenschutzgesetzes, der mit "Verfahrensverzeichnis" überschrieben ist und in dem keine Dateien zu benennen sind. Ebenso bestimmt § 28 i.Vbdg.m. § 10 LDSG Baden-Württemberg, daß ein Register von "Verfahren" geführt wird. Die Beschreibung des Verfahrens, Aufgabe und Rechtsgrundlage, der Kreis der betroffenen Personen, die Art der zu übermittelnden Daten und die Datenempfänger, jedoch nicht die Art der gespeicherten Daten, sind Inhalt der Meldung. Interessanterweise enthält der jüngste Tätigkeitsbericht des Landesbeauftragten (Landtag von Baden-Württemberg Drucksache 12/3480 vom 3.12.1998), der das Register zu führen hat, keine sich auf das Register beziehenden Informationen, die für den Bürger ein Hilfsmittel sein könnten, sein Einsichtsrecht gemäß § 28 Abs. 4 auszuüben.

Die EG-Richtlinie fordert die Öffentlichkeit der Verarbeitungen; das Register der Meldungen, welches von der Kontrollstelle geführt wird, kann von jedermann eingesehen werden (Art. 21 Abs. 1 bzw. 3). Dieser Forderung wird Genüge getan, wenn sie der bDSB in eigenen WWW-Seiten präsentiert. Die Homepage für den bDSB stellt das Medium dar, um Datenschutz öffentlich zu machen und den Betroffenen tatsächlich die Rechte einzuräumen, die im Urteil des BVerfG 1983 als juristischer Anspruch formuliert sind.

Literatur

Der interessierte Leser findet unter http://www.dud.de und http://www.datenschutz-berlin.de eine Vielzahl von Informationen zur behandelten Thematik.

Datenschutz-Audit bei der Deutschen Telekom

Thomas Königshofen

Deutsche Telekom AG
thomas.koenigshofen@telekom.de

Zusammenfassung

Die Prinzipien und Leitlinien zum Datenschutz des Arbeitskreises „Datenschutz-Audit Multimedia„ haben eine Vorgeschichte, die auf den ersten Blick nicht ohne weiteres transparent wird. Im folgenden werden daher die Grundüberlegungen, die zur Bildung dieses Arbeitskreises geführt haben, dargestellt. Danach wird kurz über die Zusammensetzung und die Vorgehensweise des Arbeitskreises berichtet. Abschließend werden einige praktische Erfahrungen der Deutschen Telekom mit der Einführung eines Datenschutz-Managementsystems (Datenschutz-Audit) vorgestellt.

1 Grundüberlegungen zum Datenschutz-Audit

Die Sicherstellung der gesetzlichen Gewährleistungen des Datenschutzes in der Privatwirtschaft ist durch eine Vielfalt von bereichsspezifischen Normen in der Praxis immer schwieriger geworden.

1.1 Bisheriger ordnungspolitischer Ansatz

Insbesondere im Bereich der Multimedia-Branche finden sich eine Vielzahl gesetzlicher Regelungen, die sich teilweise überschneiden, teilweise ergänzen, aber auch teilweise gegenseitig ausschließen.[1] Abgrenzungsprobleme werden von den Vätern und Müttern dieser Regelungen auch gar nicht geleugnet, aber unter Hinweis auf unterschiedliche Gesetzgebungskompetenzen billigend in Kauf genommen. Offensichtlich vertraut man auf ein sich herausbildendes „case law„ und überläßt es den Gerichten, langfristig Trampelpfade in den Regulierungsdschungel zu schlagen, anstelle durch überlegtes Abholzen unnötiger Schlingpflanzen Klarheit zu schaffen.

Zeitgleich zu den Bemühungen der Gesetz- und Verordnungsgeber zur Schaffung der neueren Entwicklung angepaßter und damit immer komplexerer bereichsspezifischer Regelungen im Datenschutz entwickelt sich der Markt der Multimedia-Dienstleistungen rasant, wobei zwei unaufhaltsame Entwicklungen die bisherigen Bemühungen der Regulierer, den Datenschutz

---

[1] Vgl. z.B. Gola, NJW 1998, 3755 m.w.N.; Gola/Jaspers/Müthlein, IT-Sicherheit 5/1997, 13 ff. m.w.N.; Gola/Müthlein, RDV 1997, 193 ff. m.w.N.; Gundermann, 48 ff. m.w.N.; Klug, IT-Sicherheit 6/1997, 21 ff.; Königshofen, ArchTP 1997, 19 ff. m.w.N.; ders., RDV 1997, 97 ff.; ders. Kommentar zur TDSV; Münch, RDV 1997 245f.; Müthlein/Gola/Jaspers, IT-Sicherheit 5/1997, 3 ff. m.w.N.; Roßnagel, NVwZ 1998 1 ff. m.w.N.

und damit das informationelle Selbstbestimmungsrecht der Nutzer von Multimediadiensten durch gesetzliche Ge- und Verbote zu gewährleisten, konterkarieren:

die Digitalisierung der Telekommunikation, und

die Internationalisierung des Angebotes infolge der Globalisierung der Märkte.

Die Digitalisierung der Telekommunikation räumt mit den technischen Unterschieden, die sich in der Vergangenheit auch in den verschiedenen Übertragungswegen und -netzen der verschiedenen Informations- und Kommunikationsmedien ausdrückte, endgültig auf: Alle Informationen (Daten, Texte, Sprache, Musik, Bilder, Filme, Software usw.) werden in kleinste Einheiten (Binary Digits) zerlegt und in dieser Form vom Absender an den Empfänger übertragen. Dabei macht es überhaupt keinen Unterschied, ob es sich bei diesen Bits und Bytes um Fernsehprogramme oder elektronische Briefe handelt. Somit bleibt nur die jeweils aktuelle technisch mögliche Übertragungsgeschwindigkeit (Bit pro Sekunde) eines bestimmten Übertragungsmediums (zB Kupferader, Glasfaser, Funkfrequenzband) als technische Grenze. Das bedeutet, daß zur Zeit nicht alle Übertragungsmedien für die Übertragung sämtlicher geläufiger Informations- und Kommunikationsdienste geeignet sind. Dies wird sich aber ganz sicher in absehbarer Zeit ändern.[2]

Mit der Digitalisierung einher geht die Globalisierung der Märkte. Informationsangebote werden heute aus aller Welt, z.B. via Satellit oder Internet, zu jedem beliebigen Empfänger gesendet oder zum Abruf bereitgehalten. Den ausländischen „Absen-dern„ dieser Informationen ist es egal, ob das Informationsangebot nach den ordnungspolitischen Festlegungen in Deutsch-land als Rundfunk-, Medien-, Tele- oder Telekommunikationsdienst eingeordnet wird oder in mehrere oder keine dieser Kategorien paßt; es kann ihnen auch grundsätzlich egal sein, insbesondere wenn diese Absender aus Ländern wie zB. Australien oder Mexiko kommen.

Dieses Dilemma wird von vielen Juristen in Deutschland mit der (richtigen, aber in der Praxis irrelevanten) Feststellung vernebelt, daß es auch insoweit keinen rechtsfreien Raum gibt.

Der Datenschutz ist hier ein gutes Beispiel: Es nutzt überhaupt nichts, die besten Datenschutzgesetze der Welt zu haben, wenn die ausländischen Anbieter von Multimediadiensten infolge des Fehlens kostenträchtiger Regulierungsvorgaben im Datenschutz Wettbewerbsvorteile im globalen Markt dazu nutzen können, die deutschen Anbieter vom Markt zu verdrängen.

1.2 Neuer wettbewerbsorientierter Ansatz

Der einzige erfolgversprechende Weg, der hier zu einem wirksamen Schutz des informationellen Selbstbestimmungsrechts führen kann, ist die Ergänzung des bisherigen ordnungspolitischen Ansatzes von der Bestrafung der Verstöße gegen nationale gesetzliche Bestimmungen hin zu einer Belohnung des gewünschten Verhaltens. Dies ist im Bereich der privatwirtschaftlichen Unternehmen am einfachsten durch Marktmechanismen zu erreichen. Das heißt im Klartext: Wenn ein Unternehmen in dem gewünschten Verhalten im Rahmen der Kosten-/

[2] Vgl. hierzu Königshofen, RDV 1996, 169 ff.; vgl. auch das Konvergenz-Grünbuch der Europäischen Kommission, KOM (97), 623, 1997; siehe auch Prodoehl, Beilage MMR 9/1998, 1 ff.

Nutzenrelation einen Vorteil sieht, so wird es dieses Verhalten an den Tag legen; ansonsten aber nicht. Da die Unternehmen der Multimediabranche untereinander in einem weltweiten Wettbewerb um die Gunst der potentiellen Kunden stehen, muß sich das gewünschte Verhalten demgemäß als Wettbewerbsvorteil auswirken.[3]

Daß sich ein hohes Datenschutzniveau in der Multimediabranche grundsätzlich als Wettbewerbsvorteil auswirken kann, hängt im wesentlichen von zwei Faktoren ab:

Zum einen muß das Datenschutzniveau in den Augen der potentiellen Kunden neben dem Preis und der Qualität des Angebots ein wichtiger Faktor für die Kaufentscheidung bzw. Entscheidung über die Nutzung sein.

Zum anderen muß das unterschiedliche Datenschutzniveau unterschiedlicher Anbieter dem potentiellen Kunden oder Nutzer ebenso transparent gemacht werden können wie die unterschiedliche Qualität oder der unterschiedliche Preis.

Der erste Faktor (Datenschutzniveau als ein Faktor der Kaufentscheidung) läßt sich über Meinungsumfragen feststellen. Nach allen mir bekannten Meinungsumfragen ist davon auszugehen, daß ein Großteil der potentiellen Kunden in den westlichen Industrienationen die neuen, über das Internet verbreiteten multimedialen Angebote bzw. Dienstleistungen nicht in vollem Umfang in Anspruch nehmen, weil sie sich fürchten, hierbei zuviel von ihrer Privatsphäre preisgeben zu müssen.[4] Dahinter liegt zum einen die Vermutung, daß das Internet als unsicheres Medium „belauscht„ werden kann und somit unbekannte Dritte Daten über die Betroffenen einfach „absaugen„. Zum anderen befürchten viele auch, daß die Dienstleister selber entweder vorsätzlich oder fahrlässig die Nutzerdaten zu Zwecken gebrauchen (z.B. zum Verkauf an Marketing-Unternehmen), mit denen der potentielle Kunde nicht einverstanden ist. Ein in der Wahrnehmung potentieller Kunden nicht ausreichendes Niveau an Datenschutz und Datensicherheit beeinflußt mithin offenbar auch die Nutzungs- bzw. Kaufentscheidung in negativem Sinne.

Hieraus läßt sich ohne weiteres der Schluß ziehen, daß viele potentielle Kunden Dienstleistungen von Anbietern multimedialer Dienste in stärkeren Umfang in Anspruch nehmen würden, wenn sie sicher wären, daß diese Dienstleister mit den Daten nur so verfahren, wie die Betroffenen es wünschen. Ein hohes Niveau von Datenschutz und Datensicherheit kann also durchaus eine Kaufentscheidung in positivem Sinne beeinflussen.

Der zweite Faktor, der als Voraussetzung für die Schaffung eines Wettbewerbsvorteils durch ein hohes Datenschutzniveau angesehen werden kann, nämlich die Transparenz eines hohen Datenschutzniveaus im Sinne der für einen potentiellen Kunden wahrnehmbaren Differenzierung gegenüber anderen Wettbewerbern, ist zur Zeit nicht bzw. nur sehr eingeschränkt gegeben.

Anders als bei den Preisen und der Qualität von Produkten und Dienstleistungen, wo in der Vergangenheit insbesondere durch die Verbraucherverbände, aber auch durch die Wirtschaft und die Politik viel für eine höhere Transparenz getan wurde, gibt es im Bereich des Daten-

---

[3] Vgl. auch Büllesbach, S. 239 ff.

[4] Vgl. hierzu Königshofen, Emerging Issues in Privacy, A European Point of View.

schutzes nichts, was zum Beispiel mit den Qualitätsnormen nach DIN ISO 9000 ff.[5], der Preisangabenverordnung oder der Stiftung Warentest vergleichbar wäre.

Genau hier setzt der Gedanke einer freiwilligen Auditierung des Datenschutzniveaus an. Ähnlich wie beim Umweltaudit geht es also darum, zunächst einmal auf freiwilliger Basis eine besonders datenschutzfreundliche Unternehmenspolitik festzulegen, diese Unternehmenspolitik über ein Prozeßmanagement innerhalb des Unternehmens mit dem Ziel der ständigen Verbesserung des Datenschutz- und sicherheitsniveaus in der Praxis umzusetzen und die Effektivität dieses Prozeßmanagements durch unabhängige fachkundige Stellen zu überprüfen.

2 Arbeitskreis Datenschutz-Audit und Multimedia

Der Gedanke, das Datenschutz- und sicherheitsniveau eines Unternehmens meßbar zu machen, beruht auf den Erkenntnissen des Total Quality Managements (TQM). Als ich im September 1995 dem Vorstand der Deutschen Telekom eine grundlegende Neuorganisation des Datenschutzes innerhalb des Unternehmens vorschlug und ein entsprechendes Konzept vorlegte, war die Messung objektiver Datenschutz-Qualitätsparameter bereits Bestandteil dieses Konzeptes, das ab dem Jahre 1996 bei der Telekom schrittweise umgesetzt wurde. Mittlerweile werden alle Niederlassungen der Deutschen Telekom jährlich einem entsprechenden Audit unterzogen. Auf die Vorgehensweise und die erzielten Erfolge werde ich noch eingehen.

Die Idee, ein solches Audit auch zur Grundlage eines „Datenschutz-Gütesie-gels„ zu machen, kam in einem Gespräch mit dem Bundesbeauftragten für den Datenschutz, Herrn Dr. Joachim Jacob, im Rahmen der 19. Datenschutzfachtagung der GDD vom 16.-17. November 1995.[6] Dr. Jacob hatte zum Thema „Datenschutz in einer multimedialen Welt„ referiert [7] und die oben skizzierten Veränderungen, nämlich die Digitalisierung und die Globalisierung, deutlich als Gefahr für das informationelle Selbstbestimmungsrecht herausgearbeitet. Im Anschluß daran habe ich ihn angesprochen und mit ihm die Idee einer Datenschutz-Auditierung und Zertifizierung auf freiwilliger Basis diskutiert. Diesen Ansatz habe ich in einem Schreiben an den BfD und den Vorsitzenden der GDD, Herrn Bernd Hentschel, vom 30.11.1995 noch einmal dargestellt und vorgeschlagen, auf Expertenebene diese Überlegungen zu diskutieren und weiterzuentwickeln, was auf unmittelbaren Zuspruch führte.

Praktisch zeitgleich wurde der Vorschlag eines Datenschutz-Audits von der Projektgruppe verfassungsverträgliche Technikgestaltung (provet) in einem Eckwerte-Papier vom 15. Dezember 1995 als Vorarbeit eines Gutachtens „Vorschläge zur Regelung von Datenschutz und Rechtssicherheit in Online-Multimedia-Anwen-dungen„ dem Bundesministerium für Bildung, Wissenschaft, Forschung und Technologie„ unterbreitet [8], das die Vorarbeiten für das jetzige Informations- und Kommunikationsdienste-Gesetz aufgenommen hatte. Damit befand sich das „Datenschutz-Audit„ in der politischen (gesetzgeberischen) Diskussion. In der Folgezeit

[5] Vgl. Wilhelm, DuD 1995, 330 ff.

[6] Die Idee des „Datenschutz-Gütesiegels„ ihrerseits ist aber schon früher diskutiert worden; vgl. z.B. Hassemer, DuD 1995, 449.

[7] Vgl. Jacob, RDV 1996, 1 ff.

[8] Vgl. Roßnagel, DuD 1997, 505.

wurde deshalb die Anfangsinitiative zur Bildung eines Experten-Arbeitskreises unter maßgeblicher Beteiligung der Wirtschaft nicht weiterverfolgt, da es schien, als ob gesetzliche Regelungen zum Datenschutz-Audit bei Multimedia-Diensten von der Bundesregierung vorgeschlagen werden sollten.[9] Im IuKDG, das am 1. August 1997 in Kraft trat, war die Vorschrift über das Datenschutz-Audit, die noch im Referenten-Entwurf vorgesehen war, aber ersatzlos entfallen. Allerdings beschloß der Deutsche Bundestag bei der Verabschiedung des IuKDG die Evaluierung des Gesetzes und forderte die Bundesregierung auf, die technische und rechtliche Entwicklung bei den neuen Diensten zu beobachten und darzulegen, ob und ggf. in welchen Bereichen Anpassungs- bzw. Ergänzungsbedarf besteht. Eine erste Fachveranstaltung zur Evaluierung des IuKDG wurde unter der Federführung der Bundesregierung am 8. Dezember 1997 veranstaltet. Einen Tag später, nämlich am 9. Dezember 1997 traf sich der Arbeitskreis „Daten-schutz-Audit Multimedia„ zu seiner konstituierenden Sitzung bei der Zentrale der Deutschen Telekom in Bonn. Zu diesem Arbeitskreis hatte ich Experten der Praxis (Nutzer, Service- und Content-Provider, Netzbetreiber, Software- und Systemlieferanten etc.), der Aufsichtsbehörden (BfD, Landesdatenschutzbeauftragte etc.), der Exekutive (Wirtschafts- und Wissenschaftsministerium) sowie aus Datenschutz- und Datensicherheits-Experten (Wissenschaftsvertreter, GDD, BSI etc.) eingeladen. Dieser Kreis, der in der Folgezeit noch um Gewerkschafts- und Verbandsvertreter sowie um unabhängige Berater erweitert wurde, setzte sich zum Ziel, Empfehlungen (guidelines) zur Erarbeitung von Datenschutz-Konzepten, zur technisch/organisatorischen Umsetzung dieser Konzepte sowie zur Evaluierung und Zertifizierung (Auditierung) von Produkten und/oder Anbietern im Bereich digitaler Rundfunk-, Medien-, Tele- und Telekommunikationsdienste zu erstellen. Zunächst sollten Grundsätze (Prinzipien) der Datenverarbeitung formuliert [10] sowie Leitlinien für eine prozeßorientierte Datenschutz-Organisation auf der Basis der beschlossenen Prinzipien entwickelt werden. Hierzu wurden verschiedene Unterarbeitsgruppen gebildet, die ihre jeweiligen Arbeitsergebnisse im Plenum vorstellten, wo sie dann diskutiert und in ihrer endgültigen Fassung verabschiedet wurden. Die jetzt vorliegenden Prinzipien und Leitlinien für den Datenschutz in Multimedia-Diensten wurden vom Arbeitskreis in seiner Sitzung am 1. Dezember 1998 beschlossen und durch die Veröffentlichung zur Diskussion gestellt. Hierzu soll auch eine im Internet eingerichtete Newsgroup dienen (nähere Infos unter: http://www.gdd.de).

3 Datenschutz-Managementsystem in der Deutschen Telekom

Wie oben näher erläutert, sind im Bereich des Datenschutzes eine Vielzahl von spezialgesetzlichen Regelungen vorhanden, die bei der Verarbeitung von personenbezogenen Daten der Kunden eines Unternehmens der Multimediabranche eine besondere Rolle spielen. Dem müssen auch die gesetzlich geforderten organisorischen Maßnahmen zur Sicherstellung des Datenschutzes (vgl. § 9 BDSG) Rechnung tragen.

---

[9] Vgl. etwa Dammann, DSB 10/96, 5.

[10] Prinzipien des Datenschutzes und der Datensicherung - allerdings eng angelehnt an die gesetzlichen Regelungen des BDSG - wurden bereits schon früher in die öffentliche Diskussion gestellt; vgl. Wächter, DuD 1995, 465 ff., der auch auf die Erarbeitung einer „Corporate Policy„ im Bereich Datenschutz und -sicherheit eingeht (S. 469 ff.).

Die Sicherung des Datenschutzes – hier verstanden im engen Sinne zur Gewährleistung des informationellen Selbstbestimmungsrechts der Kunden – durch die Anbieter von Multimediadienstleistungen ist aber nach Auffassung der Deutschen Telekom nicht nur eine Wahrnehmung gesellschaftlicher Verantwortung, zu der diese durch das Bundesdatenschutzgesetz und die oben beschriebenen bereichsspezifischen Datenschutzregelungen verpflichtet ist. Sie ist vielmehr in immer stärkerem Maße auch eine Forderung der Kunden und damit notwendige Voraussetzung für die Steigerung der Kundenzufriedenheit. Demzufolge sind Datenschutz- und Datensicherheitsstandards unmittelbare und meßbare Qualitätsparameter für eine kundenorientierte Geschäftspolitik.

3.1 Datenschutzkonzept

Die strategisch wichtigste und vordringlichste Aufgabe war es deshalb, ein auf dieser Datenschutz-Policy und der organisatorischen Ausgestaltung des Unternehmens aufbauendes Konzept für die Organisation der Aufgabenerledigung im Bereich des Datenschutzes zu entwikkeln, bzw. das vorhandene Konzept entsprechend fortzuentwickeln.

3.1.1 Ausgangspunkt

Dabei konnte als Ausgangspunkt dieses Datenschutzkonzepts nicht einfach auf vorhandene IV-Sicherheitskonzepte aufgesetzt werden: zum einen, weil diese oft in ihrer Komplexität nicht mehr zu überschauen sind und sich die IV-Landschaften in den Unternehmen häufig nicht homogen entwickelt haben – was auch für die IV-Sicherheitskonzeptionen bei immer offeneren IV-Systemen neue Herausforderungen schafft;[11] zum anderen aber auch, weil IV-Sicherheitskonzepte regelmäßig die Frage der Zulässigkeit der Verarbeitung personenbezogener Daten für die mit der Datenverarbeitung verfolgten Zwecke vollkommen unberührt lassen.

Grundsätzlich besteht nach dem heute gültigen Datenschutzkonzept für die Ablauforganisation des Datenschutzes bei der Deutschen Telekom nunmehr eine siebenteilige Gliederung:

(1) Bestandsaufnahme der für die Datenverarbeitung eingesetzten Hard- und Software (inclusive der IV-Netzstrukturen) einschließlich der Dateien mit personenbezogenen Daten sowie der Datenfluß-Analyse;

(2) Bestandsaufnahme bzw. Festlegung aller Sicherungs-, Schutz- und Kontrollmaßnahmen im Bereich des Datenschutzes unter Einbeziehung der betroffenen Organisationseinheiten bzw. Verantwortlichen; ggf. Anpassung und Neuerstellung von entsprechenden Arbeitsanweisungen und Richtlinien;

(3) Neubekanntmachung bzw. erste Bekanntmachung der betreffenden Maßnahmen an die betroffenen Mitarbeiter der Betriebe; Schulung und Anweisung zur Einhaltung dieser Maßnahmen. Die Schulungen sollten routinemäßig in zweckmäßigen zeitlichen Abständen (grundsätzlich alle zwei Jahre) wiederholt werden.

(4) Durchführung bzw. Installierung der gesetzlich zwingenden und unternehmenspolitisch gewünschten Schutz-, Sicherheits- und Kontrollmaßnahmen im Bereich des Datenschutzes.

[11] Vgl. Königshofen, RDV 1996, 173 ff.

(5) Routinemäßige und anlaßbezogene Überwachung, Kontrolle, Verbesserung und Anpassung der Arbeitsanweisungen, Richtlinien und sonstigen Maßnahmen. Die unternehmensinternen Kontrollen und Überprüfungen sollten regelmäßig in zweckmäßigen zeitlichen Abständen wiederholt werden. Hierzu sind in den jeweiligen Betrieben entsprechende Datenschutz-Qualitätszirkel einzurichten.

(6) Regelmäßige Berichte der Datenschutzberater (= bezirklich zuständiges Hilfspersonal des Datenschutzbeauftragten) an den Datenschutzbeauftragten und die jeweiligen Leiter der Organisationseinheiten betreffend den aktuellen Stand der Organisation des Datenschutzes, Schulung der Mitarbeiter, Erstellung von Datenschutzrichtlinien, Ergebnisse interner Kontrollen, Kunden- und Mitarbeiterbeschwerden, Anfragen bzw. Beanstandungen der Aufsichtsbehörde, Überlegungen im Hinblick auf zukünftige Maßnahmen und Entwicklungen u.s.w.

(7) Ein aus den jeweiligen bezirklichen Berichten der Datenschutzberater erstellter Gesamtbericht des Datenschutzbeauftragten, der mindestens einmal jährlich dem Gesamtvorstand vorgelegt wird.

Diese Berichte orientieren sich aber nicht an den Berichten des Bundesbeauftragten für den Datenschutz und der Landesdatenschutzbeauftragten, da diese sich eher als Tätigkeitsberichte für die eigene Institution begreifen lassen, in denen – etwas erbsenzählerisch – aufgedecktes Fehlverhalten und entsprechende Beanstandungen der kontrollierten Stellen aufgelistet werden, ohne den Verantwortlichen praktikable Hilfen an die Hand zu geben, wie sie insgesamt den Datenschutz-Standard innerhalb ihres Verantwortungsbereichs erhöhen können.

3.1.2 Messung von Datenschutz-Standards

Um solche Management-Entscheidun-gen zu erleichtern, wurden eindeutige, objektive und nachvollziehbare Meßgrößen festgelegt, die das Datenschutzniveau (den Datenschutz-Standard) einer Organisationseinheit widerspiegeln. Wenn man beispielsweise davon ausgeht, daß eine große Schwachstelle im Datenschutz der mangelnde Kenntnisstand der Mitarbeiter ist, so bietet es sich an, die Prozentzahl der Mitarbeiter einer Organisationseinheit, die innerhalb eines bestimmten Zeitraums an Schulungsmaßnahmen zum Datenschutz teilgenommen haben, zu messen und den Verantwortlichen die Meßergebnisse offenzulegen – auch im Sinne eines benchmarking: zum Vergleich die Ergebnisse anderer Organisationseinheiten – anstatt lediglich zu berichten, wie viele Schulungen die jeweiligen Datenschutzberater bei welchen Organisationseinheiten durchgeführt haben. Diese Methode der Messung (Auditierung) von „Datenschutz-Qualitätsparametern, die dem Total-Quality-Management (TQM) entlehnt ist, führt praktisch automatisch zu einem kontinuierlichen Verbesserungsprozeß („What gets measured gets done„).

Bei der Deutschen Telekom AG wurden für die Messung von objektiven „Datenschutz-Qualitätsparametern„ folgende zehn Qualitätsmerkmale festgelegt:

(1) Kenntnisstand der Mitarbeiter;

(2) Datenschutz-Sensibilität der Führungskräfte;

(3) Transparenz der Datenverarbeitung für Prüf- und Meßzwecke;

(4) Transparenz der Datenverarbeitung für Kunden (Kundeninformationen);

(5) Sichere Datenverarbeitung beim PC-Einsatz;

(6) Datenschutzkonformität der IV-Anwendungen;

(7) Datenschutzkonformität des Netzbetriebs;

(8) Sichere Datenverarbeitung in den Strategischen Computerzentren;

(9) Datenschutzgerechte Verarbeitung personenbezogener Daten im Auftrag;

(10) Kontinuierlicher Verbesserungsprozeß.

Für jedes dieser Qualitätsmerkmale wurden mehrere meßbare „Indikatoren„ definiert:

So kann man beispielsweise das Datenschutzniveau bezüglich der Datenschutz-Sensibilität der Führungskräfte daran messen, in welchem prozentualen Umfang an der Gesamtzahl der Führungskräfte diese innerhalb der letzten zwei Jahre an Datenschutz-Schulungen teilgenommen haben (Indikator 1); aber auch daran, ob und in welchem Umfang die Führungskräfte an Datenschutz-Qualitätszirkeln teilnehmen (Indikator 2).

Alle diese Indikatoren werden mit Punktzahlen versehen, die das Meßergebnis widerspiegeln, wobei ein bestimmter Meßwert als optimal (z.B. 10 Punkte) und ein weiterer Meßwert als Minimum (z.B. 1 Punkt) definiert wird.

Die Messung bewirkt einerseits eine relative Vergleichbarkeit der unterschiedlichen Organisationseinheiten, und andererseits – was meines Erachtens die eigentliche Begründung für die Notwendigkeit dieser Messungen ist – die Möglichkeit der Darstellung einer Verlaufskurve, sobald man die Messungen periodisch wiederholt. Damit wird die eigentliche „Performance„ im Bereich des Datenschutzes transparent gemacht im Sinne der Beantwortung der Fragen: „Werden wir besser oder werden wir schlechter?„ und „Woran liegt es, daß wir besser (schlechter) werden?„ Mit dieser Methode wird also letztlich die Fähigkeit oder Unfähigkeit des Prozeßmanagementsystems im Datenschutz nachgewiesen, angestrebte Veränderungen in der Praxis auch tatsächlich zu erreichen. Gleichzeitig erhalten die Verantwortlichen Hilfmittel an die Hand, die es ihnen erlauben, „an den Schrauben zu drehen„ und so daß Datenschutzniveau meßbar zu erhöhen. Somit ähnelt das Verfahren sehr stark dem Umwelt-Audit nach der EU-Audit-Verordnung [12] bzw. dem Umweltauditgesetz von 1995.[13]

Begreift man den eigentlichen Sinn der Arbeit eines Datenschutzbeauftragten und seiner Mitarbeiter nicht in erster Linie darin, mit minimalem Aufwand die Sicherstellung der gesetzlichen Mindestanforderungen an den Datenschutz zu gewährleisten, sondern das Datenschutz-Niveau innerhalb des Konzerns zu erhöhen und damit auch einen wichtigen Beitrag zur Wertschöpfungskette zu leisten,[14] so ergibt sich als positiver Nebeneffekt dieser Verlaufskurve auch eine Review-Möglichkeit in bezug auf den eigenen Arbeitserfolg.

---

[12] VO (EWG) Nr. 1836/93 vom 29.06.1993, AblEG Nr. L 168 vom 10. Juli 1993, 1 ff; siehe auch Antes/Clausen, Der Betrieb 1995, 685 ff. Ein anderes System, das nicht das Umweltmanagement-System eines Betriebes in den Vordergrund stellt, sondern die einzelnen Produkte, stellt das europäische System zur Vergabe eines Umweltzeichens dar, vgl. die VO (EWG) Nr. 880/92 des Rates vom 23.03.1992, ABl. EG Nr. L 99 vom 11. April 1992, 1 ff.

[13] Vgl. hierzu auch Lanfermann, RDV 199, 5.

[14] Wie bereits oben dargestellt ist davon auszugehen, daß ein niedriges Datenschutzniveau insbesondere in der Multimediabranche zu erheblichen Image-Schäden und zur Unzufriedenheit der Kunden und Mitarbeiter führen

3.2 Durchführung des internen Audits

Der systematische Ansatz dieser Vorgehensweise erlaubt es, für die Aufnahme und die Auswertung des Soll-Ist-Vergleichs mit strukturierten Fragenbögen vorzugehen und diese softwaregestützt auszuwerten.

Der von der Deutschen Telekom entwickelte Fragebogen wurde zunächst als Textdatei mit entsprechenden Hilfsfunktionen entwickelt und in einem Piltoversuch im Jahre 1997 in 16 Betrieben mit insgesamt über 500 Abteilungen und 20.000 Beschäftigten getestet. Die jeweiligen Abteilungen (Bezeichnung bei der Deutschen Telekom AG: Ressorts) wurden dabei aufgefordert, den Fragebogen mit Gültigkeit für einen bestimmten Stichtag (31.03.1997) auszufüllen und an den Datenschutzbeauftragten bzw. sein Hilfspersonal als Winword-Datei zurückzuschicken.

Die ausgefüllten Fragebögen wurden in eine Datenbank übernommen; die Ergebnisse konnten so in jeder beliebigen Hinsicht ausgewertet und graphisch dargestellt werden.[15]

Im Jahre 1998 wurde diese Methode erstmals flächendeckend bei allen 118 Niederlassungen der Deutschen Telekom mit Stichtag 31.03.1998 durchgeführt. Dabei konnten auch schon die Veränderungen hinsichtlich des Ist-Zustandes gegenüber der Pilotmessung 1997 dargestellt werden. Zusammen mit der Zeitschrift „IT-Sicherheit„ der Fa. Herweg & Müthlein IT Management GmbH und der GDD als Kooperationspartner wurde eine Software entwickelt, die die für das Benchmarking notwendigen Abfrage- und Auswerteschritte intelligent unterstützt und somit eine echte Hilfe für jedes Unternehmen, das das Datenschutzniveau seiner eigenen Organisationseinheiten (Betriebe oder Abteilungen) messen will, darstellt.

3.3 Erfahrungen

Es hat sich bei der Deutschen Telekom gezeigt, daß allein die Tatsache der Messung und die interne Transparenz (benchmarking) der Meßergebnisse dazu geführt hat, daß die jeweils Fachverantwortlichen große Anstrengungen unternommen haben, um das Datenschutz- und Sicherheitsniveau ihrer Organisationseinheiten zu verbessern. Auf der Basis der selbstgewählten Sollgrößen konnte festgestellt werden, daß schon mit der Ankündigung der Pilotmessung gegen Ende des Jahres 1996 erhebliche Aktivitäten im Hinblick auf die Annäherung an den Soll-Zustand durch die Organisationseinheiten entfaltet wurden.

Die interne Bekanntmachung der jeweiligen Meßergebnisse im Jahre 1997 gegenüber den Fachverantwortlichen gab diesen die Möglichkeit, das Datenschutz- und Sicherheitsniveau ihrer Organisationseinheit mit dem Soll-Zustand und mit dem Ist-Zustand anderer Organisationseinheiten zu vergleichen und so unter Betrachtung einer graphisch unterstützten Stärken-Schwächen-Analyse die richtigen Schwerpunkte zur Verbesserung des Datenschutz- und Sicherheitsniveaus zu setzen.

---

kann. Vice versa wird die Steigerung des Datenschutzniveaus innerhalb eines Konzerns die Kundenzufriedenheit und Kundenbindung erhöhen. Somit stellt das Datenschutzniveau eines Unternehmens einen wichtigen Wettbewerbsfaktor dar, der aber - um wirksam zu werden - viel stärker als in früheren Zeiten „vermarktet„ d.h. den Kunden und Mitarbeitern gegenüber transparent gemacht werden muß.

[15] Vgl. Königshofen, Datenschutz-Benchmarking,.

Die Messung im Jahre 1998 hat dann zusätzlich gegenüber der Pilotmessung 1997 eine erhebliche durchschnittliche Steigerung des Datenschutz- und Sicherheitsniveaus ergeben.

Die Verifizierung (Auditierung) der gemessenen Ergebnisse – die ja zunächst von den fachverantwortlichen Abteilungen selbst gemeldet wurden – erfolgte durch entsprechende Stichproben, die im Jahre 1997 bei 10% der Arbeitsplätze von den Hilfskräften des Datenschutzbeauftragten (bei der Deutschen Telekom: bezirkliche Datenschutzberater, die hauptamtlich tätig sind und eine ausschließliche Unterstützungsfunktion für den Datenschutzbeauftragten haben) durchgeführt wurden. Es hat sich gezeigt, daß die übermittelten Meßergebnisse mit den Stichproben im wesentlichen übereinstimmten und damit auch die gemeldeten Ergebnisse der Abteilungen, die nicht stichprobenmäßig überprüft wurden, plausibel waren. Deshalb konnten die Stichproben im Jahre 1998 auf 2% der Arbeitsplätze reduziert werden. Für das Datenschutz-Benchmarking 1999 können die Stichproben noch weiter reduziert werden, ohne die Qualität der Meßwerte wesentlich zu verschlechtern.

4 Ausblick

Die Evaluierung des IuKDG und damit auch des TDDSG ist in vollem Gange. Auch in der Diskussion um das neue Bundesdatenschutzgesetz wird der Gedanke eines Datenschutz-Audits sicher eine Rolle spielen. Ob ein Datenschutz-Audit für ein Wirtschaftsunternehmen sinnvoll ist oder nicht, hängt von vielen Faktoren ab. Aufgrund der Erfahrungen, die die Deutsche Telekom mit ihrem internen Audit gemacht hat, möchte ich unterstellen, daß ein gutes Datenschutz-Prozeßmanagement, das sich an ein allgemeines Qualitätsmanagement anlehnt, zumindest die Fehlerquoten innerhalb des eigenen Verantwortungsbereichs minimiert und die Sensibilität der Führungskräfte und Mitarbeiter für Fragen des Datenschutzes erheblich steigert. Ob eine solche Risikominimierung und Qualitätssteigerung für ein Unternehmen sich tatsächlich ergebniswirksam (umsatzsteigernd oder kostensenkend) auswirkt, muß im Einzelfall sicher noch bewiesen werden. Daß es sich aber so auswirken kann, liegt auf der Hand.

Das Audit im Sinne der Messung der Ergebnisse eines entsprechenden Datenschutz-Prozeßmanagements ist ein, wenn nicht sogar *der* entscheidende Faktor für die Schaffung von Transparenz und Vertrauen in die Fähigkeit von Unternehmen, sich den neuen Anforderungen an den Datenschutz und die Datensicherheit zu stellen. Der Arbeitskreis „Datenschutz-Audit Multimedia„ – der im übrigen selbstverständlich auch für weitere Mitglieder offensteht – wird zu diskutieren haben, ob er sich auch zutraut, Empfehlungen für die Frage der Transformation der Prinzipien und Leitlinien für den Datenschutz in konkrete, an die jeweilige Unternehmensstruktur angepaßte Datenschutz-Konzepte zu entwickeln und ob er auch bezüglich der Auditierung (Zertifizierung) von Managementsystemen zur Verbesserung des Datenschutzniveaus eine einheitliche Auffassung findet.[16]

Persönlich gehe ich davon aus, daß der eingeschlagene Weg der richtige ist, solange er zwei Grundsätze beibehält: Erstens den Grundsatz der Freiwilligkeit der Einführung bzw. Evaluierung von Datenschutz-Managementsystemen und ihrer Auditierung bzw. Zertifizierung, und zweitens den Grundsatz der Beachtung der Marktmechanismen: nur wenn die „Player„ (Anbieter und Kunden von Dienstleistungen sowie Systemlieferanten) für das gewünschte Ver-

[16] Vgl. hierzu etwa Voßbein, KES 1998, 47 ff.

halten im weltweiten Markt belohnt werden, wird sich der Datenschutz im Bereich der Multimediadienste in die gewünschte Richtung entwickeln. Chancen hierfür sind da (z.B. über zukünftige, im Markt akzeptierte Gütesiegel), ein Hauptrisiko liegt aber nach wie vor in der ordnungspolitischen Regelungswut, die schnell über das Ziel hinausschießt und mit zusätzlichen Regulierungsvorgaben (wieder im Sinne von Ge- und Verboten) den marktwirtschaftlichen Ansatz konterkariert.[17]

Von seiten der Politik ist deshalb eine hohe Unterstützung des marktwirtschaftlichen Ansatzes bei gleichzeitiger ordnungspolitischer Zurückhaltung geboten. Diese Gratwanderung kann nur gelingen, wenn man zukünftig nicht den theoretischen, sonder den praktischen Nutzen einer jeden Regulierungsvorgabe für das informationelle Selbstbestimmungsrecht in den Mittelpunkt der Betrachtung stellt.

Literatur

Antes/Clausen, Die guten Managementpraktiken in der EU-Audit-Verordnung, in: Der Betrieb 1995, 685 ff.

Büllesbach, Datenschutz und Datensicherheit als Qualitäts- und Wettbewerbsfaktor, RDV 1997, 239 ff.

Dammann, Thesen zur Modernisierung des Datenschutzrechts, DSB 10/96, 1 ff.

Drews/Kranz, Argumente gegen die gesetzliche Regelung eines Datenschutz-Audits, DuD 1998, 93 ff.

Gola, Die Entwicklung des Datenschutzes in den Jahren 1997/1998, NJW 1998, 3750 ff.

Gola/Jaspers/Müthlein, Das Teledienstedatenschutzgesetz, IT-Sicherheit 5/97, 13 ff.

Gola/Müthlein, Neuer Tele-Datenschutz – bei fehlender Koordination über das Ziel hinausgeschossen?, RDV 1997, 193 ff.

Gundermann, Das neue TKG-Begleitgesetz, K&R 1998, 48 ff.

Hassemer, Zeit zum Umdenken, DuD 1995, 448 f.

Jacob, Datenschutz in einer multimedialen Welt, RDV 1996, S. 1 ff.

Klug, Multimediagesetze auf dem Prüfstand, IT-Sicherheit 6/97, 21 ff.

Königshofen, Datenschutz-Benchmarking – ein prozeßorientierter Ansatz zur Steigerung des Datenschutz- und -sicherheitsniveaus in Unternehmen, IT-Sicherheit, Heft 5/98, S. 5 ff.

Königshofen, Datenschutz in der Telekommunikation, ArchivPT 1997, S. 19 ff.

Königshofen, Die Umsetzung von TKG und TDSV durch Netzbetreiber, Service-Provider und Telekommunikationsanbieter, RDV 1997, 97 ff.

[17] Insofern dürfen die kritischen Anmerkungen von Drews/Kranz, DuD 1998, 93 ff. nicht ignoriert werden, wenn sie sich auch in den meisten Punkten durch die Erfahrungen mit der Messung des Datenschutz-Managementsystems bei der Deutschen Telekom nicht bestätigen lassen.

Königshofen, Emerging Issues in Privacy, A European Point of View, Vortrag anl. der Annual Conference 1998 des Internet Law and Policy Forum in Seattle, USA. http://www.ilpf.org/confer/present/koenig.htm

Königshofen, Kommentar zur TDSV, in: Wiechert/Schmidt/Königshofen, Telekommunikationsrecht der Bundesrepublik Deutschland, Rechtsvorschriften und Erläuterungen (Losebl.; Stand 1998), Nr. 550.

Königshofen, Vom Telegraphendraht zum Information Superhighway, RDV 1996, 169 ff.

Lanfermann, Datenschutzgesetzgebung – gesetzliche Rahmenbedingungen einer liberalen Informationsgesellschaft, RDV 1998, 1 ff.

Münch, Hinweise zu technisch-organi-satorischen Maßnahmen bei der Umsetzung des Teledienstedatenschutzgesetzes (TDDSG), RDV 1997, 245 f.

Müthlein/Gola/Jaspers, Die neuen „Tele-Gesetze„, IT-Sicherheit 5/97, 3 ff.

Prodoehl, Auf dem Weg zu einer neuen Medienordnung, Beilage MMR 9/1998, 1 ff.

Roßnagel, Datenschutz-Audit, DuD 1997, S. 505.

Roßnagel, Neues Recht für Multimediadienste, NVwZ 1998, 1 ff.

Voßbein, Evaluierung und Zertifizierung, Sinn und Grenzen, KES 1998, 47 ff.

Wächter, Prinzipien des Datenschutzes und der Datensicherung, DuD 1995, 465 ff.

Wilhelm, Qualitätsmanagement-Systeme nach den Normen DIN ISO 9000 ff in Software-Unternehmen, DuD 1995, 330 ff.

Sicherheit in Java und ActiveX

Holger Mack

Secorvo Security Consulting GmbH
mack@secorvo.de

Zusammenfassung

In den vergangenen Jahren sind viele Diskussionen über die Sicherheitsrisiken von ausführbarem Inhalt von Web-Seiten z.B. Java Applets und ActiveX Controls geführt worden. Während vor allem die Entwickler solcher Technologien (z.B. Sun, Microsoft) die Benutzer überzeugen wollen, daß solche Techniken sicher angewendet werden können, sind viele Benutzer und Organisationen sehr skeptisch und vorsichtig im Umgang mit solchen Technologien. Dieser Beitrag wird an den Beispielen Java und ActiveX die Risiken solcher Technologien aufzeigen. Nach einer allgemeinen Besprechung der Problematik werden die von den Herstellern angebotenen Sicherheitsansätze diskutiert und ihre Stärken und Schwächen sowie ihr praktischer Nutzen bewertet.

1 Einleitung

Das Aufkommen von Technologien wie Java und ActiveX haben ein neues Problem bei der Nutzung des WWW gebracht. Bis dahin bestanden WWW-Seiten ausschließlich aus passiven Elementen wie z.B. Texten, Grafiken, Video- und Sounddaten. Diese Objekte stellen keine direkte Bedrohung für den Anwender dar, da sie nur vom Browser des Benutzers dargestellt werden, aber nicht aktive Kommandos auf dem Zielrechner ausführen können.[1] CGI-Scripts [2] waren die einzige Möglichkeit WWW-Seiten um interaktive Elemente zu erweitern. Da CGI-Scripts allerdings auf dem Server ausgeführt werden, stellen sie keine Bedrohung für den Benutzer dar.

Java-Applets und ActiveX Controls hingegen haben ihre Stärke gerade darin, daß sie aktive Operationen auf dem Rechner des Benutzers ausführen können. In erster Linie führt dies dazu, daß Entwickler viele neue Möglichkeiten haben, die Darstellung und Funktionalität ihrer Web-Seiten zu erhöhen, sie können sogar verteilte Anwendungen entwickeln. Allerdings bringen solche Programme neue Sicherheitsprobleme mit sich.

An dieser Stelle sollte darauf hingewiesen werden, daß das Herunterladen von Applets/Controls als Teil von Web-Seiten über Netzwerke nicht das einzige Anwendungsgebiet von Java oder ActiveX ist. Dieser Artikel wird sich allerdings auf diese Anwendungen kon-

[1] Gefährdungen können allerdings bei Ausführung der zugehörigen Anwendungen entstehen; das ist aber kein spezifisches Problem von Daten im WWW.

[2] Common Gateway Interface

zentrieren bei denen Java/ActiveX Programme dynamisch über Netzwerke geladen werden, da diese aus Gründen der Sicherheit von besonderem Interesse sind.

2 Bedrohung

Prinzipiell sind die Bedrohungen, die durch das Laden von Java-Applets oder ActiveX-Controls entstehen können, ähnlich denen, die auch bei normalen Programmen bestehen. Werden sie ohne Beschränkungen auf dem Zielsystem ausgeführt, sind mehrere Gefährdungen möglich:

- Das Programm kann Viren enthalten, die das System infizieren und schädigen.
- Das Programm könnte als „trojanisches Pferd" unbekannte, schädigenden Nebeneffekte haben die vom Entwickler eingebaut wurden. Ein Beispiel dafür sind die Angriffe auf Nutzer des T-Online-Systems im letzten Jahr[LUC_98].
- Das Programm kann vom Entwickler nicht beabsichtigte Nebeneffekte haben (z.B. durch Programmierfehler).

Die Auswirkungen solcher Gefährdungen können dabei verschiedener Art sein:

- Veränderungen des Systems
- Einsicht in vertrauliche Daten des Benutzers
- Angriffe auf die Verfügbarkeit eines Systems (Denial of Service)

Zum Schutz vor solchen Bedrohungen werden üblicherweise verschiedene Methoden angewendet:

- Programme werden vor dem ersten Ausführen mit Hilfe von Virenscannern nach bekannten Virenmustern abgesucht.
- Programme werden zuerst in einer Test-Umgebung (z.B. einem „Quarantäne-Rechner") ausgeführt, um zu untersuchen, ob unerwünschte Nebeneffekte auftreten.
- Es werden nur Programme von sogenannten vertrauenswürdigen Quellen (z. B. renommierte Hersteller) auf dem System ausgeführt.

Wenn es sich um traditionelle Programme handelt, die im allgemeinen fest auf dem Zielsystem installiert werden, sind diese Methoden relativ effektiv durchführbar, ohne größere Einbußen in der Funktionalität in Kauf nehmen zu müssen.

Alle drei Ansätze sind allerdings wenig geeignet für Java-Applets oder ActiveX Controls. Das Hauptproblem liegt darin, daß Anwendungen, die auf diesen Technologien beruhen, im Gegensatz zu traditionellen Anwendungen nicht langfristig auf dem Zielsystem installiert und gespeichert werden, sondern jeweils beim Aufrufen der Web-Seite dynamisch neu auf das System geladen werden. Dabei ist es durchaus möglich, daß beim erneuten Aufrufen einer Anwendung geänderter Code (z.B. neue Version, Bug-fixes etc.) geladen wird. Ohne Einbußen bei der Dynamik und Funktionalität ist es deshalb nicht möglich, die Applets/Controls erst in einer geschützten Umgebung auszuführen. Auch ist es ohne zusätzliche Maßnahmen nicht möglich, die Herkunft eines geladenen Programmteils eindeutig festzustellen und nur Applets/Controls aus vertrauenswürdigen Quellen auszuführen.

Das Problem von Virenscannern ist, daß sie grundsätzlich nur solche Viren identifizieren können, die bereits bekannt sind. Es besteht also immer die Gefahr, daß neue Viren in das System gelangen, die von der Virenscanner-Software nicht erkannt werden. Die Hersteller von Virenscannern haben zunehmend Schwierigkeiten, mit der ständig wachsenden Anzahl der Viren und Viren-Varianten Schritt zu halten; deshalb wird auch hier nach anderen Wegen gesucht.

Eines der Hauptmerkmale von Java ist die Plattformunabhängigkeit, ActiveX Controls hingegen sind plattformabhängig (derzeit nur für Win32 Plattformen verfügbar). Java-Applets können schon heute ohne Veränderungen auf einer großen Anzahl verschiedener Betriebssysteme ausgeführt werden (z.B. MS-Windows, MAC-OS, UNIX). Plattformunabhängigkeit an sich stellt kein Sicherheitsproblem dar, allerdings kann es die Folgen und die Verbreitung eines erfolgreichen Angriffs erhöhen. Bis heute hat sich die Vielfalt der am Internet angeschlossenen Plattformen aus sicherheitstechnischer Sicht als eine „natürliche Barriere" ausgewirkt. Dadurch waren Sicherheitsprobleme oft auf eine Plattform beschränkt.[3] Ein Angriff, der mit Java realisiert würde, würde hingegen nahezu alle gängigen Plattformen gefährden. Welche Folgen das haben kann, ist am Beispiel der rasanten Verbreitung von Macro-Viren zu sehen.

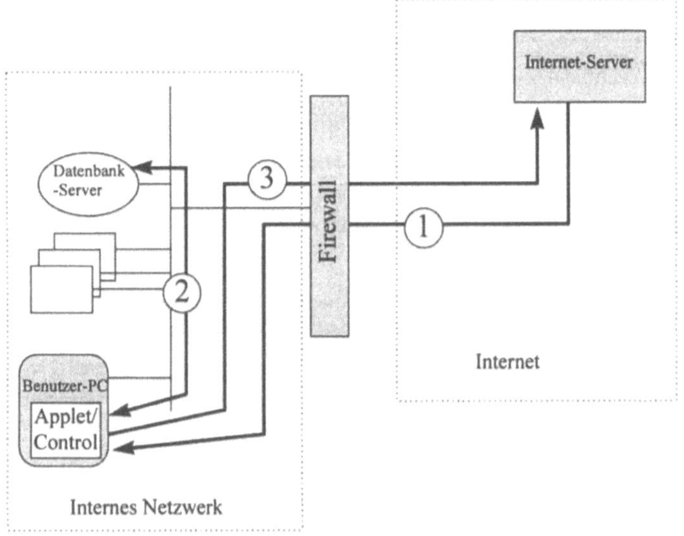

Abb. 1: Angriffsszenario

Java Applets oder ActiveX Controls stellen aber nicht nur eine Gefahr für den Rechner dar auf dem sie ausgeführt werden. Die Tatsache, daß solche Programme auf dem Zielsystem ausgeführt werden, kann dazu führen, daß ein Rechner, auf dem ein solches Programm unkontrolliert ausgeführt wird, als Ausgangspunkt für komplexere Angriffe verwendet werden kann (z.B. durch Versenden gefälschter E-Mail oder durch Ausnutzung von Vertrauensbeziehungen

[3] Beispiele dafür sind DOS-Viren oder der Internet-Wurm [EIRO_88].

in internen Netzen z. B. bei UNIX- oder Windows NT-Systemen). Das Applet/Control kann dabei ausnutzen, daß bei vielen Netzwerken die Sicherheitsmechanismen auf die Firewall beschränkt sind. Da Java-Applets und ActiveX Controls im internen Netzwerk ausgeführt werden, sind diese Kontrollen wirkungslos. Ein Programm könnte z.B. versuchen auf einen Datenbank-Server auf dem internen Netz zuzugreifen (siehe Abb. 1). Der Datenbankserver genehmigt den Zugriff da er von einer Maschine des internen Netzwerks erfolgt. Anschließend könnte das Applet die gewonnen Daten an den Server auf dem Internet senden.

3 ActiveX

Die ActiveX Technologie wurde von Microsoft nicht speziell für den Einsatz auf dem Internet entwickelt, sondern ist eine Art Nebenprodukt der Component Objekt Model (COM) Technologie, die eine wichtige Komponente der Microsoft Windows Architektur geworden ist [CHAP97]. Teile dieser Technologie (z.B. OLE) wird von den meisten Windows-Anwendern unwissentlich fast täglich eingesetzt. OLE erlaubt es z.B. Objekte in Microsoft Office Dokumente einzufügen (z.B. ein Excel-Sheet in ein Word-Dokument). Die ActiveX Technologie wird derzeit nahezu ausschließlich von Microsoft Windows Plattformen in Verbindung mit dem Microsoft Internet Explorer unterstützt. Auf der ActiveX Technologie beruhende Programme werden in Form sogenannter Controls vom Internet geladen. Durch geeignete Plug-Ins können ActiveX-Controls inzwischen auch mit Netscape Browsern benutzt werden. Microsoft strebt außerdem danach die COM Technologie und damit auch ActiveX auf andere Plattformen (z.B. MAC-OS) zu erweitern.

ActiveX Controls können prinzipiell in jeder beliebigen Programmiersprache programmiert sein (am häufigsten C/C++, Visual Basic) und werden in maschinenabhängiger Form auf dem Internet bereitgestellt und heruntergeladen. Zur Ausführung auf dem Zielsystem benötigen ActiveX Controls einen sogenannten Container. In unserem Fall ist das ein ActiveX fähiger Browser. Ansonsten werden ActiveX Controls wie traditionelle Anwendungen auf dem Zielsystem ausgeführt. Dies hat zur Folge, daß ActiveX Controls wie traditionelle Applikationen direkt auf das Betriebssystem und die Systemressourcen zugreifen (siehe Abb. 2) können.

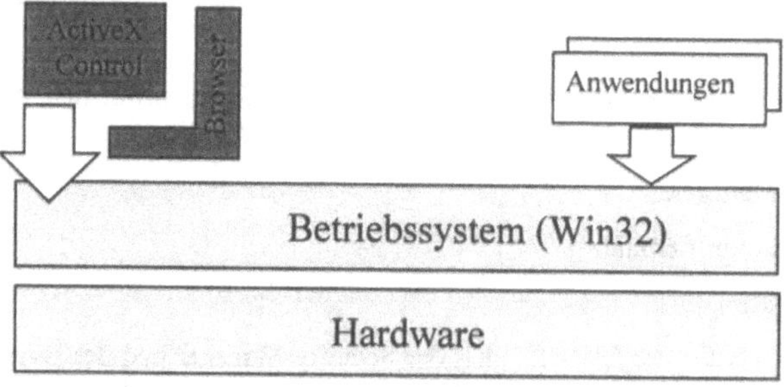

Abb. 2: ActiveX Model

Für Windows95/98 bedeutet dies vollen Zugriff auf alle Ressourcen. Unter WindowsNT hat das Control die gleichen Rechte wie der Browser selber bzw. jede andere Applikation die unter dem selben Account ausgeführt wird.

3.1 ActiveX Sicherheitsmechanismen

Da die ActiveX Technolgie nicht speziell für den Einsatz auf dem Internet entwickelt wurde, spielten Sicherheitsüberlegungen bei der Entwicklung keine Rolle. Aus diesem Grund verfügt ActiveX, anders als Java, über kein spezifiziertes Sicherheitsmodell. Für den Einsatz auf dem Internet wurde nachträglich die Möglichkeit eingeführt, ActiveX Controls digital zu signieren. Wenn ein solches signiertes Control vom Internet (oder Intranet) geladen wird, wird der Benutzer vor die Wahl gestellt, die Ausführung zuzulassen bzw. zu unterbinden Hierzu erscheint ein Fenster mit den Angaben aus dem zugehörigen Zertifikat. Der Benutzer hat außerdem die Möglichkeit die Ausführung von Controls die von bestimmten Quellen signiert wurden generell zu gestatten bzw. zu verbieten. Wird die Ausführung zugelassen hat das ActiveX Control automatisch vollen Zugriff wie oben beschrieben(„Alles oder Nichts"-Ansatz).

Das Signieren der Controls wird mit der von Microsoft entwickelten Authenticode Technologie durchgeführt. Diese Technologie erlaubt das Signieren von sogenannten CAB Files die verschiedene Objekte (u.a. ActiveX Controls) beinhalten können. Die gleiche Technologie wird im Internet Explorer auch für das Signieren von Java Applets verwendet.

4 Java

Sun hat mit dem Java-Sicherheitsmodell einen proaktiven Ansatz gewählt. Ziel des Modells war es, das Java-System von vorneherein so zu gestalten, daß Java-Applets auf dem Zielrechner ausgeführt werden können, ohne daß eine Gefahr für das System besteht.

4.1 Voraussetzungen

Der Ansatz des Sicherheitsmodells ist, in das Java-System Mechanismen einzubauen, mit deren Hilfe die Ausführung sicherheitskritischer Operationen auf einem Zielrechner kontrolliert werden kann. Sun entwickelte deshalb das Prinzip der „Sandbox"[4]. Die Idee ist, daß Applets innerhalb einer vom Benutzer kontrollierten, eingeschränkten Systemumgebung, einer „virtuellen Java-Maschine" ausgeführt werden. Zugriffe auf Ressourcen außerhalb dieser Systemumgebung sollten nur erlaubt sein, wenn sie der Sicherheits-Policy der jeweiligen Umgebung entsprechen.

Für die Kontrolle sind im Java-Sicherheitsmodell drei Teile verantwortlich, deren fehlerfreie Funktion entscheidend für das sichere Ausführen von Java-Applets ist:

- der Security Manager,
- der Byte Code Verifier und
- der Class Loader.

In der Literatur werden der Class Loader, der Security Manager und der Byte Code Verifier manchmal als „the three lines of defence" des Java-Sicherheitsmodells bezeichnet . Schon in [GRFE_96] wird darauf hingewiesen, daß dies einen falschen Eindruck hinterläßt. Die Teile stellen keine drei Verteidigungslinien dar, die alle von einem Angreifer überwunden werden

[4] Siehe auch Fox, DuD 2/1998, S. 96.

müssen. Vielmehr setzt das Java-Sicherheitsmodell ein einwandfreies Funktionieren aller drei Teile voraus.

4.1.1 Java Virtual Maschine

Java-Applets werden nicht direkt vom Betriebssystem ausgeführt, sondern in einer plattformunabhängigen Form, dem sogenannten Byte Code, auf das System geladen und von der Java Virtual Machine (JVM) in systemspezifischen Maschinencode umgesetzt (interpretiert) (siehe Abb. 3). Die JVM ist der maschinenabhängige Teil des Java-Systems, der dafür sorgt, daß Java Applets auf verschiedenen Systemen ausgeführt werden können, und ist üblicherweise Teil eines Java-fähigen Browsers.

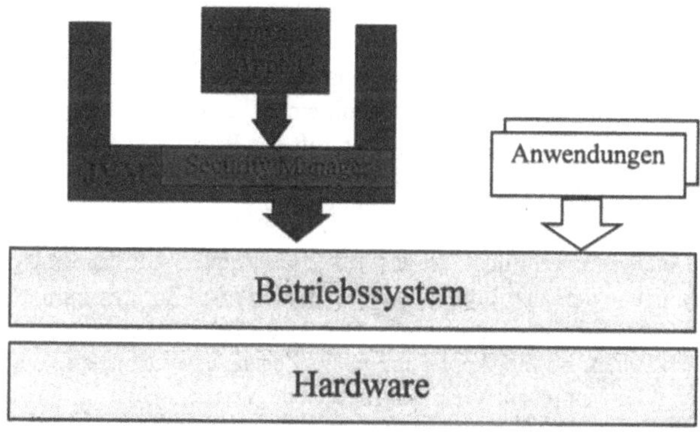

Abb. 3: Java Applet Model

Ein Java-Applet kann nur mit Hilfe der JVM auf Ressourcen des Betriebssystems zugreifen; dort werden die Zugriffe auf Systemressourcen kontrolliert. Der Teil, mit dem die Zugriffskontrolle realisiert wird, ist der Security Manager. Abhängig von jeweiligen Implementation wird von diesem eine Zugriffsentscheidung getroffen, wenn ein Applet auf eine kritische Ressource zugreifen will.

Welcher Zugriff dabei vom Security Manager auf Grundlage welcher Faktoren (z.B. Herkunft des Applets) gewährt wird, ist nicht im Java-Sicherheitsmodell festgelegt, sondern hängt von der jeweiligen Implementierung der Methoden des Security Managers ab.

Die Operationen, die als gefährlich eingeschätzt werden und deshalb mit Hilfe des Security Managers kontrolliert werden können, sind:

- Netzwerkzugriffe,
- das Laden von Applets,
- Zugriffe auf Java-Klassen,
- alle Operationen zum Manipulieren von und der Zugriff auf Threads,
- der Zugriff auf Systemressourcen wie z. B. die AWT Event Queue,
- das Erzeugen von Toplevel Windows,

- Zugriffe auf das Dateisystem, sowie
- das Aufrufen von lokalen Programmen und Betriebssystem-Kommandos.

4.1.2 Byte Code Verifier

Ein großer Teil der Sicherheitsmechanismen von Java ist eng mit der Sprachspezifikation von Java verknüpft. Auf den ersten Blick ähnelt Java C++, allerdings ist Java sehr viel strikter spezifiziert, um problematische Spracheigenschaften zu vermeiden. So gibt es in Java z. B. keine Zeiger und ein direkter Speicherzugriff ist nicht möglich. Außerdem ist die objektorientierte Sprache Java stark typgebunden, mit Zugriffsregeln für die Methoden und Parameter eines Objekts. Speziell diese Zugriffsregeln sind entscheidend für das Java-Sicherheitsmodell.

Die Aufgabe des Byte Code Verifiers ist es, zu prüfen, ob die geladenen Applets der Java-Sprach-Spezifikation entsprechen. Das Einhalten der Sprachspezifikation sollte bereits von Java-Compilern geprüft werden. Da bei Java-Applets von unbekannten Quellen nicht davon ausgegangen werden kann, daß der Byte Code mit einem vertrauenswürdigen Compiler (oder überhaupt einem Compiler) erzeugt wurde, überprüft der Byte Code Verifier vor Ausführen eines Applets, ob es der Java-Sprachspezifikation entspricht. Dabei versucht er auch festzustellen, ob ein Applet die Kontrollen des Security Managers umgeht.

Die Byte Code-Dateien (.class-Files), die als Teil eines Applets auf das Zielsystem geladen werden, enthalten neben den auszuführenden Operationen noch Zusatzinformationen, die den Prozeß des Byte Code Verifiers unterstützen. Der Byte Code Verifier versucht in mehreren Durchläufen zu erkennen, ob ein Applet irreguläre Zustände verursachen kann. Eine detaillierte Beschreibung der Vorgehensweise des Byte Code Verifiers kann in [YELL_96] gefunden werden.

4.1.3 Class Loader

Die Aufgabe des Class Loaders ist es, dem auszuführenden Applet alle erforderlichen Klassenbibliotheken zur Verfügung zu stellen.[5] Von entscheidender Bedeutung ist dabei die Herkunft einer Klasse. Die Klassen, die lokal in einem speziellen Verzeichnis (spezifiziert in der Umgebungsvariable CLASSPATH) abgelegt sind, werden nicht denselben Kontrollen unterzogen wie Klassen, die über das Internet geladen werden. Wenn ein Applet eine entsprechende Klasse benötigt, durchsucht der Class Loader zuerst die lokalen Klassen und anschließend erst externe Quellen (z. B. das Herkunftsverzeichnis des Applets im Internet).

Der Class Loader sorgt ebenfalls dafür, daß verschiedene Applets, die gleichzeitig auf dem System ausgeführt werden, sich nicht gegenseitig beeinflußen können. Dies wird mit Hilfe eines getrennten Namensraums für jedes Applet realisiert.

4.2 Grenzen des Modells

Das Java-Sicherheitsmodell ist auf Grund verschiedener Eigenschaften kritisiert worden. Auf die wichtigsten soll hier kurz eingegangen werden:

- Komplexität der sicherheitskritischen Teile

[5] Java Applets werden üblicherweise nicht als ein komplettes Programm geladen, sondern die benötigten Teile (Java-Klassen) werden bei Bedarf nachgeladen.

In der Literatur wird oft darauf hingewiesen, daß es das Ziel sein sollte, den sicherheitskritischen Teil eines Systems (Trusted Computing Base, TCB) so klein und einfach wie möglich zu gestalten. Denn je größer der sicherheitskritische Teil eines Systems ist, desto schwieriger ist es, diesen Teil fehlerfrei zu implementieren bzw. nachzuweisen, daß er als Ganzes effektiv ist. Ist dagegen der sicherheitskritische Teil kompakt, kann möglicherweise die Fehlerfreiheit formal verifiziert werden. Im Java-System ist der sicherheitskritische Teil relativ groß (ca. 23.000 Code-Zeilen), was eine intensive Überprüfung sehr aufwendig werden läßt. Die Schwierigkeit, das Java-Sicherheitsmodell korrekt zu implementieren, manifestiert sich auch in den bei Browser-Implementierungen immer wieder aufgetretenen Problemen [CERT1,CERT2].

- Keine eindeutige Relation zwischen Byte Code und Java Code

  Es gibt keine Möglichkeit nachzuweisen, daß es nicht möglich ist, Byte Code zu schreiben, der zwar nicht der Java-Sprachdefinition entspricht, aber trotzdem vom Byte Code Verifier als gültig anerkannt wird. Es ist bereits gelungen, gültigen Byte Code zu schreiben, der von einem Java-Compiler nicht generiert werden kann [LADU_97]. Die Java-Sprachspezifikation und deren Einhaltung sind jedoch von zentraler Bedeutung für das Java-Sicherheitsmodell. Daher ist dieses Problem besonders kritisch, denn es kann zu einer Untergrabung des Java-Sicherheitssystems führen.

- Verteiltes Modell

  Eine der Schwächen des Java-Modells ist, daß es sich um ein verteiltes Modell handelt. Alle Sicherheits-Checks werden auf jedem einzelnen ausführenden Rechner durchgeführt. Die TCB wird dabei beliebig groß. Um sicherzustellen, daß ein komplettes Netzwerk gegen Java-Angriffe geschützt ist, muß daher sichergestellt werden, daß jeder einzelne Rechner sicher ist. In der Firewall-Literatur [CHBE_94] wird immer wieder darauf hingewiesen, daß eine Verteidigungsstrategie, bei der jeder einzelne Netzwerk-Rechner geschützt werden soll, nahezu unmöglich zu kontrollieren und zu administrieren ist. Wie bereits erwähnt, kann bereits ein ungeschützter Rechner dazu führen, daß ein Angreifer Zugriff auf mehrere Komponenten eines Netzwerks gewinnt.

4.3 Weiterentwicklungen

Das Java-Sicherheitsmodell ist seit seiner Präsentation viel diskutiert worden. Einige der Weiterentwicklungen, die aus diesen Diskussionen hervorgegangen sind, werden in diesem Abschnitt vorgestellt.

4.3.1 Signed Applets

In den ersten Implementierungen des Java-Sicherheitsmodells in Netscape oder Microsoft Browsern hatte der Benutzer zwei Möglichkeiten:

- Das Ausführen von Applets konnte generell unterbunden werden
- Alle Applets wurden ausgeführt, allerdings mit sehr starken Restriktionen [GRFE_96]

Dabei wurden generell alle Applets, egal aus welcher Quelle oder mit welcher Funktion, gleich behandelt. Wünschenswert ist hingegen, daß es möglich ist, abhängig von der Herkunft des Applets entweder die Ausführung zu unterbinden oder einem Applet weiterreichende

Rechte einzuräumen. Als Hauptproblem dabei erweist sich, daß es die im Internet eingesetzten Protokolle (TCP/IP, HTTP) nicht erlauben, die Herkunft eines Applets zweifelsfrei zu bestimmen. Mit dem Java Development Kit (JDK) 1.1 hat Sun deshalb sogenannte „Signed Applets" eingeführt.[6] Hinter dem Begriff „Signed Applets" verbergen sich digital signierte Applets (bzw. die einzelne Teile eines Applets) ähnlich wie der Authenticode Mechanismus von Microsoft[FRMU_96]. Durch eine Prüfung der digitalen Signatur kann auf dem Zielsystem festgestellt werden, von wem dieser Code signiert wurde und ob er seitdem verändert wurde.

Die erste Realisierung von signed Applets im JDK1.1 entsprach dem „Alles-oder-Nichts" Ansatz von ActiveX, d.h. für Applets mit entsprechender Signatur wurden automatisch alle Zugriffsbeschränkungen aufgehoben.

Parallel zu den Bemühungen von Sun digitale Signaturen in den JDK einzubringen, haben auch Netscape und Microsoft begonnen eigene Mechanismen zum Signieren von Java Applets zu implementieren.

Microsoft benutzt dabei die gleiche Authenticode Technologie wie auch für ActiveX Controls. Beim Signieren von Java-Applets mit Hilfe von Authenticode hat der Signierer außerdem die Möglichkeit eine Sicherheitsstufe anzugeben in der das Applet ausgeführt werden soll (low, medium, high). Die Java Sicherheitseinstellungen in den verschiedenen Stufen sind im Browser (Internet Explorer 4.x) vorgegeben (z.B. low-security bedeutet vollen Zugriff für das Applet). Wenn der Benutzer der Ausführung des Applets zustimmt, wird dieses in der geforderten Sicherheitsstufe ausgeführt.

Netscape dagegen hat mit dem Netscape Object Signing einen anderen Ansatz verfolgt. Applets können in sogenannten JAR-Files (entwickelt von Sun) signiert werden. Mit Hilfe einer eigenen API können Java Applets so erweitert werden, daß sie sich das Recht (Privilege) auf eine spezielle Ressource zugreifen zu dürfen „erfragen" müssen. Dies erfordert, daß das Applet mit Hilfe der Netscape Capabilities API erweitert wird. Bevor das Applet auf eine Systemresource zugreifen kann, muß es sich durch einen entsprechenden Funktionsaufruf dieses Recht holen. Im Browser hat eine solche Anfrage zur Folge, daß ein Fenster ähnlich dem im Microsoft Browser erscheint. Der Hauptunterschied ist hierbei, daß der Benutzer über einen spezifischen Zugriff entscheiden kann z.B. Lesezugriff auf eine bestimmte Datei. Der Benutzer hat die Möglichkeit das Privileg nur einmalig zu vergeben oder es generell Applets mit einer bestimmten Herkunft (d.h. digital signiert mit dem gleichen Schlüsselpaar) zu erlauben. Der Hauptunterschied zu den Ansätzen von Microsoft und Sun ist hier, daß im Applet Netscape-spezifische Änderungen durchgeführt werden müssen um die Technolgie anzuwenden.

Obwohl alle drei Techniken ähnliche Funktionalität implementieren und alle Zertifikate im X.509v3 Format unterstützen, sind doch alle drei Techniken inkompatibel. Es ist daher nicht möglich ein signiertes Applet für alle Plattformen zu generieren.

4.3.2 Protection Domain-Architektur

Mit Java2 (lange Zeit bekannt als JDK1.2) führte JavaSoft einige weitreichende Erweiterungen des Sandbox-Modells (Security Manager, Byte Code Verifier, Class Loader) ein

[6] Eine ähnliche Funktionalität ist auch von Microsoft und Netscape in die Browser eingebaut worden

[GOMU_98]. Die Funktion dieser Teile bleibt prinzipiell erhalten, nur der Security Manager und der Class Loader wurden leicht modifiziert.

Das Hauptmerkmal der Erweiterungen ist, daß die Sicherheitsregeln nicht programmiert werden müssen, sondern textuell (oder mit dem in Java 2 enthalten Policy Tool) unabhängig von der Implementierung bestimmt werden können. Die Regeln können dabei basierend auf digitalen Signaturen und/oder basierend auf der Herkunft (URL) des Codes sehr detailliert (z. B. verschiedene Zugriffsarten auf einzelne Dateien oder Verzeichnisse) vergeben werden.

Der Byte Code wird ab Java 2 in sogenannten Protection Domains ausgeführt. Die Rechte des in einer Protection Domain ausgeführten Codes setzen sich dabei aus allen Rechten zusammen, die an die Herkunfts-URL des Codes vergeben worden sind, sowie den Rechten, die an die Identitäten vergeben wurden, die eine digitale Signatur für das Applet generiert haben (jedes Applet kann dabei von mehreren Identitäten unterschrieben werden). Es gibt in Java 2 auch keine Unterscheidung zwischen Byte Code, der lokal auf dem Rechner gespeichert ist, und solchem, der vom Internet geladen wird.

Jeder ausgeführte Byte Code hat nur genau die Zugriffsrechte der ausführenden Protection Domain. Einzige Ausnahme ist die sogenannte System Domain. Byte Code, der in der System Domain ausgeführt wird, darf direkt auf die Systemresourcen zugreifen bzw. im Auftrag der laufenden Applets Systemzugriffe ausführen.

Beim Zugriff auf sicherheitskritische Ressourcen wird auch weiterhin der Security Manager konsultiert. Allerdings sind die Zugriffsregeln nicht mehr im Security Manager implementiert, sondern werden vom Security Manager an den sogenannten Access Controller weitergeleitet. Der Access Controller sammelt alle Rechte, die dem Byte Code zugewiesen wurden und entscheidet dann darüber, ob der Zugriff erteilt werden soll oder nicht. Dabei werden nicht die Rechte des unmittelbar aufrufenden Byte Codes zugrunde gelegt, sondern die Rechte des Codes in der Kette der aufrufenden Funktionen, der die geringsten Rechte besitzt („least privilege"-Prinzip). Dadurch soll gewährleistet werden, daß kein Applet, das von Byte Code mit umfassenderen Zugriffsrechten aufgerufen wird, unzulässigerweise auf Systemressourcen zugreifen kann. Das explizite Untersagen von Aktionen für Applets bestimmter Herkunft oder für bestimmte Identitäten ist dagegen nicht möglich.

Derzeit unterstützen weder Microsoft noch Netscape die Erweiterungen in Java 2. Mit Hilfe des Java Plug-Ins von Sun kann die Java 2 Funktionalität auch jetzt schon in den Browsern zur Verfügung gestellt werden. Dies hat auch den Vorteil das die gleichen signierten Applets mit beiden Browsern verwendet werden können. Das Plug-In reagiert allerdings nicht auf die normalen Applet-tags sondern benötigt spezielle HTML-tags. Die Funktionalität der in die Browser eingebauten JVMs wird durch das Plug-In nicht beeinflußt.

5 Signierte Objekte

Obwohl digitale Signaturen das Problem der Herkunfstbestimmung technisch zu lösen scheinen, muß diese Technik doch mit Bedacht eingesetzt werden. Eine digitale Signatur gibt lediglich an, wer das Applet/Control signiert hat, sie macht aber keine Aussage darüber, wer das Applet/Control entwickelt/programmiert hat bzw. ob das Applet unerwünschte Nebeneffekte hat oder nicht. Von einigen Herstellern wird den Benutzern suggeriert, daß eine digitale Signatur weitere Eigenschaften erfüllt, die in Wirklichkeit nicht gegeben sind (z.B. Authorship,

Vertrauenswürdigkeit). Der Benutzer muß entscheiden, ob er den Signierer als vertrauenswürdig einstuft alle Teile des Applets/Controls entsprechend geprüft zu haben. Der Trend geht dazu Programme modular aus fertigen Teilen zusammenzubauen (z.B. mit Hilfe von JavaBeans) um so schneller und effektiver Software entwickeln zu können. Der Benutzer muß sich bewußt sein, daß er dem Unterzeichner vertrauen muß all diese Teile entsprechend geprüft zu haben.

Neben der technischen Realisierung müssen beim Einsatz von signed Objects noch eine Reihe von Randbedingungen geklärt werden:

- Eine Public Key-Infrastruktur (PKI) muß die erforderlichen Schlüsselzertifikate bereitstellen. Die Aussagekraft einer digitalen Signatur hängt entscheidend von der PKI ab von der das Zertifikat stammt. Indem der Benutzer die Ausführung eines Applets/Controls aufgrund des Unterzeichners zuläßt, muß er nicht nur der angeblichen Quelle (d.h. dem Unterzeichner) vertrauen. Entscheidend ist, daß die CA die entsprechend Sorgfalt bei der Püfung der Identität des Unterzeichners hat walten lassen, sowie alle weiteren nötigen Sicherheitsmaßnahmen befolgt.
- Heutzutage wird in der Regel auf Zertifikate von kommerziellen PKI Anbietern z.B. VeriSign zurückgegriffen. Die Anwendung solcher Zertifikate ist technisch relativ einfach da die meisten Browser standardmäßig mit den Root-Zertifikaten der großen kommerziellen PKI-Anbieter ausgestattet sind. Die meisten dieser kommerziellen Anbieter haben allerdings oft einige der wichtigsten Funktionalitäten wie z.B. Zertifikats Sperrlisten etc. nicht implementiert. Außerdem wird eine solche Funktionalität von den Browsern nicht unterstützt.
- Die Frage der Haftung bei digitalen Signatur muß geklärt werden. Derzeit ist die Frage der rechtlichen Anerkennung von digitalen Signaturen und der damit verbundenen Haftungsfragen noch ungeklärt. Sollte also ein signiertes Applet/Control Schaden auf dem System des Benutzers anrichten, heißt das noch lange nicht, daß irgendwelche Haftungsansprüche daraus abgeleitet werden können.
- Digitale Signaturen sind nicht wiederrufbar. Hat der Hersteller eines Applets einmal dieses Applet unterschrieben, so bleibt diese Unterschrift erhalten selbst wenn neue Versionen dieses Applets verteilt werden. Angenommen die 'vertrauenswürdige' Firma A signiert ein Applet und es stellt sich später heraus, daß dieses Applet eine Sicherheitslücke beinhaltet. Selbst wenn Firma A den Fehler behebt und die fehlerhafte Version ersetzt, kann ein Angreifer die alte fehlerhafte Version auch weiterhin einsetzen (z.B. auf dem eigenen WebServer). Für den Benutzer bleibt das alte fehlerhafte Applet auch weiterhin 'vertrauenswürdig' da es von einer 'vertrauenswürdigen' Quelle unterzeichnet wurde. Der Benutzer hat keine Möglichkeit ohne weiteres eine fehlerhafte Kopie zu erkennen.
- Es muß festgelegt werden, wer Applets/Controls signieren darf (d.h. Firmen, Einzelpersonen oder unabhängige Instanzen).

Es wäre z.B. denkbar, daß im Bereich mit speziellen Sicherheitsanforderungen Applets von unabhänigen Instanzen (z. B. dem BSI oder anderen Zertifizierungsstellen) geprüft und signiert werden, oder daß Unternehmen Applets nach einer Prüfung in einer Test-Umgebung signieren und damit zur Ausführung im internen Netzwerk freigeben.

Es muß außerdem geklärt werden, welche Rechte einem als „trusted" erklärten Applet eingeräumt werden. Das Ziel sollte sein, einem Applet nur die Rechte zu gewähren, die es zur Ausführung seiner Aufgabe benötigt („need-to-know"-Policy). Diese Anforderung stellt zusätzliche Anforderungen an die Signed Applets bzw. die PKI, da nicht nur Informationen über die Herkunft des Applets benötigt werden, sondern auch anwendungsspezifische Informationen (z. B. welche Zugriffsrechte werden benötigt etc.).

6 Alternative Ansätze

Ähnlich wie in anderen Bereichen der IT-Sicherheit gibt es auch im Bereich der ausführbaren Inhalte von Web-Seiten mehrere Anbieter, die Sicherheitslösungen anbieten, die versprechen durch zusätzliche Maßnahmen die Sicherheit eines Systems zu verbessern. In diesem Abschnitt wird kurz auf einige der angebotenen und vorgeschlagenen Techniken eingegangen und kurz ihre Stärken und Schwächen zu diskutiert.

6.1 Filtern

Fast alle Firewall-Hersteller bieten Funktionalität an Java/ActiveX auf der Firewall zu filtern, so daß keine oder nur bestimmte Applets/Controls in das interne Netz gelangen. Dies ist relativ wirksam wenn es darum geht die entsprechenden HTML-tags aus WWW-Seiten zu entfernen. Eine lückenlose Filterung von mobilem Code ist allerdings nur schwer möglich, da ein solcher Code auch auf anderen Wegen (z.B. gepackt, verschlüsselt mit SSL, per-Email etc.) in das interne Netzwerk gelangen kann. Ähnlich wie bei der Virusproblematik ersetzen zentrale Kontrollen auf der Firewall nicht die lokalen Kontrollen, können aber durchaus als zusätzliche Maßnahme sinnvoll sein.

6.2 Scanner

Ein weiterer Ansatz ist der aus der Virusbekämpfung bekannten Ansatz Applets/Controls gegen bekannte Muster gefährlicher Applets/Controls zu vergleichen um so deren Ausführung auf dem System zu vermeiden. Im allgemeinen erfolgt ein solcher Vergleich anhand von Blacklists d.h. Listen mit bekannten gefährlichen Applets/Controls. Diese Technik hat mit Sicherheit ihre Grenzen, da es nahezu unmöglich ist alle gefährlichen Applets/Controls zu erfassen und eine ständig aktuelle Liste zu führen. Die Entwickler von Computerviren haben hier immer erstaunliche Kreativität bewiesen diese Art von Kontrollen zu umgehen.

Aus der Virenwelt ist aber bekannt, daß ein Großteil von Virenproblemen auf das Konto einer geringen Anzahl von bekannten Viren zurückzuführen ist. Aus diesem Grund können solche Scanner durchaus eine sinnvolle Ergänzung sein. Die meisten Antiviren-Produkte bieten einen Java/ActiveX Scanner standardmäßig an.

6.3 Inhaltskontrolle

Einige Hersteller vertreiben Produkte die anhand der Inspektion des Inhaltes eines Applets oder ActiveX Controls versuchen festzustellen, ob versucht wird möglicherweise schädliche Operationen auszufühen. Diese Kontrolle erfolgt zumeist statisch vor der Ausführung. Aufgrund solcher Kontrollen eine eindeutige gefährlich-ungefährlich Entscheidung zu machen ist allerdings sehr schwierig und in der Praxis nur schwer anwendbar, da eine klare Abgrenzung zwischen gefährlichen und ungefährlichen Aktionen nur selten möglich ist.

6.4 SSL

Eine Alternative zum Signieren von Applets/Controls, ist die Verwendung von SSL zum Schutz der Übertragung von Daten zwischen Web-Server und Benutzer-PC. Der Vorteil dieser Technologie gegenüber dem Signieren von individuellen Applets/Controls ist, daß hier nicht nur die Herkunft und Unverfälschtheit der über die Verbindung geladenen Programm-Teile authentifiziert werden können, sondern daß hier alle weiteren Teile der WWW-Seite (z.B. HTML-Text, Bilder etc.) ebenso geschützt werden. Zusätzlich zur Authentisierung kann die Übertragung außerdem durch Verschlüsselung vor den Blicken Unberechtigter geschützt werden. Durch Verwendung der in SSL Version 3 vorhandenen Client-Authentication besteht zusätzlich für den Web-Anbieter die Möglichkeit einwandfrei zu authentifizieren, wer auf die Web-Seite zugreifen will. Der Anbieter könnte so den Zugriff auf Applets/Controls nur für berechtigte Benutzer zulassen (z.B. nach vorheriger Bezahlung). Für den Anbieter hat diese Methode außerdem den Vorteil, daß das Problem mit dem Zurückziehen von Unterschriften (siehe oben) unter Applets/Controls nicht mehr besteht. Der Angreifer müßte in der Lage sein eine ganze SSL-Session zu fälschen um so zum Erfolg zu kommen.

Bezüglich der notwendigen PKI-Unterstützung hat die Verwendung von SSL die gleichen Probleme wie signierte Applets/Controls (siehe oben). Moderne Browser bieten aber noch keine Möglichkeit die Authentifizierung von SSL mit den Zugriffsrechten für Applets/Controls zu verknüpfen.

7 Fazit

Wie in den meisten Bereichen der Computertechnik bringt der Einsatz von neuen Technologien nicht nur Vorteile sondern verursacht auch Probleme. Java und ActiveX sind da keine Ausnahme. Erinnern wir uns, daß vor nicht allzulanger Zeit die meisten Firmen davon absahen ihre Netzwerke an das Internet anzuschließen, da der Nutzen die Risiken eines Internetanschlußes nicht gerechtfertigt hat. Heutzutage hat das Internet so an Bedeutung gewonnen, daß es sich kaum noch eine Firma leisten kann nicht angeschlossen zu sein. Die Risiko-Nutzen Abschätzung hat sich zu Gunsten des Internets verschoben.

Im Bereich der ausführbaren Inhalte von Web-Seiten zeichnet sich eine ähnliche Entwicklung ab. Wie in diesem Beitrag besprochen, bergen diese Technologien eine ganze Reihe von Risiken. Jeder potentielle Benutzer von solchen Technologien sollte sich dieser Risiken bewußt sein. Eine generelle Entscheidung zum Einsatz von Java oder ActiveX kann nicht gegeben werden, die Entscheidung muß abhängig von der jeweiligen Situation gefällt werden. Noch vor einem Jahr war diese Entscheidung relativ einfach; Java und ActiveX wurden hauptsächlich zur Verschönerung von Web-Seiten eingesetzt. Durch das Abschalten von Java/ActiveX hatte der Benutzer nur selten ernsthaft Einschränkungen bzgl. der Funktionalität auf dem Internet in Kauf zu nehmen. Heute ist die Entscheidung schon um einiges schwieriger, da mehr und mehr Web-Seiten sehr stark auf Java/oder ActiveX aufbauen, und so der Nutzen des Internets durch das Abschalten von Java sehr stark beeinträchtigt sein kann. Vor allem Java wird auch mehr und mehr für die Entwicklung verteilter Anwendungen eingesetzt. Natürlich steigt durch diesen verstärkten Einsatz gerade in lukrativen Bereichen wie E-Commerce auch der Anreiz für Angreifer Fehler und mögliche Angriffspunkte in solchen Systemen zu finden.

Wie oben beschrieben verfolgen Sun und Microsoft sehr unterschiedliche Strategien bzgl. der Sicherheit ihrer Systeme. Der „Alles oder Nichts"-Ansatz von ActiveX ist sicherlich nicht ausreichend die Problematik auf dem Internet zu lösen. ActiveX ist eine gefährliche Technik da sie automatisch jedem Control das auf dem System ausgeführt wird vollen Zugriff auf Systemressourcen einräumt. Es gibt eine Reihe von Beispielen welche die Gefährlichkeit dieser Technik verdeutlichen. Ohne große Probleme sind alle der am Anfang beschriebenen Angriffe mit ActiveX realisierbar. Allein das Signieren von ActiveX Controls bietet aus den oben genannte Gründen keine angemessenen Lösung.

Der Ansatz von Java ist hier deutlich vielversprechender, da die Sicherheit von Anfang an eine Rolle bei der Entwicklung gespielt hat. Was den Ansatz von Java besonders attraktiv macht, ist die Möglichkeit verschiedenen Applets verschiedene Ausführungsrechte einzuräumen. D.h. es ist möglich eine „Need-to-know"-Policy zu implementieren; jedem Applet werden nur genau die Rechte gestattet die es für seine Aufgabe benötigt. Vor allem das Protection Domain Modell ist ein wichtiger Schritt in die richtige Richtung. Dies ist ein Ansatz der auch für andere Bereiche (z.B. Betriebssysteme) sehr interessant sein kann. Die meisten Sicherheitsprobleme die durch Dinge wie Computerviren und trojanische Pferde verursacht werden sind darauf zurückzuführen, daß Anwendungen Rechte eingeräumt werden, die sie eigentlich zur Ausführung ihrer Aufgaben nicht benötigen (z.B. sich an andere Anwendungen anhängen oder die Festplatte zu formatieren.). Wie so oft ist in der Praxis leider nicht alles so rosig wie in der Theorie. Wie die Diskussion in diesem Beitrag gezeigt hat, war es auch im Falle von Java nicht einfach das theoretische Model in die Praxis umzusetzen. Wie auch für ActiveX gibt es auch für Java eine Reihe von bekannten Problemen (sogenannte Hostile Applets) die zur Gefährdung der Sicherheit eines Systems führen können. Die meisten dieser Hostile Applets verwenden jedoch Fehler in der Implementierung der JVM um ihre Attacken durchzuführen. Die strukturellen Schwächen des Java Sicherheitsmodells sind bisher nur indirekt für Attacken mißbraucht worden. Das Java Sicherheitsmodell wird außerdem ständig von mehreren Stellen (z.B. Secure Internet Programming Group, Princeton University) geprüft und nach Fehlern untersucht. Die meisten bekannten Probleme mit dem Sicherheitsmodell und den Implementierungen der JVM sind so auch von diesen Gruppen entdeckt worden, und konnten behoben werden bevor sie von Angreifern ausgenutzt werden konnten. Entgegen seines zum Teil schlechten Rufs hat es wenige bekannt gewordene, auf Java basierende, Angriffe gegeben.

Digitale Signaturen werden in der Zukunft mit Sicherheit eine große Rolle spielen. Ein entscheidendes Problem, das hier noch gelöst werden muß, ist das Problem, eine angemessene PKI zur Verfügung zu haben. Innerhalb einer Organisation zum Einsatz von Java auf dem Intranet können digitale Signaturen schon heute sinnvoll eingesetzt werden. Zum weltweiten Einsatz auf dem Internet muß noch eine geeignete Infrastruktur geschaffen werden.

Abschließend läßt sich nur sagen, daß, wie in allen Bereichen der IT-Sicherheit, vor der Entscheidung über den Umgang mit einer Technologie eine detailierte Analyse von Bedrohung und Nutzen des Einsatzes stehen muß. Die derzeitige Entwicklung läßt vermuten, daß das simple Abschalten von Applets/Controls nicht mehr lange akzeptabel ist.

Literatur

[LUC_98] Norbert Luckhardt, Nicht ganz dicht, c't 7/98.

[EIRO_88] Eichin, Rochlis, With Microsscope and Tweezers: An Analysis of the Internet Virus of 1988, 1988 IEEE.

[GRFE_96] McGraw, Felten, Java Security Hostile Applets, Holes and Antidotes, Wiley Computer Publishing, 1996.

[YELL_96] Yellin, Low Level Java Security, Sun Microsystems, 1996.

[CERT1] CERT(SM) Advisory CA-96-05, Java Implementations Can Allow Connection to an Arbitrary Host.

[CERT2] CERT(sm) Advisory CA 96.07, Weaknesses in Java Byte Code Verifier.

[LADU_97] LaDue, Security Threats from Deviant Java Byte Code, 1997.

[CHBE_94] Cheswick, Bellovin, Firewalls an Internet Security, Addison-Wesley, 1994.

[FRMU_96] Fritzinger, Mueller, Java Security, 1996, Sun Microsystems, Inc.

[GOMU_98] Gong, Mueller u.a., Going Beyond the Sandbox: An Overview of the New Security Architecture in the Java Development Kit 1.2, JavaSoft 1997.

[FELT_98] Princeton Classloader Attack, July 1998. http://www.cs.princeton.edu/sip/History.html

[CHAP97] D.Chappell, D.S. Linthicum, ActiveX Demystified, Byte Sept. 1997.

Einführung sicherer E-Mail im Unternehmen – Organisatorisches und technisches Umfeld

Rainer W. Gerling

Max-Planck-Gesellschaft
rgerling@gmx.de

Zusammenfassung

Aus vielen Kommunikationsbeziehungen ist E-Mail wegen seiner Einfachheit und Schnelligkeit nicht mehr wegzudenken. Aber es gibt auch noch Probleme bei der Einführung und Nutzung der E-Mail als sicheres Kommunikationsmittel. Die Einführung eines E-Mail Systems, das allen organisatorischen und technischen Anforderungen gerecht wird, erfordert einiges an Planung und Vorausdenken. Insbesondere die Archivierung der durch die E-Mail abgewickelten Geschäftsprozesse, die Vertretungsregeln bzw. die Zugänglichkeit der E-Mail durch den Stellvertreter erfordern eine sorgfältige Planung. Einen nicht zu unterschätzenden Aufwand stellt auch das Schlüsselmanagement dar. Dagegen ist die Installation und Inbetriebnahme der Klienten einfach.

1 Einleitung

In viele Firmen hält E-Mail Einzug. Der Umgang mit diesem neuen und eher informellen Medium ist für Geschäftsleitungen und Beschäftigte gleichermaßen ungewohnt. Gerade Verwaltungen und Behörden mit detaillierten Geschäftsverteilungsplänen und über Jahre gewachsenen Hierarchien fürchten um diese Ordnung, da E-Mail in dem Ruf steht, alles dieses zu umgehen. Klare Regelungen sind erforderlich, damit die Geschäftsleitung die betrieblichen Zuständigkeitsstrukturen erhalten kann, und dem Betriebs- oder Personalrat die Angst vor einer Kontrolle und Ausforschung der Beschäftigten durch das neue Medium genommen wird. Deshalb muß eine Dienst- oder Betriebsvereinbarung abgeschlossen werden.

Im Datenschutz findet seit einigen Jahren ein Paradigmenwechsel statt. Während das alte Datenschutz-Modell geprägt ist von der Vorstellung eines monolithischen Großrechners, an dem nur wenige privilegierte Terminals angeschlossen waren, ist das neue Datenschutz-Modell von der einer Client-Server Struktur (z.B. E-Mail) geprägt. Im alten Datenschutz-Modell war der Schutz der personenbezogenen Daten weitgehend identisch mit dem Schutz des Rechners. Wer nicht an den Rechner konnte, der konnte auch nicht an die Daten. Wie die ersten Bibliotheken hinter dicken Klostermauern geschützt wurden, so wurden die Großrechner in unzugängliche Rechenzentren gestellt und damit geschützt. Datenschutz war eine Rechnereigenschaft. Die Formulierungen der „Zehn Gebote“ in der Anlage zu §9 Satz 1 des derzeitigen BDSG geben hiervon beredt Auskunft.

Heute brausen personenbezogene und andere vertrauliche Daten z.B. in Form von E-Mails über die Datenautobahn und schwirren unbekümmert durch das Internet. Die Vorstellung, daß eine Zugangskontrolle zum Rechner den Datenschutz sicherstellt, stimmt nicht mehr. Jeder der irgendwo „unterwegs" an die Datenleitung kann, kann die Daten lesen, abhören oder verfälschen (ein aktueller Fall wird in [Kossel99] berichtet). Wenn wir Daten auf konventionelle Art per Papier verschicken, haben wir uns zum Vertraulichkeitsschutz an Briefumschläge gewöhnt. Wenn das Papier unseren Einflußbereich verlassen hat, stellt der Briefumschlag den einzigen Zugriffschutz dar. Für die Daten auf der Datenautobahn muß das elektronische Äquivalent eines Briefumschlages eingeführt werden. Beim derzeitigen Stand der Technik kann diesen nur mit kryptographischen Methoden [Gerling97a] realisiert werden. Die Verschlüsselung der Daten beim Transport im Datennetz hat die Funktion des Briefumschlages.

Damit wird der Datenschutz an den Daten festgemacht und nicht mehr an der Rechenanlage. Das Attribut „geschützt" ist zu einer Eigenschaft der Daten geworden, die diese mit auf die Reise auf der Datenautobahn nehmen.

Umso erfreulicher ist es, daß im BDSG-Entwurf von Bündnis 90/Die Grünen das Wort „Verschlüsselung" immerhin an einer Stelle (§ 15 Abs. 1) [1] vorkommt. Beide bisher vorliegenden Entwürfe (vom Innenminsterium und von Bündnis 90/Die Grünen) passen die 10 Gebote nicht an moderne EDV-Technik an.

Verschlüsselung galt viele Jahre als eine Domäne für Geheimdienste und auch heute kämpft man beim Einsatz von Verschlüsselungsverfahren gegen das Vorurteil „dies seien Relikte des Kalten Krieges und nicht mehr zeitgemäß".

Heute gilt jedoch mehr als zuvor, daß Kryptographie ein Teilgebiet der modernen Mathematik und damit ein Gegenstand offener freiheitlicher wissenschaftlicher Forschung ist. Es gibt Beispiele, daß durch den Einsatz etablierter kryptographischer Verfahren (im konkreten Fall, Pretty Good Privacy) Menschenleben gerettet werden konnten [Zimmerman96].

Traditionell gibt es in unserem Staat sowohl ein Briefgeheimnis als auch ein Post- und Fernmeldegeheimnis. Beide Geheimnisse haben die Aufgabe die Kommunikationsinhalte der Bürger zu schützen. Bisher mußten die Bürger darauf vertrauen, daß der Staat die Vertraulichkeit der Kommunikation seiner Bürger durch organisatorische Maßnahmen sicher stellte. Kryptographie stellt Methoden zur Verfügung, die jetzt erstmals die Möglichkeit bieten, daß der Bürger durch eigene technische Maßnahmen (Verschlüsseln) in eigener Verantwortung sein Kommunikationsgeheimnis sicher stellen kann. Er muß sich nicht mehr auf den Staat verlassen. Die zivile Nutzung und Anwendung der Kryptographie hilft damit den Bürgern ihre verfassungsmäßigen Grundfreiheiten zu sichern.

Inwieweit technischer Datenschutz mit kryptographischen Methoden nach den aktuellen Änderungen des Wassenaar Vertrages [Schulzki-Haddouti98] mangels Verfügbarkeit von geeigneter Software noch möglich sein wird, muß die Zukunft zeigen.

[1] Siehe Anhang

2 Rechtliche Grundlagen[2]

Artikel 10 des Grundgesetzes schützt neben dem Briefgeheimnis auch das Post- und Fernmeldegeheimnis. Details dazu sind im § 85 Telekommunikationsgesetz (TKG) geregelt. Das Fernmeldeanlagengesetz (FAG) galt gemäß § 97 Abs. 2 TKG bis zum 31. Dezember 1997 für den Sprachtelefondienst. Für alle anderen Telekommunikationsdienste gilt bereits seit dem 1. August 1996 das TKG. Im Begleitgesetz zum TKG [3] wurde die Gültigkeit des §§ 12 FAG „Auskunft im Strafverfahren" bis zum 31. Dezember 1999 verlängert. Ein E-Mail-System einer Firma mit Internetanschluß fällt unter die Regelungen des TKG, wenn die Firma geschäftsmäßig Telekommunikationsdienste erbringt. Dies ist in § 3 Nr. 5 TKG als *„das nachhaltige Angebot von Telekommunikation einschließlich des Angebots von Übertragungswegen für Dritte mit oder ohne Gewinnerzielungsabsicht"* definiert. Wer Mitarbeitern oder anderen Dritten (z.B. Wartungstechnikern, Handwerkern) regelmäßig die Nutzung der Telekommunikationseinrichtungen erlaubt, fällt unter diese Regelungen. Damit greift der Schutz des TKG und der Teledienstunternehmen-Datenschutzverordnung (TDSV). Die TDSV regelt im wesentlichen die Verarbeitung der bei der Kommunikation anfallenden Verbindungsdaten. Alle Verbindungsdaten, die Aufschlüsse über das Kommunikationsverhalten der Teilnehmer zu lassen, unterliegen der Geheimhaltung und einer strikten Zweckbindung. In der TDSV sind detailliert der Umfang, der Zweck und die Dauer der Datenspeicherung geregelt. Die TDSV basiert noch auf der Ermächtigung des § 10 Abs. 1 des Gesetzes über die Regulierung der Telekommunikation und des Postwesens vom 10.9.1994 (PTRegG [4], auch Postreform II genannt). TDSV und TKG sind nahezu zeitgleich entstanden, obwohl das TKG zur Postreform III gehört und das PTRegG ablöst. *„Diese sich überholende Rechtsetzung macht es nicht eben leicht, das jeweils anzuwendende Recht zu identifizieren, zumal die beiden Rechtsvorschriften hinsichtlich ihres Anwendungsbereiches, der Regelungstiefe, der verwendeten Terminologie und auch bezüglich der materiell-rechtlichen Vorgaben zum Teil voneinander abweichen."* So bringt es der stellvertretende Hamburgische Datenschutzbeauftragte in einem Artikel [Schaar97] auf den Punkt.

§ 85 TKG und § 206 Strafgesetzbuch regeln die Vertraulichkeit der Kommunikationsinhalte. Danach ist es nicht erlaubt, daß der Betreiber des E-Mail-Systems die Inhalte der E-Mails kontrolliert. Eine entsprechende Regelung in einer Benutzungsordnung oder Betriebsvereinbarung wäre rechtlich nicht wirksam, da sie gegen geltendes Recht verstößt. In die E-Mail eines Benutzers darf nur mit Zustimmung des Benutzers Einsicht genommen werden.

3 Organisatorische Rahmenbedingungen

Die wesentliche organisatorische Grundlage für die vernünftige E-Mail Einführung ist eine Dienst- oder Betriebsvereinbarung. Im folgenden sind die wesentlichen Kernregelungen für

---

[2] die in diesem Abschnitt erwähnten Gesetze findet man in [Gerling98b] und im Internet unter http://www.lrz-muenchen.de/~rgerling/gesetze.htm

[3] Begleitgesetz zum TKG vom 17.12.1997 (BGBl I S: 3108).

[4] Artikel 7 des Gesetzes zur Neuordnung des Postwesens und der Telekommunikation (PTNeuOG) vom 14.9.1994, BGBl I Seite 2325.

eine solche Vereinbarung wiedergegeben. Den vollen Wortlaut der Betriebsvereinbarung findet man in [Gerling97b].

§ 3 Zweckbestimmung

(1) E-Mail dient der Kommunikation der Beschäftigten untereinander sowie mit externen Stellen.

(3) Eine ausschließlich private Nutzung von E-Mail und Internetdiensten während der Dienstzeiten ist untersagt.

(4) Die bei der Nutzung der E-Mail und der Internet-Dienste anfallenden personenbezogenen Daten (Protokoll- oder Verbindungsdaten) dürfen nicht zu einer Leistungs- und Verhaltenskontrolle verwendet werden. Personenbezogene Daten, die zur Sicherstellung eines ordnungsgemäßen Betriebs der E-Mail/Internet-Dienste erhoben und gespeichert werden, unterliegen der besonderen Zweckbindung nach § 31 Bundesdatenschutzgesetz (BDSG).

Erläuterung:

zu (1): Die Bedeutung der Zweckbestimmung liegt in der Regelung, daß die Beschäftigten E-Mail nicht nur firmenintern sondern auch für die Kommunikation mit externen Personen nutzen können.

zu (3): E-Mail und Internet-Dienste sollen dienstlich genutzt werden. Eine minimale private Nutzung (z.B. während einer Pause) wird toleriert. Verursacht die private Nutzung Kosten, muß geregelt werden, wie diese dem Arbeitgeber erstattet werden.

zu (4): Protokoll-Daten, die bei der Nutzung von Diensten, die in dieser BV geregelt werden, anfallen, dürfen nicht zu einer Verhaltens- und Leistungskontrolle benutzt werden. Ausgeschlossen ist also eine personenbezogene Auswertung von Server Logdateien oder Nutzungsstatistiken, die beim Betrieb von WWW-Servern, Firewall-Systemen und anderen Servern anfallen.

Ausdrücklich hingewiesen wird auf die besondere Zweckbindung (§ 31 BDSG), wonach die personenbezogenen Daten, die „ausschließlich zu Zwecken der Datenschutzkontrolle, der Datensicherung oder zur Sicherstellung eines ordnungsgemäßen Betriebes einer Datenverarbeitungsanlage gespeichert werden", nur für diese Zwecke verwendet werden dürfen.

§ 6 E-Mail

(1) E-Mail-Server sind zentral aufgestellte Computer, die der Verteilung, Zwischenspeicherung und gegebenenfalls auch der Speicherung von E-Mail dienen. Klienten sind die Arbeitsplatzrechner der Beschäftigten, auf denen E-Mail erstellt, empfangen, gelesen und verarbeitet wird.

(2) E-Mail-Server sind so aufzustellen, daß Unberechtigte keinen Zugang haben. Auf den Servern sind E-Mails gegen unberechtigte Zugriffe besonders zu sichern.

(3) E-Mail darf nur auf den dafür vorgesehenen E-Mail-Servern zwischengespeichert und an die Empfänger verteilt und zugestellt werden.

(4) Eingehende E-Mail kann auf dem Arbeitsplatzcomputer des Empfängers, ausgehende auf dem des Absenders gespeichert werden.

Erläuterung:

zu (1): Die BV unterscheidet in Hinblick auf die unterschiedlichen Schutzbedürfnisse zwischen E-Mail Servern (Satz 1) und Klienten (Satz 2).

zu (2): Der Arbeitgeber wird verpflichtet die E-Mail Server besonders geschützt aufzustellen, da auf ihnen regelmäßig zahlreiche E-Mails gespeichert sind, die dem Fernmeldegeheimnis nach § 85 TKG unterliegen.

Soweit möglich sollte auch der Zugriff der System- und Netzadministratoren auf die Inhalte der E-Mails technisch unterbunden werden. Hierfür eignet sich am besten die Ende-zu-Ende Verschlüsselung der E-Mail mit Verfahren wie PGP [pgp], PEM [pem]oder S/MIME [rsadsi].

zu (3): Die Klienten übermitteln die abgesandten Nachrichten an den E-Mail Server und rufen eingehende E-Mails dort ab. E-Mail, die auf die Zustellung wartet, befindet sich nur auf den E-Mail Servern. Mit einem solchen Verfahren wird sichergestellt, daß die gesamte Menge der E-Mails auf wenigen und damit überschaubaren Speichern befindet und entsprechend gut geschützt werden kann.

zu (4): Dieses Verfahren entspricht den Vorgaben der TCP/IP Welt mit den Protokollen SMTP [smtp] und POP3 [pop3]. Die eingehenden E-Mail-Nachrichten werden auf dem Zielsystem gespeichert, typischerweise dem Arbeitsplatzcomputer der Beschäftigten. Um keine Technik (z.B. IMAP [imap]) auszuschließen, regelt Abs. 4 eine Ausnahme von Abs. 3.

§ 7 Verwendung von E-Mail

(1) E-Mail wird zum Empfang und zur Versendung von elektronischer Post genutzt. Sie kann zur Weitergabe von Dateien und Vorgängen benutzt werden. Eine automatisierte Vorgangssteuerung mittels E-Mail wird hiermit nicht eingeführt. Eine derartige Vorgangsteuerung bedarf zur Einführung einer gesonderten Betriebsvereinbarung.

(2) Die X GmbH kann zur Information der Beschäftigten ein „Schwarzes Brett" im E-Mail-System einrichten oder E-Mail an alle Beschäftigten versenden. E-Mail mit identischem Inhalt an alle Beschäftigten muß nicht verschlüsselt werden.

(3) Der Betriebsrat der X GmbH erhält auf Wunsch die gleichen E-Mail-Möglichkeiten zur Information der Beschäftigten wie die Geschäftsleitung.

(4) Das Löschen von unerwünschter E-Mail (SPAM) geschieht nach vom Arbeitgeber zur Verfügung gestellten Regeln. Die Aktivierung dieser Regeln erfolgt durch den Beschäftigten.

Erläuterung:

zu (1): Zur Arbeitsvereinfachung und Zeiteinsparung ist es zulässig, Vorgänge und Dateien per E-Mail weiter zu leiten. Diese Option ist jedoch gegenüber einer automatisierten Vorgangssteuerung abzugrenzen. Bei einer Vorgangssteuerung laufen Bearbeitungschritte entweder zeitgesteuert oder ereignisgesteuert ab. Jederzeit ist der Stand des Vorgangs für die Beteiligten (auch die Vorgesetzten) abrufbar. Wegen des großen Potentials an Verhaltens- und Leistungskontrolle wird vorerst hierauf verzichtet.

zu (2): Hier wird die Absicht erklärt firmeninterne Informationen in Zukunft nur noch elektronisch zu verteilen.

zu (3): Um „Waffengleichheit" zwischen Arbeitgeber und Betriebsrat in Hinblick auf die innerbetrieblichen Informationsmöglichkeiten herzustellen, kann der Betriebsrat auf Wunsch die gleichen Möglichkeiten zur Information der Beschäftigten wie der Arbeitgeber benutzen. Der Betriebsrat kann jedoch nichts einfordern, was über die Möglichkeiten des Arbeitgebers hinausgeht.

zu (4): § 206 StGB stellt das Unterdrücken von E-Mails unter Strafe. Im Interesse einer Ressourcen-schonenden Nutzung ist das Filtern der E-Mail sinnvoll, um beispielsweise die Übersendung unverlangter Werbung zu unterbinden. Das Aktivieren des Filtermechanismus erfolgt durch den Nutzer (=Empfänger der E-Mail). Die technischen Werkzeuge zum Filtern werden zentral zur Verfügung gestellt. Gerade auch vor dem Hintergrund der Europäischen Richtlinie zum elektronischen Geschäftsverkehr, die wohl leider Werbe E-Mails zulassen wird, wird das Filtern von E-Mails unerläßlich. Es muß allerdings rechtskonform gestaltet werden.

§ 8 Verschlüsselung

(1) E-Mail mit vertraulichem Inhalt oder mit personenbezogenen Daten Dritter darf innerhalb der X GmbH sowie an externe Stellen nur verschlüsselt versendet werden. Nachrichten mit Inhalten nach Satz 1 dürfen an externe Stellen nicht per E-Mail übermittelt werden, soweit diese nicht in der Lage sind, verschlüsselte E-Mail zu lesen.

(2) Das E-Mail-System muß ermöglichen, ausgehende E-Mail mit dem öffentlichen Schlüssel des Empfängers zu verschlüsseln. Das Format der ausgehenden verschlüsselten E-Mail soll einem offenen Standard für verschlüsselte E-Mail genügen.

(3) Zur Verschlüsselung der E-Mail stellt der Arbeitgeber ein Public-Key-Verschlüsselungsschema zur Verfügung. Jeder Beschäftigte erhält einen öffentlichen und einen privaten Schlüssel. Öffentliche Schlüssel werden allgemein zugänglich gemacht und in geeigneter Weise vor Manipulationen gesichert (zertifiziert). Der private Schlüssel eines Beschäftigten wird ihm geschützt übergeben, so daß Dritte von ihm keine Kenntnis erlangen können. Private Schlüssel dürfen nicht dupliziert und an keiner zentralen Stelle innerhalb der X GmbH gespeichert werden.

(4) Schlüsselpaare nach Abs. 3 werden nach allgemein anerkannten Regeln generiert. Die zur Generierung der Schlüssel erforderlichen Daten werden nach der Schlüsselgenerierung unverzüglich gelöscht. Die technischen Einrichtungen orientieren sich am § 16 SigV [5]; die privaten Schlüssel werden bevorzugt in Chipkarten gespeichert.

[5] Verordnung zur digitalen Signatur (Signaturverordnung – SigV), Beschluß des Bundeskabinets vom 8. Oktober 1997; http://www.iukdg.de

(5) Die X-GmbH ist berechtigt, die E-Mail-Adressen und die öffentlichen Schlüssel der Beschäftigten Dritten zugänglich zu machen. Die erforderliche Einwilligung im Sinne des BDSG wird auf den Anträgen zur Einrichtung eines E-Mail-Accounts eingeholt.

Erläuterung:

zu (1): Erklärte Absicht der BV ist es, zum Schutz von Betriebs- und Geschäftsgeheimnissen und zur Wahrung des Fernmeldegeheimnisses die Verschlüsselung von E-Mail zu ermöglichen. Die BV verpflichtet die Beschäftigten, firmeninterne E-Mail und E-Mail nach außen zu verschlüsseln. Welche Inhalte im Einzelfall vertraulich zu behandeln sind, wird durch die BV nicht geregelt, sondern ist Gegenstand von Geheimschutzanweisungen des Arbeitgebers. Derartige Inhalte können beispielsweise Betriebs- und Geschäftsgeheimnisse sein (Konstruktionszeichnungen, Angebote über Leistungen, Bilanzangaben etc.). Mit der Verpflichtung, personenbezogene Daten zu verschlüsseln, erfüllt die BV die Anforderung der Anlage nach § 9 BDSG.

Wenn Empfänger nicht über die erforderliche Ausstattung zum Empfang verschlüsselter E-Mail verfügen, dürfen die Nachrichten nicht per E-Mail übermittel werden.

zu (2): Der Arbeitgeber ist verpflichtet, ein E-Mail-System zu installieren, das die Verschlüsselung ermöglicht. Es soll sich an einem offenen Standard orientieren, damit der Schutzmechanismus der Verschlüsselung möglichst vielfältig eingesetzt werden kann.

zu (3): Als Verschlüsselungsverfahren kommen nach dem derzeitigen Stand der Technik nur sogenannte Publik-Key Verfahren in Frage. Durch die explizite Erwähnung des öffentlichen und privaten Schlüssels bekennt sich die BV zu diesem Verfahren, das im übrigen auch zur Anwendung von elektronischen Signaturen nach dem Signaturgesetz geeignet ist.[6] Die öffentlichen Schlüssel werden geeignet zertifiziert und verteilt. Bewußt verzichtet die BV auf detaillierte Aussagen, um einer Anpassung an die weitere technische Entwicklungen nicht entgegenzustehen. Zur Zeit kann die Vorgabe des Abs. 1 durch die drei Verfahren PGP, PEM und S/MIME erfüllt werden.

Das Verbot der zentralen Schlüsselspeicherung richtet sich gegen Key-Recovery und andere Schüsselhinterlegungs-Verfahren. Sollte in Deutschland eine gesetzliche Kryptoregulierung kommen, muß die BV an die gesetzlichen Vorschriften angepaßt werden.

zu (4): Die Schlüsselpaare können nach beliebigen technischen Verfahren generiert werden, so lange sichergestellt ist, daß die privaten Schüssel der Beschäftigten nicht rekonstruiert werden können. Um jedweden Verdacht auf Hintertüren in einer zentralen Schlüsselerzeugung zu begegnen, sollen die Schüssel vorzugsweise dezentral auf den Arbeitsplatzrechnern der Beschäftigten erzeugt werden. Damit verläßt der private Schlüssel nie die Einflußsphäre des Beschäftigten.

zu (5): Damit Dritte mit der X-GmbH verschlüsselt kommunizieren können, ist es erforderlich, daß die E-Mail-Adressen und die öffentlichen Schlüssel der Beschäftigten allgemein abgerufen werden können (z.B. über X.500 oder LDAP Server). Derartige Server sind Teledien-

[6] Art. 3 des IuKDG vom 22. Juli 1997, BGBl. I S. 1870: http://www.iukdg.de.

ste nach dem Teledienstgesetz.[7] Die Speicherung und Übermittlung von personenbezogenen Adressen auf dem Server ist nur mit Einwilligung des Betroffenen nach § 4 BDSG möglich. Beschäftigte mit Außenwirkung (Pressestelle, Geschäftsführer etc.) werden diese Einwilligung aus arbeitsrechtlichen Gründen nicht verweigern können. Die erforderliche Einwilligung kann bereits mit dem Einstellungsvertrag eingeholt werden.

§ 9 Vertretungsregelung

(1) Das E-Mail-System muß über die Funktionen Auto-Forward und Auto-Reply verfügen.

(2) Jeder Beschäftigte erhält zwei E-Mail-Adressen: eine funktionsbezogene (dienstliche) und eine namensbezogene (persönliche) Adresse. Eine funktionsbezogene E-Mail-Adresse kann sich auch auf eine Gruppe von Beschäftigten beziehen (z.B. auf eine Abteilung oder ein Referat). Die E-Mail an beide Adressen landet in der selben Mailbox. Für normale Dienstgeschäfte wird die funktionsbezogene E-Mail Adresse benutzt.

a) Eine E-Mail an die *funktionsbezogene* Adresse wird bei Abwesenheit automatisch an den Stellvertreter weitergeleitet (Autoforward) oder der Absender wird automatisch über die Abwesenheit informiert (Auto-Reply). Vor vorhersehbarer Abwesenheit (z.B. Urlaub, Dienstreise) wird dieser Automatismus durch den Beschäftigten in Absprache mit dem Stellvertreter aktiviert. Bei unvorhersehbarer Abwesenheit (z.B. Krankheit) kann das Verfahren für diese funktionsbezogene Adresse durch den Postmaster auf Veranlassung des Vorgesetzten und in Absprache mit dem Stellvertreter aktiviert werden. Der Zeitpunkt ist schriftlich festzuhalten und dem Beschäftigten nach Rückkehr mitzuteilen.

b) Eine E-Mail an die *namensbezogene* Adresse wird grundsätzlich nicht weitergeleitet. Jeder Beschäftigte kann die Absender automatisch über seine Abwesenheit informieren (Autoreply).

Erläuterung:

zu (1): Ein Problem stellt der Umgang mit E-Mail im Abwesenheitsfall dar. Da Mitarbieter gegenseitig ihre Passworte nicht kennen (sollten), ist der Zugriff auf die E-Mail abwesender Kollegen nicht möglich. Die dienstliche E-Mail muß aber trotzdem weiter bearbeitet werden können. Es ist deshalb notwendig, entweder die dienstliche E-Mail an den Stellvertreter weiter zu leiten, oder den Absender der E-Mail über die Abwesenheit zu informieren. Die Weiterleitung ist zu bevorzugen, da andernfalls der Absender der E-Mail über die Vertretungsregeln innerhalb der X-GmbH informiert sein muß. Es ist aber möglich, in der automatischen Antwort auf den Vertreter hinzuweisen, vorausgesetzt er hat in diese Übermittlung eingewilligt.

zu (2): Jeder Beschäftigte erhält eine E-Mail-Adresse, die sich aus seiner Funktion ableitet. Zusätzlich erhält er auch eine Adresse mit seinem normalen Namen. Außerdem soll es möglich sein, Gruppenadressen einzurichten. E-Mail kann dann einfach an diese Gruppenadresse (z.B. Einkauf, Controlling etc.) gerichtet werden. In der Gruppe wird diese E-Mail dann an die zuständigen Gruppenmitglieder verteilt. Diese Regeln müssen auch im Schlüsselmanagement berücksichtigt werden. Es empfiehlt sich für die beiden E-Mail Adressen separate Schlüssel-

[7] Art. 1 des IuKDG (Fußn. 6).

paare zu generieren. Verschlüsselte E-Mail an Gruppenadressen funktioniert nur, wenn alle Gruppenmitglieder über den Gruppenschlüssel verfügen. Hier zeigen sich klare Mängel auf Grund fehlender Standards für getrennte Schlüssel für die Funktionalitäten Signatur und Verschlüsselung.

a) Wird auf Grund der funktionsbezogenen Adressierungsvariante die E-Mail als eindeutig dienstlich gekennzeichnet, wird sie bei Abwesenheit weiter geleitet, um keine Verzögerungen bei der Bearbeitung zu erzeugen. Weiß ein Beschäftigter, daß er abwesend sein wird, aktiviert er die Weiterleitung und informiert seinen Stellvertreter. Bei unvorhersehbarer Abwesenheit muß ein Dritter die Weiterleitung der E-Mail aktivieren. Die nötige formale Prozedur wird festgelegt, damit im nachhinein jederzeit feststeht, an wen eine E-Mail zugestellt wurde. Auch der abwesende Beschäftigte ist bei Rückkehr zu informieren.

b) Eine E-Mail an die namensbezogene E-Mail wird wie ein Brief mit dem Zusatz „persönlich" behandelt. Ist der Beschäftigte abwesend, wird die E-Mail nicht weiter geleitet. Niemand außer dem betreffenden Mitarbeiter kann diese E-Mail lesen. Der Arbeitgeber hat unter keinen Umständen Zugriff auf diese E-Mail, da der Inhalt persönlich sein kann. Der Beschäftigte kann bei Abwesenheit im eigenen Ermessen den Absender einer E-Mail über seine Abwesenheit informieren.

Eine vom Beschäftigten nachvollziehbare Transparenz des Verfahrens hilft bei der Akzeptanz des neuen Verfahrens.

§ 12 Zugriffsrechte und Passworte

(1) Jeder Benutzer des E-Mail-Systems erhält eine Zugriffsberechtigung (Passwort) und einen eigenen Datenbereich (Mailbox).

(3) Ohne Kenntnis und Zustimmung der Beschäftigten dürfen Dritte keine Einsicht in die E-Mail eines Beschäftigten nehmen. Kenntnis und Zustimmung werden unterstellt, wenn E-Mail in Bereiche weitergeleitet wird, die für Dritte zugänglich sind.

(4) Soweit die E-Mail dienstliche Inhalte betrifft, kann der Vorgesetzte verlangen, daß der Beschäftigte die E-Mail für ihn ausdruckt.

Erläuterung:

zu (1): Um seine E-Mail aus der Mailbox abzurufen benötigt jeder Beschäftigte ein eigenes Passwort. Außerdem wird die E-Mail auf dem E-Mail-Server so abgelegt, daß jeder nur auf seine E-Mail zugreifen kann.

zu (3): Der Arbeitgeber und Dritte dürfen ohne Wissen und Einverständnis des Beschäftigten nicht in dessen E-Mail lesen. Insoweit unterstreicht dieser Absatz das Fernmeldegeheimnis nach §85 TKG. Wer E-Mail in allgemein zugänglich Bereiche weiter leitet gibt damit indirekt die Zustimmung, daß andere die Information auch lesen.

zu (4): Allerdings kann der Arbeitgeber im Rahmen seines Direktionsrechts von dem Beschäftigten verlangen, ihm alle dienstlichen Vorgänge zugänglich zu machen. Um die Privatsphäre des Beschäftigten zu wahren, ist der Beschäftigte seinerseits verpflichtet, den Inhalt dienstlicher E-Mail zugänglich zu machen. Verweigert der Beschäftigte die Einsicht in dienstliche E-Mail muß er mit arbeitsrechtlichen Konsequenzen rechnen. Im übrigen gelten die folgenden Grundsätze der Archivierung.

§ 13 Archivierung

(1) Soweit zu Dokumentationszwecken erforderlich, werden ein- und ausgehende E-Mails ausgedruckt und wie Schriftstücke aufbewahrt. Die zugrundeliegenden Dateien werden im Rahmen der normalen Datensicherung gesichert (Anlage zu § 9 BDSG) und nicht archiviert.

(2) Dienstliche E-Mail, die verschlüsselt empfangen und zu Nachweiszwecken noch benötigt wird, ist auszudrucken und zu den Akten zu nehmen.

Erläuterung:

zu (1): Viele Informationen müssen langfristig aufbewahrt werden. Gegebenenfalls sollen sie einem klassischen Vorgang (d.h. auf Papier) zugefügt werden. Solange nicht ein ausgefeiltes elektronisches Archivsystem zur Verfügung steht, müssen E-Mails ausgedruckt werden. Die normale Datensicherung mit dem Ziel Datenverlusten bei technischen Störungen vorzubeugen, ersetzt keine Archivierung.

zu (2): Die Verschlüsselung wird nach dieser BV eingesetzt, um die Daten während der Übermittlung zu schützen. Damit auch verschlüsselte E-Mail zur Abwicklung der Dienstgeschäfte zur Verfügung steht, ist sie wie gewöhnliche Post auch zu den Akten zu nehmen.

4 Technische Realisierung

Ein modernes E-Mail System muß heute die Funktionen Verschlüsselung und Digitale Signatur unterstützen. Die technische Umsetzung dieser Grundanforderungen verlangt eine Schlüsselverwaltungs-Infrastruktur. Dadurch wird die Einführung der E-Mail deutlich komplexer, als das schlichte Installieren der Klienten- und Server-Software.

Die Schlüsselverwaltungs-Infrastruktur kann Firmen-intern aufgebaut werden, oder aber der Betrieb bedient sich eines externen Dienstleisters. Solange die Anwendung der E-Mail im wesentlichen Firmen-intern bleibt ist es nicht erforderlich, daß die entsprechenden Infrastrukturen konform zum Signaturgesetz ausgelegt werden. Erst wenn mittels digitaler Signaturen verbindliche Rechtsgeschäfte mit Dritten abwickelt werden sollen, ist eine gesetzeskonforme Signaturinfrastruktur erforderlich.

Die digitalen Schlüsselpaare der Mitarbeiter müssen generiert werden, die geheimen privaten Schlüssel müssen beim Mitarbeiter sicher gespeichert werden, die öffentlichen Schlüssel der Mitarbeiter müssen in ein vertrauenswürdiges (firmen-) öffentliches Verzeichnis eingestellt werden. Die Klienten Software muß in der Lage sein, einfach und unkompliziert auf die öffentlichen Schlüssel der anderen Mitarbeiter zuzugreifen. Die Zuordnung der öffentlichen Schlüssel zu den Mitarbeitern muß sichergestellt werden. Benötigt man eine präzise zeitliche Einordnung von Dokumenten, so muß zusätzlich ein Zeitstempeldienst eingeführt werden. Der Aufbau eines firmen-internen Trustcenters ist in [Gerling99] beispielhaft unter Verwendung der Softwareprodukte Apache [apache], OpenSSL [openssl] und MS Internet Explorer erläutert.

Schlüsselerzeugung

Das Schlüsselpaar für den Mitarbeiter muß dezentral erzeugt werden. Zur Zeit werden die meisten Schlüsselpaare interaktiv mit einem WWW-Browser erzeugt. Ein schönes allgemein zugängliches Beispiel für diese Art der Schlüssel Erzeugung sind die Web-Seiten der Firma TC TrustCenter for Security in Data Networks GmbH [Trustcenter]. Eine weitere Möglichkeit ist die Erzeugung eines Schlüsselpaares in einer Chipkarte. Der große Vorteil der Chipkarte ist die Tatsache, daß der private Schlüssel die Chipkarte zu keinem Zeitpunkt verlassen muß (es ist technisch sogar unmöglich, daß der private Schlüssel die Chipkarte verläßt). Er ist deshalb maximal geschützt.

Die Qualität der Schlüsselgenerierung steht und fällt mit der Qualität des verwendeten Zufallszahlengenerators. Da entsprechende Chipkarten einen hardwarebasierten Zufallszahlengenerator eingebaut haben, ist hier die Qualität der Schlüssel besonders gut. Bei der Schlüsselerzeugung auf Web-Seiten wird das Schlüsselpaar vom Klienten (z.B. Netscape oder Microsoft Browser) erzeugt. Die technischen Details dieser Art der Schlüsselgenerierung sind leider nicht sehr gut dokumentiert.

Jede Art der dezentralen Schlüsselgenerierung ist eindeutig vorzuziehen, da sie Vertrauen in das Verfahren schafft. Der Verdacht, daß bei einer zentralen Schlüsselgenerierung die Schlüssel doch irgendwo heimlich gespeichert werden, kann so gar nicht erst aufkommen.

Schlüsselzertifizierung

Wird das Schlüsselpaar interaktiv auf einer Web-Seiten generiert, so wird der öffentliche-Schlüssel auch automatisch an das Trustcenters geschickt. Wenn das Schlüsselpaar offline erzeugt wird (dies ist z.B. bei PGP immer der Fall), muß der öffentliche Schlüssel manuell in das Trustcenters transportiert werden. Dies kann per E-Mail oder über ein Formular auf einer Webseite geschehen.

Bevor das Trustcenter den öffentlichen Schlüssel zertifiziert, muß die Identität des Inhabers festgestellt werden. Außerdem muß sich das Trustcenter davon überzeugen, daß der zukünftige Inhaber des Zertifikats auch wirklich den zum öffentlichen Schlüssel passenden privaten Schlüssel besitzt. Wenn der Antragsteller zum Beispiel in der Lage ist, eine ihm verschlüsselt übersandte Kontrollzahl zu entschlüsseln und zurück zusenden, ist dieser Beweis erbracht.

Die Überprüfung der Identität des Antragstellers kann nur im direkten persönlichen Kontakt geschehen. Entweder überprüft das Trustcenter die Identität selber, oder es bedient sich eines vertrauenswürdigen Dritten. Innerhalb einer Firma ist es möglich, jeden Mitarbeiter an eine bestimmte Stelle zu bestellen. Hat die Firma mehreren Betriebsstätten bedarf es einer entsprechenden Prüfungsinstanz in jeder Betriebsstätte.

Betrieb der E-Mail

E-Mail Software muß in der Lage sein auf ein Verzeichnis der öffentlichen Schlüssel der anderen Teilnehmer zuzugreifen. Dieser Zugriff sollte mehr oder weniger automatisch geschehen. Ein großes Hindernis bei der Interoperabilität sind die inkompatiblen Schlüsselformate X.509 und PGP. Technisch wäre es kein Problem, da der Inhalt der Zertifikate in beiden Fällen gleich ist. Lediglich die Aufbereitung ist unterschiedlich. Hier sind die PGP Autoren gefordert. Einer Firma kann nur empfohlen werden auf X.509 Zertifikate zu setzen.

Die Funktionalitäten Verschlüsseln und Signieren sollten per Konfiguration fest einstellbar sein. Der zusätzlicher Aufwand beim Versenden eine E-Mail für das Verschlüsseln darf maximal ein einzelner zusätzlicher Mausklick sein. Wenn die Prozedur des Verschlüsselns zu aufwendig ist, wird das Verfahren von den Mitarbeitern nicht akzeptiert.

Wird eine E-Mail digital signiert, muß einfach zu erkennen sein, welcher Textteil signiert wird. Auch das Ergebnis der Prüfung einer digitale Signatur muß ohne großen Aufwand direkt erkennbar sein. Außerdem muß leicht feststellbar sein, auf welchem Teil der Nachricht sich die als gültig erkannte Signatur erstreckt.

Zur technischen Realisierung verschlüsselter E-Mail gibt es heute drei genormte Verfahren:

- das Verschlüsselungsverfahren *S/Mime* der Firma RSA Data Security Inc. [rsadsi],
- das in den RFCs 1421 bis 1424 genormte Verfahren *Privacy Enhanced Mail (PEM)* [PEM] und
- das weitverbreitete und vielfach genutzte Verfahren *Pretty Good Privacy (PGP)* [PGP].

Den Standard S/Mime gibt es in zwei Versionen. Die eine Version darf nur innerhalb der USA vertrieben werden und sie genügt vernünftigen kryptographischen Standards. Die andere Version, die aus den USA exportiert werden darf, ist aus Geheimdienst-Interessen so verkrüppelt, daß man nicht mehr von Sicherheit reden kann. S/Mime ist sicherlich die am weitesten verbreitete (und am wenigsten genutzte) E-Mail Verschlüsselung, da sie in den Programmen Netscape Messenger und Microsoft Outlook (Express) enthalten ist. Auf Grund der geringen Verschlüsselungsstärke (RSA Verschlüsselung mit 512 Bit und RC4 Verschlüsselung mit 40 Bit) der Export-Version kann keiner Firma ruhigen Gewissens der Einsatz dieser Verschlüsselung empfohlen werden. Sie ist bestenfalls geeignet sich gegen neugierige nicht besonders versierte Gelegenheits-Hacker zu schützen.

Die PEM Verschlüsselung genügt dem gegenüber heutigen Sicherheitsanforderungen. Leider gibt es kaum vernünftige Programmpakete mit denen diese Verschlüsselung auch eingesetzt werden kann. Der in Deutschland entwickelte MailTrusT Standard [mailtrust] basiert im wesentlichen auf PEM und erweitert diesen Standard. Aufgrund der geringen Verbreitung kann dieser Standard zur Zeit nur für geschlossene Benutzergruppen, die keine Notwendigkeit für eine Kommunikation nach außen haben, empfohlen werden.

Die weiteste Verbreitung in der Anwendung hat sicherlich das nicht ganz unumstrittene Programm Pretty Good Privacy. Von vielen Leuten wird dieses Programm abgelehnt, da es in die Ecke nicht ganz legaler Hacker Software eingeordnet wird. Diese Einschätzung ist jedoch völlig falsch. Bei PGP handelt es sich um ein völlig seriöses Programm, das mittlerweile auch von einer kommerziellen Softwarefirma vertrieben wird. Damit ist auch einer der Hauptkritikpunkte, daß es nämlich für PGP keinen Support gäbe, nicht mehr vorhanden. PGP kann einen Firma uneingeschränkt empfohlen werden.

Gesicherter Abruf von E-Mail

Bei der Benutzung von E-Mail im Internet sind das Post Office Protocol 3 (POP3) [pop3] und das Simple Mail Transport Protocol (SMTP) [smtp] gängige Transport Mechanismen. Mit POP3 holt der Nutzer seine E-Mail beim Mail-Server ab.

Derzeit wird beim Abrufen der E-Mail vom Mailserver das dazu erforderliche Passwort im Klartext über das Netz übertragen. Damit besteht im Prinzip das Risiko des Abhörens der Passworte. Insbesondere, wenn der Mail-Client so eingestellt wird, daß er alle 5 Minuten nachfragt, ob neue Mail vorhanden ist, führt dies dazu, daß das Passwort alle 5 Minuten übertragen wird. Dies stellt eine nicht unerhebliche Sicherheitslücke dar.

Es gibt Ansätze für bessere Authentisierungsmechanismen [pop3auth] [sslwrap] [stunnel], die keine Klartextpassworte mehr im Netz übertragen. Lediglich der APOP-Mechanismus [pop3] kann als Standard bezeichnet werden. Alle andere Varianten sind über den Status „Vorschlag" (proposed standard) bisher nicht hinaus gekommen. Alle besseren Authentisierungsmechanismen werden bislang nicht weit unterstützt. Das SSL Protokoll zum Abholen von E-Mail wird von den Microsoft und Netscape E-Mail Klienten in den aktuellen Versionen unterstützt. Der APOP Mechanismus wird von Pegasus Mail und Eudora unterstützt. Hier wird dringend ein breit unterstütztes Protokoll benötigt. Gerade auch das Abholen von E-Mail bei Providern verlangt nach solchen Protokollen.

Recovery Verfahren

Eine große Sorge von Firmen hinsichtlich des Einsatzes von Verschlüsselung ist die Unzugänglichkeit der verschlüsselten Daten nach Verlust des Schlüssels. Es wird daher nach Möglichkeiten gesucht, mittels organisatorischer oder technischer Maßnahmen verschlüsselte Dateien und Nachrichten auch dann noch zugänglich zu machen. So enthält z.B. PGP ab der Version 5 mit CMR einen solchen Mechanismus [Gerling98a].

John Callas, Chief Scientist der Fa. PGP Inc., publizierte am 7. Oktober 1997 eine Stellungnahme zu dem neuen Mechanismus in der mac crypto list [8]. Darin unterscheidet Callas zwischen Key Recovery [Fox87] und Data Recovery: Durch Key Recovery versucht man, mit technischen Mitteln den Schlüssel eines Benutzers wiederherzustellen. Nach Auffassung von Callas tut dies nur jemand, der Abhören will. Beim Data Recovery wird versucht, nur die Daten wiederherzustellen. Dies sei ein legitimes Interesse einer Firma. Callas vergleicht Data (oder Message) Recovery mit einem Airbag: Beides seien Techniken, die eine um die Bürger besorgte Regierung vorschreibe, um den Bürger vor den Gefahren moderner Technik zu schützen (im einen Fall vor den Gefahren des Einsatzes der Kryptographie, im anderen Fall vor den Gefahren des Autofahrens).

Beim Zugriffsmechanismus auf Daten muß zwischen

- *Key Recovery*: der Zugriff auf den privaten Schlüssel des Benutzers
- *Message Recovery:* der Zugriff auf verschlüsselte Kommunikationsinhalte durch technische Hintertüren, ohne den Schlüssel des Benutzer zu kompromittieren und
- *Data Recovery*: der Zugriff auf in einer Firma oder Behörde dauerhaft gespeicherte verschlüsselte Daten

unterschieden werden. J. Callas verwendet fälschlicherweise Messages Recovery und Data Recovery synonym

[8] Aufnahme in die englischsprachige Mailing-Liste: E-Mail mit dem Betreff "subscribe mac-crypto" an die Adresse requests@vmeng.com.

Key Recovery ist grundsätzlich abzulehnen. Solange nicht zwischen Signatur- und Verschlüsselungsschlüssel unterschieden wird, ermöglicht der private Schlüssel nicht nur den Zugriff auf die Kommunikationsinhalte sondern auch das Fälschen der Digitalen Signatur.

Auch Message Recovery sollte tabu sein. Das Persönlichkeitsrecht der Mitarbeiter verbietet den Zugriff auf E-Mails genauso wie das Abhören der Telefonate [Bizer98].

Data Recovery muß sorgfältig geplant und gesichert werden. Gibt es einen hinterlegten Schlüssel als Hintertür, legt eine Kompromittierung dieses Schlüssels alle Daten einer Firma offen. Dies ist ein gefährlicher und vielleicht besser zu vermeidender Single-Point-of-Failure. Ein faires Data Recovery berücksichtigt gleichermaßen die Interessen der Firma am Zugriff auf die gespeicherten (oder archivierten) Daten und die Persönlichkeitsrechte der Mitarbeiter. Ein erprobtes Konzept hierfür existiert bislang nicht.

In Deutschland muß zudem sorgfältig geprüft werden, ob ein solcher Eingriff in den E-Mail-Transport mit § 206 StGB verträglich ist.

5 Schlußbemerkung

In Zukunft wird uns auch die EU einige neue Probleme bescheren. Durch den Rechts- und Wirtschaftsausschuß des Europaparlaments wird derzeit eine EU-Richtlinie zum elektronischen Geschäftsverkehr erarbeitet. Sie soll unter anderem unverlangte Werbe-E-Mail (auch SPAM genannt) unter gewissen Voraussetzungen erlauben [Schulzki-Haddouti99].

Unsere Schulen sollten im Rahmen des Informatikunterrichtes die Schüler nicht nur im Umgang mit Compilern und Bürosoftware vertraut machen. Dem Informationszeitalter angemessen ist es auch, die Schüler mit den Grundlagen des Datenschutzes und Vertraulichkeit von Daten vertraut zu machen Jeder Schüler sollte nicht nur wissen, wie er mit einer Textverarbeitungssoftware umgeht, sondern auch, wie er seine E-Mail vor unberechtigtem Zugriff schützt. Deshalb müssen auch das Konzept und der Umgang mit Programmen wie Pretty Good Privacy den Schülern und (vorher) den Lehrern beigebracht werden.

Ein Betrieb kann jedenfalls heute beim Einsatz von E-Mail auf Verschlüsselung nicht mehr verzichten!

Anhang: Auszug aus BDSG Entwurf B90/Grüne

Aus dem Gesetzentwurf für ein BDSG des Abgeordneten Manfred Such und der Fraktion Bündnis 90/Die Grünen (Stand: 8.9.1997):

§ 15 Besondere Maßnahmen

(1) Zur Verbesserung der Datensicherheit soll, soweit dies angemessen ist, eine Verschlüsselung von personenbezogenen Daten erfolgen. Sensible Daten sollen nur in verschlüsselter Form gespeichert und übermittelt werden.

(2) Die Verarbeitung personenbezogener Daten auf Systemen, zu denen der räumliche Zugang nicht besonderen Schutzvorkehrungen unterliegt, ist nur zulässig, wenn der unbefugte Zugriff hierauf durch geeignete Maßnahmen verhindert wird. Das gleiche gilt für Systeme, die elektronisch mit öffentlichen Netzen verbunden sind.

Literatur

[apache] http://www.apache.org und http://www.apache-ssl.org

[Bizer98] J. Bizer, Datenschutz in Telekommunikation und neuen Medien, in [Gerling98b].

[Fox97] D. Fox, Key Recovery, DuD 21, 227 (1997).

[Gerling97a] R. W. Gerling, Verschlüsselungsverfahren: Eine Kurzübersicht, DuD 21, 197-202 (1997).

[Gerling97b] R.W. Gerling, Betriebsvereinbarung E-Mail und Internet, DuD 21, 703 (1997).

[Gerling98a] R.W. Gerling, Company Message Recovery, DuD 22, 38 (1998).

[Gerling98b] R.W. Gerling (Hrsg.), Datenschutz und neue Medien, GWDG-Berich Nr. 50, GWDG, Göttingen 1998.

[Gerling99] R.W. Gerling, Verschlüsselung im betrieblichen Einsatz. Datakontext Verlag. erscheint 1999.

[imap] z.B. unter ftp://ftp.dfn.de/pub/doc/rfc/rfc-2000-2099/rfc2060.txt

[Kossel99] A.Kossel und P. Siering, Fehlstart, c't 3/99 S. 68.

[mailtrust] http://www.darmstadt.gmd.de/mailtrust/

[openssl] http://www.openssl.org

[pem] z.B. unter ftp://ftp.dfn.de/pub/doc/rfc/rfc-1400-1499/rfc142x.txt; für das x ist 1 bis 4 einzusetzen.

[pgp] http://www.pgpi.com; für dir Freeware Version und http://www.nai.com für die kommerzielle Version

[pop3] z.B. unter ftp://ftp.dfn.de/pub/doc/rfc/rfc-1900-1999/rfc1939.txt

[pop3auth] z.B. unter ftp://ftp.dfn.de/pub/doc/rfc/rfc-1700-1799/rfc1734.txt und ftp://ftp.dfn.de/pub/doc/rfc/rfc-2100-2199/rfc2195.txt

[rsadsi] http://www.rsa.com/rsa/S-MIME

[Schaar97] P. Schaar, Datenschutz in der Liberalisierten Telekommunikation, DuD 21, 17 (1997).

[Schulzki-Haddouti98] C. Schulzki-Haddouti, Unrüstung, c't 26/98 S. 52.

[Schulzki-Haddouti99] C. Schulzki-Haddouti, Werbewildwuchs, c't 3/99 S. 39.

[smtp] z.B. unter ftp://ftp.dfn.de/pub/doc/rfc/rfc-800-899/rfc821.txt

[sslwrap] http://www.rickk.com/sslwrap/

[stunnel] http://mike.daewoo.com.pl/computer/stunnel

[Trustcenter] http://www.trustcenter.de; hier können Privatpersonen ein für ein Jahr gültiges kostenloses X.509 oder PGP Zertifikat erhalten.

[Zimmermann96] Phillip Zimmerman berichtet in einer eMail vom 18.03.1996 in der Cypherpunks-Mailingliste über eine konkretes Beispiel aus Zentral-Europa, wo Pretty Good Privacy half Menschenleben zu schützen. Der Text dieser eMail, da in einer Krypto-Diskussion sehr wichtig, ist in [Gerling97a] wiedergegeben.

Elektronische Zahlungssysteme und Datenschutz

Rüdiger Grimm

GMD-Forschungszentrum Informatik GmbH
grimm@darmstadt.gmd.de

Zusammenfassung

Zunächst werden die elektronischen Zahlungssysteme SSL, SET, CyberCash, Ecash, Millicent, GeldKarte und Mondex in ihren Grundfunktionen vorgestellt. Dann wird untersucht, wie sparsam sie mit den personenbezogenen Daten bezahlender Nutzer umgehen und welche Kontrollmöglichkeiten sie den Nutzern bieten. Die Ergebnisse werden schließlich in Form von Empfehlungen zusammengefaßt.

1 Einleitung

Warum sind Fragen des Privatheitsschutzes bei elektronischen Bezahlverfahren wichtig? Bei Bargeld gibt es kein Problem mit dem Schutz der Privatsphäre des Käufers, da das bare Zahlungsmittel keinen Aufschluss über die Identität eines Käufer gibt. Die Anonymität ist das höchste Maß an Datensparsamkeit und markiert gewissermaßen die Messlatte des Datenschutzes für alle anderen Bezahlverfahren.

Bereits bei traditionellen nicht-baren Bezahlverfahren wie Überweisungen, Lastschriften, Schecks oder Kreditkarten fallen Nutzungsdaten an, aus denen jemand Rückschlüsse auf das Verhalten eines Käufers ziehen kann, ohne dass das dem Käufer bewusst wird. Allein schon die Möglichkeit des Missbrauchs solcher Nutzungsdaten kann die Unbefangenheit von Menschen in ihrem Kaufverhalten beeinträchtigen. Der Erhalt der Unbefangenheit und die Selbstbestimmung der Menschen über ihr Informations- und Kommunikationsverhalten bilden den Kern des Datenschutzes.

Bei Einsatz elektronischer Medien kommen die Nutzungsdaten der Kommunikations- und Teledienste zu den bereits bestehenden personenbezogenen Daten bei Verkäufern und bei den Finanzinstitutionen noch hinzu. Dadurch vervielfältigen sich die anfallenden Nutzungsdaten. Außerdem sind Käufer und Verkäufer sowie die unterstützenden Dienste nicht nur über das Netz miteinander verbunden, wodurch sie sich im Sinne eines globalen Dorfes „näher" kommen, sondern sie sind auch durch das Netz voneinander getrennt, indem sie sich nur noch mit vermittelnder elektronischer Technik wahrnehmen. Deshalb sind sie auch „weiter" voneinander entfernt als in traditioneller Kommunikation. Insbesondere Diensteanbieter und ihre Nutzer verlieren dabei ihren persönlichen Kontakt.

Die Kombination dieser drei Faktoren gibt dem Datenschutz für elektronische Zahlungssysteme seine besondere Wichtigkeit: erstens die Vervielfachung von Nutzungsdaten, zweitens die pseudonyme Entpersönlichung der Kommunikationspartner und drittens die damit gewachsene Undurchschaubarkeit über Mitlauscher und Datensammler.

Dabei soll aber von Anfang an klargestellt werden, dass kein Anlass zur Panik besteht. Die Internet-Technik ist ausgesprochen tauglich zu einer datenschutzfreundlichen Auslegung. Wenn man es nur richtig anpackt, kann man mit Hilfe des Internets und anderer elektronischer Medien wie Smartcards den Datenschutz für elektronische Kommunikation und besonders für elektronisches Bezahlen weit über das Maß des bisher Gewohnten hinaus verbessern. Nur stehen wir in einer solchen wünschenswerten technischen Entwicklung erst am Anfang.

2 Datenschutz

Datenschutz schützt die Rechte von Menschen im Umgang anderer Institutionen mit ihren personenbezogenen Daten. In inhaltlichen Vertragsbeziehungen, zum Beispiel zwischen Käufer und Verkäufer oder zwischen Kunde und Bank, ist das Bundesdatenschutzgesetz (BDSG) heranzuziehen. Für Teledienste sind das Teledienstegesetz (TDG) und das Teledienstedatenschutzgesetz (TDDSG) als Bestandteil des Informations- und Kommunikationsdienstegesetzes (IuKDG in [IUK97]) anzuwenden.

Für elektronische Bezahlsysteme gilt das BDSG in bezug auf die inhaltlichen Kundenbeziehungen zwischen Käufer, Verkäufer und anderen Institutionen wie Banken, Kreditkartenorganisationen und Vermittlungsserver. In bezug auf Bezahlung als Teledienst gelten in Deutschland TDG und TDDSG.

Das TDDSG von 1997 [z.B. in GeRo98] und die fast gleichlautenden Datenschutzregelungen des Mediendienste-Staatsvertrags von 1997 (MDStV §§ 12-17 [GeRo98]) gehen in mancher Hinsicht über die Regelungen des BDSG und anderer Datenschutzvorschriften hinaus. Ihre wesentlichen Elemente sind:

- Erlaubnisvorbehalt
- Zweckbindung
- Transparenz
- Selbst- und Systemdatenschutz

Die Konzepte zum Selbst- und Systemdatenschutz stützen sich auf:

- das Prinzip der Datensparsamkeit und Datenvermeidung,
- die Möglichkeit pseudonymer oder anonymer Benutzung eines Dienstes,
- die Möglichkeit zur elektronischen Einwilligung eines Nutzers,
- die Möglichkeit für einen Nutzer zur elektronischen Auskunft und Kontrolle,
- eine Datenschutzkontrolle durch Aufsichtsbehörden.

Ebenso wie das BDSG stellt das TDDSG die Erhebung, Speicherung, Verarbeitung und Nutzung personenbezogener Daten unter einen *Erlaubnisvorbehalt* (TDDSG § 3.1-2, vgl. BDSG § 4.1), bindet diese an einen *Zweck* (TDDSG §§ 3.1-2, 3.5, 5.1, 6.1; vgl. BDSG §§ 4.2, 10.2.1, 28.1.1, 34.1.2 usw.), verlangt ihre *Transparenz* durch Mitteilungspflichten des Dienstes und Einsichtsrechte des Nutzer (TDDSG §§ 3.5 u. 7; vgl. BDSG §§ 10, 28, 33, 34, 35, 37, 38) und hebt dabei im BDSG geltende Ausnahmeregelungen auf.

Die wesentlichen Neuerungen des TDDSG sind seine „Konzepte zum *Selbst- und Systemdatenschutz*“ [GeRo98, Einführung S. XXIV]. Diese stützen sich auf das Prinzip der *Datensparsamkeit* oder gar *Datenvermeidung* (§ 3.4), die Ermöglichung *pseudonymer oder gar anonymer Benutzung eines Dienstes* (§ 4.1), die Möglichkeit der *elektronischen Einwilligung* (§ 3.7), die Möglichkeit für einen Nutzer, jederzeit und ohne Ausnahme *elektronische Auskunft* über seine personenbezogenen Daten zu erhalten und deren Bestand *elektronisch zu kontrollieren* (§ 7), sowie eine Datenschutzkontrolle durch Aufsichtsbehörden (§ 8).

Das TDDSG unterscheidet drei Typen von personenbezogenen Daten:

- *Bestandsdaten:* langfristige Daten zur Vertragsgestaltung, wie Name, Anschrift, Dienst, Preise usw. (§ 5)
- *Nutzungsdaten:* spontan anfallende Daten, die sich während der Benutzung ergeben, wie Verbindungszeitpunkt, -dauer usw. (§ 6)
- *Abrechnungsdaten:* aus der Nutzung und dem Vertrag abgeleitete Daten als Grundlage zur Kostenabrechnung des Dienstes (§ 6)

3 Überblick über elektronische Bezahlverfahren

Zu den zur Zeit wichtigsten elektronischen Bezahlverfahren gehören:

- direkte Übertragung von Kreditkarteninfo an den Verkäufer über SSL,
- die Internet-Zahlungssysteme SET, CyberCash und Ecash,
- das Internet-Micropaymentsystem Millicent
- und die Kartengeldsysteme GeldKarte und Mondex.

In diesem Abschnitt wird eine Übersicht über die Funktionalität dieser Bezahlverfahren gegeben. Dabei werden die Datensparsamkeit in bezug auf die Nutzungsdaten und die Verschlüsselung der Kommunikation betrachtet. Unterrichtungs- und Auskunftspflichten der Anbieter, sowie Kontrollmöglichkeiten der Nutzer werden unten in Abschnitt 5 untersucht. Die Aspekte der Authentizität, Korrektheit und Beweissicherheit spielen für den Datenschutz eine untergeordnete Rolle und werden nicht beschrieben. Vergleichende Übersichten über elektronische Bezahlverfahren finden sich in [DuD97/7, Gri98, DuD99/1].

3.1 SSL

Funktion: SSL steht für „Secure Socket Layer“ und bietet eine Kanalverschlüsselung der Datentransport-Verbindung zwischen Client-Browser und Web-Server im World-Wide Web [SSL96, TLS98]. Der Käufer überträgt dabei seine Kreditkarteninfo von seinem Client-Browser direkt an den Web-Server des Verkäufers. Das Clearing, d.h. die Übertragung des realen Geldwertes, findet außerhalb des Internets genau wie bei klassischer Kreditkartenbezahlung statt.

Datensparsamkeit/Nutzungsdaten: Beim Teledienst, der die Verkäuferseite vertritt, fallen dieselben Nutzungsdaten an wie bei einem traditionellen Verkäufer mit Kreditkartenakkreditierung: Name, Bankverbindug des Käufers, Kreditkartenorganisation des Käufers, Kreditkartennummer des Käufers, Ware, Preis und Zeitpunkt der Bestellung. Direkte Kreditkartenbezahlung mit SSL ist daher wenig datensparsam.

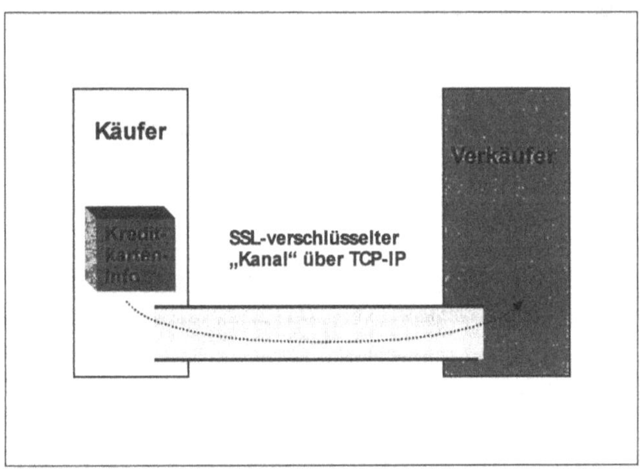

Abb. 1: SSL-geschützte Zahlung mit Kreditkarten

Verschlüsselung: SSL bietet bei ausreichender Schlüssellänge (ab 112 Bits) standardmäßig einen ausreichend starken Verschlüsselungsschutz. Leider ist die Schlüssellänge in vielen US-Standardprodukten außerhalb der USA auf nur 40 Bits beschränkt. Die Kommunikationsbeziehung (IP-Adressen/TCP-Ports) zwischen Käufer und Verkäufer wird nicht verschlüsselt.

3.2 SET

Funktion: SET ist ein Internet-Zahlungssystem, bei dem ein Käufer (Client-Browser) mit einem Verkäufer (Web-Server) direkt über HTTP kommuniziert und diesem dabei seine Bestellung „dual signiert" übermittelt (http://www.mastercard.com/set/, http://www.visa.com/set/). Die duale Signatur verschlüsselt die Bestellung derart, dass der Verkäufer und seine Bank jeweils nur diejenige Information bekommen, die sie brauchen und nicht mehr. Die Bestellung enthält Information über Ware, Preis, Zahlungsempfänger und Kontoverbindung des Käufers (z.B. Kreditkarteninfo). Die duale Signatur des Käufers verschlüsselt die Bestellung auf solche Weise, dass der Verkäufer nur die Information über Ware und Preis, nicht aber über die Kontoinformation entschlüsseln kann, während der Bankengateway des Verkäufers nur die Information über Preis, Zahlungsempfänger und Kontoverbindung des Käufers, nicht aber über die Ware entschlüsseln kann. Das eigentliche Clearing geschieht außerhalb des Internets wie bei klassischer Kreditkartenbezahlung.

Datensparsamkeit/Nutzungsdaten: Die „duale Signatur" sorgt dafür, dass der Teledienst, der die Verkäuferseite vertritt, keinerlei Konteninformation des Käufers erhält. Bei SET kann ein

Käufer gegenüber einem Verkäufer ohne weiteres pseudonym auftreten. Kreditkarten- oder Lastschriftbezahlung mit SET ist besonders datensparsam.

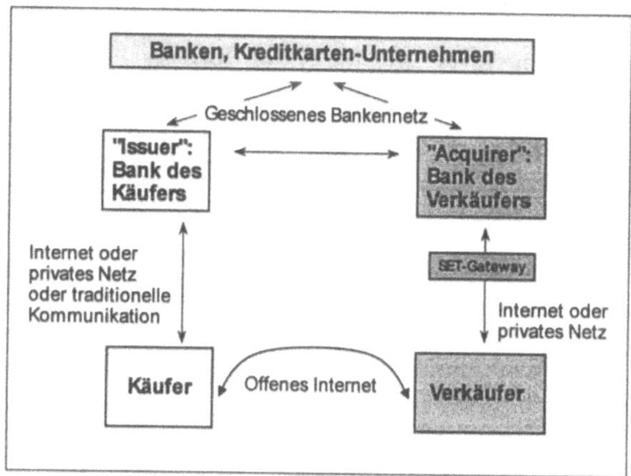

Abb. 2: SET – Secure Electronic Transaction

Verschlüsselung: Bei SET kann SSL als Kanalverschlüsselung zwischen Käufer und Verkäufer eingesetzt werden. Außerdem verschlüsselt SET auf der Anwendungsebene die Kommunikation zwischen Käufer und Bank, darunter die Kontoinformation, die durch den Händler „hindurchgetunnelt" wird.

3.3 CyberCash

Funktion: CyberCash ist ein Internet-Zahlungssystem, bei dem ein Käufer (Client-Browser) mit einem Verkäufer (Web-Server) direkt kommuniziert, diesem aber die Bezahlung nur indirekt über den CyberCash-Server zukommen lässt (http://www.cybercash.com/). Zahlender und Zahlungsempfänger müssen zu diesem Zweck Kunden von CyberCash sein, welches alle Kontoverbindungen seiner Kunden kennt. Zum Bezahlen übermittelt der Bezahlende dem CyberCash-Server den Namen des Empfängers, den Preis, sowie seine Kontoinformation (z.B. über Kreditkarte oder Lastschrifteinzug). Der CyberCash-Dienst übernimmt das Clearing zwischen seinen Kunden auf traditionelle Weise.

Datensparsamkeit/Nutzungsdaten: Der Käufer kann gegenüber dem Zahlungsempfänger ohne weiteres pseudonym auftreten. Der Zahlungsempfänger selbst braucht kein Kreditkartenhändler zu sein und auch keinen Lastschrifteinzug zu veranlassen. Gegenüber dem Teledienst, der die Verkäuferseite vertritt, ist CyberCash datensparsam.

Allerdings kennt der CyberCash-Server den gesamten Zahlungsverkehr zwischen seinen Kunden, da sie als Zahlende und Zahlungsempfänger über ihn kommunizieren. Auch wenn der CyberCash-Server von der Bank des Zahlenden betrieben wird, erfährt diese über ihre Kunden alle Kaufvorgänge einschließlich Zeitpunkte, Waren, Preise und Zahlungsempfänger. Gegenüber dem Teledienst des CyberCash-Servers ist diese Bezahlmethode außerordentlich mitteilsam.

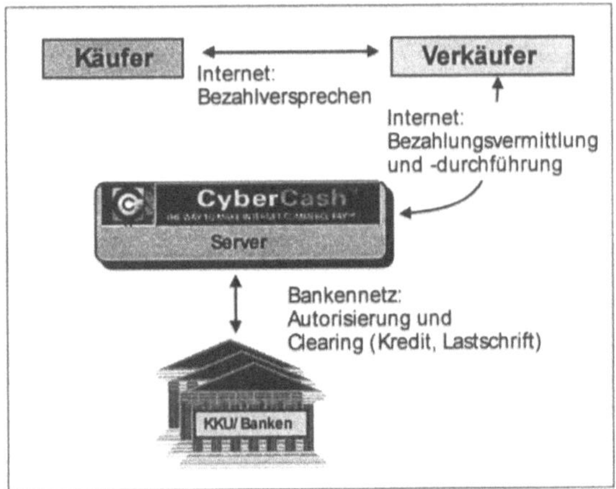

Abb. 3: CyberCash

Verschlüsselung: Bei CyberCash kann SSL als Kanalverschlüsselung eingesetzt werden. Außerdem verschlüsselt CyberCash jeden einzelnen Kommunikationsvorgang auf der Anwendungsebene, sozusagen „dokumentenorientiert".

3.4 Ecash

Funktion: Ecash ist ein Internet-Zahlungssystem, bei dem ein Bezahlender (Client-Browser) einem Zahlungsempfänger (Web-Server) elektronische Münzen („electronic cash") direkt überträgt (http://www.digicash.com). Um zahlen zu können, hat der Zahlende seine elektronische Börse auf seinem PC vorher über den Web-Server seiner Bank mit elektronischen Münzen versorgt. Die elektronischen Münzen sind von der ausgebenden Bank signiert. Dabei handelt es sich um eine „blinde Signatur" der Bank. Während des blinden Signiervorgangs kann die Bank die Seriennummer einer Münze nicht erkennen. Deshalb kann die Bank eine elektronische Münze später bei Wiedervorlage durch den Zahlungsempfänger zwar als authentisch verifizieren, aber nicht dem Zahlenden zuordnen. Wenn der Zahlende gegenüber dem Zahlungsempfänger anonym auftritt, können weder Zahlungsempfänger, noch die Bank, noch beide gemeinsam den Zahlenden identifizieren.

Der Bezahlvorgang ist ein „Pay-now"-System wie bei Bargeld. Wenn sich jemand von seiner Bank mit elektronischen Münzen versorgt, wird ihm der entsprechende Gegenwert sofort von seinem Konto abgezogen. Wenn mit Ecash bezahlt wird, wandert der Wert der Münzen unmittelbar vom Zahlenden zum Zahlungsempfänger. Der Zahlungsempfänger realisiert den Wert der Münzen durch Vorlage bei der ausstellenden Bank gegen Gutschrift auf sein Konto oder gegen Ausstellung frischer, wiederum blind signierter elektronischer Münzen.

Es gibt eine Kartenvariante von Ecash mit dem Namen „CAFE".

Hinweis: Die Firma DigiCash, die die Produktrechte an Ecash besitzt, ist zur Zeit der Niederschrift dieses Artikels in Konkurs und sucht gerade einen Käufer. Ob damit das Ende des Ecash-Systems eingeläutet ist, ist offen. Als eine der Gründe wird die Komplexität des Anonymitätsschutzes genannt.

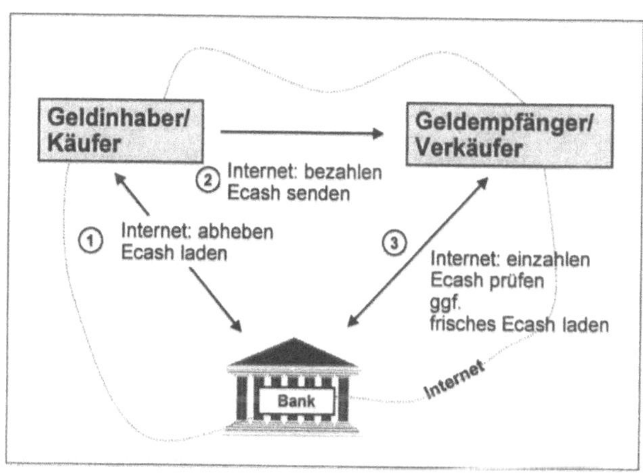

Abb. 4: Bezahlen mit Ecash

Datensparsamkeit/Nutzungsdaten: Bei der Versorgung mit elektronischen Münzen ist ein Bankkunde gegenüber seiner Bank nicht anonym, da die Bank den Wert der elektronischen Münzen vom Konto des Kunden abzieht. Der Käufer kann gegenüber dem Zahlungsempfänger dagegen ohne weiteres anonym auftreten. Gegenüber dem Teledienst, der die Verkäuferseite vertritt, hat Ecash das höchste Maß an Datensparsamkeit, denn der Zahlungsempfänger kann die Anonymität des Zahlenden auch in Zusammenarbeit mit der ausstellenden Bank nicht aufheben. Beim Verkäufer fallen keine käuferbezogenen Nutzungsdaten an.

Verschlüsselung: Bei allen Ecash-Transaktionen kann SSL als Kanalverschlüsselung eingesetzt werden. Außerdem verschlüsselt Ecash den Zahlungsvorgang auf der Anwendungsebene, sozusagen „dokumentenorientiert".

3.5 Millicent

Funktion: Millicent ist ein sogenanntes „Micropayment-System", da man damit Bruchteile von Pfennigen (oder Cents), übertragen kann, während es sich nicht für hohe Beträge eignet (http://www.millicent.digital.com). Seine Sicherheitssphilosophie beruht zum Teil auf der Beschränkung auf kleine Risiken. Bei Millicent bezahlen Käufer mit Händler-Wertmarken („Scrip"), die sie zuvor vom Händler oder von einem Broker, der Lizenzen von mehreren Händlern hat, erwerben. Die Wertmarken enthalten typischerweise 1 oder 2 DM (bzw. Euro oder Dollar), die bei Bezahlvorgängen entsprechend abgewertet werden. Bei einem Bezahlvorgang liefert der Käufer eine Händlerwertmarke mit, die der Verkäufer gegen eine um die Bezahlsumme abgewertete neue Wertmarke („Change Scrip") ersetzt. Bei Bedarf kann ein Käufer bei dem zugehörigen Händler, bzw. bei seinem Broker, nicht abgearbeitete Wertmarken durch neue Wertmarken anderer Händler oder gegen Rückvergütung eintauschen.

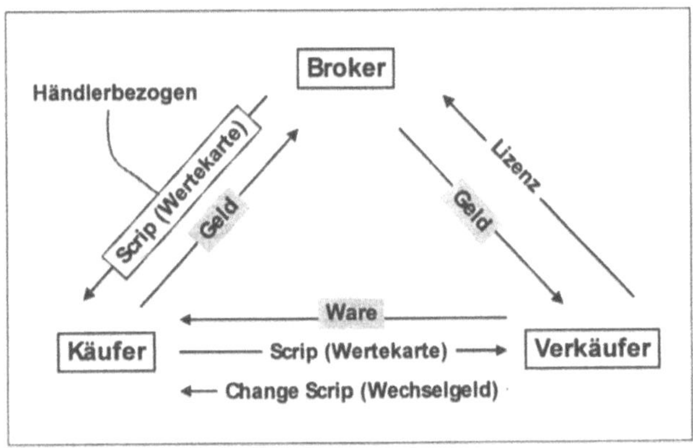

Abb. 5: Das Broker-Modell von Millicent

Die Kostenersparnis von Millicent beruht erstens auf dem dezentralen Broker-Konzept, zweitens auf der dezentralen Kontoführung innerhalb der Wertmarken, und drittens auf den einfachen symmetrischen Signierverfahren für Händlermarken und Bezahlangebote.

Datensparsamkeit/Nutzungsdaten: Die Händler-Wertmarken enthalten Kundennummern, an denen ein Verkäufer einen Kunden erkennen, bzw. wiedererkennen kann. Prinzipiell können die Kundennummern pseudonym ausgeprägt werden. Allerdings wird ein Broker, der die Händlerwertmarken an seine Kunden verteilt, die Kundennummern kennen und darüber hinaus über das Rückvergütungsverfahren guten Einblick in die Kaufgewohnheiten seiner Kunden gewinnen. Erst wenn ein Kunde auch gegenüber dem Broker anonym oder pseudonym auftritt, ist das Kaufverhalten nicht mehr auf den wirklichen Kunden zurückführbar.

Gegenüber dem Verkäufer ist Millicent nur bei pseudonymer Kundennummer datensparsam. Gegenüber dem Broker ist Millicent im Regelfall zu mitteilsam.

Verschlüsselung: Abgesehen von der Möglichkeit, SSL-geschützte Kommunikationskanäle des WWW zu verwenden, können alle Millicent-Datenelemente mit Hilfe des Kundengeheimnisses, das Händler, Broker und der Kunde selbst, und sonst niemand kennt, verschlüsselt werden. Das geschieht allerdings gegenwärtig nicht standardmäßig.

3.6 GeldKarte

Funktion: GeldKarte ist ein Smartcard-basiertes Zahlungssystem, bei dem ein Käufer dem Verkäufer elektronische Geldwerte, die auf der Karte gespeichert sind, übermittelt, indem er die Karte in das Kartengerät des Zahlungsempfängers einführt und dort ihre Entladung aktiviert. Eine Übermittlung von Kartengeldwerten über das Internet mit Hilfe von SET ist technisch möglich, aber noch nicht Betriebspraxis. Der Verkäufer sammelt alle GeldKarten-Transaktionen und übersendet sie nach Kassenschluss an seine Bank, die ihm den entsprechenden Geldwert auf sein Konto gutschreibt. Dabei bedienen sich alle kartenakzeptierenden Geldhäuser sogenannter Evidenzzentralen, die das Clearing revisionssicher abwickeln.

Um eine GeldKarte aufzuladen, steckt man sie in ein Ladegerät einer Bank, ähnlich einem Geldauszahlungsautomaten, wobei aber eben nicht Bargeld ausgezahlt, sondern die Karte aufgeladen wird. Es gibt kontogebundene GeldKarten, in der Regel physisch auf den EC-Karten realisiert, bei denen das geladene Geld vom Konto des Kartenbesitzers abgezogen wird. Es gibt kontoungebundene, sogenannte „weiße" GeldKarten, die man mit Hilfe von Bargeld auflädt.

Hinweis: Die Geldkarten-Funktion wird von den Kundenbanken auf den EC-Karten ihrer Kunden aktiviert. Deshalb findet man auf den Web-Seiten vieler Kundenbanken Beschreibungen der GeldKarte, z.B. bei http://www.muenchner-bank.de/geldkarte.html und http://www.volksbank-nordheide.de/2662.htm. Eine funktionale Beschreibung der GeldKarte sowie ein Vergleich mit der T-PayCard finden sich in [DUD99/1, 18-21].

Datensparsamkeit/Nutzungsdaten: Die Evidenzzentrale führt „Schattensalden" in bezug auf die Kartennummern, ohne diese den Kartenbesitzern zuordnen zu können. Bei der kontoungebundenen „weißen" GeldKarte ist der Zahlungsverkehr genauso anonym wie das Telefonieren mit Telefonwertkarten. Bei der kontogebundenen GeldKarte dagegen könnte eine Evidenzzentrale in Zusammenarbeit mit der kartenausgebenden Bank einen Zahlungsvorgang dem Kartenbesitzer zuordnen. Insofern herrscht hier eine „Gewaltenteilung" zwischen Evidenzzentrale und kartenausgebender Bank. Vor-Ort-Bezahlung (am Point-of-Sale) mit GeldKarte ist datensparsam, insbesondere im Vergleich zum Zahlen mit Lastschrifteinzug über die EC-Karte, wie das heute zum Beispiel an Tankstellen üblich ist.

Verschlüsselung: Bei Vor-Ort-Bezahlung am Point-of-Sale des Verkäufers werden keine offenen Kommunikationsnetze eingesetzt, deshalb spielt Verschlüsselung als Vertraulichkeitsschutz keine Rolle.

3.7 Mondex

Funktion: Mondex verwendet ein Bezahlprotokoll, das Geldwerte von Chip zu Chip überträgt (http://www.mondex.com). Mondex-Chips befinden sich in speziellen elektronischen Kundenbörsen, sogenannten „Wallets". Sie befinden sich auch auf einfachen Kundenkarten mit Bezahlfunktion, sowie in Lade- und Bezahlterminals. Das Protokoll der Geldübertragung zwischen den Chips ist nicht veröffentlicht. Mondex-Wallets und Mondex-Karten können offline zum Laden an einem Ladeterminal und zum Bezahlen vor Ort am Point-of-Sale verwendet werden. Durch kryptographische Kapselung, deren Einzelheiten nicht veröffentlicht sind, können Mondex-Chips (Wallets, Karten, Terminals) auch über das Telefon oder über das Internet untereinander Geld austauschen.

Mondex wird in einigen Regionen in Großbritannien, Kanada, USA, Neuseeland, Australien und Hongkong betrieben, ist aber in Deutschland nicht etabliert.

Datensparsamkeit/Nutzungsdaten: Mondex-Chips protokollieren die Transaktionen lokal. Sobald ein Mondex-Chip Kontakt zu seiner ausgebenden Bank aufnimmt, überträgt er ihr die

Transaktionsdaten. Das dient einerseits der Revisionssicherheit zugunsten der Kunden, andererseits können die Banken stichprobenartig die Konsistenz einer Chipkarte prüfen und damit möglicherweise „Falschgeld" entdecken. Nebenbei bekommt die Bank dadurch einen Überblick über das Kaufverhalten ihrer Kunden mit Mondex-Geld. Wareninformationen enthalten die Mondexdaten dagegen nicht. In diesem Sinne sind Mondex-Chips gegenüber den ausgebenden Banken nicht besonders datensparsam.

Verschlüsselung: Die kryptographischen Teile von Mondex sind nicht veröffentlicht und können daher nicht beurteilt werden. Einbrüche sind bisher nicht bekannt geworden.

4 Kundenbeziehungen in den Zahlungssystemen

In den elektronischen Zahlungssystemen haben Kunden in der Regel zu mehreren Parteien geschäftsmäßige Beziehungen:

- Kunde/Käufer - Verkäufer
- Bankkunde - Bank
- Kunde einer dritten Instanz wie Kreditkartenorganisation, Broker oder Vermittler

Während des Bezahlvorgangs hat ein Kunde eine Beziehung mit dem Zahlungsempfänger, der häufig Verkäufer einer Ware an den Kunden ist. Diese Kundenbeziehung ist manchmal einmalig, manchmal besteht sie längerfristig.

Die Beziehung eines Kunden zu seiner Bank besteht in aller Regel langfristig. Banken spielen in den verschiedenen Zahlungssystemen vielerlei Rollen gegenüber ihren Kunden: Sie stellen Signaturkarten, Kreditkarten und Geldkarten aus und verwalten diese, sie geben ihren Kunden Ecash oder Cybercoins aus, und sie übernehmen für ihre Kunden das Clearing von Zahlungsanweisungen.

Manche Zahlungssysteme benötigen zusätzliche „dritte" Instanzen, zu denen die Kunden in der Regel langfristige Beziehungen aufbauen. Bei SET und CyberCash besteht die Möglichkeit des Clearings über eine Kreditkartenorganisation, die ihrerseits über die Kundenbanken agiert. Millicent setzt zur Kostenersparnis und weiteren Dezentralisierung lizensierte Broker ein, die Händler-Wertmarken verkaufen und zurücknehmen. Cybercash schaltet zwischen Käufer, Verkäufer und Banken einen Vermittlungsdienst („CyberCash Server"), der zwar von einer Bank betrieben werden kann, aber grundsätzlich andere Aufgaben wahrnimmt und daher auch mehr und andersartige Nutzungsdaten bekommt.

Darüberhinaus haben diese Institutionen auch untereinander geschäftsmäßige Beziehungen, in denen sie prinzipiell für eine zweckfremde Ausbeutung der Kundendaten zusammenarbeiten könnten.

5 Unterrichtung, Datenkontrolle durch Nutzer

Dienstleister haben nach datenschutzrechtlicher Regelung ihre Nutzer und Kunden über ihre Datenschutz-Policy zu unterrichten, ihnen über ihre personenbezogenen Daten Auskunft zu erteilen, ggf. eine Einwilligung zu ihrer Verwertung einzuholen und ihre Aufträge zur Berichtigung oder Löschung ihrer personenbezogenen Daten auszuführen. Teledienstleister können

Unterrichtung, Einwilligung, Auskunft, Berichtigungs- und Löschfunktion im Rahmen des Systemdatenschutzes auch elektronisch online anbieten. Da sie die Unterrichtung abrufbereit halten müssen, bietet es sich an, die Unterrichtung zusammen mit der Anbieterkennzeichnung (§ 6 TDG) auf einer Anbieter-Webseite online vorzuhalten. Weitere *Link-Buttons* auf der Anbieter-Webseite, das sind anklickbare Knöpfe mit Verzweigungsfunktion, könnten auf Mausklick die Kontrollfunktionen der Nutzer aktivieren.

Kontrollfunktionen, die vom Nutzer online beim Teledienstleister aktiviert werden können, enthalten das Angebot an den Nutzer, per Web-Ruf (HTML-FORM) oder per Email eine Auskunft über ihre personenbezogenen Daten einzuholen und ihre Korrektur oder Löschung zu veranlassen. Auch Einwilligungen in die Verwertung personenbezogener Daten sowie deren Widerruf können online per Web-Ruf oder Email gegeben werden. Die Ausführung des Auftrags sollte dem Nutzer per Web-Antwort oder per Email quittiert werden.

Zur Garantie der Originalität sollten alle wesentlichen Elemente digital signiert sein: das betrifft sowohl die Anbieterkennzeichnung, als auch die Unterrichtung, Einwilligungen und ihren Widerruf, die Anfragen und zugehörigen Auskünfte, sowie die Korrektur- und Löschungsaufträge und ihre Quittungen (z.B. § 3.7 TDDSG).

Diese Kontrollfunktionen für die Nutzer werden unter dem Begriff „Datenkontrolle durch Nutzer" zusammengefasst.

Alle diese datenschutzrechtlichen Unterrichtungs- und Kontrollfunktionen für die Nutzer von Telediensten wären nach dem Stand der Technik heute ohne weiteres realisierbar. Schwierigkeiten macht vorläufig noch die digitale Signatur, die man aber in einer ersten Version zunächst weglassen könnte. Die Realisierung von Unterrichtungs- und Kontrollfunktionen sind aber keineswegs üblich. Es ist fraglich, ob die diesbezüglichen Pflichten der Teledienstleister nach dem TDDSG in Deutschland überhaupt bekannt sind.

Bei den Internet-basierten Zahlungssystemen SET, CyberCash, Ecash und Millicent ist in der weiteren Entwicklung damit zu rechnen, dass solche Nutzerfunktionen über die Datenschutzinitiative des World-Wide-Web-Konsortiums unter dem Namen „Platform for Privacy Preferences" [PPP98] realisiert werden. Es ist eine Herausforderung, die Regeln des deutschen Teledienstegesetzes (Anbieterkennzeichnung) und des Teledienstedatenschutzgesetzes (Nutzerkontrollfunktionen) als „Policy" in die PPP-Initiative einzubringen.

5.1 Datenkontrolle durch Nutzer bei Verkäufern

In langfristigen Kundenbeziehungen bestehen für Verkäufer die üblichen Pflichten der Unterrichtung und Datenkontrolle durch die Kunden nach dem Bundesdatenschutzgesetz (BDSG). Als Teledienstleister treten Verkäufer regelmäßig auf, wenn sie Bezahlung nach den Verfahren SSL, SET, CyberCash, SET oder Millicent annehmen. In diesem Fall gelten für die Verkäufer die weitergehenden Pflichten des Teledienstegesetzes (TDG) und des Teledienstedatenschutzgesetzes (TDDSG). Ihre Verkaufsseiten sollten daher neben dem Warenangebot eine Anbieterkennzeichnung enthalten (TDG). Diese sollte Verzweigungen (*Link-Buttons*) auf eine Unterrichtungsseite sowie auf Kontrollfunktionen der Nutzer anbieten (TDDSG). Das wäre technisch möglich, ist heute aber üblicherweise nicht realisiert.

5.2 Datenkontrolle durch Nutzer bei Banken

Für die Privatkundenbeziehungen der Banken gilt das BDSG. In einigen Zahlungssystemem treten Banken aber auch als Teledienstleister auf. Das gilt bei SET, Ecash und Mondex. Ein Ladevorgang für die GeldKarte über das Internet, etwa im Homebanking-Verfahren, wäre ebenfalls ein Teledienst einer Bank.

In diesen Fällen gilt für Banken das TDDSG, das ihnen die Pflicht zur Unterrichtung und Datenkontrolle durch die Nutzer auferlegt, die sie sinnvollerweise online anbieten sollten. Das ist heute üblicherweise nicht realisiert.

In den drei Verfahren SET, Ecash und Mondex tritt die beteiligte Bank sowohl gegenüber dem Käufer, als auch gegenüber dem Verkäufer als Teledienstleister auf. Sie hat aber in der Regel nur gegenüber einem der beiden ein Kundenverhältnis. Hier ist die besondere Pflicht als Teledienstanbieter gegenüber allen *Nutzern* hervorzuheben, auch wenn sie nicht *Kunden* sind.

Im SET-Verfahren bietet der *Payment-Gateway* einen Teledienst an. Dieser gehört zur Bank des Verkäufers, das heißt, dass er in der Regel kein Kundenverhältnis zum Käufer hat, dessen personenbezogene Nutzerdaten er gleichwohl erhebt und verarbeitet. Auch diesem gegenüber hat er seine datenschutzrechtlichen Pflichten zu erfüllen. Ein Payment-Gateway muss also eine Web-Seite online bereithalten, die öffentlich alle Unterrichtungs- und Nutzerkontrollfunktionen anbietet.

Eine Bank, die das Zahlungssystem Ecash unterstützt, tritt gegenüber ihren Kunden als Teledienstleister auf, indem sie ihnen Ecash-Münzen ausstellt. Sie tritt auch gegenüber Verkäufern als Teledienstleister auf, indem sie die von ihnen eingereichten Ecash-Münzen prüft und gutschreibt oder durch neue Ecash-Münzen ersetzt. Beiden Nutzergruppen gegenüber muss sie ihre datenschutzrechtlichen Pflichten erfüllen, indem sie eine Web-Seite online bereithält, die öffentlich alle Unterrichtungs- und Nutzerkontrollfunktionen anbietet.

Bei Mondex tritt eine Bank als Teledienstleister gegenüber denjenigen ihrer Kunden auf, denen sie einen Mondex-Chip ausgegeben hat. Die Übermittlung der Transaktionsdaten vom Mondex-Chip an die zugehörige Bank geschieht im Rahmen eines Teledienstes. Dabei werden personenbezogene Daten von Käufern und Verkäufern übermittelt, wobei die Verkäufer nicht notwendig Kunden dieser Bank sind. Beiden Nutzergruppen gegenüber muss sie ihre datenschutzrechtlichen Pflichten erfüllen, indem sie eine Web-Seite online bereithält, die öffentlich alle Unterrichtungs- und Nutzerkontrollfunktionen anbietet.

5.3 Datenkontrolle durch Nutzer bei dritten Instanzen

Einige Zahlungssysteme setzen vermittelnde dritte Instanzen ein. Die Kreditkartenorganisationen übernehmen in den hier besprochenen Zahlungssystemen SSL, SET, CyberCash, ggf. Millicent keine besondere Rolle als Teledienstleister. In den Zahlungssystemen CyberCash und Millicent aber treten mit dem CyberCash-Server bzw. dem Millicent-Broker zusätzliche Instanzen als Teledienstleister in Erscheinung, die sogar besonders viele Nutzungsdaten ihrer Kunden erhalten.

Interessanterweise geht bei beiden Systemen das erhöhte Anfallen von Nutzungsdaten mit einem Kundendienst einher, der der Unterrichtungs- und Auskunftspflicht nahekommt.

Der CyberCash-Server unterrichtet seine Kunden in regelmäßigen Abständen und auf Anfrage über ihre Salden sowie über eine Historie der Transaktionen. Diese Daten entsprechen den Nutzungsdaten. Korrektur- und Löschungsaufträge sind dabei selbstverständliche Kundendienstleistungen.

Bei Millicent erfährt der Wallet-Inhaber über lokale Funktionen jederzeit den Stand seiner Wertmarken sowie Historien über vergangene Transaktionen. Das entspricht einer Auskunft über dieselben Daten, die bei den beteiligten Verkäufern und Brokern vorliegen. Bei jeder Transaktion werden Wallet-Daten und Verkäufer- bzw. Brokerdaten auf Konsistenz geprüft. Allerdings fehlen dem Millicent-Wallet Funktionen, die es erlauben, die entsprechenden Daten beim Broker abzurufen. Erst recht fehlen Funktionen, personenbezogene Daten beim Broker zu korrigieren oder zu löschen.

6 Empfehlungen

SSL als alleiniger Vertraulichkeitsschutz zur Übertragung von Kreditkarteninformationen eines Käufers an einen Verkäufer ist nicht nur deshalb abzulehnen, weil die Verschlüsselung von SSL unzuverlässig ist. Es ist auch eine besonders wenig datensparsame Methode gegenüber dem Verkäufer. Dieser bekommt nämlich die Information über Namen und Kontoverbindung seiner Kunden, die er zum Zweck der Abrechnung eigentlich gar nicht braucht. Da im Internet der Verkäufer gegenüber dem Käufer im Gegensatz zum traditionellen Kreditkarteneinkauf im Geschäft unpersönlich ist, ist ein Missbrauch des Verkäufers weniger gut einzuschätzen und deshalb bedenklicher.

Die Bank bekommt bei dieser Art des Internet-Einkaufs nicht mehr (aber auch nicht weniger) Informationen, als beim traditionellen Kreditkarteneinkauf im Geschäft. Dritte Institutionen gibt es beim SSL-Einkauf im Internet nicht.

Außer dem Teledienst des Verkäufers gegenüber seinen (potentiellen) Käufern wird bei diesem Bezahlverfahren kein Teledienst angeboten.

SET ist datensparsam sowohl gegenüber dem Verkäufer, als auch gegenüber der Bank. Zwischen diesen beiden herrscht aufgrund der dualen Signatur eine Art Gewaltenteilung: der Verkäufer erfährt nicht die Kontoinformation des Käufers und daher auch nicht seinen Namen, die Bank erfährt – genau wie beim traditionellen Kreditkarteneinkauf im Geschäft – nichts über die gekaufte Ware. Andere dritte Institutionen gibt es bei SET nicht.

Außer dem Teledienst des Verkäufers bietet der SET-Payment-Gateway auf Seiten der Verkäufer-Bank sowohl für den Verkäufer, als auch für den Käufer einen Teledienst an, für den die datenschutzrechtliche Pflicht zur Unterrichtung und Datenkontrolle durch die Nutzer besteht. Das ist in den SET-Standards zwar nicht explizit ausgewiesen, kann aber über Tunnelparameter zwischen Käufer und Payment-Gateway durch den Händler hindurch realisiert werden.

CyberCash ist in bezug auf Sparsamkeit der Käufernutzungsdaten bedenklich. Zwar ist CyberCash gegenüber dem Teledienst, der die Verkäuferseite vertritt, datensparsam. Ihm gegenüber kann der Käufer anonym oder pseudonym auftreten. Aber der CyberCash-Server erfährt den gesamten Zahlungsverkehr zwischen seinen Kunden, da sie als Zahlende und Zahlungsempfänger über ihn kommunizieren. Die Clearing-Banken dagegen erfahren nichts über das

Notwendige hinaus, indem CyberCash bei ihnen Lastschrifteinzüge, Kreditkartenbelastungen und Gutschriften seiner Kunden in akkumulierter Form veranlasst.

Der Mangel an Datensparsamkeit beim CyberCash-Server wird nicht dadurch besser, dass der CyberCash-Server von der Bank des Zahlenden betrieben wird, denn diese erfährt dann über ihre Kunden mehr als sonst, nämlich alle Kaufvorgänge einschließlich Zeitpunkte, Waren, Preise und Zahlungsempfänger.

Es empfiehlt sich, CyberCash nur dann einzusetzen, wenn das Kaufverhältnis unproblematisch ist. Zum Beispiel ist die Kombiation aus CyberCash und Millicent unbedenklich: Der Kunde tritt gegenüber dem Millicent-Broker pseudonym auf und bezahlt ihn mit CyberCash. Auf diesem Wege wird der Millicent-Broker, der das Kaufverhalten des Nutzers beobachten kann, blind in bezug auf die wirkliche Person des Käufers, und CyberCash erfährt lediglich, mit welchem Millicent-Broker der Käufer arbeitet, aber nicht, welche Waren er bei welchem Anbieter mit Millicent einkauft.

Der CyberCash-Service ist ein typischer Teledienst. Seine datenschutzrechtlichen Pflichten zur Unterrichtung und Datenkontrolle durch seine Kunden nimmt er heute teilweise als normalen Kundendienst wahr. Allerdings gibt es diese interaktiven Möglichkeiten nur für die Kunden von CyberCash.

Ecash gilt wegen der perfekten Anonymität des Käufers gegenüber Verkäufer und Bank als der Gipfel an datenschutzfreundlicher Datensparsamkeit. Weitere dritte Instanzen treten bei Ecash nicht auf. Allerdings ist hier – wie bei allen anderen Internet-Beziehungen auch – insofern Wasser in den Wein zu gießen, als ein anonymer Kontakt über das Internet nicht ohne weiteres möglich ist. Über das, was ein Web-Server automatisch alles über seine Nutzer erfährt, gibt das Beispiel in [Ano99] Aufschluss. Möglichkeiten anonymen und pseudonymen Verhaltens im Internet werden in [DUD98/11] untersucht.

Das Ecash-Verfahren bringt in das Teledienstverhältnis eines Verkäufers mit seinen Käufern keine weiteren Anforderungen. Allerdings hat die Ecash ausgebende Bank als Teledienstleister datenschutzrechtliche Pflichten zur Unterrichtung und Datenkontrolle nicht nur gegenüber ihren Kunden, sondern gegenüber allen Nutzern, die eingenommene Ecash-Münzen bei ihr vorlegen oder damit rechnen, das einmal zu tun. Das ist bisher nicht vorgesehen.

Millicent ist in bezug auf die Sparsamkeit der Käufernutzungsdaten ähnlich bedenklich wie CyberCash. Gegenüber dem Verkäufer ist Millicent bei pseudonymer Kundennummer datensparsam. Gegenüber dem Broker dagegen ist Millicent im Regelfall zu mitteilsam. Millicent ist dann unbedenklich, wenn der Nutzer gegenüber dem Broker pseudonym oder anonym auftritt, d. h. wenn er ihn anonym oder pseudonym bezahlen kann. Das wäre sogar mit CyberCash möglich, jedenfalls auch mit SET und Ecash, nicht aber mit SSL oder einer persönlichen Kundenbeziehung.

Der Millicent-Broker bietet Verkäufern und Käufern einen Teledienst an. Bestehende Wallet-Funktionen (Balance, History) erlauben den Käufern aufgrund der zu unterstellenden Übereinstimmung mit den lokaler Daten einen begrenzten Einblick in die Nutzungsdaten bei den Brokern und Verkäufern. Berichtigung und Löschung ergeben sich automatisch bei Inkonsistenzen während einer Transaktion. Es fehlen dagegen interaktive Unterrichtungs- und Kontrollfunktionen bei Verkäufern und Brokern.

Vor-Ort-Bezahlung (am Point-of-Sale) mit *GeldKarte* ist datensparsam, auch wenn man eine kontogebundene GeldKarte auf der EC-Karte verwendet. Es herrscht eine Art Gewaltenteilung zwischen Evidenzzentrale und kartenausgebender Bank, indem nur durch eine Zusammenarbeit dieser beiden unabhängigen Institutionen die Bezahlvorgänge mit ihren Kartennummern auf die Kartenbesitzer bezogen werden könnten. Bei der kontoungebundenen „weißen“ GeldKarte ist der Zahlungsverkehr sogar genauso anonym wie das Telefonieren mit Telefonwertkarten. Der Verkäufer erfährt vom GeldKarte-Nutzer weder Namen noch Kontoinformationen. Weitere dritte Instanzen treten bei der GeldKarte nicht auf.

Die GeldKarte ist in ihrer heutigen Ausprägung in keinen Teledienst eingebunden. Gleichwohl würden Karteninhaber die heute fehlenden Unterrichtungs- und Datenkontrollfunktionen bei ihren Banken und Evidenzzentralen begrüßen.

Bei *Mondex* schließlich steht zwischen Käufer und Verkäufer nur die Mondex-Chip ausgebende Bank. Gegenüber dem Verkäufer kann der Käufer mit Mondex-Geld anonym oder pseudonym auftreten. Eine „Mondex-Bank“ aber bekommt einen Überblick über das Kaufverhalten ihrer Kunden mit Mondex-Geld, indem bei jedem Kontakt zwischen Mondex-Chip und seiner Bank alle lokal gespeicherten Transaktionsdaten übermittelt werden. In bezug auf Datensparsamkeit wäre daher die GeldKarte dem Mondex-Verfahren vorzuziehen.

Als Telediensteister hat eine Mondex-Bank für ihre Kunden und für die Händler, bei denen die Kunden mit Mondex-Geld eingekauft haben, Unterrichtungs- und Datenkontrollfunktionen anzubieten. Das ist weniger Aufgabe des Mondex-Systems, als der Banken, die das Mondex-System unterstützen. Das ist bei Mondex zur Zeit nicht standardmäßig der Fall.

Es ist hervorzuheben, dass sich die hier ausgesprochenen Empfehlungen allein auf die Sparsamkeit mit den Nutzungsdaten beziehen. Natürlich haben die Zahlungssysteme noch andere Vorzüge oder Nachteile, die hier nicht besprochen wurden. Für jedes Kriterium, wie zum Beispiel Währungsvielfalt, Kostenersparnis, Kundendienst, Ersatz für verlorenes Geld, usw. ist eine eigenständige Analyse der Zahlungssysteme notwendig. Interessante Beiträge dazu, die auf mehrere Kriterien eingehen, liefern [BöRi98, BSI98].

Literatur

[Ano99] An Anonymizing Service for WWW Clients: http://www.anonymizer.com/. Eine andere Web-Page zur Demonstration der Environment-Variablen mit Ausgabe der aktuellen Client-Info gibt es bei M.Wichert, GMD Darmstadt 1998, http://www.darmstadt.gmd.de:8888/cgi-bin/test-env

[BöRi98] Böhle, Knud; Riehm, Ulrich: Blütenträume – Über Zahlunssysteminnovationen und Internet-Handel in Deutschland. Studie des Instituts für Technikfolgenabschätzung und Systemanalyse des Forschungszentrums Karlsruhe. Wissenschaftlicher Bericht FZKA 6161, Dezember 1998, 209 S.

[BSI 98] Bundesamt für Sicherheit in der Informationstechnik: Virtuelles Geld – eine globale Falle? SecuMedia Verlag Ingelheim, BSI Bonn, 1998, 314 S.

[DUD97/7] Schwerpunkt Elektronisches Geld. In: Datenschutz und Datensicherheit (DuD) 7/97, Vieweg, Wiesbaden Juli 1997.

[DUD98/11] Schwerpunkt Anonymität. In: Datenschutz und Datensicherheit (DuD) 11/98, Vieweg, Wiesbaden, November 1998. Besonders: Federrath, Hannes; Pfitzmann, Andreas: „Neue" Anonymitätstechniken, 628-632.

[DUD99/1] Schwerpunkt Zahlungssysteme. In: Datenschutz und Datensicherheit (DuD) 1/99, Vieweg, Wiesbaden, Januar 1999. Besonders: Hagemann, Hagen u.a.: Sicherheit und Perspektiven elektronischer Zahlungssysteme, 5-12. Und: Gentz, Wolfgang: Elektronische Geldbörsen in Deutschland. GeldKarte und PayCard, 18-21.

[GeRo98] Geppert, Martin; Roßnagel, Alexander: Telekommunikations- und Multimediarecht. Darin: TelekommunikationsG, TelediensteG, TeledienstedatenschutzG, SignaturG, SignaturVO, Mediendienste-Staatsvertrag. Beck-Texte im dtv, 320 S., 1. Auflage München 1998.

[Gri98] Grimm, Rüdiger: Die Rolle der Chipkarte im Electronic Commerce. In: Matthias Fluhr (Ed.): Die Chipkarte auf dem Weg zu Akzeptanz und Nutzung. OMNICARD'98, inTIME Berlin, Januar 1998, 226-236. Sowie in: Card-Forum 1/98, Every Card Verlags GmbH, Lüneburg, Januar 1998, 29-32.

[IUK97] Informations- und Kommunikationsdienste-Gesetz (IuKDG). Beschluss des Deutschen Bundestages vom 13. Juni 1997. Auszugsweiser Buchdruck in [GeRo98]. Online in http://www.iid.de/rahmen/index.html

[PPP98] Reagle, Joseph; Cranor, Lorrie: P3P in a Nutshell. W3C Activity Paper, 29 Oct 1998, http://www.w3.org/P3P/nutshell.html

[SSL96] Freier, Alan; Karlton, Philip; Kocher, Paul: The SSL Protocol, (Secure Socket Layer), Version 3.0. Internet Draft, 18 Nov 1996, 63 pages, draft-freier-ssl-version3-02.txt. Deleted from Internet-drafts server. Available from http://home.netscape.com/eng/ssl3/. Included in IETF Transport Layer Security, http://www.ietf.org/html.charters/tls-charter.html. See [TLS98].

[TLS98] Dierks, Tim; Allen, Christopher: The TLS Protocol, Transport Layer Security, Version 1.0. Internet Draft,12 Nov 1998, 72 p., draft-ietf-tls-protocol-06.txt, available from ftp://ftp.EU.net/documents/internet-drafts/

Mehr IT-Sicherheitsbewußtsein durch verteiltes IT-Sicherheitsmanagement

Helmut Rhefus

Henkel KgaA
helmut.rhefus@denotes.henkel.de

Zusammenfassung

IT-Sicherheit ist eine gemeinsame Aufgabe aller Eigentümer, Betreiber und Benutzer von IT-Systemen. Deshalb spielt die Verteilung von Aufgaben und Verantwortung eine wichtige Rolle im Sicherheitskonzept der Henkel KGaA, wobei die Mitarbeit der DV-Koordinatoren in den Fachbereichen von besonderer Bedeutung ist. An einigen Beispielen wird aufgezeigt, wie dadurch nicht nur das Sicherheitsbewußtsein der Benutzer deutlich erhöht und damit die IT-Sicherheit verbessert wird, sondern gleichzeitig die IT-Systeme effektiver und effizienter genutzt werden. In einem international tätigen Konzern muß dieses Konzept auf die Zusammenarbeit zwischen den einzelnen Unternehmen übertragen werden, denn dort genügt es nicht, die Sicherheit im eigenen Unternehmen zu gewährleisten. Auch die Zusammenarbeit der einzelnen Konzernfirmen ist von großer Bedeutung für die IT-Sicherheit.

1 Einleitung

Muß die neue Sicherheitsmaßnahme wirklich soviel kosten? Als Verantwortlicher für die IT-Sicherheit wird man mit dieser Frage schnell in die Defensive gedrängt, in der man sich dann mit einem Hinweis auf den 'qualitativen Nutzen' zu rechtfertigen sucht. Statt dessen sollten Sie aber lieber in die Offensive gehen, denn bekanntlich ist Angriff die beste Verteidigung. Und das gilt nicht nur im Sport sondern auch bei der Einführung neuer Konzepte zur IT-Sicherheit. Deshalb sollte Ihr Motto lauten: 'Mit Sicherheit Kosten reduzieren statt Kosten verursachen'.

Dieses Motto gilt natürlich in besonderer Weise im Bereich des IT-Grundschutzes. Ein wichtiges Argument ist dabei natürlich, daß durch Maßnahmen zur IT-Sicherheit – wie z.B. Virenschutz und Datensicherung – große Schäden vermieden werden können. Darüber hinaus sollten es aber Ihr Ziel sein, mit einem Minimum an Aufwand eine angemessene Sicherheit zu erreichen und dabei durch flankierende Maßnahmen gleichzeitig die IT-Kosten zu reduzieren. Wie wir dieses Ziel bei Henkel bei der Einführung unseres Konzepts zum IT-Grundschutz erreicht haben, möchte ich Ihnen im Zusammenhang mit der Einführung unseres IT-Sicherheitskonzepts beschreiben.

Vor allem sollten Sie sich aber neben den Kostenüberlegungen darüber im klaren sein, daß alle technischen Sicherheitsmaßnahmen nicht ausreichen, wenn die Benutzer nicht mitspielen. Schon so manches Unternehmen mußte einsehen, daß auch in der IT-Sicherheit kleine Ursachen große Wirkung haben können. Viele Firmen erlitten z.B. Millionenschäden durch die Virenverseuchung ihrer Netzwerke, weil Mitarbeiter neue Spiele auf den Firmenrechnern ausprobieren mußten.

Auch aufwendige technische Sicherheitsmaßnahmen können Behörden und Unternehmen keinen ausreichenden Schutz vor Eindringlingen und vor Schäden bringen, wenn die Benutzer der IT-Systeme fundamentale Regeln der IT-Sicherheit mißachten, wie z.B. die Geheimhaltung des Passworts oder den Schutz des PCs vor Viren und unbefugter Nutzung. Um bei den Benutzern der IT-Systeme für das notwendige Sicherheitsbewußtsein zu sorgen, sind Maßnahmen zur Benutzerschulung und zum Grundschutz der Clients von besonderer Bedeutung. Sie müssen nicht sehr viel kosten und sollten darauf ausgerichtet sein, den Benutzern ein einfaches und störungsfreies Arbeiten an ihrem PC zu ermöglichen. Denn dann erhöhen sie nicht nur die Sicherheit der IT-Systeme, sondern führen gleichzeitig zu einer deutlichen Reduzierung der Total Cost of Ownership, über die in den vergangenen Jahren so viel geschrieben wurde.

2 Das PC-Sicherheitskonzept der Henkel KGaA

2.1 IT-Grundschutz als erstes Ziel

Deshalb haben wir uns bei Henkel zunächst mit den Maßnahmen zum IT-Grundschutz beschäftigt, mit denen man das oben formulierte Ziel besonders effektiv erreichen kann. Wir haben uns dabei nicht streng an die Vorgehensweise des Bundesamts für Sicherheit in der Informationsverarbeitung (BSI) gehalten, wenn uns auch die parallel zur Einführung unseres Sicherheitskonzepts veröffentlichte erste Version des IT-Grundschutz-Handbuchs wertvolle Hinweise lieferte.

In diesem Handbuch werden Maßnahmenbündel für typische IT-Konfigurationen, Umfeld- und Organisationsbedingungen empfohlen, die ein Sicherheitsniveau garantieren, das für den mittleren Schutzbedarf angemessen und ausreichend ist und als Basis für hochschutzbedürftige IT-Anwendungen dienen kann. Dazu hat das BSI überschlägige Risikobetrachtungen aufgrund bekannter Gefährdungen und Schwachstellen vorweggenommen, so daß der Anwender des Handbuchs diese aufwendigen Analysen für den IT-Grundschutz nicht wiederholen muß. Er muß lediglich dafür Sorge tragen, daß die empfohlenen Maßnahmen konsequent umgesetzt werden. Bei Henkel haben wir das IT-Grundschutz-Handbuch des BSI vor allem zur Vollständigkeitskontrolle des von uns erarbeiteten Sicherheitskonzepts genutzt, so daß wir anschließend sicher sein konnten, keine wesentliche Aspekte vergessen zu haben.

Bei unserer Analyse kamen wir zu dem Ergebnis, daß für unseren Host sowie das zentral organisierte Netzwerk (mit über 100 Servern, die alle in unserem Rechenzentrum stehen) ausreichende Maßnahmen installiert sind, um den Grundschutz für die zentral gespeicherten Informationen zu gewährleisten. Da wir vielmehr die Nutzer der Informationssysteme als kritischen Erfolgsfaktor ansahen, standen zu Beginn Maßnahmen zur Verbesserung des Benutzerverhaltens und zum Grundschutz unserer mehr als 6000 Clients im Vordergrund.

Damit die Benutzer die Regeln zur PC-Sicherheit wirklich beachten, müssen sie vor allem ausreichend motiviert und ausgebildet sein. Das ist besonders einfach zu erreichen, wenn die festgelegten Sicherheitsmaßnahmen so benutzerfreundlich wie möglich gestaltet werden. Wenn aber das eingesetzte Virenprüfprogramm nur auf umständliche Weise genutzt werden kann oder die Benutzer wegen eines fehlenden Single Sign-on-Verfahrens drei oder mehr unterschiedliche Passwörter verwalten müssen, sind Sicherheitsprobleme vorprogrammiert.

Deshalb enthält unser Sicherheitskonzept in erster Linie Maßnahmen, um

- den Virenschutz
- die Verfügbarkeit von Daten und Anwendungen
- den Schutz der Rechner vor Beschädigung, Zerstörung oder Diebstahl sowie
- den sicheren Aufruf der benötigten Anwendungen

möglichst automatisch in die Arbeitsabläufe zu integrieren.

Wird der IT-Grundschutz mit dieser Zielsetzung eingeführt und durch geeignete organisatorische Maßnahmen unterstützt, bringt er mit vertretbarem Aufwand bereits kurzfristig einen erkennbaren Nutzen durch die deutliche Reduzierung der Supportkosten. Dieses Argument ist in der eingangs beschriebenen Situation, in der sich heute viele Unternehmen befinden, sicher von besonderer Bedeutung.

2.2 Bestandteile

Das PC-Sicherheitskonzept wurde Ende 1995 verabschiedet und veröffentlicht. Es setzt sich aus drei Komponenten zusammen:

- einer Richtlinie zum Umgang mit Arbeitsplatzrechnern, die vor allem der Motivation des Managements dient,
- einem Handbuch, in dem alle Regelungen detailliert beschrieben sind und das vor allem für die DV-Koordinatoren in den Fachabteilungen sowie die Spezialisten im DV-Bereich bestimmt ist sowie
- Merkblättern für die Benutzer, in dem zum einen die Risiken, zum anderen die wichtigsten Regeln für den sicheren Umgang mit dem PC und den bereitgestellten Informationssystemen erläutert werden
- ('Zehn Gebote der PC-Sicherheit' und 'Regeln zum Umgang mit User-Id und Passwort').

Damit werden alle Gruppen individuell angesprochen, die bei der Umsetzung des Sicherheitskonzepts eine besondere Rolle spielen. Bei Bedarf können später weitere Komponenten ergänzt werden. So haben wir zum Beispiel vor zwei Jahren Regeln für die Nutzung von Online-Diensten herausgegeben.

Es zeigt sich natürlich, daß die einmalige Veröffentlichung dieser Dokumente nicht von dauerhafter Wirkung ist. So muß man heute – nach vier Jahren – immer wieder feststellen, daß Benutzer gegen wichtige Regeln verstoßen, weil sie sie im Laufe der Zeit vergessen haben. Außerdem hat sich die Situation inzwischen in einem Maße geändert, daß bestimmte Regeln – z.B. zum Virenschutz oder zur externen Kommunikation – überarbeitet werden müssen. Zur

Zeit sind wir deshalb dabei, alle Sicherheitsinformationen in unserem Intranet bereitzustellen und sie in einer Form aufzubereiten, daß sie bei den Benutzern auch die gewünschte Wirkung haben. Damit können wir dann in Zukunft flexibel auf Änderungen unserer Umgebung oder auf neu auftretende Risiken reagieren.

3 Informationssicherheit eine gemeinsame Aufgabe

Die Umsetzung eines solchen Sicherheitskonzepts kann in einem größeren Unternehmen keine einzelne Person und keine einzelne Abteilung alleine durchführen. In einem internationalen Konzern mit Firmen in vielen Ländern genügt es natürlich auch nicht, wenn ein einzelner Unternehmen für ausreichende IT-Sicherheit sorgt.

Die Henkel-Gruppe mit Sitz in Düsseldorf ist ein weltweit tätiger Spezialist für angewandte Chemie und umfaßt über 330 Unternehmen mit ca. 56000 Mitarbeitern in mehr als 60 Ländern. Mehr als die Hälfte dieser Mitarbeiter arbeitet regelmäßig mit dem PC. In der Unternehmenszentrale in Düsseldorf existieren mehr als 6000 PC-Arbeitsplätze und mehr als 100 Unix-, LAN- und Mail-Server. Hauptanwendungen sind – neben einigen selbst entwickelten Spezialanwendungen auf verschiedenen Plattformen – SAP R/3 für operative Anwendungen sowie Microsoft Office und Lotus Notes zur Bürokommunikation.

Die meisten größeren Firmen in der Henkel-Gruppe nutzen inzwischen alle Möglichkeiten der externen Kommunikation zur optimalen Durchführung von firmenübergreifenden Geschäftsprozessen. Durch eine Vielzahl gemeinsamer Anwendungen bzw. gemeinsam genutzter Datenbanken sind die lokalen Netzwerke der einzelnen Unternehmen zu einem Wide Area Network zusammengewachsen. In einer solchen Umgebung genügt es natürlich nicht, wenn jedes Unternehmen für eine ausreichende IT-Sicherheit im eigenen Haus sorgt. Denn jede Kette ist nur so stark wie ihr schwächstes Glied. Bezogen auf die IT-Sicherheit in unserem Konzern bedeutet das, daß eine Sicherheitslücke in einem Unternehmen wegen des hohen Grades der Vernetzung zu großen Problemen im gesamten Konzern führen kann.

Deshalb besagt der zentrale Satz unserer 'Leitlinien zur Informationssicherheit', daß Informationssicherheit eine gemeinsame Aufgabe aller Eigentümer, Betreiber und Nutzer von Informationssystemen in der gesamten Henkel-Gruppe ist. So ist z.B. die DV-Abteilung als Betreiber der Informationssysteme nur für die technische Realisierung aller vereinbarten Maßnahmen im eigenen Unternehmen und die Bereitstellung der notwendigen zentralen Ressourcen verantwortlich. Die Fachabteilungen haben daneben entscheidenden Anteil, sowohl als Eigentümer als auch als Nutzer der Informationen. Die Eigentümer haben alle Informationen zu klassifizieren und den Schutzbedarf der Anwendungen festzulegen. Die Benutzer müssen vor allem die festgelegten Sicherheitsmaßnahmen beachten, wobei dem Management eine besondere Aufgabe zukommt.

Die Organisation der IT-Sicherheit orientiert sich an dieser Rollenverteilung. Und so habe ich als IT-Sicherheitsbeauftragter vorrangig die Aufgabe, Maßnahmen zur Informationssicherheit vorzuschlagen und ihre Umsetzung durch die jeweils zuständigen Stellen zu kontrollieren. Bei den konzeptionellen Aufgaben werde ich von Mitarbeitern aus allen Unternehmensbereichen und aus allen größeren Tochterfirmen unterstützt. Einige dieser Mitarbeiter bilden mit mir zusammen den Arbeitskreis 'IT-Sicherheit', der für alle Sicherheitsfragen zuständig ist. Die

Kontrollfunktion übe ich gemeinsam mit den Mitarbeitern unserer DV-Revision aus, die direkt der Geschäftsführung unterstellt ist und der ich inzwischen ebenfalls angehöre.

In den nächsten beiden Kapiteln möchte ich nun die Verteilung von Aufgaben und Verantwortung in unserer Firmenzentrale in Düsseldorf darstellen, die sich in unserem Sicherheitskonzept wie folgt darstellt:

- der Arbeitskreis 'IT-Sicherheit' kommt regelmäßig zusammen, um alle notwendigen Schritte zu planen und einzuleiten.
- der Bereich 'Informatik' ist ebenfalls in diesem Arbeitskreis vertreten, so daß eine schnelle Umsetzung der abgestimmten Maßnahmen sichergestellt ist. Darüber hinaus erstellt und sichert diese Einheit die technische Infrastruktur und stellt die notwendigen Ressourcen für zentrale Aufgaben zur Verfügung. So sind inzwischen vier Mitarbeiter vorwiegend mit Sicherheitsaufgaben wie Virenschutz, Firewall und Rechteverwaltung beschäftigt.
- DV-Koordinatoren begleiten die Umsetzung der Maßnahmen in ihren Abteilungen.

Dabei hat jeder Bereich spezifische Aufgaben zu übernehmen, und es ist von großer Bedeutung, daß er dies möglichst effektiv tut und daß die verschiedenen Stellen – wie in den nachfolgenden Bespielen beschrieben – reibungslos zusammenarbeiten. Meine Hauptaufgaben bestehen deshalb darin, alle Aktivitäten zu koordinieren, bei Bedarf zwischen den beteiligten Stellen zu vermitteln und möglichst günstige Rahmenbedingungen zu schaffen.

4 Beispiele zur Zusammenarbeit

Im folgenden soll die Zusammenarbeit zwischen den verschiedenen Stellen an zwei typischen Beispielen dargestellt werden:

4.1 Zentrale Benutzerverwaltung als Basisaufgabe

Eine wesentliche Voraussetzung zur Gewährleistung der IT-Sicherheit ist eine effektive und umfassende Verwaltung der User-Ids und der damit verbundenen Zugriffsrechte. Anzustreben ist ein 'Single Point of Control', der durch ein entsprechendes Programm oder zumindest durch geeignete organisatorische Maßnahmen sicherzustellen ist.

Der Informatikbereich bei Henkel setzt deshalb bereits seit Mitte 1992 ein System zur zentralen Verwaltung und Auswertung von User-Ids und den zugehörigen Zugriffsrechten ein. Die Anwendung läuft auf unserem Host unter DB2 und wurde zunächst nur für die zentral verwalteten Anwendungen unter RACF entwickelt. Weitere Anwendungen, auch auf anderen Rechnerplattformen, wurden nach und nach in das System integriert. Damit kann man sich heute auf einen Blick alle Zugriffsrechte anzeigen lassen, die ein einzelner Mitarbeiter bzw. die Mitarbeiter in einer Abteilung oder in einer Firma in den zentralen Informationssystemen haben. Scheidet ein Mitarbeiter aus einem Unternehmen aus oder übernimmt eine neue Aufgabe, wird dies automatisch angezeigt und seine Zugriffsrechte können ohne großen Aufwand zentral gelöscht bzw. angepaßt werden.

Alle Aufgaben, die nicht oder nur mit unvertretbarem Aufwand von einer zentralen Stelle durchgeführt werden können, werden dezentralisiert. Die Benutzerangaben der Mitarbeiter aus unseren Tochterunternehmen werden von Beauftragten vor Ort eingegeben und gepflegt.

Dabei sorgt ein spezieller Algorithmus dafür, daß keine doppelten User-Ids vergeben werden können. Mit diesem Verfahren haben wir u.a. erreicht, daß ein Henkel-Mitarbeiter, mit einer User-Id, Anwendungen in der gesamten Henkel-Gruppe nutzen kann.

Nicht nur die Zugriffsrechte in abteilungsspezifischen Anwendungen werden von den DV-Koordinatoren verwaltet. Auch die Zugriffsberechtigungen in zentralen Systemen – z.B. in SAP R/3 – werden nach Möglichkeit direkt zwischen den Eigentümern der Anwendungen und den DV-Koordinatoren in den beteiligten Fachabteilungen geregelt. Eine weitere wichtige Aufgabe, die vor allem aus Sicherheitsgründen dezentralisiert wurde, ist das Freigeben bzw. Zurücksetzen von Passwörtern, die die Benutzer vergessen bzw. mehrfach falsch eingegeben haben. Hier haben zentrale Stellen – zumindest bei größeren Firmen – häufig das Problem, daß sie die Anrufer am Telefon auch dann nicht eindeutig identifizieren können, wenn jeder Benutzer zurückgerufen wird. Deshalb kann nicht in jedem Fall ausgeschlossen werden, daß sich ein anderer als der Eigentümer der User-Id am Telefon meldet. Um jeden Mißbrauch auszuschließen, wurde deshalb ein Verfahren eingeführt, bei dem jeder DV-Koordinator die Passwörter seiner Kollegen selbst freigeben bzw. zurücksetzen kann. Dabei erfolgt die Zuordnung der Mitarbeiter zu dem jeweils zuständigen Administrator ebenfalls über entsprechende Prozeduren in der zentralen Benutzerverwaltung.

4.2 Neue Lösungen zum umfassenden Virenschutz

Die wichtigste Aufgabe unseres Arbeitskreises besteht darin, Lösungen für Probleme zu entwickeln, die entweder neu auftreten oder durch die bestehenden Grundschutzmaßnahmen noch nicht abgedeckt wurden. Ein Beispiel war die Verbesserung des bereits seit mehreren Jahren bestehenden Virenschutzkonzepts, das mit der Einrichtung unseres lokalen Netzwerks eingeführt wurde und nur noch unzureichend auf die Endbenutzer ausgerichtet war. Spätestens mit dem Aufkommen der Makroviren und der Versendung von E-Mails mit angehängten WORD- bzw. EXCEL-Dokumenten war ein durchschnittlicher Nutzer von Informationssystemen deshalb mit den notwendigen Maßnahmen zum Virenschutz überfordert. Darüber hinaus wurde er bei seiner Arbeit in unzumutbarer Weise behindert, wenn er die Prüfungen wie erforderlich durchführte.

Dies hatte Anfang 1997 eine so starke Verbreitung der Viren im ganzen Unternehmen zur Folge, daß auch das Management die Notwendigkeit zusätzlicher Schutzmaßnahmen als dringend ansah. Deshalb sollten so schnell wie möglich ein verbesserten Virenschutzkonzept eingeführt werden, um den neuen Risiken zuverlässig und effizient zu begegnen. Ziel dieses neuen Konzepts war es, Computerviren so frühzeitig zu erkennen und zu beseitigen, daß sie keinen Schaden anrichten können. Ein umfassendes Verfahren sollte alle Wege berücksichtigen, auf denen Viren auf unsere Rechner gelangen können. Es sollte auch offen sein für neue Risiken, die zu diesem Zeitpunkt nur in Ansätzen zu erkennen waren oder noch gar nicht existierten. Da Arbeitsplatzrechner den Hauptangriffspunkt aller Viren darstellen, sollte auf ihnen ein Virenprüfprogramm resident installiert werden, das alle erforderlichen Prüfungen automatisch durchführt. Zusätzlich sollten zentrale Programme zum Schutz vor Viren eingesetzt werden, die direkt in einem Notes- bzw. Internet-Dokument enthalten sind.

Dabei zeigte sich schnell, daß die erforderliche Personalkapazität zur Einführung und Betreuung der zusätzlichen Programme im Informatikbereich nicht vorhanden war. Da aber immer weitere Kreise des Unternehmens von den Virenproblemen betroffen waren, wurden schließlich doch alle notwendigen Maßnahmen eingeleitet und u.a. die Stelle eines Virenbeauftragten eingerichtet. Nach einer gründlichen Testphase wurde dann Anfang 1998 schrittweise mit der Umsetzung der Maßnahmen begonnen. Auf allen Rechnern wurde ein neues Programm installiert, das alle erforderlichen Prüfungen automatisch durchführt. Die flächendeckende Ausrüstung der 6000 Rechner wurde innerhalb von 10 Wochen weitgehend abgeschlossen. Parallel dazu wurde ein weiteres Schutzprogramm eingesetzt, um alle bei Henkel ein- und ausgehenden Mails auf Viren zu prüfen.

Bei der Umsetzung des neuen Virenschutzkonzepts arbeitete der Virenschutzbeauftragte eng mit den DV-Koordinatoren in den Fachabteilungen zusammen, wodurch die neuen Tools in kurzer Zeit und ohne besondere Probleme eingeführt werden konnten. Aufgabe der DV-Koordinatoren war dabei vor allem die Überprüfung der Rechner auf ausreichende Kapazität, die Unterweisung der Benutzer, die Unterstützung bei Problemen sowie die Installation des Programms auf Laptops und PCs, die nicht an unser Netz angeschlossen sind. Durch frühzeitige Information der DV-Koordinatoren wurde erreicht, daß in weniger als 5% aller Installationen Probleme auftraten (vor allem durch Unverträglichkeit mit alten DOS-Anwendungen bzw. durch unzureichende Rechnerkapazität). In den meisten Fällen konnte der Virenschutzbeauftragte kurzfristig für Abhilfe sorgen, wobei in bestimmten Konstellationen die Deaktivierung der automatischen Überprüfung der angesprochenen Dateien erforderlich wurde.

Zur Zeit gehen wir davon aus, daß die eingeführten Schutzmaßnahmen ausreichend sind, um den bestehenden Virenproblemen angemessen zu begegnen. Natürlich sind wir uns über die durch das Internet gegebenen zusätzlichen Risiken in Form von Java Applets und Active X bewußt, halten aber die auf den Workstations durchgeführten Prüfungen für ausreichend und werden deshalb und wegen der zu erwartenden Performanceprobleme in absehbarer Zeit kein zusätzliches Prüfprogramm in unser Firewallsystem integrieren.

5 DV-Koordinatoren als Vermittler

Nach unseren Erfahrungen fällt den DV-Koordinatoren in den Fachbereichen in vielen Fällen die entscheidende Rolle bei der Umsetzung eines Sicherheitskonzepts zu. Denn ohne sie kann eine möglichst benutzerfreundliche Gestaltung der bereitgestellten Systemumgebung und die Motivation von Benutzern und Management kaum gelingen. Weitere Beispiele für die aktive Unterstützung bei der Durchführung von Sicherheitsmaßnahmen sind die Ablösung der im Laufe der letzten zehn Jahre in den Fachabteilungen installierten Modems sowie die Einführung eines Schutzprogramms für die im Außendienst eingesetzten Laptops:

- Als wir damit begannen, die in den verschiedenen Abteilungen eingesetzten Modems zur externen Kommunikation auf ihre Notwendigkeit und die vorhandenen Risiken zu untersuchen, konnte uns keine zentrale Stelle darüber Auskunft geben, an welchen Stellen dezentrale Modems genutzt werden. Erst durch eine Befragung unserer DV-Koordinatoren konnten wir uns einen Überblick verschaffen und die geplante Untersuchung mit vertretbarem Aufwand durchführen. Auch bei der Umsetzung der bei dieser Untersuchung erarbeiteten Ergebnisse (Ablösung der Modems durch geeignete Alternativen bzw. Einführung zusätzlicher Sicherheitsmaßnahmen) werden sie eine wichtige Rolle spielen.
- Lange bevor eine Entscheidung über den Einsatz eines Verschlüsselungsprogramms auf allen Laptops gefallen war, hatten einige DV-Koordinatoren bereits den Einsatz für die

von ihnen betreuten Außendienstmitarbeiter veranlaßt. Dabei sind sie u.a. für die Installation des Programms auf den Laptops sowie die Lösung auftretender Probleme (z.B. vergessene Passwörter) zuständig. Natürlich werden auch alle anderen Fragen zum Einsatz von Laptops im Außendienst vorrangig von DV-Koordinatoren geregelt.

DV-Koordinatoren sind bei uns aber nicht nur für die IT-Sicherheit vor Ort zuständig, sondern sorgen auch für den effektiven und effizienten Einsatz der bereitgestellten Hard- und Software. Bei der Komplexität der IT-Systeme in einem großen Unternehmen gestaltet sich die Kommunikation zwischen Anwendern und DV-Spezialisten immer schwieriger. Deshalb entsteht häufig ein hoher Aufwand, wenn Benutzer einen neuen PC, zusätzliche Hard- und Software oder Zugriffsrechte für Systeme und Anwendungen benötigen oder einen Virus mit allen Konsequenzen beseitigen müssen. Und häufig gestaltet sich die Lösung der Probleme langwierig und unbefriedigend.

Deshalb begannen erfahrene Anwender schon vor einigen Jahren damit, ihre Kollegen zu unterstützen und als Vermittler zum Informatikbereich zu fungieren. Diese Aktivitäten machten schnell einen großen Teil ihrer Arbeitszeit aus, obwohl sie häufig nicht in ihrer Stellenbeschreibung enthalten waren. Um diesen unbefriedigenden Zustand zu beenden und gleichzeitig die Umsetzung unserer Sicherheitsmaßnahmen zu gewährleisten, sorgten wir dafür, daß alle Unternehmensbereiche flächendeckend mit offiziell ernannten DV-Koordinatoren versorgt wurden. Die Hauptaufgaben, die diese Mitarbeiter – im allgemeinen neben ihren eigentlichen Aufgaben – übernehmen, sind

- die Unterstützung der Kollegen in ihrem Zuständigkeitsbereich vor allem bei fachspezifischen Fragen,
- die Festlegung der spezifischen Hard- und Softwarestandards in ihrer Abteilung,
- die Bereitstellung einer angemessenen PC-Ausstattung an jedem Arbeitsplatz entsprechend den Aufgaben der einzelnen Mitarbeiter (in Zusammenarbeit mit der zuständigen zentralen Stelle),
- die Koordination der benötigten User-Ids und Zugriffsrechte und aller weiteren Maßnahmen zur IT-Sicherheit.

Nach unseren Erfahrungen benötigt ein DV-Koordinator durchschnittlich 10 Stunden pro Woche, um 50 Mitarbeiter auf diese Weise zu betreuen. Diesem Aufwand steht natürlich ein entsprechender Nutzen für seine Abteilung und das gesamte Unternehmen gegenüber, der sich vor allem aus

- der effizienteren Nutzung der IT-Systeme durch
- die Bereitstellung einer angemessene Hard- und Software,
- die Standardisierung der Infrastruktur sowie
- die Einweisung und Beratung der Kollegen und
- der effektiveren Durchführung von Routineaufgaben durch
- die Standardisierung und Beschleunigung der Verfahren sowie
- die Kenntnis der richtigen Ansprechpartner ergibt.

Nachdem wir mit diesem Konzept fast vier Jahre Erfahrungen haben, können wir sagen, daß der Nutzen der DV-Koordinatoren von den meisten Vorgesetzten anerkannt wird und daß sich die IT-Sicherheit vor allem in den Abteilungen verbessert hat, in denen DV-Koordinatoren nicht nur benannt wurden, sondern darüber hinaus auch von ihren Vorgesetzten ausreichend unterstützt werden.

6 IT-Sicherheitsmanagement in einem internationalen Konzern

Die meisten größeren Firmen in der Henkel-Gruppe nutzen inzwischen alle Möglichkeiten der externen Kommunikation zur optimalen Durchführung von firmenübergreifenden Geschäftsprozessen. So gibt es gemeinsame Anwendungen für Henkel-Firmen und angeschlossene Lager sowohl auf unserem Host als auch in Client/Server-Umgebungen (vor allem unter SAP R/3) und immer häufiger werden gemeinsame Datenbanken in Lotus Notes eingesetzt, die zum Teil von Mitarbeitern in der gesamten Gruppe genutzt werden. Daneben werden Electronic Mail – häufig mit angehängten Dokumenten – und Internet genauso genutzt wie Online-Verbindungen zu Kunden und Lieferanten (z.B. im Rahmen von EDI oder zu Wartungszwekken). Erste Projekte zur Kommunikation mit externen Partnern über das Internet sind zur Zeit in Vorbereitung. Darüber hinaus benötigen unsere Mitarbeiter immer häufiger den Zugriff auf zentrale Daten von außerhalb, sei es im Außendienst, von zuhause oder auf Geschäftsreise.

Wenn in einem solchen Wide Area Network jemand in ein LAN eindringt – sei es aus dem Internet oder von einem angeschlossenen Rechner -, hat er automatisch Zugriff auf alle anderen Rechner im Netz. Das bedeutet, daß eine Sicherheitslücke in einem Unternehmen wegen des hohen Grades der Vernetzung zu großen Problemen im gesamten Konzern führen kann. Aus diesem Grunde wurde in unseren Leitlinien das Ziel formuliert, in der gesamten Gruppe einen hohen, einheitlichen Standard der Informationssicherheit zu schaffen und zu bewahren. Dazu haben wir in gemeinsamen Workshops mit den Vertretern der verschiedenen Henkel-Firmen für alle Unternehmen verbindliche Sicherheitsrichtlinien zur internen und externen Kommunikation festgelegt und sind dabei, diese mit internationale Arbeitsgruppen umzusetzen. Typische Beispiele sind:

- die Übertragung des in Düsseldorf eingeführten Virenschutzkonzepts auf alle weiteren Firmen
- zwar hatten die meisten Firmen bereits vor der Zusammenarbeit in Sicherheitsfragen ein Virenschutzprogramm eingesetzt. Dies geschah jedoch häufig nicht mit der notwendigen Konsequenz, so daß durch den Austausch von Dokumenten zwischen den einzelnen Unternehmen häufig auch Viren verteilt wurden. Die Festlegung verbindlicher Regeln sowie der Einsatz eines einheitlichen Virenschutzprogramms auf allen Mail-Servern hat die zuvor aufgetretenen Probleme deutlich reduziert.
- die Erarbeitung einer gemeinsamen Lösung zum Secure Remote Access
- in allen Firmen gab es immer mehr Anforderungen, auch von außerhalb auf die Unternehmensdaten zugreifen zu können. Gleichzeitig gab es aber auch Bedenken wegen der damit verbundenen Sicherheitsrisiken. Nachdem man sich dann in einem ersten Schritt über ein einheitliches Verfahren zum Remote Access geeinigt hatte, wurde eine Arbeits-

gruppe eingesetzt, um eine gemeinsame Lösung zur Absicherung externer Zugriffe zu erstellen.

- die Verabschiedung unternehmensweiter Zugriffsschutzrichtlinien für Datenbanken unter Lotus Notes sowie
- ein gemeinsamer Workshop zur Erarbeitung eines Sicherheitskonzepts für WINDOWS NT, das inzwischen standardmäßig auf allen Workstations, auf allen Mail-Servern und in einigen Unternehmen auch auf den Servern des lokalen Netzwerks eingesetzt wird.

Die Einführung von DV-Koordinatoren hat sich inzwischen auch in den meisten größeren Henkel-Unternehmen bewährt, so daß wir über ein sehr weit verbreitetes Netzwerk bei der Umsetzung unseres Sicherheitskonzepts verfügen. Da wir auf diesem Weg die Verantwortung für die IT-Sicherheit auf viele Schultern verteilt haben, steigt die Zahl der – direkt oder indirekt – für die IT-Sicherheit zuständigen Mitarbeiter ständig an. So gibt es etwa 40 Ansprechpartner in den einzelnen Firmen sowie etwa 150 DV-Koordinatoren in unserer Zentrale in Düsseldorf. Um sie immer rechtzeitig mit den aktuellen Informationen zu versorgen, nutzen wir vor allem die Funktionen von Lotus Notes, das als Standard zur Bürokommunikation eingesetzt wird. Unter anderem wurden spezielle Datenbanken zur IT-Sicherheit eingerichtet. In diesen Datenbanken findet man u.a.

- alle Dokumente , die für die IT-Sicherheit von Bedeutung sind
- (u.a. Richtlinien und Merkblätter)
- Protokolle von Arbeitskreisen bzw. Arbeitsgruppen, die sich mit Sicherheitsfragen beschäftigen
- Arbeitsunterlagen für Informationsveranstaltungen
- (z.B. Folien zu Sicherheitsthemen)
- Neuigkeiten zur IT-Sicherheit
- (z.B. über Viren und bei Henkel eingesetzte Tools).

Gleichzeitig werden über die Datenbanken auch Diskussionen und Abstimmungen zwischen allen Beteiligten durchgeführt. Auf diese Weise ist sichergestellt, daß sich das Know How zur IT-Sicherheit im ganzen Unternehmen auf einem gleichmäßig hohen Niveau befindet.

7 Fazit

In einem Industrieunternehmen wie Henkel ist es nicht einfach, Maßnahmen einzuleiten, die über den IT-Grundschutz hinausgehen. Das liegt natürlich zum einen an den Kosten, die auf Grund der großen Zahl an Rechnern bzw. Benutzern immer eine beachtliche Höhe erreichen und damit vom Management nicht ohne weiteres genehmigt werden. Zum anderen spielen aber auch die knappen Ressourcen im Informatikbereich eine wichtige Rolle. Denn die Einführung eines neuen Tools oder eines neuen Verfahrens ist immer mit großem organisatorischen Aufwand verbunden. Dies kann durchaus dazu führen, daß ein Mitarbeiter einen großen Teil seiner Zeit für die Betreuung eines neuen Tools einsetzen muß, wie dies bei der Einführung des neuen Virenschutzkonzepts der Fall war. Der erforderliche Personalaufwand ist auch der Hauptgrund dafür, daß bei uns trotz entsprechender Forderungen aus dem Fachbereich noch kein Verfahren für ein Single Sign on eingeführt werden konnte. Auch bei der Einführung von Sicherheitstools auf den Laptops der Mitarbeiter im Mittel- und Topmanagement gibt es erhebliche Probleme. Denn diese Mitarbeiter sind bei ihren Reisen in die unterschiedlichen Länder auf ihren Rechner angewiesen und benötigen deshalb zu jeder Zeit Support, wenn sich Probleme (z.B. vergessenes Passwort) ergeben. Das bedeutet aber, daß wir für sieben Tage in der Woche einen 24 Stunden Support bereitstellen müßten, was zu erheblichen Mehrkosten führen würde.

Deshalb ist es von entscheidender Bedeutung, daß die Einführung der DV-Koordinatoren in den Fachbereichen zum einen zu einer deutlichen Entlastung der zentralen Stellen, zum anderen aber auch zu einer größeren Sensibilisierung für Sicherheitsfragen geführt hat. Und wenn es im Fachbereich ein Problem gibt, für das der Informatikbereich kurzfristig keine zufriedenstellende Lösung bereitstellen kann, sind – wie bei der Einführung des neuen Virenprüfprogramms – inzwischen immer mehr Mitarbeiter bereit, selbst daran mitzuarbeiten. Darüber hinaus hat der Einsatz der DV-Koordinatoren bei uns neben dem IT-Sicherheitsbewußtsein auch die Erkenntnis gefördert, daß man mit IT-Sicherheit auch IT-Kosten sparen kann Und dies kann im Hinblick auf die Diskussion über die 'Total Cost of Ownership' ein wichtiges Argument zur Motivation des Managements sein.

Datenschutzfreundliche Technologien und ihre Anwendung

Walter Ernestus

Der Bundesbeauftragte für den Datenschutz
walter.ernestus@bfd.bund400.de

Zusammenfassung

Der vorliegende Vortrag soll Anbietern von Tele- und Mediendienste, Herstellern von Informations- und Kommunikationstechnik sowie Anwendern und Nutzern einen Einblick in die Möglichkeiten datenschutzfreundlicher Technologien geben und aufzeigen, welche Erwartungen an diese neuen Technologien geknüpft werden. Datensparsamkeit und Datenvermeidung wird in dem Maße Bedeutung erlangen, wie die Angebote im Internet zunehmen und damit verbunden, die Daten über jeden einzelnen Benutzer zunehmen werden.

1 Einleitung

Die Informationstechnik und die Telekommunikation sind in alle Lebensbereiche der modernen Industriestaaten eingedrungen und nehmen dort eine Stellung ein, wie sie keine andere Technik in den vergangenen Jahren erfahren hat. Ohne moderne Telekommunikation und Computertechnik wäre unser Lebensstandard nicht denkbar. In allen Lebensbereichen benutzen wir diese Technologien, sei es beim Telefonieren, Einkaufen oder Reservieren bzw. Bestellen von diversen Artikeln und Leistungen (Hotel, Leihwagen, Katalogartikel usw.) oder durch Teilnahme an Online-Diensten sowie am Arbeitsplatz als Nutzer eines lokalen oder gar konzernweiten Netzwerkes. Bei jeder dieser Anwendungen fallen eine Fülle von Einzeldaten über die Benutzer der jeweiligen Dienste an, die geeignet sind, sehr detaillierte Profile über die einzelnen Personen hinsichtlich ihres Verhaltens und ihrer Gewohnheiten zu bilden.

Den meisten Nutzern ist aufgrund der Komplexität und der mangelnden Transparenz von Systemen der modernen Informations- und Kommunikationstechnik (IuK-Technik) in der Regel nicht bewußt, welche Daten in welchem Umfang, wo, wie lange, zu welchem Zweck und von wem gespeichert werden. Bleibt mit der Einführung von IuK-Techniken die Privatsphäre des Einzelnen auf der Strecke?

Viele Betreiber von IuK-Systemen werben damit, daß der Zugang zu den von Ihnen erhobenen, gespeicherten und verarbeiteten Daten mit (sehr aufwendigen) technischen und organisatorischen Sicherheitsmechanismen begrenzt wird. Der Schutz der Privatsphäre hängt damit lediglich von der Wirksamkeit der üblichen Sicherheitsmechanismen ab! Ein aus datenschutzrechtlicher Sicht sehr zweifelhaftes unterfangen.

Die Einführung der IuK-Techniken in allen Lebensbereichen und die damit verbundene Diskussion über den Schutz der Privatsphäre haben zur Erkenntnis geführt, daß die üblichen Mechanismen nicht mehr ausreichen. Die Nutzung von IuK-Systemen durch natürliche Personen wird aus der Sicht des Datenschutzes nur dann den Bedürfnissen der Anwender gerecht, wenn sie sich an den Prinzipien der Datensparsamkeit oder gar der Datenvermeidung orientiert.

Die Eckpfeiler moderner IuK-Technik, die in die Betrachtungen mit einbezogen werden müssen, sind

- klassische IT-Technik,
- Telekommunikation,
- Multimedia und
- Chipkarten.

Nur das Zusammenwirken dieser einzelnen Komponenten garantiert beispielsweise den Erfolg des Internets. Ebenso lassen sich nur unter der Einsatz der genannten Komponenten „Datenschutzfreundliche Technologien“ entwickeln und effizient einsetzen.

2 Der – fast – gläserne Mensch

Welche Daten heute schon erhoben und gespeichert werden, soll folgendes Beispiel zeigen:

Nehmen wir an, unsere Beispielsperson heißt Leo Titze ist 59 Jahre alt, 2x geschieden, 5 Kinder, war 1972 in der DDR, hat 4.315,00 DM Schulden bei seiner Bank. Das Vorhandensein dieser Daten kann Herr Titze noch nachvollziehen, weiß er allerdings auch, daß folgende Daten über Ihn anfallen?

Morgens um 6:30 Uhr läßt sich Leo durch einen Auftragsdienst seiner Telefongesellschaft wecken. Zur Abrechnung werden pro Weckdienst die Daten gesammelt und einmal im Monat über die Telefonrechnung abgerechnet. Leo ruft im Büro an, daß er etwas später kommt. Auch dieses speichert sein Telefondienstleister, es ist jetzt 6:35 Uhr. Leo frühstückt und fährt dann mit seinem Auto kurz in dic Stadt. Er parkt dort in einem Parkhaus. Die Gebühren begleicht er mit seiner Geldkarte, Kosten 2,50 DM, daneben wird noch registriert das es jetzt 8:10 Uhr ist, und er sich im Parkhaus X befindet. Leo fährt ins Büro, Ankunft Tiefgarage 8:33 Uhr, Zutritt in sein Dienstgebäude 8:36 durch den Nordeingang. Um 8:50 einloggen ins System, abrufen seiner Emails um 8:52 Uhr, erste Antworten auf diese Mails ab 9:10 Uhr – Leo arbeitet also! 12:10 Uhr steht Leo mit Kollegen an Kasse 2 in der Kantine und begleicht sein Mittagessen – natürlich mit der Geldkarte, 9,45 DM. Später in seinem Büro bestellt er per Internet noch einem Reisekatalog sowie für das verlängerte Wochenende einen Flug nach Rom. Es geht dem Feierabend zu. Leo möchte heute abend ins Theater und loggt sich deshalb schon etwas früher aus dem System aus: 16:02 Uhr, wenn das sein Chef wüßte!. Anschließend rasch in die Tiefgarage- 16:10 Uhr – und nichts wie nach Hause. Anruf bei seiner Bekannten, wir registrieren jetzt 16:50 Uhr. Schön soll der Abend werden, Leo braucht noch ein neues Hemd, schnell in die Stadt – Hemd, neue Krawatte und ein Sakko – macht 503.00 DM, bezahlt mit Kreditkarte, geparkt im Parkverbot, dafür gab auch noch ein „Knöllchen“. Die Politesse registrierte 17:34 Uhr. Leo eilt nach Hause umziehen und ab ins Theater. Ankunft Tiefgarage Theater 18:57 Uhr, bezahlt mit der Geldkarte. Nach der Vorstellung noch einen kleinen Snack im netten Bistro an der Ecke, diesmal zückt er wieder seine Geldkarte, ist ja so einfach, wir registrieren

23:15 Uhr. Noch ein Telefonanruf vom Handy, die noch fällige Überweisung bei der Bank (natürlich vom PC daheim) . . . und so weiter und so weiter.

Ob Leo weiß, daß neben diesen Daten auch registriert wurde, daß er auf der Homepage von Beate Uhse war, aus seinem Büro seinen Zahnarzt, sein Freundin und in seinen Tennisclub angerufen hat. Würden alle Daten zusammengeführt werden, könnte problemlos sein Tagesablauf rekonstruiert und der Personenkreis mit dem er telefonierte näher beschrieben werden. Ist dies noch mit dem Recht auf Privatsphäre vereinbar? 1983 hat das Bundesverfassungsgericht im Volkszählungsurteil – am Beispiel der Statistik – den Anspruch auf Anonymisierung anerkannt. Gemäß der bekannten Auffassung des Bundesverfassungsgerichts heißt es dort :

> *Für den Schutz des Rechts auf informationelle Selbstbestimmung ist – und zwar auch schon für das Erhebungsverfahren – . . . die Einhaltung des Gebots einer möglichst frühzeitigen faktischen Anonymisierung unverzichtbar, verbunden mit Vorkehrungen gegen die Deanonymisierung (BVerfGE 65, 149).*

Das Recht auf informationelle Selbstbestimmung bekommt angesichts der Vielzahl der Daten, die heute im Laufe eines Tages über jeden von uns erhoben, verarbeitet und gespeichert werden eine neue Qualität. Zur Aufrechterhaltung dieses Rechts bedarf es deshalb auch vom Gesetzgeber neuer gesetzlicher Regelungen. Dieser Weg wurde erstmals im neuen Teledienstdatenschutzgesetz (TDDSG) beschritten, in dem festgelegt wurde, das den Nutzern von Telediensten die Inanspruchnahme eines Pseudonyms zu ermöglichen ist, soweit dies technisch möglich und zumutbar ist (IuKDG). Der Grundsatz der Datenvermeidung bzw. Datensparsamkeit muß aber noch weiter ausgebaut werden. Er muß Einzug halten in gesetzliche Regelungen, um dem Bürger die Möglichkeit zu bieten selbst darüber bestimmen zu können, wieviel Daten er von sich preis gibt.

3 Grundlegende Betrachtung von Informationssystemen

Daten, die zur Identifizierung des Benutzers geeignet sind, fallen üblicher Weise in der klassischen IT-Technik bei folgenden Systemelementen an:

- Autorisierung: Vergabe einer Berechtigung und eines Berechtigungsprofils zur Nutzung des Systems z.B.: Personalisierung von Chipkarten.
- Identifikation und Authentikation: Nachweisführung des Benutzers über seine grundsätzliche Berechtigung zur Nutzung des Systems.
- Zugriffskontrolle: Prüfung des Berechtigungsprofils relativ zu der gewünschten Aktion/Dienstleistung des Systems.
- Protokollierung: Festhalten von Aktionen gemeinsam mit Angaben zum Benutzer zum Zwecke der Nachweisung.
- Abrechnung: Rechnungsstellung der erbrachten und in Anspruch genommen Systemleistung an den Benutzer.

Als Begründung für die jeweils erhobenen, anfallenden, gespeicherten und verarbeiteten personenbezogenen Daten werden folgende Gründe angegeben:

- Abrechnungszwecke,
- verbesserte Kunden- bzw. Benutzerbetreuung,
- statistische Zwecke,
- zur Kontrolle der Datensicherheit und aus Datenschutzkontrolle.

Für die Funktionalität des IuK-Systems ist aber in der Regel die tatsächliche Identität des Benutzer nicht erforderlich. Allenfalls in bestimmten Fällen zur Autorisierung, Abrechnung und Protokollierung kann sie erforderlich sein, in den übrigen Fällen ist dies nicht notwendig.

In der Vergangenheit wurden diese Fragestellung bei der Konzeption nur in unzureichender Weise durchgeführt. Dieses führte dazu, daß generell die Identität eines Benutzers in einem System ermittelt und gespeichert wurde, ohne zu prüfen ob in einzelnen Fällen auf die Methoden der Pseudonymisierung oder gar Anonymisierung zurückgegriffen werden konnte.

4 Datenschutzfreundliche Technologien

4.1 Anonymisierung

Anonymisierung ist eine Veränderung personenbezogener Daten derart, daß die Einzelangaben über persönliche oder sachliche Verhältnisse in nicht mehr einer bestimmten oder bestimmbaren natürlichen Person zugeordnet werden können.

Eine entsprechende Definition findet sich u.a. im § 3 Abs. 7 BDSG; aber auch in den Datenschutzgesetzen der Länder sind hierzu Ausführungen zu finden. Der Grad der Anonymisierung kann dabei unterschiedlich gesehen werden. Während das BDSG die Grenze zieht, indem es auch solche Verfahren zuläßt *bei denen nicht mehr oder nur mit einem unverhältnismäßig hohen Aufwand an Zeit, Kosten und Arbeitskraft der Bezug zu einer bestimmten oder bestimmbaren natürlichen Person wieder hergestellt werden kann*, gehen andere Gesetze davon aus, daß überhaupt kein Bezug wiederherstellbar sein darf (§ 3 Abs. 7 Nr. 5 DSG MV).

Einflußgrößen für die Qualität der Anonymisierung sind dabei:

- der Zeitpunkt der Anonymisierung.
- die Rücknahmefestigkeit der Anonymisierungsprozedur.
- die Mächtigkeit der Menge.
- die Verkettungsmöglichkeiten von einzelnen Transaktionen desselben Betroffenen.
- das Auftreten von konkreten Einzelangaben in einem Datensatz bzw. einer Transaktion.

Ziel datenschutzfreundlicher Technologien ist es nun durch eine frühzeitige Anonymisierung von personenbezogener Daten z.B. schon vor der Erhebung oder zumindest kurz danach ein Höchstmaß an Anonymität zu erreichen. Kurz gesagt, wenn personenbezogene Daten erst gar nicht entstehen, werden keine Mechanismen für deren Schutz benötigt.

Gelungene Beispiele für diese Verfahren sind:

- Telefonkarten,
- anonyme Zahlkarten in ÖPNV und
- Untersuchungen von medizinischen Daten ohne Personenbezug

4.2 Pseudonymisierung

Pseudonymisierung ist das Verändern personenbezogener Daten durch eine Zuordnungsvorschrift derart, daß die Einzelangaben über persönliche oder sachliche Verhältnisse ohne Kenntnis oder Nutzung der Zuordnungsvorschrift nicht mehr einer natürlichen Person zugeordnet werden können.

Als eine schwächere Form der Anonymisierung kann das Verfahren immer dort eingesetzt werden, wo unter Einhaltung von vorher definierten Rahmenbedingungen der Personenbezug wieder herstellbar sein muß. Die Reidentifizierung sollte weitgehend nur durch den Betroffenen möglich sein. Im übrigen ist darauf hinzuweisen, das Daten mit Referenz – und Einwegpseudonymen im Gegensatz von anonymisierten Daten nach wie vor personenbezogene Daten im Sinn von § 3 Abs. 1 BDSG sind.

Die Qualität des Pseudonymisierungsverfahrens hängt von folgenden Einflußfaktoren ab:

- Zeitpunkt der Pseudonymisierung
- Rücknahmefestigkeit der Pseudonymisierungsprozedur
- Mächtigkeit der Menge
- Verkettungsmöglichkeit von einzelnen Transaktionen bzw. Datensätzen.

Je nach Verknüpfbarkeit und dem Geheimnisträger des Pseudonyms kann der Personenbezug

- nur vom Betroffenen (selbstgeneriertes Pseudonym),
- nur über eine Referenzliste (Referenz Pseudonym) oder
- nur unter der Verwendung einer sogenannten Einweg-Funktion mit geheimen Parametern (Einweg-Pseudonym)

wiederhergestellt werden.

Pseudonyme ermöglichen es, den Personenbezug herzustellen, so daß die Identität der Person nur in den vorab bestimmten Einzelfällen erkennbar wird. Pseudonyme stellen allerdings nur dann die Lösung des Problems dar, wenn sie folgende Eigenschaften erfüllen:

- Die Aufdeckung ist nur schwer möglich, im Idealfall nur durch den Betroffenen selbst.
- Die Aufdeckung ist unter gewissen Randbedingungen möglich.
- Die Randbedingungen für die Aufdeckung ist für alle Beteiligte akzeptabel.
- Die Aufdeckung durch „staatliche Organe“ ist nur unter engen Randbedingungen möglich und wird protokolliert.

4.2.1 Selbstgenerierte Pseudonyme

Selbstgenerierte Pseudonyme werden ausschließlich vom Betroffenen vergeben und nicht mit Identitätsdaten gleichzeitig verwendet oder gespeichert. Somit kann auch der Personenbezug nur vom Betroffenen selbst wiederhergestellt werden, i.d.R. nicht jedoch durch den Betreiber des IuK-Systems. Dieses Verfahren kommt beispielsweise bei wissenschaftlichen Studien zur Anwendung.

4.2.2 Referenz-Pseudonyme

Bei Referenz-Pseudonymen kann der Personenbezug über entsprechende Referenzlisten wiederhergestellt werden. Ohne Hinzuziehung entsprechender Referenzlisten ist die Identität des Betroffenen i.d.R. jedoch nicht zu ermitteln. Als typischer Anwendungsfall sind elektronische Zahlungsvorgänge zu nennen.

4.2.3 Einweg-Pseudonyme

Einweg-Pseudonyme zeichnen sich dadurch aus, daß sie mittels Einwegfunktion aus personenbezogenen Identitätsdaten – zumindest auf der Basis asymmetrischer Verschlüsselungsverfahren – gebildet werden. Dabei werden Einwegfunktionen verwendet, die mit hoher Wahrscheinlichkeit ausschließen, daß die Identitätsdaten zweier Personen auf ein gemeinsames Pseudonym abgebildet werden. Der Zusammenhang zwischen Pseudonym und Identitätsdaten bildet somit nicht eine Referenzliste, sondern eine Bildungsvorschrift die richtig parametrisiert das Pseudonym errechnet. Als Anwendungsfall können Auskunftsysteme dienen.

5 Realisierungshilfen

5.1 Hashfunktionen

Zur Erzeugung von sicheren Pseudonymen empfiehlt es sich eine (kryptographische) Hashfunktion auszuwählen, die veröffentlicht und wissenschaftlich untersucht ist. Zu den derzeit bekanntesten gehören MD-4, MD-5, SHA-1, RIPEMD und RIPEMD-160. Einige davon haben sich als unbrauchbar zur Erzeugung von Pseudonymen herausgestellt, da sie nicht kollisionsresistent sind. In Europa hat sich RIPEMD-160 als ein Standard durchgesetzt.

5.2 Digitale Signaturen

Mit der "digitalen Signatur" können Dokumente, die in elektronischer Form vorliegen, so gesichert werden, daß sowohl eine Manipulation des Inhalts und der Urheberschaft des Dokumentes erkannt, als auch – bei entsprechender Verfahrensgestaltung – die Urheberschaft unbestreitbar festgestellt werden kann. Hierzu wird aus dem Originaldokument – automatisch und unter Verwendung einer speziellen mathematischen Funktion (Hashfunktion) – eine "Kurzfassung" (Hashwert) des Dokumentes berechnet. Der Hashwert wird mit dem "geheimen Schlüssel" des Autors verschlüsselt; das so entstandene Chiffrat stellt den Authentikator des Dokumentes dar. Anschließend kann das Dokument zusammen mit dem Authentikator ungeschützt – z.B. über ein offenes Netz – an den Empfänger übertragen werden.

Der Empfänger prüft die Echtheit und Unversehrtheit des Dokumentes dadurch, daß er zunächst ebenfalls den Hashwert des empfangenen Dokumentes berechnet, sodann den Authentikator mit dem "öffentlichen Schlüssel" des Absenders entschlüsselt und das Entschlüsselungsergebnis mit dem von ihm erzeugten Hashwert des Dokumentes vergleicht. Wenn beides übereinstimmt, steht fest, daß weder das Dokument noch der Authentikator während der Übertragung verändert wurden: Der Authentikator des Dokumentes kann nur mit dem geheimen Schlüssel des Autors erzeugt und nur mit seinem öffentlichen Schlüssel geprüft werden. Der Empfänger kann deshalb auch sicher sein, daß nur der Besitzer des geheimen Schlüssels – also der "echte" Autor – den Authentikator des betreffenden Dokumentes berechnen konnte.

Soll die Urheberschaft eines Dokumentes nachgewiesen werden, benötigt man den öffentlichen Schlüssel und dessen zweifelsfreie Zuordnung zu einer (natürlichen oder juristischen) Person, das sog. Zertifikat. Das Zertifikat wird von einer vertrauenswürdigen Zertifizierungsinstanz ("Trusted Third Party", Trust Center) erteilt. Dort kann auch der öffentliche Schlüssel, der Name des Besitzers und beispielsweise seine Zeichnungsberechtigung hinterlegt werden. Ist der geheime Schlüssel durch sichere Zugangsmechanismen – PIN, Paßwort oder biometrisches Merkmal, z.B. Fingerabdruck – auf einer Chipkarte sicher gespeichert, besteht die Möglichkeit, mit diesem Verfahren eine zweifelsfreie Feststellung der Urheberschaft eines elektronisch vorliegenden Dokumentes zu treffen.

Die "digitale Signatur" basiert auf einem asymmetrischen Verschlüsselungsverfahren. Asymmetrische Verschlüsselungsverfahren sind dadurch gekennzeichnet, daß sie zur Ver- und Entschlüsselung nicht den gleichen Schlüssel benötigen, sondern immer ein Schlüsselpaar. Die beiden Schlüssel dieses Schlüsselpaares sind zwar verschieden, müssen aber zueinander passen. Der erste Schlüssel – er wird auch als geheimer Schlüssel bezeichnet – läßt sich von einem Unbefugten selbst dann nur äußerst schwer "nachmachen", d.h. berechnen, wenn der zweite Schlüssel – der öffentliche Schlüssel – bekannt ist. Dies ist zwar theoretisch nicht ausgeschlossen, bisher sind jedoch keine Verfahren bekannt, die das in sinnvollen Zeiträumen leisten. Einen erheblichen Einfluß auf die Berechenbarkeit hat die Schlüssellänge: Bei der derzeit angewandten Schlüssellänge von mehr als 512 Bit ergeben sich praktisch keine Möglichkeiten, einen unbekannten Schlüssel zu berechnen. Der geheime Schlüssel ist – als Zeichenfolge – typischerweise auf einer Chipkarte gespeichert, die ihrerseits gegen unbefugte Benutzung geschützt ist (PIN, Paßwort usw.). Das Verfahren der "digitalen Signatur" sieht vor, daß der öffentliche Schlüssel – z.B. in einem (öffentlichen) Verzeichnis – bekannt gegeben wird, während der geheime Schlüssel nur dem Autor zur Verfügung steht. Der geheime Schlüssel dient zum Erzeugen von elektronischen Signaturen, mit dem öffentlichen Schlüssel können diese überprüft werden.

Erzeugt der Betroffene selbst dezentral die Schlüssel, handelt es sich in gewisser Weise um ein spezielles selbstgeneriertes Pseudonym, weil der spezielle (geheime) Signaturschlüssel (zur Erzeugung der digitalen Signatur) nur dem rechtmäßigen Benutzer bekannt und zugänglich ist.

5.3 Blinde Digitale Signaturen

Eine spezielle Variante der digitalen Signatur, mit der die Anonymität des Benutzers gewahrt wird. Der Unterschied: Bei der blinden digitalen Signatur gibt es keine Möglichkeit denjenigen zu ermitteln, der ein signiertes Objekt verwendet. Als klassisches Beispiel für eine blinde

Signatur sei hier auf die Banknoten verwiesen. Es geht im wesentlichen nur um die Echtheit des Objekts, nicht um den Inhalt. Der Besitzer tritt dabei nicht in Erscheinung.

5.4 Biometrische Verfahren

Bei der biometrischen Verschlüsselung werden körperliche Merkmale durch optische Geräte digitalisiert, damit diese zur Identifizierung von Personen verwendet werden können. Die wichtigsten Verfahren, die heute schon verfügbar sind, werten folgende Merkmale aus:

- Finger,
- Stimme,
- Gesicht,
- Tastenanschlag und
- eigenhändige Unterschrift.

Zwar ist der Erfassungs- und Berechnungsvorgang zur Erzeugung eines biometrischen Merkmals eindeutig eine Einwegfunktion die nicht umkehrbar ist, allerdings sind fast alle Verfahren mit folgenden Problem behaftet.

Bei allen diesen Methoden ist aus Datenschutzsicht darauf hinzuweisen, daß die biometrischen Merkmale besondere Ansprüche an die Sicherheit der Infrastruktur erfordern. Die Erfassung der biometrischen Merkmale erfolgt in vielen Fällen auf externen Geräten (Lesegeräten). Der Vergleich mit dem hinterlegten Muster auf der Chipkarte wird auch heute noch in vielen Fällen extern durchgeführt. Dies hat zur Folge, daß das biometrische Merkmal auch außerhalb der Chipkarte verarbeitet werden muß und damit zwangsläufig eine Offenbarung stattfindet. Der Mißbrauch kann nur durch korrekt arbeitende Geräte verhindert werden. Ferner muß verhindert werden, daß die Merkmale zu anderen Zwecken heranzogen werden. So ist es vorstellbar daß aus sicherheitspolitischen Überlegungen heraus z.B. bei der Verwendung von Fingerabdrücken, diese zentral gespeichert und ausgewertet werden können.

5.5 Vertrauensstellen

Bei der Realisierung von Pseudonymen sind Vertrauensstellen für die Erbringung bestimmter Sicherheitsdienste und für die Akzeptanz ganzer IT-Infrastruktur erforderlich. Die Funktion gleicht dabei dem eines Notars. Dieser Instanz müssen i.d.R. alle Beteiligten vertrauen können. Zu den wesentlichen Aufgabenbereiche von Vertrauensstellen gehören:

- Schlüsselmanagement,
- Beglaubigungsleistungen,
- Treuhänderfunktion und
- Serverfunktion.

Zur Erbringung dieser Leistungen sind folgende Voraussetzungen erforderlich:

- Zuverlässigkeit,
- Fachkunde,

- Unabhängigkeit und
- Interessenkollisionen dürfen nicht vorliegen.

6 Fazit

Neue Informations- und Kommunikationssysteme sollten folgende Grundsätze beachten:

- Iuk-Systeme sollten so gestaltet werden, daß keine personenbezogene Daten erhoben, gespeichert und verarbeitet werden, d.h., daß eine anonyme Nutzung möglich ist.
- In den Teilbereichen des Systems, in denen für einen definierten Zeitraum personenbezogene Daten für die spezifische Funktionalität unabdingbar sind, sollte festgelegt werden, ob und wann eine Anonymisierung, oder falls dies nicht möglich ist, eine Pseudonymisierung erfolgen kann.

Zur Erreichung dieses Ziel empfiehlt sich folgende Vorgehensweise:

Definition des datenverarbeitenden Systems einschließlich ihrer Schnittstellen durch Zerlegung des Systems in Komponenten

- in denen ohne personenbezogene Daten gearbeitet werden kann.
- in denen personenbezogene Daten anonymisiert verarbeitet werden können.
- in denen personenbezogene Daten pseudonymisiert verarbeitet werden können.
- in denen keine Verzicht auf einen Personenbezug möglich ist.

Nur durch den Einsatz datenschutzfreundlicher Technologien wird auch die Akzeptanz in der Bevölkerung bei der breiten Einführung von Systemen in Zukunft zu erwarten sein.

Literatur

[BD776] Entschließung zu der Empfehlung an den Europäischen Rat „Europa und die globale Informationsgesellschaft“ und zu der Mitteilung der Kommission „Europas Weg in die Informationsgesellschaft: Ein Aktionsplan“; Deutscher Bundesrat, Drucksache 776/96, 10.10.1996, Bonn.

[BO96] John Borking: Der Identity Protector, Datenschutz und Datensicherheit (DuD), 11/96 (1996) S. 654-658.

[BISch] Bleumer, G.,Schunter, M.: Datenschutzorientierte Abrechnung med. Leistungen, DuD, 2/97 (1997) S. 88-97.

[CC] http://www.cybercash.com

[DIGI] http://www.digicash.com

[FV] http://www.fv.com

[FHK] Dirk Fox, Patrick Horster, Peter Kraaibeck: Grundüberlegungen zu Trust Centern, in: P.Horster (Hrsg.): Trust Center – Grundlagen, rechtliche Aspekte, Standardisierung und Realisierung, DuD-Fachbeiträge, Vieweg (1995) S. 1-10.

[FJKP95] Hanns Federath, Anja Jerichow; Dogan Kesdogan, Andreas Pfitzmann: Technischer Datenschutz in öffentlichen Mobilkommunikationsnetzen, Wissenschaftliche Zeitschrift der TU Dresden 44/6 (1995) 4-9.

[GZ96] Grimm, R.; Zangeneh, K: Cybermoney im Internet. Ein Überblick über neune Bnezahlsysteme im Internet, GmD, Institut für Telekooperationstechnik, Darmstadt, Januar 1996.

[IuKDG] Gesetz zur Regelung der Rahmenbedingungen für Informations-und Kommunikationsdienste (Informations-und Kommunikationsdienste-Gesetz – IuKDG), Deutscher Bundesrat, Drucksache 420/97, 13.06.1997, Bonn.

[MON] http://www.mondex.com

[RaPM96] Kai Rannenberg, Andreas Pfitzmann, Günter Müller: Sicherheit, insbesondere mehrseitige IT-Sicherheit, it+ti 38/4 (1996) S. 7-10.

[RGB98] H.van Rossum, H. Gradeniers,J. Borking u.a.: Privacy-enhancing Technologies, The path to anonymity, Volume I u. II, Achtergronndstudies en Verkenningen 5b, Registratiekammer, The Netherlands & Information and Privacy Commissioner/Ontario, Canada, August 1995.

[RDLM95] Kai Rannenberg, Herbert Damker, Werner Langenheber, Günter Müller: Mehrseitige Sicherheit als integrale Eigenschaft von Kommunikationstechnik, in: Kubicek, Müller, Neumann, Raubold, Roßnagel (Hg.): Jahrbuch Telekommunikation & Gesellschaft, 1995, Rv. Decker's Verlag, (1995) S. 254-260.

[SigG] Signaturgesetz, Art. 3 des Gesetzes zur Regelung der Rahmenbedingungen für Informations- und Kommunikationsdienste (IuKDG), Deutscher Bundesrat, Drucksache 420/97, 13.06.1997, Bonn.

[ZWIS] Zwissler, S.: Risikoreduktion bei elektronischer Auslieferung, DuD 7/97 (1997), S. 411-415.

Sicherheit und Datenschutz für Home und Office

Stefan Schneiders

Siemens AG
stefan.schneiders@mch.siemens.de

Zusammenfassung

Das Angebot von Produkten, die den Datenschutz für verschiedene Formen der elektronischen Kommunikation gewährleisten können, wächst ständig. Inzwischen gibt es praktisch keine Anwendung mehr, die ungeschützt bleiben müßte. Einigkeit herrscht weitgehend in der Notwendigkeit zusätzlichen Schutzes, etwa durch Verschlüsselung. Entscheidend für Produkte, die die Vertraulichkeit der Kommunikation oder die Authentifizierung der Anwender bzw. Kommunikationspartner sicherstellen, sind zwei Aspekte: Erstens ist die Akzeptanz der Anwender untrennbar mit der Bedienungsfreundlichkeit der einzelnen Lösungen verbunden. Zweitens ist – vor allem aufgrund gesetzlicher Bestimmungen einiger Länder – darauf zu achten, sich nicht von einer Scheinsicherheit blenden zu lassen. Siemens als einer der führenden Anbieter im Bereich Informationssicherheit setzt dabei eindeutig auf höchste Sicherheit mit starker Verschlüsselung ohne Hintertüren. Sowohl aus Sicht einer unternehmerischen oder behördlichen Sicherheitspolitik wie auch aus datenschutzrechtlichen Erwägungen ist für die Umsetzung einzelner Maßnahmen deren Einbindung in ein Gesamtkonzept notwendig. Eine enge Zusammenarbeit zwischen Chief Information Officers und Datenschutzbeauftragten ist hierzu unerläßlich. Gerade das Zusammenwachsen von Telekommunikation und Datentechnik und dabei neu entstehende Sicherheitslücken führen die Notwendigkeit eines ganzheitlichen Ansatzes deutlich vor Augen.

1 Einleitung

Das Bewußtsein wächst, wenn auch aus Sicht vieler Experten zu langsam: Vor allem Unternehmen und Verwaltungen erkennen, daß die zunehmende Vernetzung und damit die Globalisierung elektronischer Informationen besonderen Schutzes bedarf. Ohne ihn ist der gläserne Bürger leider keine Vision mehr. Neben Techniken zur Anonymisierung wird besonders der Gebrauch von Verschlüsselungstechnik selbstverständlicher, sei es zur vertraulichen und manipulationssicheren Übertragung, oder sei es zur rechtsverbindlichen Kommunikation mit Hilfe der Digitalen Signatur. Ergänzt um wirkungsvolle Authentifizierungsmechanismen stehen bereits heute zahlreiche Produkte als Bausteine eines strategischen TK- und DV-Datenschutz- und Sicherheitskonzeptes zur Verfügung. Entscheidend dabei ist, daß Sicherheit und Datenschutz als Einheit gesehen werden können und vom einzelnen Büroarbeitsplatz bis hin zum mobilen Anwender, der sich nur zeitweise ins Firmennetz einwählt, gewährleistet werden müssen. IT-Manager betrachten dies nüchtern: Für sie muß zunächst das bisher gewohnte Sicherheitsniveau gewahrt bleiben, wenn Netze – etwa für Telearbeiter oder Zulieferer – geöffnet werden. Datenschutzverantwortliche sollten in solche Planungen frühzeitig eingebunden sein. Im zweiten Schritt gilt es dann, das Sicherheitsniveau allgemein zu heben und einen hohes Maß an Datenschutz zu gewährleisten. Neben dem Motiv der Persönlichkeitsrechte einzelner ist dies auch im Interesse von Unternehmen. Denn es ist klar, daß auch hierbei in Zeiten weltweiter Wirtschaftsspionage und unzähliger Hackerattacken, viel zu tun ist.

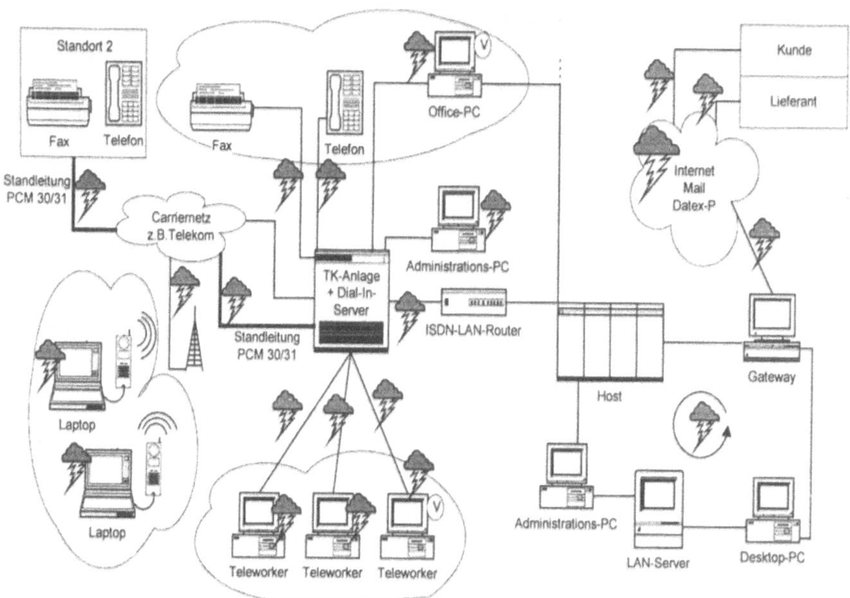

Abb. 1: Bedrohungen in heterogener TK/IT-Landschaft

2 Zugangsschutz zum PC/Laptop

Was macht man mit 190.000 Paßwörtern? Und wer stiehlt sie in einer solchen Anzahl? Ist das ein Hacker mit ungewöhnlicher Sammelleidenschaft, der nichts weiter im Schilde führt, oder steckt hinter einer solchen Aktion jemand, der die Paßwörter im Auftrag beschafft? Fragen, die kaum zu klären sind. Fakt ist jedenfalls, daß im Sommer 1998 weltweit 190.000 Paßwörter von Universitäten, Institutionen und Unternehmen gestohlen wurden. Etwa 48.000 davon konnte der Täter offensichtlich dekodieren. Betroffen waren beispielsweise neben der Harvard University, das Massachusetts Institute of Technology, aber auch Unternehmen in Silicon Valley [Info98]. Kein Einzelfall: Wenige Wochen später wurde bekannt, daß Hacker mit Hilfe eines Sniffer-Programms mehr als 5.000 Benutzerpaßwörter der Stanford University ausspioniert haben [Comp98]. Sofern die Opfer die Diebstähle bemerkt haben, wurden hoffentlich die Paßwörter geändert.

Eines wird durch dieses Beispiel schnell klar: Offensichtlich sind weder Diebstahl noch Dekodierung von Paßwörtern, die die Zugänge zu Netzen, PCs oder Applikationen schützen sollen, ein für Angreifer schwerwiegendes Problem. Programme zum Ausspionieren von Paßwörtern sowie Crack-Programme finden sich im Internet. Entstanden sind solche Programme eigentlich aufgrund eines anderen Problems: Häufig kreieren Anwender viel zu einfache Paßwörter und ändern diese viel zu selten. Mit den Crack-Programmen sollen Administratoren auf solche Fälle aufmerksam werden.

Insofern sind Paßwörter doppelt problematisch: Anwender gehen mit ihnen häufig nachlässig um, wechseln sie selten und denken sich zu einfache Paßwörter aus. Doch auch "gute" Paßwörter – also etwa solche, die sich aus Buchstaben, Zahlen und Sonderzeichen zusammensetzen – sind heute unter Sicherheitsaspekten in vielen Fällen nicht mehr akzeptabel. Folgende Gründe führen zu diesem Schluß:

1. Mit frei zugänglichen Programmen lassen sich über das Internet Paßwörter ausspionieren und mit mindestens 25 Prozent Wahrscheinlichkeit auch knacken.
2. Viele Nutzer sichern ihren Computer einmal beim Start des Betriebssystems, nicht aber jede Anwendung separat, bzw. es wird häufig für viele Zwecke dasselbe Paßwort verwendet. Damit bedeutet ein einmal geknacktes Paßwort bequemen Zugriff auf die Festplatte. Dies kann in der Praxis das Auslesen der Festplatte bedeuten, aber auch das Einschleusen von Viren.
3. Sind die "richtigen" Paßwörter geknackt, ist ein Zugriff auf das Unternehmensnetz möglich, die Möglichkeiten reichen auch hier vom Ausspionieren über das Nutzen des Internet-Anschlusses auf Kosten des Angegriffenen bis hin zum völligen Lahmlegen eines Netzes.

Insgesamt führt diese Situation zu der Frage, wie der Zugang zu PCs und Laptops sicherer und für die Anwender komfortabler geregelt werden kann. Anders ausgedrückt: Wie läßt sich Zugangsschutz ohne die unsicheren Paßwörter realisieren?

2.1 SmartCards statt Paßwörter

Entscheidend ist an dieser Stelle zunächst die Frage nach "fertigen" Lösungen, also Produkten, die schon heute unternehmensweit implementierbar sind und gleichzeitig eine längerfristige Perspektive aufzeigen. Ein zentraler Lösungsansatz von Siemens ist dabei die Kryptochipkarte. Notebooks bzw. PCs werden für ihren Einsatz mit Chipkartenlesern ausgestattet. Entscheidend ist aus Sicherheitsgründen, daß ohne die jeweilige Chipkarte und zusätzliche Eingabe einer PIN kein Softwarestart, also auch nicht des Betriebssystems, möglich ist (Schutz auf BIOS-Ebene). Durch die Faktoren "Besitz" (Chipkarte) und "Wissen" (PIN) wird eine grundsätzlich deutlich höhere Sicherheit erreicht als bei der bloßen Verwendung von Paßwörtern. Durch einen Integritätscheck des Masterbootrecords wird außerdem ein wirkungsvoller Schutz vor Bootsektorviren erreicht.

Während der Arbeitssitzung wird die Präsenz der Karte im Kartenleser sinnvollerweise kontinuierlich überwacht, so daß das System sofort gesperrt wird, sobald die Chipkarte gezogen wird. In einem weiteren Schritt lassen sich in Kryptochipkarten außerdem starke Verschlüsselungsalgorithmen (bis 128 bit Schlüsssellänge) implementieren, die eine automatische Verschlüsselung kompletter Festplatten, von Partitionen oder Diskettenlaufwerken übernehmen.

Typischerweise können hierzu Algorithmen wie DES, IDEA, XOR oder Blowfish verwendet werden. Damit kommt der SmartCard neben der Authentifizierung eine wichtige zweite Funktion zu.

Während für die Anwender besonders das mit Chipkarten realisierbare Single-SignOn in Netzwerken komfortabel ist, erscheint für die Administration von Netzen unter anderem die zentrale Verwaltung von Userprofilen über das Windows NT-Registry bedeutsam, ebenso wie das zentrale SmartCard- und Key Management. Zusätzlich bietet die SmartCard die Möglichkeit, in einem nicht auslesbaren Bereich private Schlüssel für asymmetrische Verschlüsselungsverfahren zu speichern. Damit ermöglichen die SmartCards auch die Digitale Signatur zur Verifizierung der Unverfälschtheit einer übertragenen Nachricht bzw. der Echtheit eines Absenders.

2.2 Die SmartCard wird universell

Von besonderer Bedeutung für künftige Entwicklungen im Bereich der SmartCards ist die Entscheidung von Siemens, ein einheitliches Betriebssystem auf Basis des neuen Cryptocontrollers der Familie SLE 66xxx zu schaffen. Mit Hilfe dieser einheitlichen Basis kann Siemens – wie nur wenige Anbieter auf dem Markt – Unternehmen künftig ein ganzheitliches, interoperables Angebot an Sicherheitslösungen unterbreiten, das bei der Zutrittskontrolle zu Gebäuden beginnt, Mitarbeiter- und Casinoausweise einschließt und bis zur Authentisierung am PC geht. Für das neue Betriebssystem läuft derzeit die Zertifizierung nach ITSEC E4 hoch (CC EAL 5) entsprechend der Anforderungen des deutschen Signaturgesetzes vom 1. August 1998. Die Utimaco Safeware AG, Oberursel, hat bereits angekündigt, das neue Betriebssystem auch in eigenen Produkten einzusetzen.

In einem nächsten Schritt gilt es dann, biometrische Verfahren zur Identifizierung von Anwendern zu integrieren. Sinnvollerweise geschieht dies künftig ebenfalls mit Hilfe der Smartcard. Allerdings ist hierzu noch einige Entwicklungsarbeit notwendig. Es ist zu erwarten, daß biometrische Verfahren noch im Laufe diesen Jahres in zahlreichen größeren Geräten wie Geldautomaten eingesetzt werden können, mit entsprechenden Produktvorstellungen ist zur CeBIT '99 zu rechnen Die Integration eines entsprechenden Sensors auf einer Chipkarte wird sicherlich noch einige Zeit benötigen. Siemens wird bereits auf der CeBIT'99 serienreife Produkte vorstellen, wo die Authentisierung mittels "Finger Tip" realisiert wird. Alternative biometrische Verfahren wie die Irisidentifikation lassen beim Anwender eine geringere Akzeptanz erwarten.

3 Sichere Anbindung von Telearbeitern

Um Telearbeit kommt über kurz oder lang kein Unternehmen herum, auch bei Behörden hat ein intensives Nachdenken darüber begonnen. Und das ist gut so: Denn Telearbeit sorgt für zufriedenere Mitarbeiter, erleichtert es, qualifizierte Mitarbeiter zu gewinnen oder besser an sich zu binden, und zusätzlich ist Telearbeit auch noch wirtschaftlich äußerst attraktiv, nämlich billiger und produktiver. Kein Wunder, daß der Zug Telearbeit immer mehr an Fahrt gewinnt. Das Szenario läßt sich mit wenigen Zahlen skizzieren: Während 1996 etwa 42% US-amerikanischer Unternehmen Telearbeitsinitiativen vorweisen konnten, waren es ein Jahr später schon 51%; das European Information Technology Observatory (EITO), das eng mit der Europäischen Kommission und OECD zusammenarbeitet, kommt zu dem Schluß, daß künftig mehr als die Hälfte der Beschäftigungsverhältnisse in Europa für Telearbeit geeignet ist [Bibe98]. Auf der Kostenseite schlägt ein gewöhnlicher Büroarbeitsplatz jährlich mit fast 14.000 DM zu Buche, während ein sicherer Telearbeitsplatz mit wirkungsvoller Verschlüsselung deutlich unter 8.000 DM pro Jahr kostet. Hinzu kommen eine höhere Effizienz und eine bessere Motivation von Telearbeitern. Die Firmen Digital Equipment und IBM gehen nach eigenen Angaben von einer Produktivitätssteigerung von 30 Prozent durch Telearbeit aus, Siemens rechnet mit 15 bis 20 Prozent. [Gode96].

Allerdings sind Datenschutz und Sicherheit mit die wichtigsten Themen bei der Einrichtung von Telearbeitsplätzen. Schließlich wird das meist relativ gut abgesicherte Unternehmensnetz durch die Anbindung von Telearbeitern geöffnet, die Telearbeiter kommunizieren zunächst über unsichere öffentliche Netze mit ihrem Betrieb. Deshalb müssen die Themen Sicherheit und Datenschutz offensiv angegangen werden, damit ein Telearbeitsprojekt nicht von vorn herein scheitert. Nach Erfahrung langjähriger Berater in diesem Feld hängt die Akzeptanz von Telearbeit neben Fragen der Organisation stark am Thema Datenschutz beziehungsweise Informationssicherheit.

Sinnvoll ist es deshalb auf jeden Fall, bei jedem Telearbeitsprojekt von Anfang an die Sicherheits- und Datenschutzexperten der Unternehmen hinzuzuziehen. Dann wird üblicherweise konkret der Schutz des Unternehmensnetzes vor unerwünschten Eindringlingen geplant sowie der Schutz von Unternehmensdaten beim Telearbeiter. Typischerweise wird beim Unternehmensserver eine Firewall eingesetzt, der Telearbeiter selbst soll mit einer Betriebsvereinbarung bei der Ehre gepackt werden. Darin ist die Verpflichtung zum Verschluß wichtiger Unterlagen enthalten oder die Regelung, daß keine anderen Benutzer den PC des Telearbeiters verwenden dürfen. In einem Telearbeitsprojekt des baden-württembergischen Wirtschaftsministeriums wurde außerdem auf Diskettenlaufwerke verzichtet, auf daß Telearbeiters Junior keine Spiele installieren oder Viren laden kann.

Immer häufiger wird zusätzlich die Frage nach wirkungsvoller Verschlüsselung gestellt. Denn inzwischen ist weithin akzeptiert und bekannt, daß Daten, die ungeschützt über öffentliche Netze übertragen werden, in ihrer Vertraulichkeit, aber auch ihrer Integrität, gefährdet sind. Nicht selten greifen Telearbeiter etwa auf Kundendatenbanken im Unternehmen zu oder arbeiten an neuen Konzepten und Ideen und haben somit mit Dingen zu tun, die gemeinhin als Kapital von Unternehmen bezeichnet werden.

Um eine sichere Anbindung von Telearbeitern an ein Unternehmensnetz zu erreichen, sollte im Unternehmen ein spezieller Dial-In-Server exklusiv für Telearbeiter eingerichtet werden, der wahrscheinlich schon vor die TK-Anlage geschaltet wird. Gleiches gilt natürlich für die Anbindung von Firmenniederlassungen oder Zulieferern in die elektronische Prozeßkette eines Unternehmens. Zwischen Server und ISDN-Anschluß wird dann ein Verschlüsselungsgerät angeschlossen. Siemens bietet zum Beispiel in seiner TopSec-Familie Varianten für die gleichzeitige Verschlüsselung von bis zu 30 ISDN-Basiskanälen. Beim Telearbeiter wird mit dem TopSec 702 ein Verschlüsselungsgerät für zwei Basiskanäle zwischen ISDN-Karte und ISDN-Basisanschluß geschaltet. Dabei läßt sich festlegen, daß Verbindungen zwischen Telearbeiter und Unternehmensserver grundsätzlich verschlüsselt werden. Mangelnde Sicherheit aus Nachlässigkeit wird so ausgeschlossen.

Eine Bedienung der Verschlüsselungsgeräte durch den Telearbeiter ist nicht notwendig: Einmal durch den Systemadministrator eingestellt, verschlüsseln die Geräte der TopSec-Familie automatisch jede Verbindung zum Unternehmensnetz. Zur eindeutigen Authentifizierung werden alle Geräte mit einem kryptographischen Zertifikat versehen, das sie gegenüber anderen Verschlüsselungsgeräten des Unternehmens ausweist. Dieses Verfahren hat dieselbe hohe Sicherheit, wie die Schlüsselmechanismen zur Datenübertragung. Dort wird ein Hybridverfahren mit einem Schlüsselaustausch auf Basis des RSA- und Diffie-Hellman-Verfahrens verwendet. Für jede neue Verbindung wird mit Hilfe eines asymmetrischen Schlüsselaustauschverfahrens (1024 Bit) ein symmetrischer Schlüssel (128 Bit) für die Nutzdaten erzeugt. Nach etwa zwei Sekunden ist die gesicherte Verbindung hergestellt, und der Telearbeiter kann alle Dienste wie gewohnt nutzen beziehungsweise einen sicheren Zugang zum Intranet erhalten.

4 Reisende Manager und Außendienstmitarbeiter

Telearbeiter ist nach landläufiger Definition jeder Mitarbeiter einer Organisation, der von außerhalb auf das Netz seines Arbeitgebers zugreift. Und dazu gehören natürlich all jene Mitarbeiter, die dies von unterwegs aus mit Hilfe ihres Notebooks tun. Konkret handelt es sich hierbei vor allem um Außendienstler, Servicetechniker und Manager auf Reisen. Dieser Gruppe ist mindestens jeder zweite Telearbeiter zuzuordnen.

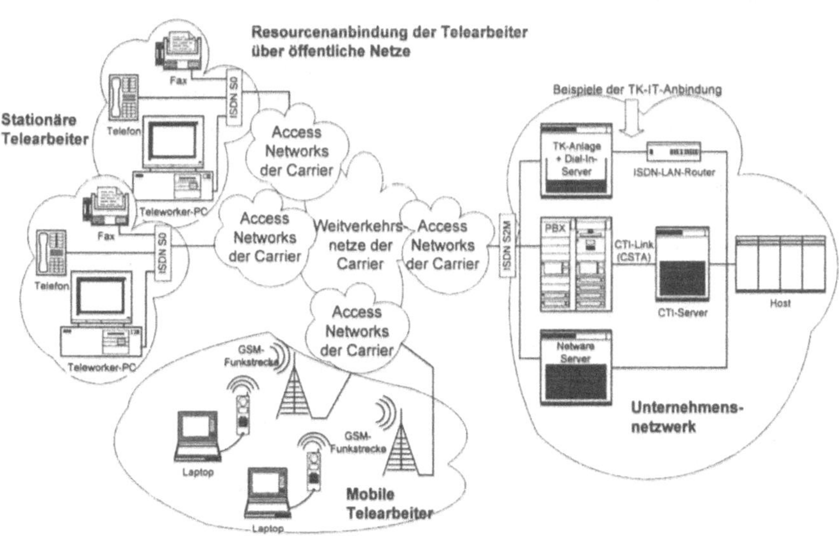

Abb. 2: Szenario Telearbeit

Insofern ist natürlich entscheidend, auch mobile Mitarbeiter in ein Sicherheits- und Datenschutzkonzept einzubinden. Noch stärker als beim ortsgebundenen Telearbeiter stellt sich bei ihnen die Problematik des Zugangsschutzes, hinzu kommt die Notwendigkeit, die Kommunikation auf dem Übertragungsweg zu sichern. Wie der Zugangsschutz mit Hilfe von SmartCards einfach zu realisieren ist, wurde bereits diskutiert.

Eine Verschlüsselung zur Sicherung der von mobilen Telearbeitern verwendeten Übertragungsstrecke bedeutet jedoch die Notwendigkeit einer Ende zu Ende Verschlüsselung über GSM-Netze. Als Lösungsansatz kommt hier eine Steckkarte (PCMCIA bzw. PC Card) in Frage, da die mobilen Telearbeiter natürlich mit Notebooks über GSM arbeiten.

Siemens wird mit dem TopSec 701 auf der CeBIT '99 eine solche PC-Karte vorstellen. Sie wird einfach in einen PCMCIA-Slot eines Notebooks gesteckt und über eine serielle Schnittstelle mit einem GSM-Mobiltelefon verbunden. Das Notebook spricht die Karte wie eine Modem-Karte an; es ist damit also sichergestellt, daß der Großteil der Notebooks über entsprechende Softwaremodule verfügt. Verbindungsaufbau, Schlüsselaustausch und Verschlüsselung arbeiten nach dem gleichen Prinzip wie die anderen TopSec-Geräte. Dasselbe gilt auch für die Administration. Im Unternehmen ist es auch bei der Anbindung mobiler Telearbeiter sinnvoll, daß die Datenverbindung im Unternehmen über den zentralen Dial-In-Server läuft. Zu den anderen Geräten der TopSec-Familie ist die GSM-Variante TopSec 701 kompatibel.

Wie jede Verschlüsselungshardware ist auch die PC-Karte manipulationssicher – dabei wird das Risiko einer Fehlbedienung praktisch ausgeschlossen –, und sie verschlüsselt zuverlässig und vollautomatisch.

5 Secure Mail

Daß E-Mails so offen sind wie eine Postkarte und dazuhin Absendername oder Inhalte verfälscht werden können, ist inzwischen den meisten Verwaltungen und Unternehmen bewußt. Die in den letzten drei Jahren außerordentlich intensiv gewordene Medienberichterstattung und Aufklärungskampagnen von Daten- und Verbraucherschützern bestätigen, daß diese Problematik nicht nur von Technikern gesehen wird, sondern auch in der breiten Öffentlichkeit wahrgenommen wird. Trotzdem: noch fehlt meist das Handeln des Einzelnen. Noch immer ist das Verschlüsseln von E-Mails keine Selbstverständlichkeit, und das, obwohl bekannt ist, daß E-Mails systematisch und automatisiert ausgewertet werden und daß es hierbei nicht allein um Persönlichkeitsrechte von Privatpersonen geht, sondern am Ende auch um Arbeitsplätze, die durch „belauschte" E-Mails von Unternehmen durchaus gefährdet sein können.

Zwei Gründe für die bisher noch nicht befriedigende Akzeptanz von E-Mail-Verschlüsselung erscheinen besonders wichtig: Zum einen fehlt noch immer das Bewußtsein, daß Vertraulichkeit in der Kommunikation nicht allein Sache einiger weniger Freaks oder von Mitarbeitern in Forschungsabteilungen ist. Zum anderen benötigt die Verschlüsselung von E-Mails zusätzliche Arbeitsschritte. Bei älteren Versionen von Verschlüsselungsprogramm genügte dabei die Anwenderfreundlichkeit, die auch den Umgang mit Zertifikaten etc. betrifft, nicht. Sprich: Die Verschlüsselung war zu kompliziert.

Dies hat sich inzwischen geändert. Sowohl das bei Privatpersonen verbreitete PGP in seiner neuesten Version wie auch TrustedMIME von Siemens lassen sich mit wenigen Klicks automatisch installieren, beide klinken sich von selbst in E-Mail-Clients wie Exchange oder Outlook ein. Für TrustedMIME gilt dies auch für Lotus Notes. Die Bedienung ist damit völlig

Windows-konform, und auch das Verschlüsseln geschieht mit zwei Klicks. Wie gewohnt lassen sich dabei zum Beispiel die vorhandenen Adreßbücher nutzen.

Zur Flexibilität von TrustedMIME gehören auch die verschiedenen Möglichkeiten der Schlüsselgenerierung und -zertifizierung. Notwendig sind solche Mechanismen, weil jeder Anwender des Programms über einen öffentlich bekannten Schlüsselteil verfügt, der sowohl für die Verschlüsselung wie auch für die digitale Signatur notwendig ist. Dabei muß gewährleistet sein, daß ein publizierter öffentlicher Schlüssel tatsächlich dem ihm zugeschriebenen Besitzer gehört. TrustedMIME bietet dazu – je nach Sicherheitsanforderung – mehrere Möglichkeiten:

1. Selbsterzeugte Schlüssel mit Eigenzertifikaten.
2. Selbsterzeugte Schlüssel mit Zertifizierung durch unabhängige Provider (z.B. VeriSign, Debis).
3. Schlüsselgenerierung und Zertifizierung durch (firmeneigene) Trust Center.
4. Schlüsselgenerierung auf einer Krypto-Chipkarte und Zertifizierung des öffentlichen Schlüssels durch Provider oder firmeneigenes Trust Center.

Mit TrustedMIME/Corporate kann ein Unternehmen die Software so anpassen, daß es seine unternehmensweite Politik für sichere E-Mails individuell bestimmen und durchsetzen kann. Dies reduziert die Verwaltungskosten und bietet den Mitarbeitern nutzerfreundliche, vorkonfigurierte, sichere E-Mail-Funktionalität. Siemens selbst wird TrustedMIME weltweit einsetzen, so daß das Programm mit weit mehr als 100.000 verkauften Lizenzen zu den führenden Verschlüsselungslösungen für Unternehmen zählen wird.

Siemens setzt bewußt auf das in Europa von seinem Tochterunternehmen SSE, Irland, entwickelte Verschlüsselungsprogramm TrustedMIME, das mit Hilfe von 128 Bit langen symmetrischen und bis zu 2048 bit langen asymmetrischen RSA-Schlüsseln besonders hohe Vertraulichkeit, eine zuverlässige Authentisierung sowie Fälschungssicherheit in der E-Mail-Kommunikation gewährleistet. TrustedMIME ist zu dem von Microsoft und Netscape entwikkelten künftigen Standard für sicheren Internet-Datenaustausch, S/MIME (Secure/Multi-Purpose Internet Mail Extensions), kompatibel. Dadurch ist TrustedMIME nach Einschätzung von Siemens zukunftssicherer als die bekannten Alternativangebote.

Im Gegensatz zu Herstellern anderer Business-Anwendungen zur E-Mail-Sicherheit verzichtet Siemens außerdem auf Hintertüren in seinem Verschlüsselungsprogramm. Diese werden von Kryptologen als Sicherheitsrisiko bewertet und sind bekanntlich auch politisch höchst umstritten. Es ist grundsätzlich naheliegend, daß eventuelle Hintertüren in Verschlüsselungsprogrammen nicht nur vom Arbeitgeber, sondern auch von dritter Seite aus genutzt werden können. An dieser Stelle ist zu betonen, daß Siemens deshalb nicht Mitglied in der "Key Recovery Alliance" ist. Alle Programme der Mitgliedsunternehmen enthalten die von Geheimdiensten und Militärs geforderte Hintertüren bzw. es werden – vom Anwender unbemerkt – Kopien des geheimen privaten Schlüssels erzeugt und Geheimdiensten zur Verfügung gestellt. [wire98]

6 Sichere Videokonferenz

Videokonferenzen etablieren sich aus gutem Grund: Gegenüber Telefonaten ist die um Bewegtbilder ergänzte Kommunikation „reichhaltiger", wie es die Kommunikationsforschung ausdrückt. Anders formuliert: Die Qualität der Kommunikation wird durch Videokonferenzen verbessert. Damit ist unstrittig, daß Videokonferenzen in vielen Fällen Meetings ersetzen können. Lange Reisezeiten und die damit verbundenen Kosten werden so oft vermieden. Weltweit verteilte Arbeitsgruppen und der Trend zu Telearbeit auf organisatorischer Seite und eine inzwischen gute Qualität der Konferenzen im Euro-ISDN durch Datenkomprimierung sorgen für einen zusätzlichen Nachfrageschub.

Wie auch bei anderen Kommunikationsdiensten stellt sich bei Videokonferenzen die Frage der Informationssicherheit, speziell der Vertraulichkeit. Um diese zu schützen empfiehlt sich wie auch bei der Anbindung von Telearbeitern der Einsatz von Verschlüsselungsgeräten. Siemens bietet dazu mit dem ISDN-Verschlüsselungsgerät TopSec 703 eine komfortable und sichere Lösung. Wie das TopSec 702 wird es einfach zwischen ISDN-Karte am PC und ISDN-Basisanschluß geschaltet. Im Telefonbuch der einzelnen Konferenzsysteme wird einmalig eingestellt, welche Videokonferenzen automatisch verschlüsselt werden sollen.

Da sich das Verschlüsselungsgerät transparent verhält, ist gleichgültig, welches ISDN-Videokonferenzsystem eingesetzt wird; das Kryptogerät erlaubt auch die gleichzeitige Nutzung zweier ISDN-B-Kanäle, um zusätzliche Bandbreite für die Übertragung von Bildern zu gewinnen. Die kryptographischen Prozesse wie auch die Sicherheitsprinzipien (starke Verschlüsselung, elektronisches Zertifikat etc.) sind dieselben wie beim TopSec 702, so daß die beiden Geräte untereinander kompatibel sind.

7 Ganzheitliche Sicherheitslösungen

Sicherheit, Vertraulichkeit und damit Datenschutz in der elektronischen Realität sind nicht in erster Linie Fragen einzelner Anwendungen. Gerade das Zusammenwachsen von Telekommunikation und Datentechnik sowie die Verlagerung vom Papier zur Elektronik für die Speicherung unternehmensweiter Informationen lassen laufend neue Datenschutz- und Sicherheitsprobleme entstehen.

Heterogene Netzstrukturen schließen zudem einfache, standardisierte Lösungen aus. Überspitzt formuliert: Fragen des Datenschutzes und der Sicherheit sind die Rückseite der vieldiskutierten Medaille der Konvergenz.

Entscheidend ist deshalb der Blick aufs Ganze und ein ganzheitliches Sicherheitsmanagement, wie es nur von einem Chief Information Officer verantwortet werden kann. Er nimmt auch eine Schlüsselstellung in Sicherheitsfragen ein und ist damit Ansprechpartner für Anbieter von Sicherheitslösungen. Außerdem ist er dafür verantwortlich daß die den Datenschutz betreffenden Aspekte berücksichtigt werden. Nicht nur Industrieunternehmen wie Siemens haben entsprechende Stellen geschaffen, auch von Verwaltungen wird die dringende Notwendigkeit eines Informationsmanagements erkannt. So sollen z.B. in bayerischen Hochschulen Sicherheitsmanagement-Teams eingerichtet werden [Staa98].

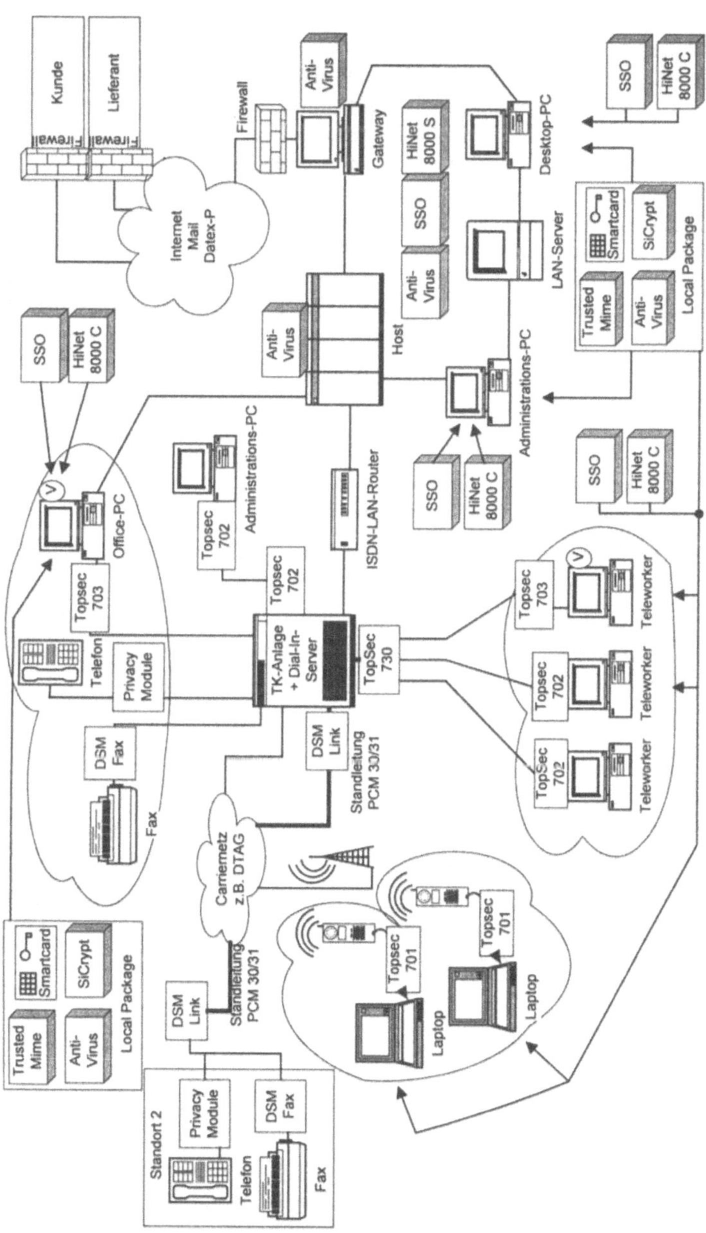

Abb. 3: Beispiel einer ganzheitlichen Sicherheitslösung

Für die Sicherheitsverantwortlichen gilt es auf der einen Seite zu erfassen, welche Art von Kommunikationsinhalten zwischen den Mitgliedern einer Organisation technisch vermittelt werden, um so deren Schutzwürdigkeit zu erkennen.

Auf der anderen Seite ist eine technische Analyse der vorhandenen oder geplanten Kommunikationsinfrastruktur notwendig, um alte oder neu entstehende Sicherheitslücken zu erkennen. Security Manager, die beide Aufgaben übernehmen, benötigen dafür technisches Know how und gleichzeitig beste Kenntnisse in organisatorischen Belangen. Insofern geht auch die Beratung in Fragen der Informationssicherheit von externen Dienstleistern, zu denen auch die Siemens AG zählt, über die bloße Frage nach der Einbindung von Sicherheitsprodukten hinaus. Zur konzeptionellen Arbeit zählt natürlich auch die Schulung von Mitarbeitern einer Organisation im Sinne einer Sensibilisierung. Auf Seiten der Technik gilt es, ein Portfolio notwendiger Sicherheitsmaßnahmen für jeden Arbeitsplatz zu erarbeiten. Darin kann z.B. festgelegt werden, daß unternehmensweit Chipkarten zur sicheren Authentifizierung am Arbeitsplatz-PC eingeführt werden und bestimmte Arbeitsplätze zusätzlich mit einem Verschlüsselungsgerät ausgestattet werden.

Literatur

[Bibe98] Biberbach, Florian / Möslein, Kathrin: Telearbeit im dritten Jahrtausend. In: TeleOffice, kom:unik-Verlag, Nr. 6/November 1998, S. 12-13.

[Comp98] Hackerangriff auf Uni. In: Gateway, Computerwoche Verlag, CMP WEKA, Nr. 12/25. November 1998, S. 14.

[Gode96] Godehardt, B., Klinge, C.: Telearbeit – Telekooperation- Teleteaching, in: Computerwoche, Computerwoche Verlag Nr. 37 vom 19.09.1996, S. 59-63.

[Info98] Unbekannter stiehlt 190.000 Paßwörter. In: Information Week, Nr. 18/3. September 1998, S. 9.

[Simo98] Simon, Stefan et. al.: Telearbeit rechnet sich! In: TeleOffice, kom:unik-Verlag, Nr. 6/November 1998, S. 38-41.

[wire98] Network Associates Inc. Back in Key Recovery Group In: wired news, 12. November 1998. www.wired.com/news/news/technology/story/16219.html

[Staa98] Bayerisches Staatsministerium für Unterricht, Kultus, Wissenschaft und Kunst: Sicherheit in Verwaltungsnetzen. Anforderungen, Möglichkeiten, Empfehlungen, München 1998. www.stmuk.bayern.de/unifh/index.html

Risiko Telearbeitsplatz?

Thomas Klein

DeTeSystem GmbH
twklein@t-online.de

Zusammenfassung

Der Einsatz moderner Informations- und Kommunikationssysteme wird zur Umstrukturierung der Arbeitsorganisation beitragen. Die Arbeitsleistung muß nicht mehr nur ausschließlich am Standort des Unternehmens erbracht werden. Telearbeit ist als eine Form von Telekooperation das Instrument, dezentrale Organisationsstrukturen einzusetzen. Die Einführung von Telearbeit in größerem Rahmen führt nur dann zum Erfolg, wenn strukturiert vorgegangen wird. Im vorliegenden Beitrag wird ein Vorgehensmodell zum Konzipieren und Realisieren von Telearbeitsplätzen beschrieben, das alle relevanten Aspekte fokusiert. Ausgehend von der Frage, welche Tätigkeiten in einem Unternehmen das Potential für Telearbeit besitzen, werden Anpassungen an Geschäftsprozessen ebenso einbezogen wie das Aufstellen der Anforderungen an die Telearbeitsplatzlösung, worunter die IT-Systeme, die öffentlichen Kommunikationsplattformen und die Zugangsstelle zum Unternehmensnetz verstanden werden. Eine besondere Bedeutung kommt der Sicherheit der Informationen zu, die das Unternehmen in Richtung Telearbeitsplatz verlassen. Rechtliche Aspekte der Telearbeit werden kurz beleuchtet.

1 Einleitung

Entwicklungen im Bereich verteilter Systeme schaffen in Verbindung mit dem Anwachsen der über öffentliche Netze für Datenanwendungen nutzbaren Bandbreite und der flächendekkenden Versorgung durch GSM-Funknetze in zunehmendem Maße die technischen Voraussetzungen für Telekooperation, worunter die mediengestützte arbeitsteilige Leistungserstellung von individuellen Aufgabenträgern, Organisationseinheiten und Organisationen, die über mehrere Standorte verteilt sind, verstanden wird (siehe [BMBF97]).

Telekooperation erlaubt die Umgestaltung unternehmerischer Wertschöpfungsketten, die Auflösung organisatorischer Standortbindung sowie die Dezentralisierung von Arbeitsumgebungen bis in den häuslichen Bereich. Dadurch werden Fragen nach den Formen von *Telearbeit*, nach dem Koordinieren von Telearbeit (*Telemanagement*) und nach Formen geeigneter oder neuer durch Telekooperation überhaupt erst möglicher Dienstleistungen aufgeworfen.

Durch Schaffung dieser neuen Arbeitsplatzformen erreichen Unternehmen zum einen größere Kundennähe und besseren Kundenservice. Man denke nur an die *Außendienstmitarbeiter*, die trotz ihrer Abwesenheit im Büro weiterhin in die Unternehmenskommunikation eingebunden sind. Zum anderen läßt sich bei konsequenter Fortsetzung ein echtes *Desk-Sharing* erreichen, was für ein Unternehmen mit weniger benötigter Bürofläche bei gleichzeitig verbesserter Ausnutzung vorhandener Ressourcen verbunden ist. Allgemeine Aussagen über Vor- und Nachteile sind wegen der Vielzahl von Telearbeitsplatzformen jedoch schwierig. Unstrittiger Vorteil ist allerdings die höhere Zeitsouveränität der Telemitarbeiter.

Bei der Einführung von Telearbeit sind neben den technischen, wirtschaftlichen und sozialen Aspekten verstärkt auch organisatorische, sicherheitsrelevante und rechtliche Aspekte zu berücksichtigen sind. Die Kommerzialisierung des Internet hat in vielen Unternehmen das Bewußtsein für die Gefahren und Risiken geschärft, die mit der Nutzung offener Kommunikationsplattformen verbunden sein können. Das Wissen um diese Gefahren hat dazu geführt, daß sie besser eingeschätzt werden können und dadurch ihren Schrecken verloren haben. Eine ähnliche Entwicklung ist im Bereich der Telearbeitsplätze zu verzeichnen.

Heute stellt sich den Unternehmen nicht mehr die Frage, ob Telearbeitsplätze eingerichtet werden sollen oder ob nicht, sondern vielmehr die Frage, wie bei der Integration der Telearbeitsplätze vorzugehen ist, damit die neuen Technologien genutzt, die Risiken minimiert und der mögliche Nutzen maximiert werden. Der vorliegende Beitrag versucht eine Antwort auf diese Frage zu geben.

Bevor eine Methode aufgezeigt wird, nach der bei der Konzipierung und Realisierung von Telearbeitsplätzen vorgegangen werden kann, sollen zunächst die Formen von Telearbeit genannt, die bestehenden Risiken beschrieben, Maßnahmen zu deren Reduzierung aufgezeigt und kurz auf rechtliche Aspekte der Telearbeit eingegangen werden. Weiterführende Informationen können der aufgeführten Literatur entnommen werden.

2 Formen von Telearbeit

Nach [Kord96] bezeichnet „*Telearbeit die wohnortnahe Arbeit unabhängig vom Unternehmensstandort an mindestens einem Arbeitstag pro Woche, wobei die Zusammenarbeit über räumliche Entfernungen hinweg unter primärer Nutzung von Informations- und Kommunikationstechnologien erfolgt, und eine Telekommunikationsverbindung zum Arbeitgeber bzw. Auftraggeber zur Übertragung von Arbeitsergebnissen genutzt wird*".

Es werden im allgemeinen folgende Grundformen von Telearbeit unterschieden (siehe [BMBF97]):

- *Teleheimarbeit*: Hier arbeitet der Telemitarbeiter ausschließlich zu Hause. Als Rechtsform sind ein normales Arbeitsverhältnis, Heimarbeit nach dem Heimarbeitsgesetz oder berufliche Selbständigkeit möglich.
- *Alternierende Telearbeit*: Hier besteht neben dem Heimarbeitsplatz weiterhin der betriebliche Arbeitsplatz fort. Die jeweiligen Arbeitsinhalte bestimmen, wo wann gearbeitet wird; die Arbeitnehmer können sich der neuen Arbeitsform schrittweise nähern und behalten ihre sozialen Bindungen im Unternehmen.
- *Mobile Telearbeit*: Außendienstler, Berater und Führungskräfte arbeiten hier mit einer entsprechenden Telekommunikationsausrüstung von Kunden, Hotels oder Baustellen aus; auch die telekommunikationsgestütze Arbeit in der Bahn oder anderen Verkehrsmitteln zählt hierzu.
- *Telearbeitszentren*: Hier treffen sich die Telemitarbeiter in lokalen Büros, von denen Sie ihre Arbeit erledigen. Bei unternehmenseigenen Arbeiststätten spricht man von *Satellitenbüros*. In *Nachbarschaftsbüros* betreiben mehrere Firmen ein gemeinsames Büro. *Telehäuser* bieten darüber hinaus noch Serviceangebote und fokussieren in erster Linie die Schaffung einer geeigneten Organisationsform zur kundenorientierten Erbringung von Teledienstleistungen.

- *Virtuelle Unternehmen*: Hierunter wird der Zusammenschluß von rechtlich unabhängigen und räumlich getrennten Selbständigen oder Kleinunternehmern - auf Dauer oder auch nur für die Abwicklung eines Projektes- verstanden.

Die Unterscheidung der genannten Grundformen von Telearbeit bezieht sich ausschließlich auf unterschiedliche Richtungen einer räumlichen Arbeitsplatzverlagerung. Diese Unterscheidung reicht für sich allein nicht aus. Aus diesem Grund klassifiziert [Reic97] die vielfältigen Ausprägungsformen und Arbeitsplatztypen nicht nur nach dem Arbeitsort sondern gleichermaßen nach Art der Arbeitszeit, der vertraglichen Regelungen und der technischen Anbindung (siehe Tabelle 1)

FORMEN DER TELEARBEIT	
Kriterium Arbeitsort: • Home-Based Telework • Center-Based Telework • On-Site Telework • Mobile Telework	**Kriterium Arbeitszeit:** • Permanente Telearbeit • Alternierende Telearbeit • Flexible Telearbeit
Kriterium Vertragsform: • Tele-Arbeitnehmer • Tele-Unternehmer	**Kriterium Technische Anbindung:** • Online-Telearbeit • Offline-Telearbeit

Tabelle 1: Formen von Telearbeit, nach [Reic97]

Das Verständnis ist im einzelnen wie folgt:

- *Unterscheidungskriterium Arbeitsort*: Nach Art der räumlichen Regelung ist zu unterscheiden der Arbeitsplatz zu Hause *(Home-Based Telework)*, in wohnortnahen Telearbeitszentren *(Center-Based Telework)*, am Standort des Kunden oder Lieferanten *(On-Site Telework)* oder standortunabhängig *(Mobile Telework)*.

- *Unterscheidungskriterium Arbeitszeit*: In bezug auf die Arbeitszeit ist zu klären, ob eine Tätigkeit vollständig an einem dezentralen Telearbeitsplatz erbracht wird - also beispielsweise *permanente Telearbeit* in einem Satellitenbüro - oder ob *alternierende Formen* vorzuziehen sind - beispielsweise in Form alternierender Teleheimarbeit, bei der ein Teil der Woche am häuslichen Arbeitsplatz, die restliche Zeit vor Ort in der Unternehmung verbracht wird. Zu unterscheiden ist weiterhin, ob für einen Telemitarbeiter feste Arbeitszeiten, Gleitzeitregelungen oder eine völlige Zeitsouveränität gilt.

- *Unterscheidungskriterium Vertragsform*: Diese Unterscheidung ist mit dem rechtlichen Status des Telemitarbeiters verknüpft. Der *Tele-Arbeitnehmer* ist auf der Vertragsgrundlage eines Arbeitsvertrags beschäftigt. Die selbständige Tätigkeit eines *Tele-Unternehmers* basiert auf einem Werkvertrag. Zwischen diesen beiden Extremformen liegt das Spektrum möglicher Einbindungsformen.

- *Unterscheidungskriterium Technische Infrastruktur*: Die Einrichtung von Telearbeitsplätzen bedingt stets Entscheidungen über die Art der technischen Anbindung der dezentralen Arbeitsplätze. Grundsätzlich kann zwischen asynchronem *Offline-Arbeiten* einerseits und synchronem *Online-Arbeiten* andererseits unterschieden werden. Dazwischen bewegt sich das Spektrum der vorstellbaren Anbindungsformen.

3 Sicherheit bei Telearbeitsplätzen

Telearbeitsplätze können sich nur dann durchsetzen, wenn die Integration der Telearbeitsplatzsysteme in das Unternehmensnetz als sicher angesehen werden kann. Sicherheit bedeutet in diesem Zusammenhang, daß die Kommunikation zwischen den Telearbeitsplätzen und dem Unternehmen *authentisch*, *verfügbar*, *integer* und *vertraulich* ist. Dies sind die Kriterien, an denen sich jede Anbindungsrealisierung von Telearbeitsplatzsystemen messen lassen muß.

Das Bundesamt für Sicherheit in der Informationstechnik (BSI) hat in [Drees98] und [BSI 98] die Gefährdungen, denen Telearbeitsplatzsysteme ausgesetzt sind, beschrieben und geeignete Maßnahmen vorgeschlagen. Auf beide Schriftstücke wird im folgenden bei der Betrachtung der sicherheitskritischen Bereiche *Zugangspunkt zum Unternehmensnetz*, *öffentliche Kommunikationsplattformen*, *Telearbeitsplatzrechner* und *räumliches Umfeld* einer Telearbeitsplatzlösung Bezug genommen.

3.1 Zugangspunkt zum Unternehmensnetz

Das klassische heute zur Anwendung kommende Fernzugangsverfahren zu Unternehmensnetzen heißt *Remote-Node*. Dabei wird der Telerechner in das lokalen Unternehmensnetz wie eine lokale Arbeitsstation eingebunden. Der Telemitarbeiter erhält im Rahmen seiner Rechte Zugriff auf benötigte Ressourcen und Dienste. Die Kommunikation zwischen Telerechner und Unternehmensnetz erfolgt in der Regel über öffentliche Kommunikationsplattformen. Der prinzipielle Aufbau ist in folgender Abbildung dargestellt.

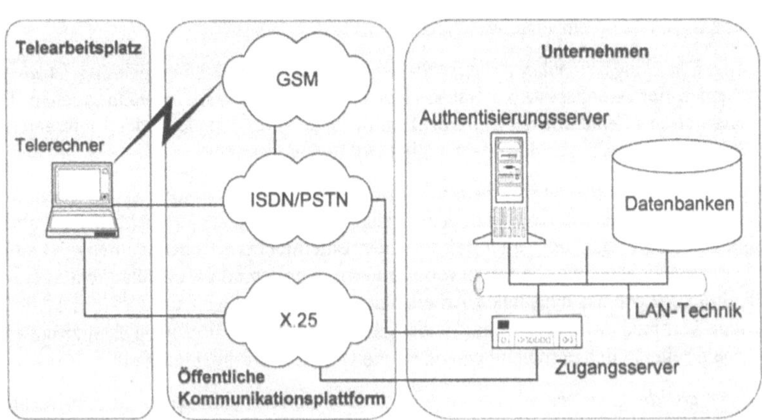

Abb. 1: Fernzugang mittels Remote Node

Das Schaffen von Telearbeitsplätzen bedeutet das Öffnen der Unternehmensnetze zu den öffentlichen Kommunikationsplattformen. An der Zugangsstelle muß die eingesetzte Technik sehr genau zwischen zugangsberechtigten Telemitarbeitern und unbefugten Personen trennen. Ein Versagen an dieser Stelle kann für ein Unternehmen unübersehbare Folgen haben. Aus der Vielzahl der Gefahren seien an dieser Stelle der Diebstahl wichtiger Unternehmensdaten, die Verseuchung des Unternehmensnetzes mit Viren und Trojanischen Pferden, das Löschen von Daten und die Be- oder Verhinderung von elektronischen Diensten im Unternehmensnetz genannt.

Glücklicherweise sind die zugangsberechtigten Mitarbeiter dem Unternehmen bekannt, so daß durch Einsatz geeigneter Mechanismen basierend auf Chipkarten oder Token-Cards sich die Authentizität der Telemitarbeiter feststellen läßt. Die Sicherstellung der Identität der Telemitarbeiter ist die erste und wichtigste Aufgabe der Zugangsstelle. Dabei ist darauf zu achten, daß unter Umständen eine Vielzahl verschieden ausgelegter und gleichzeitig laufender Authentisierungssysteme unterstützt werden muß. In Verbindung mit Authentisierungsverfahren auf der Netzwerkschicht (z.B. der Einsatz von CHAP bei PPP) und der Übertragungsplattform (CLIP und COLP zusammen mit Call Back oder geschlossene Benutzergruppen im ISDN) kann die Authentizität der Kommunikation sichergestellt werden.

Eine weitere Aufgabe der Zugangsstelle zum Unternehmensnetz ist die Kontrolle und Überwachung der bestehenden Verbindungen zu den Telemitarbeitern. Das Protokollieren relevanter Verbindungsdaten erlaubt eine detaillierte Auswertung von Anzahl und Dauer der Zugriffe, so daß zum einen der Verkehr zwischen Unternehmensnetz und den Telemitarbeitern transparent nachvollziehbar wird. Der Versuch des Eindringens Fremder läßt sich so schnell erkennen. Zum anderen lassen sich sehr granular Kostenabrechnungen für diejenigen Kostenstellen im Unternehmen erstellen, denen die Telemitarbeiter angehören.

3.2 Öffentliche Kommunikationsplattformen

Öffentliche Kommunikationsplattformen stellen das Bindeglied zwischen dem Telemitarbeiter und dem Unternehmensnetz dar. Es können je nach benötigter Bandbreite mehrere Netztechnologien eingesetzt werden. Die zur Zeit häufigsten Vertreter sind das ISDN, die analogen Fernsprechnetze oder die bestehenden GSM-Funknetze.

Neben der Möglichkeit, daß Unbefugte durch Abhören der Verbindung zwischen dem Telerechner und dem Server an der Zugangsstelle zum Unternehmensnetz in den öffentlichen Kommunikationsplattformen in den Besitz sensibler Unternehmensdaten kommen, geht auch eine Gefahr für die Telerechner durch *den unkontrollierten Aufbau von Kommunikationsverbindungen*, durch *nicht getrennte Kommunikationsverbindungen* und durch *Eindringen in die Rechnersysteme über Kommunikationskarten* aus (siehe [Drees98] und [BSI 98]).

Durch Umsetzung geeigneter technischer und organisatorischer Maßnahmen, die den Schutz der Vertraulichkeit der Daten und das Prinzip der geringsten Berechtigung zum Ziel haben, gelingt es, den Gefährdungen, die von den öffentlichen Netzplattformen ausgehen, zu begegnen. Als der Vielzahl der möglichen Maßnahmen seien das Deaktivieren nicht benötigter Funktionalitäten der Kommunikationskarten, das Nutzen vorhandener Sicherheitsmechanismen der Komponenten, das Dokumentieren der Kartenkonfiguration, das Festlegen der Kommunikationspartner und das regelmäßige Kontrollieren der programmierten Rufnummern genannt.

3.3 Telearbeitsplatzrechner

Das wesentliche Arbeitsmittel eines Telearbeitsplatzes stellt der Telearbeitsplatzrechner dar. Ausgerüstet mit einer ISDN-, GSM- oder analogen Modemkarte erlaubt er dem Mitarbeiter an der Datenkommunikation mit dem Unternehmen teilzuhaben.

Dabei dient der Telearbeitsplatzrechner aber nicht nur als Zugangssystem zum Unternehmensnetz, mit dem der Telemitarbeiter relevante Unternehmensdaten einsehen kann. Die Leistungsfähigkeit und Intelligenz der Rechner wird zur Datenerfassung und -verarbeitung vor Ort eingesetzt.

Aufgrund dieser Einsatzform befinden sich auf der lokalen Festplatte des Rechners in der Mehrzahl der Fälle wichtige und unternehmenssensible Daten, die unter keinen Umständen zur Kenntnis Unbefugter gelangen dürfen.

Die aufgeführten Gründe zeigen die Wichtigkeit, mit der der Rechner als Schaufenster zum Unternehmen abgesichert werden muß. Dabei sind zwei Aspekte wesentlich: Erstens muß der Zugang zum Rechner selbst sicher gestaltet und die vorgegebenen Authentisierungsmechanismen der Zugangsstelle des Unternehmensnetzes unterstützt werden. Zweitens muß der Zugriff auf die lokal gespeicherten Daten so gestaltet werden, daß nur berechtigte Personen in die Kenntnis der Daten gelangen können, selbst dann, wenn der Rechner durch Diebstahl entwendet wird. Letzere Gefährdung ist insbesondere bei mobiler Telearbeit gegeben.

Zur Erfüllung dieser Anforderungen können entweder die in einigen Betriebssystemen vorhandenen Mechanismen genutzt (z.B. Zugangsschutz unter NT) oder geeignete Sicherheitssoftware zusätzlich installiert werden. Zur Absicherung der gespeicherten Daten sollten diese verschlüsselt werden.

3.4 Räumliches Umfeld

Bei Telearbeitsplätzen in Telearbeitszentren oder zu Hause muß neben den Telearbeitsplatzrechnern selbst des weiteren das räumliche Umfeld betrachtet werden.

Der Telemitarbeiter nutzt dabei eine feste räumliche Infrastruktur, die demselben Zwecke wie die Büroumgebung im Unternehmen dient. Dadurch ist der Ort, an dem Daten außerhalb des Unternehmens zugänglich sind, nicht mehr nur auf den Telerechner beschränkt. Akten und Vorgänge werden in Papierform beim Mitarbeiter zu Hause gegebenenfalls über einen längeren Zeitraum vorgehalten und aufbewahrt.

An dieser Stelle sind bei der Konzipierung und Planung von Telearbeitsplätzen grundsätzlich zu klären, welche Tätigkeiten zu Hause ausgeführt werden können, welche Informationen damit das Unternehmen in Richtung der häuslichen Arbeitsumgebung verlassen und welche Ausstattungsform ein Heimarbeitsplatz demzufolge aufweisen muß. Durch Erarbeiten geeigneter Regelungen und Vorgaben organisatorischer Art (beispielsweise Regelungen des Akten- und Datenträgertransportes oder der Entsorgung dienstlicher Unterlagen und Datenträger) muß das Unternehmen Sorge tragen, daß die Unternehmensdaten, ob in elektronischer oder in Papierform, vor dem Zugriff und der Einsichtnahme durch Unbefugte weitgehend geschützt sind.

Des weiteren sollten in einem Betreuungs- und Wartungskonzept Ansprechpartner für den Benutzerservice (Hotline) benannt werden, die dem Telemitarbeiter telefonisch Hilfestellung beim Auftreten kleinerer technischer Schwierigkeiten geben können. Die Einführung von Standard-Telearbeitsrechnern ist hier eine große Hilfe. Finden regelmäßige Wartungen statt, sollten die Termine dem Telemitarbeiter rechtzeitig bekannt gegeben werden. Aus Gründen der Haftung sollte festgelegt werden, wer autorisiert ist, die IT-Systeme zwischen dem häuslichen Arbeitsplatz und dem Unternehmen hin und her zu transportieren.

Da der Telemitarbeiter am häuslichen Arbeitsplatz weitgehend auf sich allein gestellt ist, kann es z.B. bei einem Systemausfall zu langen Ausfallzeiten kommen. Im Zweifelsfall muß ein IT-Betreuer aus dem Unternehmen zum Telemitarbeiter fahren. Deshalb ist es wichtig, daß die Telemitarbeiter im Umgang mit dem IT-System intensiv geschult werden und auch die sie betreffenden IT-Sicherheitsmaßnahmen kennen und umsetzen, siehe [Drees98] und [BSI 98].

4 Rechtliche Aspekte

4.1 Allgemeine Aussagen

Die Einführung von Telearbeitsplätzen hat neben den bereits ausgeführten Aspekten auch eine rechtliche Dimension. Die folgenden Ausführungen über die rechtlichen Aspekte der Einführung von Telearbeit sind [BMBF97] zu entnehmen:

- Ein besonderes Gesetz für Tele-Arbeitnehmer ist nicht erforderlich. Aufgrund bisheriger Erfahrungen werden auch bei der Telearbeit die echten Arbeitsverhältnisse unter Anwendung der einschlägigen Arbeitnehmerschutzvorschriften bei weitem überwiegen.
- Soweit tatsächlich auf das Institut des Heimarbeitsverhältnisses zurückgegriffen werden sollte, sind dessen Schutzbestimmungen aus heutiger Sicht ausreichend.
- Sollte Telearbeit an Selbständige (freie Mitarbeiter) vergeben werden, so bieten die Kriterien zum Scheinwerkvertrag ausreichend Schutz für Betroffene.
- Ein Zutrittsrecht gegen den Willen des betroffenen Telemitarbeiters für Arbeitgeber, Arbeitnehmervertreter und Behörden, das nach herrschender Meinung de lege lata aufgrund des verfassungsrechtlichen garantierten Schutzes der Wohnung nicht besteht, sollte auch nicht durch gesetzgeberische Akte geschaffen werden. Das im Falle einer drohenden Gefahr für die öffentliche Sicherheit und Ordnung bestehende Eingriffsrecht zugunsten des Staates erscheint ausreichend.
- Die vorgenannten Überlegungen gelten auch für die Belange des Arbeitsschutzes. Zum einen sind besondere Gefahren für das Arbeiten als Telemitarbeiter nicht ersichtlich, zum anderen ist die tatsächliche Gestaltung des Telearbeitsplatzes wegen ständiger Möglichkeit zur Umgestaltung nicht kontrollierbar.
- Eine analoge Anwendung der Grundgedanken des §16 Heimarbeitsgesetzes hinsichtlich der Verteilung der Verantwortlichkeit beim Gefahrenschutz erscheint auch für das Telearbeitsverhältnis geboten und ist sachgerecht.
- Da auf das Telearbeitsverhältnis die betriebsverfassungsrechtlichen Mitwirkungsrechte des Betriebsrates Anwendung finden, bedarf es keiner Änderung des Betriebsverfassungsgesetzes. Dies ist jedoch aufgrund der Besonderheiten, die sich aus dem Arbeiten zu Hause ergeben, z.T. (z.B. Kontrolle des Arbeitsplatzes) einschränkend zu interpretieren.
- Ein Mitbestimmungsrecht nach §87 Abs.1 Nr.2 hinsichtlich der Lage der Arbeitszeit und der Pause, ist abzulehnen. Dem Telemitarbeiter muß, soll ein solcher Arbeitsplatz attraktiv werden, für die am Telearbeitsplatz zu leistende Arbeitszeit die individuelle Zeitsouveränität bleiben. Er muß entscheiden können, wann er arbeiten will.

- Unfallversicherungsrechtlich stehen Telemitarbeiter unter dem Schutz der Gesetzlichen Unfallversicherung, so wenigstens nach der bisherigen Interpretation einer Berufsgenossenschaft. Diese Auffassung sollte allgemeingültig werden. Sie ist deshalb mit dem Hauptverband der Gewerblichen Berufsgenossenschaften abzuklären.
- Haftungsrechtlich sollten auch auf das Telearbeitsverhältnis in Übereinstimmung mit der neueren Rechtsprechung des Bundesarbeitsgerichts die Maßstäbe für die Haftungserleichterung entsprechend den Grundsätzen der Haftung für gefahrengeneigte Arbeiten Anwendung finden. Gesetzgeberischer Handlungsbedarf besteht nicht.
- Satelliten- oder Nachbarschaftsbüros bedürfen keiner besonderen Regelung.
- Den Verbänden wird empfohlen, Muster für freiwillige Betriebsvereinbarungen zu erarbeiten, um die vielfältigen Rechtsprobleme möglichst einvernehmlich lösen zu können.

4.2 Zusammenfassung des Tarifvertrages Deutsche Telekom AG – Deutsche Postgewerkschaft

Aus [Kord96]:

- Der Arbeitnehmerstatus der Telemitarbeiter bleibt erhalten. Eine „Scheinselbständigkeit" findet nicht statt.
- Die Teilnahme am Pilotprojekt ist freiwillig. Ein Rückkehrrecht auf den herkömmlichen Arbeitsplatz wird gewährleistet.
- Die Eignung der häuslichen Arbeitsstätte wird durch eine Begehung durch den jeweiligen Projektleiter geprüft, an der auch der Betriebsrat teilnehmen kann.
- Die Telemitarbeiter dürfen nicht benachteiligt werden; das gilt sowohl für die Bezahlung als auch das berufliche Fortkommen.
- Die Aufteilung der Arbeitszeit in häusliche und betriebliche wird schriftlich vereinbart. Einerseits soll der Anteil der häuslichen selbstbestimmten Arbeitszeit so groß wie möglich sein. Anderseits soll gesichert werden, daß der Kontakt zum Betrieb erhalten bleibt.
- Der Telemitarbeiter muß die geleistete Arbeitszeiten und -aufgaben in einem Arbeitstagebuch festhalten und dem jeweiligen Projektleiter nach dem Monatsende vorlegen.
- Mehrarbeit muß vom Arbeitgeber im voraus angeordnet werden, eine nachträgliche Genehmigung ist nicht möglich.
- Der Arbeitgeber stellt die Arbeitsmittel, die nicht für private Zwecke genutzt werden dürfen, kostenlos zur Verfügung. Auf- und Abbau sowie Wartung erfolgen durch den Arbeitgeber.
- Die notwendigen Aufwandserstattung wird am Ende des Erprobungszeitraums festgelegt. Fahrtkosten werden nicht erstattet.
- Nach Abstimmung mit dem Telemitarbeiter haben sowohl Projektleiter als auch Betriebsrat Zugang zur häuslichen Arbeitsstätte.
- Vertrauliche Daten und Informationen sind vom Telemitarbeiter so zu schützen, daß Dritte keine Einsicht und/oder Zugriff nehmen können.

- Eine maschinelle Leistungs- bzw. Verhaltenskontrolle kann nur dann vorgenommen werden, wenn eine entsprechende Vereinbarung zwischen Arbeitgeber und Betriebsrat dies ausdrücklich zuläßt.
- Von den Telemitarbeitern wird eine aktive Mitarbeit im Pilotprojekt erwartet. Die im Rahmen der Projekte gewonnenen Erfahrungen müssen von den Telemitarbeitern dokumentiert werden.
- Von beiden Seiten kann die häusliche Arbeitsstätte ohne Angabe von Gründen mit einer Ankündigungsfrist von einem Monat zum Ende eines Kalendermonats aufgegeben werden.

5 Methodisches Vorgehen beim Einführen von Telearbeitsplätzen

Vielen Unternehmen stellt sich die Frage, wie bei der Einführung von Telearbeitsplätzen vorzugehen ist, damit alle technischen, betrieblichen, organisatorischen, sicherheitsrelevanten und rechtlichen Mosaiksteinchen zu dem richtigen Gesamtbild zusammengesetzt werden können.

In den nachfolgenden Abschnitten wird eine Methode vorgestellt, die durch strukturiertes Vorgehen für die konkrete Situation in einem Unternehmen die spezifischen Anforderungen aufdeckt, so daß alle relevanten Aspekte erkannt und zu einem individuell passenden Bild zusammengefügt werden können. Die Methodik ist in folgender Abbildung dargestellt.

Abb. 2: Vorgehen bei der Konzipierung und Einführung von Telearbeitsplätzen

Die Abbildung zeigt die vier Phasen *Analyse*, *Konzeption*, *Realisierung* und *Betrieb*, die nacheinander durchlaufen werden. In jeder Phase müssen Pakete abgearbeitet werden, die im folgenden detailliert beschrieben.

5.1 Analyse

Der Analyse als erste Phase kommt die Bedeutung zu, daß die Informationen, die hier zusammengetragen werden, entscheidend für den Fortgang des weiteren Prozesses sind. Die Ergebnisse der Analyse sind Startpunkt für die Konzipierung der Telearbeitsplätze, deren Einführung im Unternehmen und deren Akzeptanz bei den Mitarbeitern. Diese Phase sollte möglichst umfassend und mit großer Sorgfalt durchgeführt werden.

Die *Potentialanalyse für Telearbeitsplätze* geht der Frage nach, welche Tätigkeiten in einem Unternehmen sich für Telearbeit eignen. Hier wird es in den meisten Fällen nicht schwerfallen, die in Frage kommenden Tätigkeiten für mobile Telearbeit zu identifizieren. Arbeitsplätze im Kundendienst oder im Vertriebs-/Verkaufsbereich sind besonders geeignet. Tätigkeiten, die vollständig zu Hause ausgeführt werden können, werden sich wohl nicht ganz einfach identifizieren lassen, so daß in der Mehrzahl der Fälle zu überlegen ist, welche Tätigkeiten durch die Möglichkeit von zu Hause zu arbeiten erweitert und flexibilisiert werden können. Als Kriterium kann die Analyse der Auslastung von Büroarbeitsplätzen im Unternehmen dienen. Sie ergibt sehr rasch Aufschluß darüber, wann die Büroarbeitsplätze und in welcher Form genutzt werden.

Sind die für Telearbeit relevanten Tätigkeiten in einem Unternehmen identifiziert, muß in dem Arbeitspaket *Änderungsanalyse der Geschäftsprozesse* untersucht werden, welchen Einfluß die Durchführung einzelner Aufgaben einer Tätigkeit am Telearbeitsplatz für den betroffenen Geschäftsprozeß bedeutet. Gleichzeitig sollte die Analyse auch dazu genutzt werden, vorhandene Schwachstellen, die sich in den meisten Fällen durch überhöhte Durchlaufzeiten bemerkbar machen, zu erkennen und abzustellen. Das effektive Einbinden der Telearbeitsplätze in die Geschäftsprozesse muß während dieses Arbeitsschrittes im Vordergrund stehen.

Nach der Änderungsanalyse der Geschäftsprozesse ist in einem nächsten Schritt die *IT-technische Arbeitsplatzanalyse* durchzuführen. Hierbei wird hinterfragt, welche Rechnerapplikationen zur Durchführung einzelner Aufgaben einer Tätigkeit eingesetzt werden und welche Kriterien hinsichtlich Datenzugriff und Reaktionszeiten an diese gestellt werden. An dieser Stelle sollte man immer die veränderten Randbedingungen vor Augen haben, die ein „Auslagern" einer Applikation an den Telearbeitsplatz mit sich bringt. Fragen, die man sich an dieser Stelle stellen sollte, können z.B. sein, ob die Applikation fähig ist für den Shorthold-Modus im ISDN oder ob z.B. Datenverschlüsselung integriert werden kann und welche Auswirkungen das auf Netzlauf- und damit Reaktionszeiten hat.

Die IT-technische Arbeitsplatzanalyse ist eng mit der Informationswert- und der Kommunikationsanalyse verbunden und wird oft in einem Arbeitspaket zusammengefaßt. Die Auftrennung in zwei Pakete hat den Vorteil, daß sich die Anforderungen an einzelne Teile der Telearbeitsplatzlösung klarer darstellen lassen. Während der *Informationswertanalyse* wird der Grad an Sensibilität bestimmt, die diejenigen Informationen haben, die das Unternehmensnetz in Richtung Telearbeitsplatz verlassen. Die Analyse liefert sehr individuelle Ergebnisse. Es sollte hinterfragt werden, was der Verlust, eine Modifikation oder das Bekanntwerden der Informationen für das Unternehmen zur Folge hätten.

Die *Kommunikationsanalyse* untersucht die Kommunikationsbeziehungen, die der potentielle Telemitarbeiter im Rahmen seiner Aufgaben über das lokale Unternehmensnetz unterhält. Mit Blick auf die teilweise oder vollständige Verlagerung dieser Aufgaben an den Telearbeitsplatz liefert diese Untersuchung die kommunikationstechnischen Anforderungen der anzubindenen

Telearbeitsplatzrechner, z.B. eine Aussage über den Bandbreitenbedarf der Anbindungsstrekke.

Die *Sicherheits- und Datenschutzanalyse* geht der Frage nach, welche Sicherheitsanforderungen an die Telearbeitsplätze in den weiter oben erwähnten Teilbereichen bestehen. Besondere Berücksichtigung finden hierbei die Vorgaben seitens des Bundesdatenschutzgesetzes.

5.2 Konzeption

Die Analysephase liefert die Anforderungen, die an die Telearbeitsplätze zu stellen sind. Das sind die Randbedingungen der Telarbeitsplatzlösung, die in Phase zwei konzipiert wird. Das Konzipieren der Lösung unterteilt sich wiederum in mehrere Arbeitspakete (siehe Abb. 2).

Die Einführung von Telearbeitsplätzen bedeutet in der Regel Änderungen an bestehenden Geschäftsprozessen. Während der Konzeptionsphase werden diese Änderungen erarbeitet und die vorhandenen Geschäftsprozesse entsprechend ergänzt, erweitert oder verändert. Diese leistet das Arbeitspaket *Änderungskonzept der Geschäftsprozesse*.

In einem zweiten Arbeitspaket wird das *technische Lösungskonzept* entwickelt. Es beinhaltet die Festlegung des Ausstattungsumfanges der Telerechner, die Festlegung der zu unterstützenden öffentlichen Kommunikationsplattformen und das Anbindungskonzept der Telerechner an das Unternehmensnetz.

Eine wichtige Aufgabe kommt dem *Betriebskonzept* für die Telearbeitsplatzlösung zu. Hierbei wird festgelegt, wie die Telearbeitsplatzsysteme zu betreiben sind (Datensicherungen, Durchführung von Wartungsarbeiten, z.B. im Rahmen von Software-Upgrades, etc.). Die existierenden Betriebskonzepte für die Systeme des lokalen Unternehmensnetzes müssen um die Telearbeitsplatzsysteme erweitert werden.

Die Vorgabe *organisatorischer Regelungen* im Zusammenhang mit Telearbeitsplätzen hilft Akzeptanz und Transparenz zu schaffen. Klare Regelungen helfen dem Betreiber und den Anwendern, sich mit der neuen Situation anzufreunden und zurechtzufinden (siehe z.B. [Drees98], [BSI 98]). In diesem Arbeitspaket wird des weiteren auch das Schulungskonzept für die Betreiber und Nutzer der Telearbeitsplatzsysteme entwickelt.

Als letztes Arbeitspaket der Konzeptionsphase bleibt die Festlegung des *Einführungs-* bzw. *Migrationskonzeptes* für die Telearbeitsplätze. Dieses Konzept muß eine Pilot- und Testphase für erste Erfahrungen vorsehen.

5.3 Realisierung

In der Realisierungsphase steht die Umsetzung der zuvor entwickelten Konzepte an. Vor der großflächigen Einführung sollte zunächst eine Pilotlösung implementiert werden. Für beide Möglichkeiten gelten jedoch dieselben Ansätze. Neben der Umsetzung der Änderungen der Geschäftsprozesse, der Installation der technischen Systeme am Zugangspunkt zum Unternehmensnetz und an den Telearbeitsplätzen sind die Mitarbeiter entsprechend des festgelegten Konzeptes zu schulen und mit den Systemen vertraut zu machen, ehe die Einführung der Telearbeitsplätze vorgenommen werden kann.

5.4 Betrieb

Erfahrungen im Betrieb müssen genutzt werden, Optimierungen an Geschäftsprozessen oder daran vorgenommenen Änderungen vorzunehmen. Ein ebenso wichtiger Punkt ist die Optimierung der Telemitarbeiterbetreuung, die eine besondere Herausforderung an die Betreiber der IT stellt. Des weiteren sollten während der Betriebsphase regelmäßig Sicherheitsaudits durchgeführt werden. Nur dadurch erhält man die Rückkopplung, ob alle notwendigen sicherheitsrelevanten Maßnahmen in dem Maße Berücksichtigung gefunden haben, daß sie von den Telemitarbeiter als notwendig und praktikabel angesehen werden. Die im Betrieb gewonnenen Informationen dienen bei einer Pilotinstallation der Evaluation und Optimierung der entwickelten Konzepte und geben Aufschluß über die Wirtschaftlichkeit der Gesamtlösung.

5.5 Abschließende Bemerkung

Die hier vorgestellte Methodik zur Einführung von Telearbeitsplätzen setzt voraus, daß in dem jeweiligen Unternehmen die Sensibilisierung aller beteiligten Personenkreise vorhanden ist. Sollte dies nicht der Fall können entsprechend aufgesetzte Workshops zur Sensibilisierung durchgeführt werden. Checklisten für die Einführung von Telearbeit in Unternehmen können [Kord96] und [BMBF97] entnommen werden.

Literatur

[Dree98] Drees, F.; Vogel, K.: IT-Sicherheit in der Telearbeit, BSI-Forum In: Zeitschrift für Kommunikations- und EDV-Sicherheit (KES), SecuMedia Verlags-GmbH, Ingelheim, Nr. 5, 1998, S. 55-58.

[BSI 98] Bundesamt für Sicherheit in der Informationstechnik: Sichere Telearbeit, Schriftreihe zur IT-Sicherheit, Band 9, Bundesanzeiger, Bonn, Juni 1998.

[Bert96] Bertin, I.; Denbigh, A.: The Teleworking Handbook, TCA, the Telework, Telecottage and Telecentre Association, ISBN 3-00-001443-8, 1996.

[Tinn96] Tinnefeld, M.-T.; Köhler, K.; Piazolo, M.: Arbeit in der mobilen Kommunikationsgesellschaft, Vieweg-Verlag, ISBN 3-528-05545-6, 1996.

[Kord96] Kordey, N.; Korte, W. B.: Telearbeit erfolgreich realisieren, Vieweg-Verlag, ISBN 3-528-05530-8, 1996.

[Gode96] Godehard, B.; Worch, A.; Förster, G.: Teleworking, mi-verlag moderne industrie, ISBN 3-478-35590-7, 1996.

[Otte96] Otten, A. W.: Heim und Telearbeit, Kommentar zum HAG und heimarbeitsrelevanten Normen sowie Erläuterungen zur Telearbeit, Verlag C. H. BECK, ISBN 3-406-40514-2, 1996.

[Reic97] Reichwald, R. M.; Möslein, K. M.; Oldenburg, S. H. M.: Telearbeit, Telekooperation und virtuelle Unternehmung, Springer-Verlag, ISBN 3-540-62013-3, Berlin 1997.

[BMBF97] Bundesministerium für Bildung, Wissenschaft, Forschung und Technologie: Elektronischer Leitfaden zur Telearbeit, Bonn, 25.03.97.

Realisierung von Public-Key-Infrastrukturen

Dirk Fox

Secorvo Security Consulting GmbH
fox@secorvo.de

Patrick Horster

Universität Klagenfurt
pho@ifi.uni-klu.ac.at

Zusammenfassung

Sicherheitsinfrastrukturen sind für die Nutzung von Sicherheitsdiensten in verteilten Informationstechnischen Systemen zwingend erforderlich. Sie können als der technische und organisatorische Unterbau aufgefaßt werden, und sie garantieren ein einheitliches, zuvor festgelegtes Sicherheitsniveau für die unterstütze Funktionalität. Sicherheitsinfrastrukturen spielen somit eine zentrale Rolle, insbesondere für Sicherheitsdienste in offenen Kommunikationssystemen, die in zunehmendem Maße öffentliche digitale Kommunikationsnetze nutzen. Für diese Sicherheitsdienste sind modernekryptologische Techniken, sogenannte asymmetrische Public-Key-Verfahren von ausschlaggebender Bedeutung. Konzepte zur Realisierung unternehmensinterner sowie öffentlicher Public-Key-Infrastrukturen müssen dabei unterschiedliche Anforderungen genügen, die sich aus dem Stand der wissenschaftlichen und technischen Entwicklung, dem Signaturgesetz und dem Einsatz moderner Kommunikationsanwendungen ergeben. Als Sicherheitstoken nehmen dabei Smartcards mit ihren integrierten Crpytoprozessoren eine Schlüsselrolle ein. Der Beitrag gibt eine Übersicht über die wichtigsten Anforderungen und den Stand der Technik, bereichert um praktische Erfahrungen, die beim Aufbau von Public-Key-Infrastrukturen gewonnen werden konnten.

1 Einleitung

Zweifellos hat die verstärkte Nutzung des Internets zum erheblich gewachsenen Interesse an Sicherheitslösungen beigetragen. Denn wer seinem Unternehmen den Zugang zum Internet ebnen möchte, will natürlich nicht zugleich die Unternehmensinfrastruktur dem Internet öffnen. Moderne Kommunikationsinfrastrukturen können aber auf die zahlreichen Vorteile, die durch die intensive Nutzung des Internets möglich werden, nicht verzichten; dies darf allerdings nicht ohne geeignete Sicherheitsmaßnahmen geschehen.

Durch gut konfigurierte Firewalls können die entstehenden Probleme allerdings nicht alleine gelöst werden. Dies ist etwa dann der Fall, wenn geographisch auseinanderliegende Teile eines Unternehmens über das Internet in Virtual Private Networks (VPNs) integriert werden sollen. Dabei sollen Kommunikations- und sensible Unternehmensdaten weder im Klartext übertragen werden noch während der Übertragung (unerkannt) verfälscht werden können.

Die derzeitige Entwicklung und Verbreitung von Informations- und Kommunikationssystemen in Unternehmen macht allerdings bei VPNs nicht Halt:

- Zunehmend werden moderne Kommunikationstechniken auch in der Business-to-Business-Kommunikation eingesetzt. Für den Austausch sensibler Daten und Informationen zwischen Unternehmen sowie bei Verhandlungen wird in wachsendem Umfang E-Mail als Kommunikationsmedium verwendet. Die dabei übertragenen Daten sind meist nicht vor unberechtigtem Zugriff bzw. Verfälschung geschützt.

- Papierbasierte unternehmensinterne Abläufe werden aus Kosten- und Effizienzgründen durch elektronisch abgewickelte Vorgänge ersetzt. Mit Workflow-Messaging-Systemen wird dabei versucht, eingespielte Abläufe durch den Einsatz moderner Kommunikationstechniken zu vereinfachen und zu beschleunigen. Dabei muß nicht nur die Vertraulichkeit von Daten und Dokumenten gewährleistet werden, sondern ist meist auch sicherzustellen, daß einzelne Schritte des Vorgangs im Falle von Fehlern oder Unstimmigkeiten nachgeprüft werden können. Der Revisionsfähigkeit kommt somit auch eine elektronische Bedeutung zu.

- Auch ein Teil der Kundenbeziehung findet inzwischen vielfach und in wachsendem Umfang auf elektronischem Wege statt. Vorreiter waren dabei u.a. Banken mit der Entwicklung und dem Angebot von Home-Banking-Lösungen; inzwischen wurde das Internet von vielen Herstellern (und Kunden) als kostengünstiger Vertriebs-, Werbe- und Supportkanal entdeckt. Das vielschichtige Feld der E-Commerce-Techniken hat daher eines gemeinsam: einen hohen Bedarf an Sicherheitsmechanismen zum Schutz elektronischer Kundenbeziehungen und dabei verarbeiteter Daten.

Eine einfache Verschlüsselung der über das Internet übertragenen Daten (etwa durch Tunneling zwischen zwei Routern) genügt den durch diese neuen Entwicklungen entstehenden Anforderungen zumindest aus drei Gründen nicht:

- Erstens ist zumeist ein "personenbezogener" Ende-zu-Ende-Schutz der Daten (z.B. im Fall von E-Mail-Nachrichten von Sender zu Empfänger) erforderlich, wenn die Kommunikationsinhalte oder Dokumente auch keinem unberechtigten Dritten im eigenen Unternehmen zur Kenntnis gelangen sollen.

- Zweitens müssen Bearbeitungsschritte einzelner Sachbearbeiter in einem Workflow-System dokumentiert und diesem Bearbeiter, analog der Zeichnung mit Namenszeichen oder einer eigenhändigen Unterschrift in herkömmlichen Abläufen, zugeordnet werden können.

- Drittens muß das System offen sein, d.h. eine sichere Kommunikation zwischen beliebigen, auch einander a priori unbekannten Netz-Teilnehmern erlauben.

Sicherheitsprotokolle und Lösungen auf der Grundlage asymmetrischer kryptographischer Verfahren, auch als Public-Key-Verfahren bezeichnet, können diese Anforderungen erfüllen. Durch die Verwendung öffentlicher Schlüssel erlauben sie die Erzeugung und Prüfung digitaler Signaturen sowie den Austausch (hybrid) verschlüsselter Daten (Dokumente). Sie benötigen eine Schlüsselinfrastruktur zur authentischen Verteilung öffentlicher Schlüssel, auch Public-Key-Infrastruktur (PKI) genannt.

2 Begriffsbildung und Grundanforderungen

Public-Key-Infrastrukturen können als Bestandteil moderner Sicherheitsinfrastrukturen angesehen werden. Sie bilden den Kern nahezu aller sicherheitsrelevanten Neuentwicklungen im Umfeld heutiger Informations- und Kommunikationstechniken [HoKW99]. Die Anwendungsfelder umfassen Datenkommunikation, Electronic Banking, Electronic Commerce, Electronic Voting und zahlreiche weitere Dienste moderner Informations- und Kommunikationstechnik, wobei die meisten dieser Anwendungen erst durch PKIs realisierbar werden.

Unter einer Infrastruktur versteht man einen „notwendigen wirtschaftlichen und organisatorischen Unterbau einer hoch entwickelten Wirtschaft (etwa Verkehrsnetze und Arbeitskräfte)" [Wiss97]. Überträgt man diesen Begriff auf eine „Sicherheits"-Infrastruktur, dann kann man darunter eine Infrastruktur verstehen, die einen notwendigen technischen und organisatorischen, möglicherweise auch gesetzlich geregelten Unterbau darstellt, mit dem ein festgelegtes Sicherheitsniveau erreicht werden kann.

Das für eine spezielle Sicherheitsinfrastruktur festgelegte Sicherheitsniveau wird in der Regel in Gestalt einer Security Policy oder eines Sicherheitskonzept dokumentiert, in dem neben den grundlegenden Zielen die zentralen Sicherheitsanforderungen, aber auch die Beziehungen der Beteiligten und die Leistungsmerkmale der Sicherheitsinfrastruktur festgeschrieben sind. Beteiligte in einer Sicherheitsinfrastruktur können neben den Betreibern der Infrastruktur und den Benutzern auch die Hersteller von Systemkomponenten und sogar staatliche Organe sein.

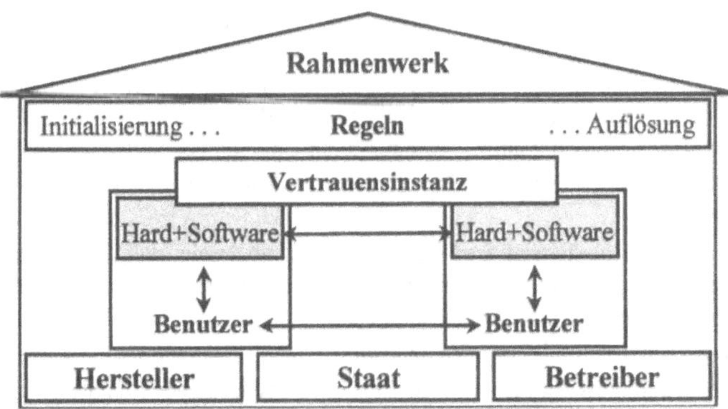

Abb. 1: Beteiligte und Komponenten einer Sicherheitsinfrastruktur

Alle Beteiligten stehen zueinander in organisatorischen, technischen und rechtlich relevanten Beziehungen. Gegenstand einer Security Policy sind daher nicht nur Aussagen zur Bereitstellung der Sicherheitsdienste, Gewährleistung deren Verfügbarkeit und ein Notfallmanagement, sondern oft auch Verträge, Lizenzen und die Klärung der Haftungsfragen. Insbesondere ist es wichtig, Anforderungen zu definieren, deren technische Umsetzung gewährleistet, daß das definierte Rahmenwerk eingehalten werden kann. Nur so kann eine hohe Akzeptanz der Infrastruktur auf Seiten aller Beteiligten erreicht werden.

Hersteller müssen zuverlässige technische Komponenten liefern, die als vertrauenswürdig eingestuft werden können. Um hier das notwendige Vertrauen zu erhalten, können die Produkte durch unabhängige Dritte, etwa nach den Kriterien der ITSEC [ITSE91], geprüft werden. Eine solche Prüfung kann von akkreditierten Prüfstellen vorgenommen werden.

Die Betreiber sollten die Verfügbarkeit und Robustheit der Sicherheitsinfrastruktur gewährleisten, beispielsweise die Instandhaltung der technischen Geräte zusichern.

Die Sicherheitsinfrastruktur muß für ihre Benutzer in einer transparenten Art und Weise die erforderlichen Sicherheitsdienste wie Vertraulichkeit, Verbindlichkeit, Anonymität und Verfügbarkeit erbringen. Die Benutzer müssen hierzu den eingebundenen Instanzen ein gewisses Maß an Vertrauen entgegenbringen, wobei dieses Vertrauen je nach Dienstleistung unterschiedlich groß sein kann:

Erzeugt beispielsweise eine Instanz kryptographische Schlüssel, die in einem Verfahren für digitale Signaturen eingesetzt werden sollen, dann ist im Vergleich zur Veröffentlichung von Schlüsselzertifikaten ein weitaus höheres Maß an Vertrauen erforderlich, da Schlüsselzertifikate von jedem Benutzer auf Authentizität und Integrität geprüft werden können.

Operationelle Anforderungen an eine allgemeine Sicherheitsinfrastruktur können die folgenden Leistungsmerkmale betreffen:

- **Offenheit**: Die Sicherheitsdienste, die in einer Anwendung eingesetzt werden, müssen so konzipiert sein, daß sie mit unterschiedlichen Implementierungen auf verschiedenen Systemen und Plattformen interoperieren können (Interoperabilität, Standardkonformität und Kompatibilität).
- **Langlebigkeit**: Die Verfahren und Mechanismen, mit denen die Sicherheitsdienste realisiert werden, sollten als sicher eingestuft sein, entweder bewiesenermaßen oder dadurch, daß sie öffentlichen Untersuchungen über einen längeren Zeitraum standhalten konnten. Alle technischen Systemkomponenten sollten so angelegt sein, daß sie in einfacher Art und Weise verbessert werden können, etwa durch ein Upgrade der Software. Auch das Sicherheitskonzept sollte geeignet geprüft sein, um unverändert für eine lange Zeit bestehen zu können.
- **Stabilität**: Die Sicherheitsinfrastruktur muß so angelegt sein, daß der Ausfall einer Vertrauensinstanz nicht gleich die gesamte Infrastruktur lahmlegt. So muß sichergestellt sein, daß Vertrauensinstanzen die Aufgaben anderer, konkurrierender Vertrauensinstanzen einfach, schnell und sicher übernehmen können.
- **Erweiterbarkeit und Skalierbarkeit**: Eine Sicherheitsinfrastruktur unterliegt – bedingt durch technische, wissenschaftliche und rechtliche Veränderungen – einem ständigen Wandel. Sie sollte zum einen erweiterbar im Hinblick auf neue Verfahren sein, aber auch um neue Vertrauensinstanzen ergänzt werden können.

3 PKI-Technik

Asymmetrische Kryptoverfahren arbeiten mit Schlüsselpaaren (OS, GS), wobei der Schlüssel GS vom Schlüsselinhaber geheimgehalten werden muß, während der zweite Schlüssel als öffentlicher Schlüssel OS des Schlüsselinhabers bekanntgegeben wird. Für unterschiedliche Sicherheitsdienste kommen dabei in der Regel auch unterschiedliche Schlüsselpaare zur Anwendung. Zudem besitzen verschiedene Benutzer auch unterschiedliche Schlüssel.

Die Verschlüsselung eines für einen Schlüsselinhaber B bestimmten Dokuments m erfolgt dann mit dessen öffentlichen Verschlüssellungsschlüssel OSB. Mit seinem geheimgehaltenen Entschlüsselungsschlüssel GSB kann der Empfänger dann die Nachricht entschlüsseln. In der folgenden Abbildung bezeichnet E die Verschlüsselungsfunktion und D die zugehörige Entschlüsselungsfunktion.

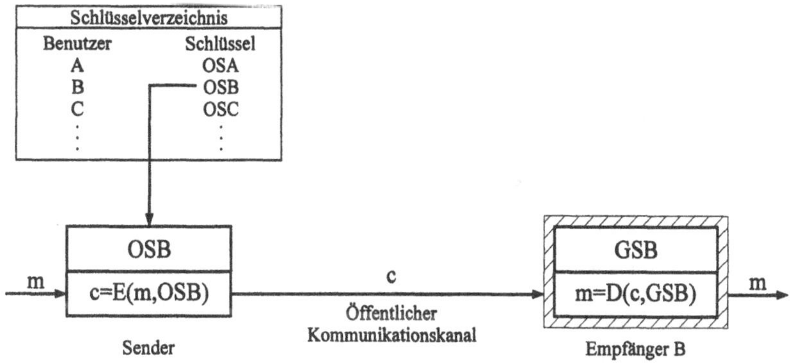

Abb. 2: Prinzip einer asymmetrischen Verschlüsselung

Üblicherweise wird dabei zudem ein hybrides Verfahren verwendet: Die Daten werden zunächst mit einem symmetrischen Standard-Verfahren mit hinreichender Schlüssellänge und einem zufällig gewählten Nachrichtenschlüssel verschlüsselt. Der Nachrichtenschlüssel wird dann mit dem öffentlichen Schlüssel des Empfängers asymmetrisch verschlüsselt.

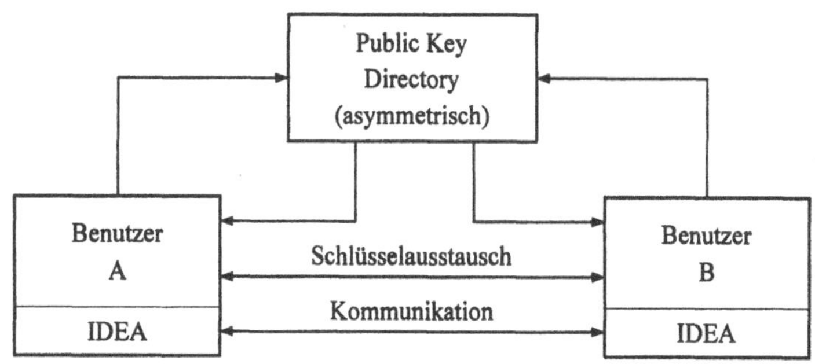

Abb. 3: Prinzip einer hybriden Verschlüsselung (mit IDEA als symmetrische Komponente)

Ähnlich der asymmetrischen Verschlüsselung können digitale Signaturen erzeugt und geprüft werden: Eine digitale Signatur s zu einer gegebenen Nachricht m berechnet der Schlüsselinhaber A mit seinem geheimen Signierschlüssel GSA und einer Signierfunktion S. Die Prüfung, ob eine digitale Signatur zu einer vorliegenden Nachricht gehört, kann anschließend jeder vornehmen, der die zugehörige Verifizierfunktion V und den öffentlichen Prüfschlüssel OSA des Signierers A kennt.

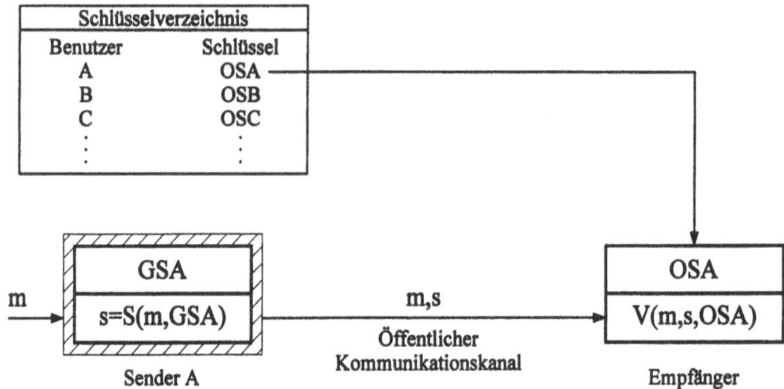

Abb. 4: Prinzip einer Digitalen Signatur

Asymmetrische Verfahren erlauben damit den Aufbau von Sicherheitsinfrastrukturen für offene Kommunikationssysteme: Die öffentlichen Schlüssel zur Verschlüsselung und zur Prüfung digitaler Signaturen können allgemein zugänglich gemacht werden und erfordern keine „geschlossene Benutzergruppe“ für eine sichere Kommunikation.

Eine wesentliche Forderung besteht allerdings: Die öffentlichen Schlüssel eines Teilnehmers müssen demjenigen, der ein Dokument an diesen verschlüsselt gesendet oder dessen digitale Signatur prüfen möchte, authentisch bekannt sein. Die Authentizität eines Schlüssels läßt sich dabei auf unterschiedliche Art und Weise gewährleisten:

- Das populäre Verschlüsselungsprogramm „Pretty Good Privacy“ von Phil Zimmermann geht dabei einen Weg, der am „wirklichen Leben“ angelehnt ist [Zimm95, Grim96]: Erhält jemand von einer Person, die er kennt und der er vertraut, deren öffentlichen Schlüssel (persönlich ausgehändigt oder digital übertragen und telefonisch überprüft anhand des schlüsseleigenen „Fingerprints“), so bestätigt er dies, indem er diesen öffentlichen Schlüssel digital signiert. Der Schlüsselinhaber erhält damit mit der Zeit mehr und mehr digitale Signaturen unter seinem Schlüssel, die bestätigen, daß dieser Schlüssel zu ihm gehört. Weitere Personen, die diesen Schlüssel erhalten, können damit die Authentizität des Schlüssels prüfen, wenn sie einer der Personen vertrauen, die mit einer digitalen Signatur unter diesem Schlüssel die Authentizität bestätigt haben. Auf diese Weise entsteht nach und nach ein „Web of Trust“.
- Die Standardisierung von Public-Key-Verfahren geht einen anderen Weg: Hier wird ein hierarchisches Vorgehen bevorzugt. Zu öffentlichen Schlüsseln werden von zentralen „Zertifizierungsstellen“ (Certification Authorities – CAs) digital signierte Bestätigungen ausgestellt, die den eindeutigen Namen des Schlüsselinhabers, den öffentlichen Schlüssel und die Gültigkeit der Bestätigung sowie mögliche andere Informationen (z.B. über die Verwendung des Schlüssels) enthalten. Solche Bestätigungen, Schlüsselzertifikate genannt, werden über allgemein zugängliche Verzeichnisse publiziert. Dritte können sich

damit anhand des Zertifikats davon überzeugen, daß ein ausgewählter Schlüssel zu einer bestimmten Person gehört. Die Authentizität der öffentlichen Schlüssel der Zertifizierungsstellen kann wiederum durch eine übergeordnete Instanz bestätigt werden. Auf diese Weise entsteht ein hierarchischer „Zertifizierungsbaum". Alle Schlüsselinhaber, die ein Zertifikat von einer solchen Hierarchie zugehörigen Zertifizierungsstelle besitzen, müssen lediglich den öffentlichen Schlüssel der „Wurzel-Instanz" (Root-CA) authentisch kennen, um die Authentizität aller anderen Schlüssel direkt prüfen zu können.

Der zentralisierte Ansatz wurde bereits in den frühen IETF-Spezifikationen für E-Mail-Sicherheit Ende der 80er Jahre verfolgt (Privacy Enhancement for Internet Electronic Mail, PEM) [HoPo94]. Er findet sich wieder bei S/MIME [DHR+98, DHRW98], MailTrusT [Baus96], und in der ITU- bzw. ISO/IEC-Standardisierung für Schlüsselzertifikate, X.509 [ITU 93]. Auch das deutsche Signaturgesetz hat sich für diesen Ansatz entschieden [SigG97].

4 PKIs nach deutschem Signaturgesetz

Mit der Verabschiedung des Signaturgesetzes (SigG) und der Signaturverordnung (SigV) haben Bundestag und Bundesregierung Mitte des vergangenen Jahres Neuland beschritten: Vor allen anderen europäischen Ländern und als zweites Land weltweit (nach dem US-Bundesstaat Utah) bekam Deutschland eine gesetzliche Regelung zu digitalen Signaturen [SigG97, SigV97].

4.1 Konzeption des Signaturgesetzes

Der von der Bundesregierung verfolgte Ansatz weicht – aus gutem Grund – von den Konzepten anderer Staaten und auch dem aktuellen Regulierungsvorschlag der EU-Kommission ab [EU-K98, GrFo98]: Die Rechtswirksamkeit digitaler Signaturen wurde angesichts der Tatsache, daß auch der Beweiswert von eigenhändigen Unterschriften sich erst in vielen Jahren Rechtsgeschichte schrittweise entwickelt hat, nicht gesetzlich festgeschrieben.

Statt dessen wurden Sicherheitsanforderungen an eine Infrastruktur für Schlüsselerzeugung, Schlüsselzertifizierung, Schlüsselverteilung und Schlüsselanwendung zusammengestellt, die für eine hohe Vertrauenswürdigkeit solcher digitaler Signaturen, die nach Signaturgesetz erzeugt wurden, sorgen sollen. Dazu zählen insbesondere:

- Ein Sicherheitskonzept sowie regelmäßige Prüfungen für alle nach dem Signaturgesetz anerkannten Zertifizierungsstellen.
- Die eingesetzten technischen Komponenten müssen hohen Sicherheitsstandards genügen (vorgeschrieben ist eine Sicherheitszertifizierung nach ITSEC, E2/E4 hoch).
- Die geforderten Mindestschlüssellängen für die kryptographischen Verfahren sind so gewählt, daß eine Kompromittierung der Schlüssel unter realistischen Annahmen in den nächsten zehn Jahren nicht zu erwarten ist. Dies muß allerdings für jeden einzelnen Schlüssel garantiert werden.
- Die geheimen Schlüssel werden in einer physisch geschützten Umgebung erzeugt und in einem "Sicherheitstoken" (etwa eine Smartcard) gespeichert – und den sie zu keinem Zeitpunkt verlassen. Aus Sicherheitsgründen ist es dabei sinnvoll, den Schlüssel direkt in der Smartcard zu erzeugen.

- Die Nutzung der Schlüssel ist nicht nur an den Besitz der Smartcard ("Haben"), sondern an zusätzliche Parameter wie eine PIN ("Wissen") oder ein biometrisches Merkmal ("Eigenschaft") geknüpft.
- Die Wurzel-Instanz ("Root-CA") der Schlüsselinfrastruktur nach Signaturgesetz ist bei der Regulierungsbehörde für Post und Telekommunikation (RegTP) angesiedelt.

Der Beweiswert einer digitalen Signatur ist damit nicht präjudiziert, sondern muß sich erst vor Gericht erweisen. Bei Nutzung einer Zertifizierungsinfrastruktur nach Signaturgesetz sollte jedoch eine sehr hohe Wahrscheinlichkeit für die Anerkennung digitaler Signaturen als Beweismittel im Rahmen der freien Beweiswürdigung vor Gericht bestehen.

Es ist zu erwarten, daß der Beweiswert digitaler Signaturen sich auf der Grundlage der Einschätzungen von im Streitfall gerichtlich bestellten Gutachtern in den nächsten Jahren etablieren wird. Sollte es dazu kommen, so erscheint es sinnvoll, mit zunehmender Erfahrung im Umgang mit digitalen Signaturen (als Gegenstück der modernen Kommunikationsgesellschaft zur eigenhändigen Unterschrift) über eine gesetzliche Verankerung der Rechtswirkung digitaler Signaturen nachzudenken, wie sie heute bereits im Entwurf der EU-Richtlinie gefordert wird [EU-K 98].

4.2 Kritische Würdigung des Signaturgesetzes

Zweifellos hat allein die Verabschiedung des Signaturgesetzes zu einer erheblichen Marktentwicklung bei PKI-Produkten beigetragen. Denn Signaturgesetz und Signaturverordnung geben Orientierung und damit Investitionsschutz: Sowohl Hersteller als auch Unternehmen, die den Aufbau einer PKI planen, gewinnen Gewißheit, daß ihre Investitionen in PKI-Produkte nicht durch die Gesetzgebung Makulatur werden, wenn sie sie am Signaturgesetz orientieren. Die europäischen und internationalen Entwicklungen müssen aber dennoch mit der gebotenen Aufmerksamkeit verfolgt werden, um gegebenenfalls schnell eine entsprechende Interoperabilität zu erreichen.

Zudem legt das Signaturgesetz die "Sicherheitslatte" hoch und betont damit die Bedeutung eines hohen Sicherheitsstandards in Sicherheitsinfrastrukturen für moderne Kommunikationssysteme. Auch die im Gesetz vorgesehene Kontrollinfrastruktur, die durch eine Bindung der Betriebsgenehmigung an regelmäßige unabhängige Prüfungen und Abnahmen für die Erhaltung eines hohen Sicherheitslevels sorgen soll, ist nicht nur für Zertifizierungsstellen nach Signaturgesetz eine wichtige Einrichtung. Nicht zuletzt macht der hohe Sicherheitsstandard des Signaturgesetzes die Anerkennung digitaler Signaturen als Beweismittel vor Gericht sehr wahrscheinlich.

Da das Signaturgesetz jedoch durch die vergleichsweise geringen Erfahrungen mit digitalen Signaturen im praktischen Einsatz eher im Bereich „experimentelle Gesetzgebung“ anzusiedeln ist, hat der Gesetzgeber beschlossen, es (als Artikel 3 des Informations- und Kommunikationsdienste-Gesetzes) in Zweijahresfrist einer Evaluation zu unterwerfen, um zu prüfen, ob Korrekturen oder Änderungen erforderlich sind. Im Juni 1999 soll das Ergebnis dieser Evaluation vorgelegt werden.

Aus praktischer Erfahrung und technischer Sicht gibt es an mehreren wichtigen Stellen Nacharbeits- und Korrekturbedarf:

- **Hierarchie**: Das Signaturgesetz arbeitet mit einer nur zweistufigen Hierarchie (Zertifizierungsstellen und Root-CA bei der Regulierungsbehörde). Obwohl eine solche flache Hierarchie die Konzeption vereinfacht und auch sicherheitstechnisch einfacher zu behandeln ist, ist dies für viele praktische Anwendungsfälle eine erhebliche Einschränkung. Exemplarisch seien hier das Gesundheitswesen und die verzweigten Strukturen global agierender Großkonzerne genannt.

- **Zertifikate für juristische Personen**: Das Signaturgesetz erlaubt die Ausstellung von Schlüsselzertifikaten ausschließlich für natürliche Personen. Das gilt auch für die Schlüssel von Zertifizierungsstellen, die zur Ausstellung von Schlüsselzertifikaten, Rückruflisten, Verzeichnisdiensten oder Zeitstempeln verwendet werden. Um bei Kündigung eines Mitarbeiters den Schlüssel der Zertifizierungsstelle nicht zurückrufen zu müssen, behilft man sich heute mit der Verwendung eines Pseudonyms: Der dem Pseudonym zugeordnete Mitarbeiter kann dabei wechseln. Grundsätzlich ist es jedoch auch in vielen praktischen Fällen sinnvoll, Schlüsselzertifikate für juristische Personen, z.B. ein Unternehmen auszustellen. Hinzu kommt, daß bisher keine einheitliche Regelung für die Struktur des "gesetzlichen Namens" einer natürlichen oder juristischen Person existiert. Dies ist aber eine wichtige Voraussetzung für die Vergabe unverwechselbar eindeutiger Namen in einer Sicherheitsinfrastruktur.

- **Gültigkeitsprüfung**: Das derzeit dem Signaturgesetz zugrundeliegende Verständnis der Gültigkeit einer digitalen Signatur nimmt an, daß der Empfänger einer digitalen Signatur immer prüfen kann, ob ein Signaturschlüsselzertifikat gültig und nicht gesperrt ist (und damit der zugehörige Schlüssel akzeptiert werden kann). Technisch erfordert diese Annahme die Bereitstellung eines absolut zuverlässigen und hochverfügbaren Online-Dienstes, bei dem zu jeder Zeit die Gültigkeit eines Zertifikats geprüft werden kann. Offline-Benutzer sind damit von einer Gültigkeitsprüfung ausgeschlossen. Zudem entstehen ein erheblicher zusätzlicher Kommunikationsaufwand sowie erhöhte Sicherheitsanforderungen an den Auskunftsdienst. Der Mechanismus steht im Widerspruch zu den in internationalen Standards verfolgten Konzept der Sperrlisten [Fox 99]. Auch eine rückwirkende Sperrung von Zertifikaten bei Bekanntwerden einer Schlüsselkompromittierung, der in bestimmten Fällen in der Praxis sinnvoll sein kann, ist nicht konform zum Signaturgesetz.

- **Ansichtskomponente**: Die (zweifellos sinnvolle) Anforderung an Signier- und Prüfkomponenten, dem Signierer respektive Prüfer zu garantieren, daß er sieht, was er digital signiert bzw. was digital signiert wurde, stößt auf ein prinzipielles Problem: Eine digitale Signatur bezieht sich immer nur auf 0-1-Folgen oder Bitstrukturen (also die Syntax), nicht aber auf die Bedeutung eines Dokuments (seine Semantik) – selbst die Codierung der Dokumenteninhalte ist in der Regel nicht festgelegt. Verbreitete Produkte (etwa im Office-Bereich) bieten jedoch eine Vielzahl von Möglichkeiten, nicht-eindeutig darstellbare Dokumente zu erzeugen (versteckter Text, Notizen, Anmerkungen, Ausnutzung von Inkompatibilitäten zwischen verschiedenen Produktversionen etc.) [HoKr96, Fox 98]. Bisher gibt es kein geeignetes und verfügbares Produkt, das dieses Problem einer eindeutigen Ansichtskomponente zufriedenstellend löst. Eine strengen Sicherheitsanforderungen genügende Lösung wird zudem sowohl teuer als auch in der Funktionalität stark eingeschränkt sein. Ideen wie der Einsatz eines Postscript-Viewers zeigen aber Wege auf, wie die vorhandenen Probleme zumindest partiell angegangen werden können.

- **Dienstleistung durch Dritte**: Nach Signaturgesetz werden alle Dienste, von der Registrierung über die Zertifizierung bis hin zu Verzeichnis- und Zeitstempeldienst, von einer Zertifizierungsstelle erbracht. Das kollidiert mit dem praktischen Erfordernis, insbesondere die Registrierung geographisch in Kundennähe zu plazieren, um Wegekosten zu reduzieren. Hier ist auch die Frage zu klären, wie Zertifizierungsstellen durch Kooperationsverträge organisiert werden können, wenn von ihnen verschiedene Dienstleistungen (etwa Registrierung, Identifizierung und Zertifizierung) in unterschiedlichen Institutionen angeboten werden [Reis98].

4.3 Öffentliche Zertifizierungsstellen

Signaturgesetzkonforme Zertifizierungsstellen müssen den hohen Sicherheitsanforderungen des Signaturgesetzes entsprechen – und unterliegen damit auch den angeführten technischen Restriktionen, die das Gesetz vorsieht.

Der Prozeß einer Anerkennung nach Signaturgesetz ist wegen der hohen Sicherheitsanforderungen zeit- und kostenintensiv. Nur wenige Unternehmen werden sich daher die Einrichtung einer signaturgesetzkonforme Zertifizierungsstelle leisten. Für kleine und mittelständische Unternehmen sowie für Privatpersonen könnte daher die Möglichkeit zur Nutzung von öffentlichen Zertifizierungsdiensten wichtig werden.

Mehrere Unternehmen haben bereits Anträge bei der Regulierungsbehörde für Telekommunikation und Post (RegTP) auf Anerkennung als Zertifizierungsstelle nach Signaturgesetz gestellt. Die Root-CA der RegTP hat am 23. September 1998 ihre Arbeit aufgenommen. Die erste digitale Signatur nach Signaturgesetz wurde am 23.09.1998 um 17:18:13 Uhr erzeugt, dabei wurde in der Zertifizierungsstelle der RegTP in Mainz der Root-Zertifizierungsschlüssel und das korrespondierende Zertifikat generiert.

Betriebsbereit ist seit Januar 1999 die Zertifizierungsstelle der deutschen Telekom AG (Produktzentrum TeleSec, Siegen). Sie ist, mehr als 18 Monate nach Verabschiedung des Signaturgesetzes, die bisher einzige Zertifizierungsstelle, die Zertifizierungsdienste nach Signaturgesetz anbieten kann. Das hat auch Gründe, denn der Betreiber einer öffentlichen Zertifizierungsstelle nach Signaturgesetz muß bei der Konzeption eine Vielzahl von Randbedingungen berücksichtigen:

- **Kundennähe**: Den größten Teil der Kosten bei der Ausstellung eines Zertifikats verursacht die Registrierung eines Schlüsselinhabers sowohl für den Schlüsselinhaber selbst (Wegezeiten) als auch für den Anbieter (Identifizierung, Einweisung, Dokumentation). Für den Anbieter rechnet sich die Dienstleistung nur dann, wenn er bei der Registrierung ein existierendes eigenes oder externes Filialnetz nutzen kann.

- **Konkurrenzproblematik**: Der Betreiber einer Zertifizierungsstelle, der in anderen Geschäftsbereichen seines Unternehmens mit potentiellen Kunden konkurriert, kann ein Akzeptanzproblem haben, insbesondere dann, wenn er die Schlüssel in seiner Zertifizierungsstelle generiert.

- **Einsatzgebiet**: Zertifikate nach Signaturgesetz werden sicherlich zunächst nur in speziellen Anwendungen (z.B. Behördenkontakte, wie dem Finanzamt) eingesetzt werden können. Da die Interoperabilitätsspezifikation (SigI) [Gies98, Berg99] noch nicht abgeschlossen ist, gibt es zur Zeit keine einzige nicht-proprietäre Anwendung, die die Verwendung von Signaturgesetz-Zertifikaten erlaubt.

- **Kosten (Business Case)**: Die Investitionen in eine Zertifizierungsstelle nach Signaturgesetz müssen sich in einem überschaubaren Zeitraum amortisieren. Der Markt für Zertifikate nach Signaturgesetz ist allerdings begrenzt: Es wird sicherlich noch weitere zehn Jahre dauern, bis sich das Konzept einer "Signaturschlüssel-Smartcard" bundesweit durchgesetzt hat. Außerdem sind die derzeitigen Grenzen durch die Lebensdauer von fünf Jahren, die Tatsache, daß Zertifikate nur für natürliche Personen ausgestellt werden, und die Beschränkung auf den deutschen Markt vorgegeben. Schließlich werden sich mehrere Anbieter den Markt teilen müssen. Dazu kommen fixe Kosten (für die Smartcard, die Mitarbeiter in Registrierungsstellen und die Abwicklung von Antragstellung und Dokumentation), die je Zertifikat anfallen. Dadurch wird ein realistischer Preis eines Zertifikats nicht unter 50 DM liegen können – wiederum ein marktbegrenzender Faktor.
- **Weitere Signaturtypen**: Neben der originären digitalen Signatur finden bereits heute zahlreiche weitere Typen von digitalen Signaturen eine breite Anwendung. Hier sind etwa Beglaubigungsschemata, empfängerspezifische Signaturen, unleugbare Signaturen und blinde Signaturen zu nennen, womit das breite Spektrum allerdings nur angedeutet ist. Zukünftige Anwendungen im Bereich Electronic Commerce und weiterer innovativer Anwendungen (etwa Electronic Voting und Secure Multimedia) verlangen nach neuartigen Konzepten, an denen zumindest in der Forschung bereits seit mehreren Jahren gearbeitet wird [PeMH96].

Signaturen nach Signaturgesetz sind also nur eine spezielle Anwendung von PKI-basierten digitalen Signaturen. In der Praxis werden jedoch bereits heute PKIs genutzt, meist im Zusammenhang mit Anwendungen, in denen die Frage einer gerichtlichen Würdigung der erzeugten digitalen Signaturen irrelevant ist. Überwiegend genügen hier auch deutlich geringere Sicherheitsanforderungen als die in SigG bzw. SigV geforderten.

5 Unternehmensweite PKIs

Viele Großunternehmen, vor allem im Bankenbereich, in der Automobilindustrie und der Telekommunikationsbranche, haben PKIs als eine Sicherheitsinfrastruktur mit zentraler Bedeutung für die gesamte Unternehmenssicherheit erkannt und bereits mit der Konzeption, dem Aufbau und dem Betrieb firmeninterner Public-Key-Infrastrukturen begonnen.

Entscheidende Voraussetzung für die Nutzbarkeit der von PKIs bereitgestellten Schlüssel und Zertifikate ist dabei natürlich die Verfügbarkeit von Anwendungen, die auf Sicherheitsdiensten beruhen, die asymmetrischen Verfahren nutzen. In Gestalt von hybriden Kryptosystemen kommen dabei zumeist außerdem symmetrische Verfahren zum Einsatz.

5.1 PKI-Anwendungen

Es lassen sich zwei verschiedene Klassen von PKI-Anwendungen unterscheiden:

- **Kommunikationsinfrastruktur**: Anwendungen, die eine Kommunikationsstrecke zwischen zwei Endpunkten oder spezielle Dienste des Kommunikationsnetzes schützen. Beispiele dafür sind Protokolle wie DNSsec, IPsec, SSH und SSL/TLS. Asymmetrische Verfahren werden dabei zur Authentifikation und für den Integritätsschutz übertragener Daten eingesetzt. Diese Anwendungen haben die folgenden Eigenschaften gemein:

- Die Sicherheitsmechanismen sind vollständig transparent für den Nutzer.
- Die Ausstellung von Zertifikaten erfolgt nicht für natürliche Personen, sondern für Rechner (z.B. DN = IP-Adresse).
- Die geheimen Schlüssel sind nur schwach geschützt, da sie in Software und in ungesicherter Umgebung gespeichert werden.
- Zertifikats-Rückruflisten und Verzeichnisdienste sind nicht erforderlich.
- In der PKI werden geschlossene Benutzergruppen verwaltet.

• **Nutzer-Anwendungen**: Auf der Ebene von Nachrichten (z.B. E-Mail-Messages) oder Dokumenten (z.B. Spreadsheets, Texte) wird ein „personenbezogener" Ende-zu-Ende-Schutz benötigt. Dies geht über einen einfachen Ende-zu-Ende-Schutz auf Kommunikationsebene hinaus, denn hier soll mit digitalen Signaturen die Urheberschaft und Integrität einer Nachricht bzw. eines Dokuments bezogen auf eine Person sichergestellt werden. Verschlüsselte Daten sollen allein vom gewünschten Empfänger entschlüsselt werden können. Auch die Einrichtung von Remote Access-Zugängen zu einem Unternehmen und der Aufbau sicherer VPNs über Internet-Verbindungen oder öffentliche Leitungen fällt in diese Klasse, sofern der Schutz personenbezogen realisiert wird. Weitere Anwendungen sind Home-Banking, Bestell- und Bezahlsysteme im Umfeld von E-Commerce, Dokumentenarchivierung und Workflow-Systeme. Für diese Anwendungen sind die folgenden Punkte charakteristisch:

  - Verwendung separater (unterschiedlicher) Schlüsselpaare für verschiedene Dienste, etwa für Vertraulichkeit, Verbindlichkeit und Authentizität.
  - Die Aufbewahrung geheimer Schlüssel ist vor dem Zugriff Dritter gesichert, z.B. durch den Einsatz von Smartcards.
  - Die Mitwirkung des Nutzers ist nicht nur gewünscht, sondern explizit gefordert, etwa durch Verwendung einer Smartcard und Eingabe einer PIN oder die Anzeige von Integritätsprüfergebnissen und eine vom Nutzer kontrollierbare Zertifikatsverwaltung.
  - Die Problematik eines Key Backup oder Message Recovery für verschlüsselt archivierte Daten ist geeignet zu lösen.
  - Techniken für den Zertifikatsrückruf (z.B. durch regelmäßige Herausgabe von Certificate Revocation Lists – CRLs) sind zwingend erforderlich.

5.2 Interoperabilität

Die Investition in PKI-basierte Anwendungen lohnt in vielen Bereichen nur dann, wenn auch Aussicht darauf besteht, mit externen Geschäftspartnern und Kunden auf diese Weise sicher kommunizieren zu können. Dies hat jedoch die Erfüllung einiger Interoperabilitätsanforderungen zur Voraussetzung:

• **Standardkonformität**: Die Übereinstimmung der eingesetzten Lösungen mit Standards betrifft vor allem drei Bereiche: die Dokumentenaustauschformate, das Zertifikatsformat und das Zugriffsprotokoll auf den Verzeichnisdienst. Hier setzen sich derzeit S/MIME,

X.509v3 und LDAPv2/3 durch.

- **Kommunikation mit Teilnehmern fremder PKIs**: Der Austausch von verschlüsselten E-Mails muß auch mit Teilnehmern von PKIs möglich sein, deren Sicherheitsinfrastruktur (aus welchen Gründen auch immer) weniger verläßlich und sicher erscheint. Auch muß eine Anwendung auf fremde Verzeichnisdienste zugreifen können (und dürfen).
- **Schlüsseltrennung**: Bei bestimmten Anwendungen (z.B. S/MIME-Nachrichten) gehen Hersteller sehr unterschiedlich mit der nach dem Standard prinzipiell möglichen Verwendung getrennter Schlüssel für digitale Signaturen und Verschlüsselung um. S/MIME-Anwendungen müssen jedoch in allen Fällen interoperabel sein.
- **Offenheit**: Die Erfahrungen der letzten Jahre haben aber auch gezeigt, daß eine völlige Interoperabilität selbst dann nicht garantiert werden kann, wenn sich unterschiedliche Hersteller an Standards halten. In solchen Fällen sind geeignete Filter- und Zusatzfunktionen erforderlich, um dennoch eine Interoperabilität zu gewährleisten. Diese zusätzlichen Funktionen verlangen aber, daß Hersteller ihre Produkte offen gestalten, damit die erforderlichen Erweiterungen möglich sind.

5.3 Kontrolle über die PKI

Eine PKI ist eine zentrale Sicherheitsinfrastruktur in einem Unternehmen. An sie werden sowohl hohe Sicherheits- als auch Verfügbarkeitsanforderungen gestellt. Eine solche Infrastruktur sollte daher nicht ohne Not an externe Dienstleister abgegeben werden. Das hat nicht nur Sicherheitsgründe:

- Eine PKI muß eng mit dem Verzeichnisdienst eines Unternehmens verzahnt werden. Zudem müssen Zertifikate und Rückruflisten in den Verzeichnisdienst integriert werden.
- Registrierungsstellen im eigenen Haus verkürzen die Wege der Mitarbeiter bei der Zertifikatsbeantragung und -aushändigung. Die Identitätsprüfung kann dabei in enger Koppelung mit den Personalstellen erfolgen.
- PKIs müssen sehr flexibel realisiert werden. Sie müssen sowohl skalierbar sein, als auch für zusätzliche Anwendungen (mit möglicherweise speziellen Zertifikatsformaten) erweitert werden können. Auch die Neuausstellung von Zertifikaten muß schnell und „unbürokratisch“ erfolgen können, ohne daß dabei die Sicherheit der Infrastruktur gefährdet wird.
- Der Revisionsfähigkeit kommt in zahlreichen Anwendungen eine besondere Bedeutung zu. Die realisierte PKI muß jederzeit auf Korrektheit überprüft werden können. Dies ist bereits bei der Konzeption zu berücksichtigen.
- In vielen Unternehmen ist “Branding”, d.h. der Namenseintrag im Zertifikat (Name der Zertifizierungsstelle) ein Politikum: Mitarbeiter benötigen möglicherweise (analog verschiedenen Visitenkarten) mehrere Zertifikate mit unterschiedlichem Branding. Das macht gegebenenfalls den Betrieb mehrerer CAs in einer Hierarchie erforderlich.
- Eigene unternehmensweite Sicherheitsstategien (Security Policies) und Regelungen (z.B. “Vier-Augen-Prinzip”) lassen sich wesentlich kontrollierter und konsequenter in einer PKI im eigenen Haus durchsetzen.

- Das Know-how der Sicherheitsabteilung in bezug auf eine PKI sollte im Unternehmen gehalten werden, um auch zukünftig die Kompetenz zur Weiterentwicklung der eigenen Sicherheitsstrategien und Sicherheitskonzepte zu besitzen.

6 Sicherheitsanforderungen an PKIs

Sowohl an die von PKIs unterstützten Sicherheitsdienste als auch an die Abläufe und den Aufbau der Infrastruktur sind eine Reihe von Sicherheitsanforderungen zu stellen, die im folgenden übersichtsartig zusammengefaßt werden.

6.1 Starke Kryptographie

Für PKI-basierte Sicherheitsmechanismen, die in wachsendem Maße dazu eingesetzt werden, besonders sensible Abläufe in Unternehmen vor Verfälschung oder unberechtigter Kenntnisnahme zu schützen, sind kryptographische Verfahren, die aufgrund spezieller Exportregelungen einzelner Staaten (z.B. Großbritannien, Israel, USA) „schwach" realisiert wurden, prinzipiell ungeeignet. Von einer PKI und den eingesetzten, PKI-basierten Anwendungen müssen daher unterstützt werden:

- ausschließlich veröffentlichte und gut untersuchte symmetrische und asymmetrische kryptographische Verfahren (Triple-DES, IDEA, RSA, DSS). Der Einsatz des DES (mit einem 56 bit langen Schlüssel) sollte vermieden werden. Zukünftig wird auch der als "DES-Nachfolger" konzipierte amerikanische AES (Advanced Encryption Standard) [AES 98] zu berücksichtigen sein.
- eine Schlüssellänge von mindestens 75, besser mehr als 90 bit bei symmetrischen Verfahren [BDR+96] und mindestens 768 bis 2048 bit bei asymmetrischen Verfahren [Fox 97]. In aktuellen Anwendung kommen für symmetrische Verfahren Schlüssel der Länge 112, 128 und 168 bit, für asymmetrische Verfahren Schlüssel der Länge 512, 768 und 1024 bit zum Einsatz.
- kollisionsresistente kryptographische Hashverfahren, denn die Unfälschbarkeit digitaler Signaturen ist in der Regel eng gekoppelt mit der Kollisionsresistenz der eingesetzten Hashfunktionen. Hashfunktionen mit einem 160 bit langen Hashwert (SHS-1, RIPEMD-160) [Dobb97] sind dabei derzeit als geeignet zu erachten. Für Anwendungen mit besonderen Sicherheitsanforderungen können zudem mehrere Hashwerte parallel genutzt werden.
- ein geeignetes Padding, bei dem die zu verarbeitenden Daten auf die benötigte Länge erweitert werden. Diese Verlängerung muß nach wohldefinierten Regeln geschehen, da sich ansonsten Angriffsmöglichkeiten und Inkompatibilitäten ergeben können.
- (Pseudo-) Zufallszahlengeneratoren und Schlüsselwahlverfahren, die nicht-vorhersagbar sind und eine geeignete Verteilung liefern. In vielen Anwendungen sind dabei auch Verfahren verlangt, durch die sichergestellt werden kann, daß die generierten Zufallswerte frisch sind, also (im betrachteten Kontext) noch niemals zuvor erzeugt bzw. genutzt wurden.

Insbesondere muß bei den eingesetzten Lösungen sichergestellt sein, daß die Implementierung auch der Spezifikation entspricht, und nicht etwa bei der Schlüsselgenerierung nur ein kleinerer Schlüsselraum genutzt wird – sei es aufgrund von Implementierungsfehlern oder aus politischen Gründen.

6.2 Sicheres Schlüsselmanagement

Sicherheitsinfrastrukturen müssen insbesondere ein sicheres Schlüsselmanagement gewährleisten [Heus97]. Die Schlüssel der Kryptosysteme, die zur Wahrung der Vertraulichkeit im Falle der Verschlüsselung, zur Feststellung der Authentizität und Integrität im Falle der Digitalen Signatur eingesetzt werden, müssen in jeder Phase ihres Lebenszyklusses für alle Beteiligten in einem vertrauenswürdigen Zustand sein. So darf es beispielsweise nicht möglich sein, Schlüssel zu kompromittieren, sei es durch Vorausberechnen oder Raten der Schlüssel vor ihrer Erzeugung oder dadurch, daß die Qualität der Schlüssel und ihrer erzeugenden Funktionen nicht genügend geprüft wurde und so ein einfaches Verfahren angewendet werden kann, um den Schlüssel zu brechen.

Die erzeugten Schlüssel müssen authentisch an ihre Besitzer gelangen und dürfen nicht auf dem Weg dorthin abgehört, ausgetauscht werden oder gar verloren gehen. Sind die Schlüssel einmal in Gebrauch, dann müssen sie ebenfalls diesen Anforderungen genügen. Gehen Schlüssel verloren, so muß eine Sperrmöglichkeit bestehen. Werden Schlüssel ungültig oder gar kompromittiert, so muß eine sichere Vorgehensweise vorgesehen sein, wie das Schlüsselpaar vernichtet werden kann. Ebenso muß eine Vorgehensweise für die Ausstellung neuer Schlüssel festgelegt sein, um dem Benutzer möglichst schnell wieder die Nutzung aller relevanten Dienstleistungen zu ermöglichen.

Um diesen Anforderungen zu genügen, müssen Technik und Organisation aller die Schlüssel betreffenden Belange, das sogenannte Schlüsselmanagement, in geeigneter Weise gestaltet werden. Im folgenden werden einige konzeptionelle Betrachtungen zu den wichtigsten dieser Abläufe angestellt.

Erzeugen der Schlüssel: Prinzipiell gibt es zwei Orte, an denen Schlüssel erzeugt werden können. Zum einen vor Ort beim Benutzer und zum anderen bei einer externen vertrauenswürdigen Instanz. Dabei kann man wiederum zwischen Instanzen unterscheiden, die Bestandteil der Sicherheitsinfrastruktur sind oder aber externe Diensteanbieter sind. In der Praxis überwiegt die Schlüsselerzeugung in einer zentralen Instanz, da die Schlüsselerzeugung beim Benutzer eine sichere Hard- und Software und meist auch ein Grundverständnis für die Funktionsweise und den Einsatz von Public-Key-Verfahren voraussetzt. Im allgemeinen besitzen die Benutzer einer Massenanwendungen kein entsprechendes Know-how; ebenso wird ihnen aus Kostengründen nicht das nötige technische Equipment wie eine abhörsichere Umgebung zur Verfügung stehen. Schlüssel können auf unterschiedliche Weisen erzeugt werden, beispielsweise durch physikalische Rauschgeneratoren, die für die Erzeugung „zufälliger" Werte besonders geeignet sind. Daneben existieren mathematische Methoden wie Quasi-Zufallsgeneratoren, die die Eigenschaft besitzen, schwer vorhersagbare Systemzustände zu erzeugen, bei denen es dem Benutzer ermöglicht wird, zu von ihm frei wählbaren Zeiten in den erzeugenden Prozeß einzugreifen und ihn zu beeinflussen. Zudem können Schlüssel mit Hilfe kryptographischer Verfahren aus einigen wenigen zufälligen Ausgangsdaten „pseudozufällig" erzeugt werden.

Rücknahme und Vernichtung der Schlüssel: Bei Rücknahme der Schlüssel ist insbesondere darauf zu achten, daß die bereits verwendeten Schlüssel nicht nochmals vergeben werden.

Außerdem muß gewährleistet werden, daß die zugrundeliegende Sicherheitsstrategie (Security Policy) eingehalten wird. Werden Schlüssel in geeigneten Token (z.B. Smartcards) gespeichert, so kann bei der Rücknahme sichergestellt werden, daß keine Kopien der Schlüssel existieren. Auch die Löschung kann durch eine Vernichtung des Datenträgers relativ leicht und unwiderruflich realisiert werden.

Überprüfen der Schlüssel: Bei der Erzeugung der Schlüssel muß sichergestellt sein, daß derselbe Schlüssel nur einmal erzeugt und kein weiteres Mal einem eventuell anderen Benutzer zugeordnet wird. Um dies zu gewährleisten, kann ein Schlüsselverzeichnis verwendet werden, in dem die öffentlichen Schlüssel (oder geeignete Hashwerte) aller Benutzer gespeichert sind. Durch einen Vergleich neu erzeugter Schlüssel mit den so gespeicherten Werten kann festgestellt werden, ob der Schlüssel (und damit etwa auch ein Schlüsselpaar) schon existiert. Schlüsseldubletten können somit zumindest lokal verhindert werden. Problematisch wird es jedoch dann, wenn Schlüssel an unterschiedlichen Stellen erzeugt werden sollen. Hier sind Konzepte gefragt, mit deren Hilfe eine dublettenfreie Schlüsselgenerierung realisiert werden kann [Hors98, HoSc99].

Beglaubigen der Schlüssel: Die Beglaubigung der Schlüssel dient dazu, um dem Kommunikationspartner zu versichern, daß seinem Gegenüber der Schlüssel, den er behauptet zu besitzen, auch nachweisbar gehört. In offenen Systemen werden Schlüssel im allgemeinen nicht von einer einzigen Instanz vergeben. Die Schlüssel aller Benutzer müssen beglaubigt sein, sonst wäre es möglich, daß ein nicht rechtmäßiger Dritter die Identität eines anderen annimmt und behauptet, der rechtmäßige Besitzer des Schlüssels zu sein. Hier sind vertrauenswürdige dritte Instanzen notwendig, die die Rolle einer Beglaubigungsinstanz übernehmen. Die Zusammengehörigkeit von Schlüssel und Besitzer kann durch Zertifikate (wie X.509 [ISO 93, ISO 96]) gewährleistet werden.

Verteilen der Schlüssel: Bei Verwendung asymmetrischer (Public-Key-) Verfahren genügt bei n Teilnehmern die Übermittlung von nur insgesamt n geheimen Schlüsseln und Schlüsselzertifikaten. Werden die Schlüssel vom Benutzer selbst (lokal) und nicht von einer Instanz (zentral) erzeugt, dann sind lediglich Zertifikate zu übermitteln. Die öffentlichen Schlüssel müssen authentisch bekanntgegeben werden, beispielsweise durch einen allgemein zugänglichen Verzeichnisdienst. Falls Schlüssel ihre Gültigkeit verlieren, muß es möglich sein, daß sie zurückgerufen werden, beispielsweise durch die Verteilung von Sperrlisten.

Aufteilen von PKI-Schlüsseln: Neben den technischen und organisatorischen Fragen müssen auch personelle Aspekte berücksichtigt werden. Wie die Erfahrung zeigt, ist die Schwachstelle in einem Sicherheitssystem oft die Vertrauenswürdigkeit der eingebundenen Personen. Um ein großes Vertrauen in das System zu erhalten, ist es sinnvoll, daß alle Geheimnisse von zentraler Bedeutung wie beispielsweise die geheimen Zertifizierungsschlüssel auf mehrere Personen verteilt werden (Vier-Augen-Prinzip) und nicht an eine einzige gebunden sind. Bei geheimen kryptographischen Schlüsseln bieten sich Konzepte wie Schwellenwertschemata [BeKe95] an, bei denen die Schlüssel nur dann verwendet werden können, wenn mehrere Personen zum selben Zeitpunkt am selben Ort sind und den Besitz von Teilgeheimnissen nachweisen.

Speichern der Schlüssel: Geheime kryptographische Schlüssel müssen sicher aufbewahrt werden. Es darf nicht möglich sein, daß Unbefugte Kenntnis über solche Schlüssel erhalten. Um dies zu garantieren, können solche Schlüssel unauslesbar auf einer Smartcard gespeichert werden, die durch eine PIN oder biometrische Verfahren derart zugriffsgeschützt wird, daß nur der rechtmäßige Besitzer diese Schlüssel verwenden kann (siehe folgendes Kapitel).

Wechseln der PKI-Schlüssel: Die Sicherheit einer Anwendung hängt maßgeblich von der Sicherheit der verwendeten (geheimzuhaltenden) Schlüssel ab. Das gilt auch für eine PKI: Werden PKI-Schlüssel wie der einer Zertifizierungsinstanz kompromittiert, dann kann im schlimmsten Fall die gesamte Infrastruktur ihre Vertrauenswürdigkeit verlieren. Oder aber eine Zertifizierungsinstanz wird durch den Verlust eines geheimen Zertifizierungsschlüssels (z.B. durch einen Defekt im Sicherheitsmodul) aktionsunfähig. Daher sollten in einer PKI regelmäßige Wechsel der relevanten PKI-Schlüssel vorgesehen werden. Auch für die Schlüssel der Benutzer sollten Vorgehensweisen für einen effizienten Schlüsselwechsel Teil des Ablaufkonzepts sein, falls beispielsweise Fortschritte in der Kryptoanalyse einen Wechsel auf größere Schlüssellängen notwendig machen.

6.3 Dienste von Zertifizierungsinstanzen

Die Aufgaben einer Zertifizierungsstelle lassen sich wie folgt gliedern: (siehe Abb. 5)

- **Beglaubigungsleistungen** wie Personalisierung, Registrierung und Zertifizierung. Sie dienen dazu, um die Authentizität von Daten und die Vertrauenswürdigkeit von Instanzen zu bezeugen.
- **Schlüsselmanagement**: Hierzu zählen Erzeugen, Zurücknahme, Beglaubigen, Verteilen, Aufbewahren, Archivieren, Wechseln und Vernichten von Schlüsseln.
- **Serverfunktionen** in Form von öffentlichen Verzeichnissen, Authentication Servern oder Archivierungssystemen, mit denen Informationen innerhalb der Sicherheitsinfrastruktur bereitgestellt werden können.

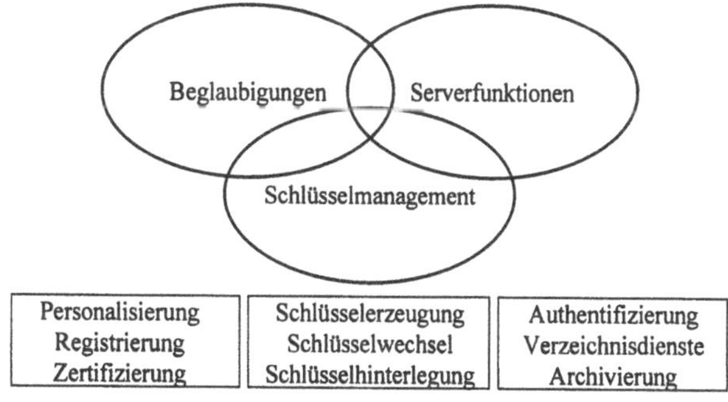

Abb. 5: Aufgaben von Zertifizierungsinstanzen

Diese Aufgaben sollten in PKIs auf unterschiedliche Instanzen verteilt werden, um eine Kontrolle der Abläufe (durch Protokollieren und Revision) zu ermöglichen („checks and balances“). Auch die personelle Zuständigkeit für die Administration der einzelnen Instanzen sollte verteilt sein, damit eine Kompromittierung von PKI-Diensten nur bei Zusammenarbeit mehrerer Personen und verteilter Komponenten möglich ist.

6.4 Smartcards als Sicherheitstoken

Moderne Smartcards mit integrierten Crypto-Chips sind nahezu ideale Medien, um die einer Person zugeordneten geheimen Schlüssel für Public-Key-Verfahren vor fremdem Zugriff geschützt aufzunehmen. Solche Smartcards werden zunehmend als Sicherheitstoken in modernen Public-Key-Infrastrukturen eingesetzt.

Dem Sicherheitstoken Smartcard kommt als Träger geheimer Schlüsselkomponenten dabei eine besondere Bedeutung zu. Im folgenden werden typische Merkmale der Einführung von Smartcards als Zertifikatsträger aufgezeigt. Dabei werden hier ausschließlich Aspekte der Personalisierung beleuchtet, daneben interessieren allerdings auch die weitere Lebensgeschichte einer solchen Smartcard – bis hin zur endgültigen Vernichtung nach Ablauf der regulären Gültigkeit. Das solchen Karten natürlich auch beliebte Sammlerstücke sind, gilt es zudem zu berücksichtigen.

Die Personalisierung einer Smartcard für den Einsatz in einer PKI kann grundsätzlich in vier Schritten geschehen. Die folgende Beschreibung gibt den prinzipiellen Ablauf wieder, spezielle Lösungen können sich dabei jedoch deutlich voneinander unterscheiden.

- In einem ersten Schritt werden die (Chipkarten-) Rohlinge **initialisiert**. Dies kann entweder beim Hersteller oder bei der zugrundeliegenden Zertifizierungsinstanz (CA) geschehen. Die Komponenten des Betriebssystems werden um die erforderlichen Filestrukturen erweitert. Diese müssen entsprechend den geplanten Anwendungen eingerichtet werden. Zudem ist die Festlegung einer Vorpersonalisierungs-PIN erforderlich, durch die insbesondere ein sicherer (manipulationsgeschützter) Transport gewährleistet werden kann. Werden die aufgeführten Prozesse durch einen Kartenhersteller ausgeführt, so erfolgt anschließend eine Lieferung der Chipkarten an die Zertifizierungsinstanz.
- In der Zertifizierungsinstanz findet eine **Vorpersonalisierung** statt. Hierzu werden entsprechend den vorgegebenen Sicherheitsanforderungen Schlüsselpaare generiert und auf der jeweiligen Karte gespeichert. Die Vertraulichkeit der geheimen Schlüsselkomponenten muß dabei gewährleistet sein, insbesondere dürfen geheime Schlüsselparameter nicht aus der Karte ausgelesen werden können. Zum Laden von Schlüsselkomponenten wird der Vorpersonalisierungs-PIN verwendet; so wird insbesondere eine unberechtigte "Fremdladung" verhindert. Die zugehörigen öffentlichen Schlüssel werden (eventuell zusammen mit eindeutigen Kartendaten wie z.B. einer Seriennummer) in der CA gespeichert. Die so vorpersonalisierten Chipkarten werden an dafür vorgesehene Ausweisstellen (Registrierungsinstanzen – RAs) gesendet, die etwa in der Personalverwaltung angesiedelt sein können.
- Die eigentliche **Personalisierung** findet dann in einer Ausweisstelle statt. Liegt der Antrag eines Benutzers vor und ist dessen Identifikation zweifelsfrei durchgeführt, so werden eine User-PIN generiert und ein zugehöriger PIN-Brief erzeugt. Gegebenenfalls wird eine zusätzliche optische Personalisierung auf der Karte vorgenommen, etwa durch Drucken von Name und Foto des zukünftigen Nutzers. Der Public Key wird aus der Karte gelesen und zusammen mit administrativen Daten an die CA gesendet. Die CA erzeugt das zugehörige Zertifikat. Neben dem Unique Name und dem zugehörigen Public Key enthält das (von der CA signierte) Zertifikat weitere Daten, deren Zusammensetzung sich nach der zugrundeliegenden Policy richtet. Die CA sendet das Zertifikat an die anfragende RA, die

ihrerseits das Zertifikat in der Karte speichert. Anschließend werden die Karte und der PIN-Brief an den zukünftigen Nutzer ausgegeben.

- Die Personalisierung der Chipkarte wird durch die **erstmalige Nutzung** abgeschlossen. Dabei sollte der Nutzer seine initiale User-PIN ändern.

7 Praktische Schwierigkeiten

In der Praxis ergeben sich eine Reihe von Schwierigkeiten beim Aufbau und der Einführung unternehmensweiter Public-Key-Infrastrukturen. Einige der wichtigsten Aspekte, die entscheidenden Einfluß auf Erfolg und Mißerfolg eines PKI-Projekts haben, sollen hier zusammengefaßt werden.

- **Export-/Import-Beschränkungen**: Wird die PKI für eine weltweite Nutzung aufgebaut, können Export- und Importbeschränkungen einzelner Länder eine konsequente Umsetzung des Konzepts verhindern. Daher sollte eine Evaluation der zu erwartenden Hindernisse möglichst frühzeitig erfolgen, um nachträgliche Änderungen der Konzeption (z.B. Spezifikation der Smartcards, Anwendungen) zu vermeiden. Ist man jedoch auf eine Nutzung mit Partnern in anderen Geltungsbereichen angewiesen, so sind geeignete Maßnahmen zu ergreifen, damit zumindest eine eingeschränkte Anwendung ermöglicht werden kann.

- **Verfügbarkeit von Smartcards**: Smartcards mit Krypto-Chip, die hohen Sicherheitsanforderungen genügen und zugleich noch über ausreichend Speicherplatz verfügen, um eine ausreichende Anzahl verschiedener Zertifikate und Schlüssel aufzunehmen, existieren (trotz anderslautender Ankündigungen der Hersteller) bisher nur als Prototypen.

- **Implementierungsfehler**: Da das Gebiet PKI noch vergleichsweise jung ist, kämpft man bei den heute verfügbaren Produkten noch mit einer Vielzahl von Unzulänglichkeiten. Viele PKI-Produkte, das zeigt die Erfahrung mit der Evaluation aktueller Versionen, haben zudem konzeptionelle Sicherheitsmängel. Im Extremfall kann durch eine einfache Manipulation das Vertrauen in die gesamte Sicherheitsinfrastruktur gefährdet werden.

- **Proprietäre Lösungen**: Einige Hersteller haben in ihren Produkten proprietäre Erweiterungen von Zertifikaten (z.B. spezielle Extensionen) oder eigene Protokolle bzw. Protokollerweiterungen implementiert. Meist können diese Lösungen nur mit Anwendungen (oder Anwendungserweiterungen) von demselben Hersteller interoperieren oder erfordern Anpassungen bei Produkten anderer Hersteller. Eine solche Lösung ist nur dann akzeptabel, wenn es sich bei den zugrundeliegenden Anwendungen um geschlossene Systeme handelt, bei denen eine Kommunikation mit der "Außenwelt" weder erforderlich noch gewünscht ist.

- **Standardisierungsprozesse**: Vier im Zusammenhang mit PKIs wichtige Standardisierungsvorhaben der IETF sind derzeit noch nicht abgeschlossen. Das sind die S/MIME-Spezifikation (Version 2 ist seit Juni 1998 als RFC verfügbar, Version 3 ist in Arbeit), die PKIX-Protokolle (Kommunikation zwischen PKI-Komponenten, erste Teilspezifikation seit Januar 1999 als RFC verfügbar), das bisher noch nicht standardisierte Protokoll für den Schlüsselaustausch und die Authentifikation in IPsec sowie die Standardisierung von OpenPGP. In Deutschland spielt auch die derzeitige Weiterentwicklung des MailTrusT-

Standards von TeleTrusT e.V. [Baus96] zu einer PKI-Spezifikation (MTTv2) eine wichtige Rolle. Möchte man proprietäre Lösungen vermeiden, so bleibt derzeit nur die Wahl von Produkten, die Vorversionen der Standards genügen.

- **Koordination verschiedener PKI-Aktivitäten**: Wegen der Rolle von PKIs als zentrale Sicherheitsinfrastruktur für unterschiedlichste Anwendungen ist es gerade in großen Unternehmen unvermeidlich, daß verschiedene Aktivitäten zum Aufbau einer PKI angestoßen werden. Werden diese Aktivitäten nicht rechtzeitig koordiniert, ist später eine Zusammenführung in eine strukturierte Hierarchie ohne größere Investitionen nicht mehr möglich.

8 Ausblick

Die Einführung von Public-Key-Infrastrukturen ist insbesondere in Großunternehmen unvermeidlich, sowohl zur Sicherung der unternehmensinternen Kommunikation als auch (kurzfristig) für Business-to-Business-Anwendung und (mittelfristig) für die Sicherung elektronischer Kundenbeziehungen.

Obwohl die Idee von Public-Key-Kryptoverfahren mehr als zwanzig Jahre alt ist, steckt die Entwicklung geeigneter Produkte, die den vielschichtigen praktischen Anforderungen aus heterogenen IT-Umgebungen genügen, noch in den Kinderschuhen. Dennoch ist zu erwarten, daß innerhalb der nächsten zwei bis drei Jahre die meisten Großunternehmen ihre Infrastruktur um eine PKI erweitern werden. Verwaltungen und größere mittelständische Unternehmen werden nachziehen. Die meisten dieser Infrastrukturen werden sich zwar an einigen Anforderungen des Signaturgesetzes orientieren, aber aus Kosten- und konzeptionellen Gründen keine vollständige Signaturgesetzkonformität anstreben.

Kleineren Unternehmen, Verwaltungen und Privatpersonen werden öffentliche Zertifizierungsstellen, möglicherweise konform zu einer weiterentwickelten Fassung des derzeitigen Signaturgesetzes, Zertifizierungsdienste anbieten.

Literatur

[AES 98] National Institute of Standards and Technology: Advanced Encryption Standard – AES, CD-1 Documentation, Round 1 Technical Evaluation (1998).

[Baus96] F. Bauspieß, (TeleTrusT): MailTrusT-Spezifikation, V 1.1, Stand: 18.12.1996.

[BDR+96] M. Blaze, W. Diffie, R. L. Rivest, B. Schneier, T. Shimomura, E. Thompson, M. Wiener: Minimal Key Lengths for Symmetric Ciphers to Provide Adequate Commercial Security, BSA Report, Januar 1996.

[BeKe95] A. Beutelspacher, A. G. Kersten: Verteiltes Vertrauen durch geteilte Geheimnisse, in P. Horster (Hrsg): Trust Center, DuD-Fachbeiträge, Vieweg (1995), 101-116.

[Berg99] A. Berger: Signatur-Interoperabilitätsspezifikation: Zertifikate und Dokumentenformate, Tagungsband des 9. GMD-SmartCard-Workshops, Darmstadt (1999) 15.1-15.10.

[DHR+98] S. Dusse, P. Hoffman, B. RamsdellL. Lundblade, L. Repka: S/MIME Version 2 Message Specification, IETF Network Working Group, RFC 2311, March 1998.

[DHRW98] S. Dusse, P. Hoffman, B. Ramsdell, J. Weinstein: S/MIME Version 2 Certificate Handling, IETF Network Working Group, RFC 2312, March 1998.

[Dobb97] H. Dobbertin: Digitale Fingerabdrücke – Sichere Hashfunktionen für digitale Signatursysteme, Datenschutz und Datensicherheit (DuD), 2/97, 82-87.

[EU-K98] EU-Kommission: Vorschlag für eine Richtlinie des Europäischen Parlaments und des Rates über gemeinsame Rahmenbedingunen für elektronische Signaturen. 98/C 325/04, KOM(1998) 297, vorgelegt am 16. Juni 1998, Amtsblatt der Europäischen Gemeinschaften, 23.10.1998, 5-11.

[Fox 97] D. Fox: Fälschungssicherheit digitaler Signaturen, Datenschutz und Datensicherheit (DuD), 2/97, 69-74.

[Fox 98] D. Fox: Zu einem prinzipiellen Problem Digitaler Signaturen, Datenschutz und Datensicherheit (DuD), 7/98, 386-388.

[Fox 99] D. Fox: Zum Problem der Gültigkeitsprüfung von Schlüsselzertifikaten, in: Proceedings zum 6. Deutschen IT-Sicherheitskongreß 1999 des BSI, SecuMedia Verlag (1999) erscheint.

[Gies98] A. Giessler: Signatur-Interoperabilitätsspezifikation, in P. Horster (Hrsg.): Sicherheitsinfrastrukturen für Wirtschaft und Verwaltung – SiS-WV 98, COMPUTAS (1998) 14.1-14.10.

[GrFo98] R. Grimm, D. Fox: Entwurf einer EU-Richtlinie zu Rahmenbedingungen „elektronischer Signaturen", Datenschutz und Datensicherheit (DuD), 7/98, 407-408.

[Grim96] R. Grimm: Kryptoverfahren und Zertifizierungsinstanzen, Datenschutz und Datensicherheit (DuD), 1/96, 27-36.

[Heus97] A. Heuser: Schlüsselversorgung von Kryptosystemen, in P. Horster (Hrsg.): Sicherheit in der Informations- und Kommunikationstechnik – SIUK 97, COMPUTAS 1997.

[Hors98] P. Horster: Dublettenfreie Schlüsselgenerierung durch isolierte Instanzen, in P. Horster (Hrsg.): Chipkarten, DuD-Fachbeiträge, Vieweg (1998) 104-119.

[HoKr96] P. Horster, P. Kraaibeek: Grundüberlegungen zu digitalen Signaturen, in P. Horster (Hrsg.): Digitale Signaturen, DuD-Fachbeiträge, Vieweg (1996) 1-14.

[HoPo94] P. Horster, M. Portz: Privacy Enhanced Mail: Ein Standard zur Sicherung des elektronischen Nachrichtenverkehrs im Internet, Datenschutz und Datensicherung (DuD), 8/94, 434-442.

[HoSc99] P. Horster, P. Schartner: Bemerkungen zur Erzeugung dublettenfreier Primzahlen, in P. Horster (Hrsg.): Sicherheitsinfrastrukturen, DuD-Fachbeiträge, Vieweg (1999) 358-368.

[HoKW99] P. Horster, P. Kraaibeek, P. Wohlmacher: Sicherheitsinfrastrukturen – Basiskonzepte, in P.Horster (Hrsg.): Sicherheitsinfrastrukturen, DuD-Fachbeiträge, Vieweg (1999) 1-16.

[ITSE91] Kriterien für die Bewertung der Sicherheit von Systemen der Informationstechnik (ITSEC), Kommission der Europäischen Gemeinschaft, EGKS-EWG-EAG (1991) ISBN 92-8263003-X.

[ITU 93] International Telecommunication Union: Information Technology – Open Systems Interconnection – The Directory: Authentication Framework. ITU-T Recommendation X.509 (1993 E).

[PeMH96] H. Petersen, M. Michels, P. Horster: Taxonomie digitaler Signaturkonzepte, in: P. Horster (Hrsg.): Digitale Signaturen, Proceedings der Arbeitskonferenz Digitale Signaturen 96, Vieweg (1996) 63-79.

[Reis98] A. Reisen: Juristische und technische Fragen bei der Umsetzung des Signaturgesetzes, in P. Horster (Hrsg.): Sicherheitsinfrastrukturen für Wirtschaft und Verwaltung – SiS-WV 98, COMPUTAS (1998) 13.1-13.9.

[SigG97] Gesetz zur digitalen Signatur (Signaturgesetz – SigG), Beschluß des Bundestages vom 13. Juni 1997 (BT-Drs. 13/7934 vom 11.06.97) und Bundesrates vom 4. Juli 1997; in Kraft seit 1. August 1997.

[SigV97] Verordnung zur digitalen Signatur (Signaturverordnung – SigV), Beschluß der Bundesregierung vom 8. Oktober 1997; in Kraft seit 1. November 1997.

[Wiss97] Wissenschaftlicher Rat der Dudenredaktion: Duden; Fremdwörterbuch, Dudenverlag, 1997.

[Zimm95] P. R. Zimmermann: The Official PGP User's Guide, MIT Press, 1995.

GPSR Compliance

The European Union's (EU) General Product Safety Regulation (GPSR) is a set of rules that requires consumer products to be safe and our obligations to ensure this.

If you have any concerns about our products, you can contact us on ProductSafety@springernature.com

In case Publisher is established outside the EU, the EU authorized representative is:

Springer Nature Customer Service Center GmbH
Europaplatz 3
69115 Heidelberg, Germany

Zeitfracht Medien GmbH
Ferdinand-Jühlke-Straße 7
99095 Erfurt, Deutschland
produktsicherheit@kolibri360.de